LE MONDE

DES OISEAUX

ORNITHOLOGIE PASSIONNELLE

PARIS.—IMPRIMÉ CHEZ BONAVENTURE, DUCESSOIS ET C°,
55, QUAI DES AUGUSTINS.

L'ESPRIT DES BÊTES

LE MONDE
DES OISEAUX

ORNITHOLOGIE PASSIONNELLE

PAR

A. TOUSSENEL

DEUXIÈME PARTIE

TROISIÈME ÉDITION, ENTIÈREMENT REVUE ET AUGMENTÉE

> Le monde des animaux est un océan de
> sympathies dont nous ne buvons qu'une
> goutte, quand nous pourrions en absorber
> par torrents.　　　LAMARTINE.

PARIS

E. DENTU, LIBRAIRE-ÉDITEUR | LIBRAIRIE DES SCIENCES SOCIALES
Palais-Royal, 17 et 19, galerie d'Orléans. | Rue des Saints-Pères, 13.

1866

CHAPITRE IX

Résumé du livre qui précède. — Pieds plats et pieds cambrés; Orgigamie, Monogamie; formule de Lhomond, formule du Gerfaut.

Ainsi, tous les oiseaux Nageurs, Barboteurs et Coureurs posent sur des pieds plats, et cette forme du pied est le signe d'ébauche auquel se reconnaissent les espèces primitives, grossières, inachevées.

Et l'Orgigamie est la loi de ces tribus sensuelles, l'Orgigamie honteuse, qui est le plein essor des péchés capitaux et qui étouffe dans leur germe les inspirations du génie. *Pas d'amour, partant pas de joie*, pas de nids merveilleux, de poésie ni de chants.

Et, chez l'immense majorité de ces espèces, le mâle est incomparablement plus fort, mieux vêtu, mieux armé que l'humble et docile femelle, à qui le Créateur a réservé le privilège du dévouement et des autres vertus domestiques. Et le mâle abuse odieusement de sa supériorité physique pour écraser la pauvre mère, et le genre masculin y est dit plus noble que le féminin, comme dans le rudiment.

Ainsi, tout ce qui vit de poisson mort, trône sur le fumier ou patauge dans la fange; tout ce qu'il y a de plus épais, de plus informe, de plus goulu, de moins aérien dans les habitants de l'air, est pour la formule de Lhomond.

Ainsi, tout moule inférieur, déshérité du mobile d'amour, est voué fatalement aux voluptés immondes et jeté en pâture à la goinfrerie et à la fainéantise, mères de l'obésité qui conduit à la broche !

Et Dieu, en frappant cette vile plèbe de l'interdit d'amour, l'a du même coup condamnée au supplice du feu éternel (rôti) !

Triste fin, expiation terrible dont l'homme n'a pas droit de se plaindre, mais qui me fait trembler pour l'avenir d'un tas d'amoureux fous de la muse latine, à qui le sort de l'Oie, du Dinde et du Canard ne donne pas assez à penser.

Ceci est le résumé du livre qui précède, résumé bref, mais plein et renfermant un monde de vérités nouvelles.

Ainsi se trouve démontrée d'une façon irréfutable, par l'étude des trois ordres des Nageurs, des Barboteurs et des Coureurs, cette proposition importante *que la supériorité du mâle est caractéristique des races inférieures dans la Volatilie.*

Or, la logique déclare qu'il est absolument impossible d'arriver à cette conclusion chez l'oiseau sans la faire jaillir en même temps du principe absurde et barbare de la toute-puissance de la barbe chez l'homme.

Attendu que la bête n'est qu'une fraction passionnelle de l'être supérieur appelé *homme*, fraction exactement moulée sur le modèle de son unité typique, et se gouvernant et se conjuguant exclusivement sur elle, et reflétant fidèlement toutes ses évolutions ;

Ou bien, si vous voulez encore :

Attendu que chaque création inférieure est un essai de

la création supérieure, et que l'Oiseau annonce l'Homme, comme l'Homme annonce la Femme, comme la Femme annonce l'Ange;

C'est-à-dire que la première partie du monde des oiseaux que nous venons de parcourir est l'image fidèle du monde des humains, du monde où nous vivons, du monde des Sauvages, des Barbares, des Civilisés.... Et que le moment même de l'histoire de la Volatilie où nous sommes correspond à la phase critique de l'humanité que nous traversons à cette heure..., heure unique marquée dans les âges pour la fin du chaos et l'ère de la transfiguration sociale..., heure solennelle où les tourbillons font silence, dans l'attente des graves événements qui se préparent; où les voiles des temples se déchirent du haut jusqu'en bas, où les guéridons parlent. On comprend, sans que je le dise, quel intérêt d'actualité palpitant et immense ajoute à ce récit zoologique la coïncidence curieuse que je viens de révéler.

Le lecteur n'attend pas, cependant, que je reprenne mon cours complet d'histoire universelle pour démontrer catégoriquement, pièces en main, que les espèces impures dont j'ai décrit précédemment les mœurs, que ces Patauds, ces Goinfres, ces Éperonnés, ces Butors sont notre portrait trait pour trait.

Il est inutile de démontrer la ressemblance de deux images, quand cette ressemblance est frappante; il n'y a qu'à mettre les images l'une à côté de l'autre et à dire : regardez.

Regardez donc et voyez comme, à travers tous les moules divers des phases antérieures, le même souffle de Dieu a passé.

Si étrange, en effet, est la ressemblance de ton et de physionomie, de tempérament et d'allures entre les héros des deux scènes,… si parfaite la similitude des figures et des caractères, qu'elle a frappé dès le commencement les poëtes de tous les climats et de toutes les littératures, où elle a enfanté l'Apologue et la Comparaison, l'Apologue, *ce don qui vient des immortels !*

Et si fort est le nœud de honte qui unit les deux limbes que la sagesse des nations, qui s'exprime par le Verbe, n'a pu trouver encore de nom plus convenable pour baptiser le monde des humains d'aujourd'hui que celui de *pieds-plats*, le même que l'observation lui a donné pour caractériser au physique le monde des oiseaux voués à l'orgigamie !

Car ce n'est pas moi, vous voyez, qui ai attaché à ce terme une signification de mépris; c'est l'Analogie passionnelle parlant par la bouche des sages qui l'a teint de cette couleur dès l'origine des sociétés maudites, et l'a fait entrer de force dans l'argot des Civilisés, pour flétrir les serviles : *Pied-plat*, lâche, rampant, flagorneur.

« Pied-plat, *homme méprisable*, » dit Boiste, qui ajoute à l'appui de sa définition cette phrase de vocabulaire, non moins remarquable par son incorrection que par sa profondeur :

« La sagacité du peuple a remarqué que les gens à *petites âmes* étaient souvent de *plats pieds* ou bien à *larges pieds.* »

Bien dit, mais rendons grâce à la toute-puissante fécondité de l'Analogie passionnelle qui n'a besoin que de laisser choir un mot, une seule expression pittoresque, pour vous mettre sur la voie de solutions inespérées et de rapprochements impossibles.

La chose n'est que trop vraie, hélas! Ce monde des humains des sociétés limbiques n'est, en effet, comme l'autre, qu'un monde de pieds plats, de pieds plats et de vilenies, d'oppressions et de lâchetés, où l'autorité se mesure à la force corporelle, où le pied de douze pouces s'appelle *pied de roi!*

Un monde d'impudicité et de luxure où, par l'interversion de toutes les lois divines, la beauté, que Dieu avait faite pour régner, est esclave..., où le sexe le plus faible et le plus délicat est condamné aux travaux les plus rudes et les plus répugnants..., où le plus précieux de tous les droits, le droit d'amour et de paternité, est privilége du riche...; où le vieux Salomon possède impudemment un harem de mille vierges, pour que mille jouvenceaux de la contrée jeûnent d'amour.

Un monde de juiverie, d'avarice et de turpitude omnimode, où la soif de l'or pousse la mère à faire argent des charmes de sa fille; où la passion de l'eau de feu pousse le fils à vendre son père; où le métier qu'on honore le plus après celui d'agioteur, le métier qui anoblit est celui de tueur d'hommes.

Monde hypocrite, monde maudit, monde stupide, qui porte écrite au front de ses codes imposteurs la formule infecte de Lhomond!

Je défie le plus savant ami des bêtes de m'énoncer une seule sottise, une seule ignominie de son monde, à laquelle je ne réponde aussitôt et avec justesse et bonheur par la contre-citation de la même sottise ou de la même ignominie, puisée en l'histoire du Barbare ou du Civilisé. Le cachet de perversion sera peut-être plus marqué chez l'homme que chez la bête, parce que la bête ne fait pas le mal sciemment et n'a pas sa conscience, comme l'homme, pour lui dire qu'elle a tort d'occire et de dépouiller son prochain; mais ce sera certainement la seule différence des deux actes.

En doutez-vous... revenons à l'exemple :

Se raser, se dissimuler, s'aplatir à tout bout de champ est l'universelle tactique de l'immense majorité des espèces volatiles qui composent les ordres précédents. Ainsi se conduisent, sous la menace de l'oiseau de proie, l'Autruche, l'Oie, la Caille, le Faisan, le Cygne lui-même, le plus gros comme le plus petit, le mieux armé comme le plus faible dans ces races inertes.

Ainsi font également les humains des phases maudites, dont l'histoire tout entière, depuis la chute jusqu'à nos jours, pourrait s'intituler l'histoire de l'aplatissement continu, tant l'habitude de s'aplatir est fréquente chez les masses. Et cette honteuse déviation de l'attitude verticale est produite aussi parmi nous, comme parmi les bêtes, par la peur : une peur universelle, stupéfiante, écrasante ; peur de Dieu, peur du Diable ; peur du bien, peur du mal ; peur de l'eau, peur du feu ; peur de la lumière, peur de l'ombre ; peur de jouir, peur d'aimer. Les papas et les mamans des petits barbares et des petits civilisés leur enseignent à trembler dès l'âge le plus tendre, et il y a en Civilisation une littérature spéciale et des bibliothèques de contes bleus pour aider à ces enseignements. Et personne n'a l'air de comprendre que les trois quarts des maladies qui assiégent notre âge mûr et qui abrégent de cinquante ans notre existence à tous, sont les fruits de ces peurs atroces qu'on nous a faites quand nous étions tout jeunes… ; et que la peur du Diable est le commencement de notre dégradation *composée*, de nos infirmités, de nos génuflexions, de toutes nos bassesses physiques et morales. C'est pour cela que la première cure à pratiquer sur l'homme est de le guérir de la peur et de lui rendre la santé de l'âme, car la guérison de l'âme entraînera celle du corps.

Or, la peur est la cataracte qui couvre son entendement et l'empêche de contempler le Très-Haut dans sa gloire et dans sa bonté infinies.

En conséquence, je demande qu'on brûle tous les livres qui parlent des flammes éternelles et font peur aux enfants..., et qu'il soit défendu, sous des peines très-sévères, de se servir du Diable, de l'Ogre ou de Croque-mitaine pour préparer les peuples à courber leur tête sous le joug et en faire ensuite des troupeaux. Et ma plume, vouée au progrès, ne craint pas de cracher la honte aux noms resplendissants des Dante, des Michel-Ange et des Milton, ces grands coupables qui ont oublié que la mission du génie ici-bas est d'illuminer les esprits et de faire rentrer l'espérance dans les cœurs, et qui ont consacré tous les dons qu'ils avaient reçus du ciel à illus-trer le mensonge. Que les œuvres de tous ces traîtres à l'Idée soient flétries par l'histoire, en même temps que celles des fidèles glorifiées!

C'est que si nous savons parfaitement par le triste té-moignage des récits du passé ce que des imposteurs ha-biles peuvent faire de générations abruties par la peur, nous ignorons encore ce qu'il y aurait à tirer, pour le bien de l'humanité, d'une seule génération d'hommes libres, élevés dans le pur amour de Dieu et complétement étrangers à la crainte. Et j'admire qu'aucun des gouver-nements de ma patrie, qui se sont dits les héritiers des principes de 89, n'ait osé encore mettre le cap vers les parages tentateurs de ce monde inconnu.

Poursuivons nos exemples de l'identité spirituelle et physique des deux règnes.

Évidemment la fable du coup de pied de l'âne a été prise de l'histoire des hommes; car elle est de tous les temps et de tous les pays, et semble même un fait quoti-dien de nos révolutions. Quand le *lion* d'Austerlitz, *de-*

venu vieux, eut reçu sa blessure mortelle aux champs de Waterloo, son Sénat, qu'il avait gorgé d'une large part de ses proies et qui lui avait livré en retour, sans marchander jamais, tout le sang, toutes les libertés et tout l'or de la France, son Sénat fut le premier à lui lancer le coup de pied de l'âne, quand il le vit à bas. Beaucoup d'autres gouvernements français sont tombés depuis lors qui ont subi la même insulte; car c'est le destin des idoles, en Barbarie comme en Civilisation, d'être outragées le lendemain de leur chute, en expiation des encensements dont on les honorait la veille. Je ne connais pas, au beau pays de France, un seul homme de quelque valeur qui n'ait reçu son coup de pied de l'âne une dizaine de fois en sa vie.

Je ne suis pas non plus le premier, je suppose, qui ait songé à appliquer aux jugements des hommes la morale de la fameuse fable des *Animaux malades de la peste*:

Suivant que vous serez puissant ou misérable.

On accuse le Dindon de fuir lâchement devant le Coq et de ne retrouver toute son énergie que pour achever à coups de bec, dans un coin, quelque pauvre volatile malade et prête à rendre l'âme. Mais cette histoire du Dindon courageux est celle du Thersite qui s'éclipse durant la bataille et ne retrouve son courage que pour venir au secours des vainqueurs et pour achever les vaincus. Et cette race de misérables est nombreuse dans les pays sujets aux discordes civiles. C'est elle qui, par la férocité sanguinaire de ses vengeances, déshonora, en juin 48, la victoire des amis de l'ordre. La cruauté dans la vengeance est la seule bravoure des poltrons; par contre, la clémence et la générosité marchent volontiers de pair avec le vrai courage. L'humanité du soldat français, qui passe avec raison pour le modèle des braves, ne lui fait pas moins d'honneur, dans mon estime, que son intrépidité.

Il est encore de rubrique courante chez les pieds-plats du monde volatile, « que les femelles n'ont été créées que pour la joie et le divertissement des mâles, et que sur elles seules doit retomber l'immense charge de l'incubation des œufs et de l'éducation des petits. » Et la meilleure preuve que la nature a voulu, disent-ils, que les choses se fissent ainsi, c'est qu'elle a pourvu les mâles de moyens tout-puissants de coercition pour triompher des volontés rebelles et faire que le droit reste à la force. Telle est aussi l'opinion unanime des plus sages législateurs de Judée et d'Afrique, d'Orient, de Mormonie et de mille autres lieux. Il est écrit dans toutes les chartes conjugales de ces contrées-là, que la femme doit obéissance et fidélité à son mari, à son seigneur et maître, qui ne lui doit, en échange, que le vêtement, la nourriture, le logement et la protection.

Or, dites si les bêtes ne sont pas excusables de professer des doctrines honteuses, quand ces doctrines honteuses se retrouvent au fond de tant de religions et de législations révélées dont elles sont la substance même ; quand on lit dans un livre réputé saint parmi les autres, que c'est la femme qui a provoqué la chute, en induisant l'homme à goûter au fruit de l'arbre de science. Comme si ce n'était pas, au contraire, le premier et le plus beau de tous les titres de la femme à la reconnaissance de l'homme que de l'avoir forcé de sortir de sa misère et de son ignorance, qui l'assimilaient à la brute.

Qu'il avait raison, Condillac, de demander qu'on refît l'entendement humain !

Encore une comparaison, et ce sera la dernière, pour

achever la preuve de la similitude composée des deux
règnes :

L'orgigamie, avons-nous vu, est la loi générale des relations sexuelles dans les trois ordres qui forment le
personnel de la Planipédie, mais elle n'en est pas la loi universelle. Le mal est en dominance dans ce monde primitif, mais il n'y est pas absolu. Et, en effet, si vous en avez
souvenance, nous avons entendu s'élever de nobles voix
du sein de ce milieu impur pour protester courageusement contre l'ignoble doctrine de la préexcellence du
sexe masculin professée par Lhomond et les cuistres ses
complices. Et ces exceptions glorieuses s'appelaient la
Cigogne, le Pélican, le Cygne, le Tadorne, le Vanneau
ou la Bécassine. Or, remarquez que ces espèces excep_
tionnelles qui protestent en faveur de la liberté d'amour
et de la prééminence féminine sont précisément celles
que la poésie et la mythologie ont immortalisées par leurs
chants. L'estime que le genre humain fait de ces moules
d'élite leur est donc venue de la pureté et de la délicatesse de leurs mœurs; et ainsi se démontre ce touchant
théorème de l'analogie passionnelle : qu'il n'y a que ceux
qui aiment qui méritent d'être aimés.

Hélas ! dans notre monde aussi le mal est en dominance
et le bien n'y figure qu'à titre d'exception minime; car
l'amour, chassé par les vieux du foyer domestique, a été
obligé de se réfugier dans le roman et dans la région des
chimères. Mais l'interdit fulminé par les vieux a été impuissant à éteindre au cœur des mortels l'ardente soif de
bonheur que Dieu y avait allumée. Et comme Dieu est
plus fort encore que la superstition et tous les hypo-
crites, il en est résulté que les cœurs les plus nobles et
les plus pénétrés du véritable esprit de Dieu ont protesté
aussi en faveur de la liberté, ou de l'attraction, ou de la

souveraineté de la femme, ce qui est la même chose. Et alors l'idéal où s'était réfugié l'amour est devenu la patrie de toutes les natures supérieures et le domaine exclusif de la poésie et de l'art. Chez nous aussi, regardez bien, tout ce qui se détache en rose du fond sombre de nos annales, noires de misères et de crimes, est la teinte de nos aspirations invincibles vers le bonheur d'amour, but suprême de nos destinées en ce monde et dans l'autre.

Il faut bien que j'en reste là de cette esquisse comparative et que je laisse inachevé le parallèle pour demeurer fidèle à mes engagements. Mais quel magnifique parti la philosophie a oublié de tirer de ces rapprochements!

Et de quel avantage immense ne serait pas pour un grand peuple l'adoption officielle d'une méthode d'enseignement historique comme celle-ci...

Qui permet de lire aussi facilement dans les ténèbres du passé que dans les splendeurs éblouissantes de l'avenir...;

Qui réalise au profit du jeune âge de si nombreuses et de si importantes économies de lectures insipides, d'exercices mnémotechniques douloureux, de copies de composition, de thèmes et de pensums;

Qui abrége de tant d'années l'apprentissage intellectuel et moral des générations nouvelles;

Qui convertit en récréations délicieuses l'abrutissante corvée des antiques études;

Qui édicte en quelques traits de plume tous les commandements de Dieu avec la manière de s'en servir, pour arriver à ce que tout le monde soit heureux, l'homme, l'enfant, la femme;

Qui amènerait à très-bref délai la suppression de l'Académie des sciences morales et politiques, et aussi celle d'une foule d'institutions fossiles analogues et de chaires professorales, exclusivement occupées par des vieux, ennemis-nés du progrès;

Et qui même autoriserait une administration paternelle à profiter d'un hiver où le froid serait dur et le combustible hors de prix pour distribuer aux ménages indigents, en guise de cotrets, les énormes in-folios à tranche rouge qui traitent de l'histoire des Mèdes et des Perses, ou de philosophie, de morale et de théologie, et qui encombrent si désagréablement les bibliothèques des grandes villes, où personne n'y touche, hormis les souris et les rats.

A quoi bon tant de livres d'histoire du passé, quand il n'y a que l'histoire du futur, où nous reprendrons place un jour, qui doive nous intéresser réellement? A quoi bon tant et de si longs traités de moralisme et de philosophisme, quand il suffit de deux lignes, d'une demande et d'une réponse, pour savoir l'état moral et politique d'un pays, d'un monde, d'une époque? Dites-moi ce qu'y était la femme, je vous dirai le reste.

Les sages de ce temps s'imaginent à tort qu'il faut d'immenses palais, d'immenses galeries pour loger les trésors des connaissances humaines, en matière de philosophie, de religion, de politique et de morale. C'est une erreur grosse comme le monde; une malle y suffirait.

Donc nous sommes arrivés dans l'histoire des oiseaux aux extrêmes confins des empires du bien et du mal. A gauche est le monde des Pieds Plats et de l'Orgigamie, qui porte écrite sur sa bannière la formule de Lhomond. A droite, le monde des Pieds Cambrés et des amants fidèles, qui sont pour la supériorité du genre féminin sur l'autre et répètent du matin au soir la formule du Gerfaut. Là-bas sur le fumier, sur les eaux, dans la vase, sensualité grossière, voix discordantes, incapacité artistique.Ici sous la feuillée, au bord des toits, au versant des collines, voix mélodieuses, nids d'amour, génie et liberté.

L'ordre du jour de ce récit appelle l'histoire des Colombiens un sujet plein de charmes.

Quatrième ordre. De la Gradipédie ou des oiseaux marcheurs. 25 genres, 200 espèces environ. Quatre françaises. Nombre infini de variétés.

L'ordre de la Gradipédie est le trait d'union qui relie les deux grandes divisions primordiales du règne des Oiseaux, Planipédie, Curvipédie. Les pieds *marcheurs* sont ambigus entre les pieds *coureurs* (Dromipèdes) et les pieds *percheurs* (Sédipèdes).

Gradipédie est pour moi le nom scientifique de l'ordre créé par Brisson et Levaillant, sous le titre de *Colombiens* ou de *Colombidés*, ordre adopté depuis par une foule d'auteurs, mais non reconnu par les maîtres de la science officielle, Linnæus et Georges Cuvier, qui en ont fait, celui-ci une simple division de l'ordre des Gallinacés, l'autre une simple division de l'ordre des Passereaux.

J'ai spécifié précédemment les six fonctions pivotales du pied chez les oiseaux : nager, vader, courir, percher, grimper, saisir, et j'ai pris ces six modes divers de fonctionnement des supports pour les types séparatifs de mes six premières divisions du règne. J'ai fait voir également que ma méthode de classification se guidait en sa marche sur la boussole de la succession des milieux et de la modification *progressive* du pied. Or, le lecteur attentif a pu remarquer avec quelle régularité rigoureuse et géométrique a fonctionné jusqu'ici cette méthode. Car le premier habitat, l'aquatique, a créé le Nageur, le second le Barboteur, le troisième le Coureur, et la forme du pied de l'oiseau pris pour type de chacun de ces trois ordres primitifs a fidèlement reflété par ses modifications graduées le mouvement ascendant des séries. Ce mouvement ascendant se caractérise dans tous les règnes par la tendance de la forme des supports à se rapprocher de celle de la main humaine. Cette tendance se manifeste, dans le règne de la Volatilie, par le développement de la faculté de percher qui exige l'assise sur quatre doigts et implique accroissement d'importance de la fonction du pied. Cette tendance progressive est surtout facile à saisir dans l'ordre des Coureurs que nous venons de quitter et qui débute par l'Autruche *didactyle*, et l'Outarde *tridactyle*, pour finir par les tribus *percheuses* des Tétras, des Ménures, des Orthonyx, des Tallégalles. Remarquez, en effet, comme la transition se nuance graduellement de l'une à l'autre de ces tribus. Les Faisans et les Tétras se branchent pour dormir et cherchent volontiers un refuge dans le feuillage touffu des grands arbres. Cependant chez ces espèces le pouce, trop court et trop haut inséré, n'aide encore qu'au perchement, et le Coureur oublie généralement de l'utiliser pour la course; tandis que chez les espèces fouilleuses d'Australie et de l'Amazone, le rôle de ce doigt opposant acquiert une tout autre importance. Sa longueur est devenue égale à celle du médian, et son insertion au niveau des doigts de l'avant le force désormais de partager l'office de support dans toutes les attitudes. C'est-à-dire que la nature, qui procède en toutes ses distributions par voie de gradation, a multiplié les nuances de transition et les demi-tons intermédiaires

qu'elle sème en toutes ses gammes, pour opérer harmoniquement le raccordement de l'ordre des Coureurs avec
celui des Percheurs. Quant au point fixe de délimitation
et de suture de ces deux grandes divisions ordinales, je
crois, je le répète, l'avoir déterminé avec la précision rigoureuse du compas, au moyen de la définition que j'ai
donnée du Coureur (dromipède) : *un pulvérateur qui
niche à terre et qui n'abecque pas ses petits*. Cette définition si simple ne laisse plus, en effet, de chance à l'erreur,
et elle dissipe comme par enchantement toutes les obscurités qui avaient empêché jusqu'alors les esprits les plus
clairvoyants de percevoir les caractères séparatifs des
trois ordres anciens de Linnæus, Échassiers, Gallinacés,
Passereaux. Plus moyen de classer désormais l'Outarde
des steppes parmi les Échassiers, pas plus que la Colombi-Galline parmi les Colombiens, pas plus que le
Pigeon parmi les Gallinacés ; car l'erreur s'arrête d'elle-
même avant de se traduire en verbe pour quiconque veut
bien recourir à l'usage de la pierre de touche infaillible.
L'Outarde des steppes *niche à terre et poudroie et n'a-
becque pas ses petits...*, donc ne saurait appartenir à
l'ordre des Échassiers dont quelques-uns nichent aussi à
terre et n'abecquent pas non plus leurs petits, mais dont
aucun ne poudroie, ne chausse l'espadrille, ne possède l'estomac musculeux. La Colombi-Galline niche de
même à terre et poudroie...; donc n'est pas des Colombiens. Le Colombien niche sur les arbres et abecque
ses petits, donc n'est pas des Coureurs, je veux dire des
Gallinacés. Ces trois exemples concluants démontrent
catégoriquement qu'une seule définition heureuse a suffi
pour faire rentrer sous le joug de la discipline hiérarchique les tribus révoltées.

Cependant la nature ne s'est pas bornée à séparer les

deux grands ordres des Coureurs et des Percheurs par la ligne de démarcation si précise et si nette qui vient d'être dessinée. Elle a voulu nuancer la transition d'une façon plus délicate encore, en plaçant entre les deux divisions importantes, un ordre intermédiaire, richement marqué au coin de l'ambigu.

J'ai dit au précédent volume, au chapitre de la *Classification pédiforme*, l'histoire de la filiation des milieux et le rang de l'oiseau percheur. J'ai besoin de reproduire quelques lignes de cet exposé général de la méthode, pour démontrer l'absolue nécessité de l'intervention de cet ordre :

« A la plaine nue, infertile et aride (hippodrome des Coureurs) ont succédé la plaine couverte, le buisson, la forêt..... En ce temps-là naquit l'oiseau percheur : l'oiseau qui sait aimer, qui sait chanter, bâtir ; la parure, la joie et la fête éternelle de cette création. »

Or, il est évident que, dans notre système historique de la filiation des milieux, il a dû surgir du sein de cette plaine aride un habitat intermédiaire entre le désert et la forêt, analogue à celui qui s'appelle la *prairie* dans les romans de Fenimore Cooper, une sorte de parc naturel, où les cultures fourragères alternent avec les massifs de verdure, de manière à fournir tout à la fois nourriture et abri à toutes les espèces ruminantes de la Mammiférie et de la Volatilie. Et le Colombien a dû faire son apparition sur ce globe, aussitôt que la puissance créatrice de l'astre eut engendré ce milieu, et à peu près à la même époque que les tribus percheuses de l'ordre des Coureurs ; car la similitude des régimes alimentaires implique fatalement la similitude des milieux et la contemporanéité de naissance des espèces qui les peuplent. Et la preuve qui démontre le plus victorieusement la simultanéité d'appari-

tion de la première forêt et du premier pigeon est dans
cette justesse merveilleuse et source de tant d'erreurs avec
laquelle le Colombien s'adapte comme anneau de transition entre le Coureur et le Percheur.

Il ne s'agit plus maintenant que de savoir qui a raison
de Cuvier et de Linnæus ou de Brisson, de Levaillant, de
Charles Bonaparte, d'O. des Murs et de tant d'autres
ornithologistes éminents. Et j'espère qu'il me sera facile
de prouver que si je me suis définitivement rallié à l'opinion de ces derniers maîtres, ce n'a pas été sans motif.

En effet, qui voit un Pigeon en voit mille et ne peut
être tenté de confondre ce type avec un autre, tant ce type
porte visiblement empreint sur toutes ses espèces le cachet de l'unité et de l'autonomie, tant il a ce qu'on appelle
son *facies* caractéristique, sa physionomie à lui. Et pourtant ce type s'adapte avec tant de justesse, comme moule
de transition entre le Coureur et le Percheur, et cette transition a été mesurée avec tant de délicatesse que tous les
maîtres de la science ont passé sur les points de suture
sans les apercevoir. Ce qui explique comment la classification du Colombien est encore, à l'heure qu'il est, une
des pierres d'achoppement de l'ornithologie officielle.

Ainsi les moins voyants et Georges Cuvier dans le nombre, ne tenant compte que des similitudes qui reliaient
les Colombiens aux Gallinacés, les ont retenus de force
dans les rangs de ceux-ci ; tandis que Linnæus et les
autres, pour des raisons analogues, mais contraires, en
ont fait un simple groupe de leur ordre des Passereaux.
J'ai signalé plus d'une fois déjà la cause première de cette
double erreur. Gallinacés et Passereaux n'étant pas des
types d'ordre ne pouvaient servir de poteaux indicateurs
de la vraie route. Par conséquent, il était fatal que tous
ceux qui s'en rapporteraient à leurs indications perfides

versassent dans l'ornière, soit à gauche, soit à droite. Et
je ne puis trop souvent le redire, cette disgrâce ne serait
pas arrivée aux malheureux savants, s'ils eussent compris
comme moi, profane, la nécessité de s'entendre sur la
valeur de leur nom d'ordre avant de s'en servir. Il est
bien certain, par exemple, que s'ils eussent pris la précaution de définir leur Gallinacé, comme j'ai défini le
Coureur, ils n'eussent pas commis la faute de confondre
le Pigeon avec la Perdrix et le Tétras. Toutefois, leur erreur
devient presque excusable, lorsque l'on considère l'immense difficulté que le classificateur éprouve à loger à
leur place certaines espèces ambiguës, comme la Colombi-
Galline, le Ménure et tant d'autres. J'ai moi-même été
entraîné par le respect dû aux grands noms de la science
à me rallier à l'opinion de Linnæus, qui voit généralement plus juste que Cuvier en matière de classification
et de nomenclature, et j'ai très-longtemps persisté à vouloir faire de l'ordre des Colombiens une simple série
de l'ordre des Percheurs; estimant, comme l'illustre
naturaliste suédois, que l'intéressante tribu tenait à cet
ordre des Percheurs par de trop puissantes attaches
pour devoir en être séparée par une ligne de démarcation
ordinale. Ce n'est même qu'en ces derniers temps et
après bien des hésitations et des tâtonnements, que je
me suis décidé à l'ériger en ordre, croyant faire en
cela acte d'obéissance aux lois de la nature, qui semble avoir voulu décerner elle-même le titre d'ordre spécial à cette série populeuse, par le grand nombre de
caractères exceptionnels et génériques qu'elle lui a dépar-
tis. L'exposé des caractères généraux de l'ordre des
Colombiens va faire ressortir d'ailleurs toutes les ressemblances et toutes les différences qui le rapprochent et le
séparent de l'ordre précédent.

CARACTÈRES GÉNÉRAUX DE LA GRADIPÉDIE.

Les caractères généraux qui rapprochent les Colombiens des Coureurs sont surtout ceux qui se rapportent au régime diététique. Je ne suis pas bien sûr qu'il existe des espèces ailées exclusivement frugivores, granivores ou graminivores, comme je suis certain qu'il existe des espèces purement insectivores (Gobe-Mouche, Grimpereau, Hirondelle, etc., etc.); mais j'affirme résolûment que si ces espèces exclusivement végétivores se rencontrent quelque part, c'est dans le sein de l'ordre dont nous nous occupons. En tout cas, le régime alimentaire étant essentiellement végétal chez les Coureurs comme chez les Marcheurs, la conformité du régime impliquait la similitude de structure de l'appareil digestif. L'estomac est, en effet, multiple et musculeux chez le Colombien comme chez le Gallinacé, et l'on voit que dans les deux ordres la dilatation de l'œsophage projette au dehors de la gorge une poche qui s'appelle le jabot et que nous retrouverons plus loin, dans la première série de l'ordre suivant, granivores-sédipèdes. Et par la même raison que l'appétit pour les substances végétales est beaucoup plus prononcé encore chez les Pigeons que chez tous les autres oiseaux, nous trouverons que la conformation de leur estomac se rapproche plus que toute autre de celle de l'estomac des mammifères ruminants.

De nombreuses espèces parmi les Colombiens cherchent leur nourriture à terre comme les Coureurs. Beaucoup sont également amis de l'homme qui fait venir les grains, et plusieurs sont entrés spontanément à son service, par les mêmes motifs que la Poule, la Pintade et la Dinde. La chair des Colombiens rivalise encore de saveur, de succulence et de délicatesse avec celle des Gallinacés.

Les Colombiens ont encore retenu de leur proche parenté avec certaines espèces de l'ordre précédent une foule de façons amoureuses de haute galanterie dont ils savent tirer un merveilleux parti. Voilà les ressemblances.

Le bec, chez les Colombiens, affecte bien encore la forme voûtée qui est caractère d'ordre chez les Coureurs. Seulement le dessin de cette courbe s'éloigne si fort du modèle primitif chez une foule d'espèces, qu'on ne le reconnaît plus. L'élongation des mandibules et la boursouflure des narines sont les principales causes de cette altération de ressemblance rostrale. Cette boursouflure anormale des narines arrive quelquefois à couvrir presque complétement la surface de la mandibule supérieure ; elle dégénère pour ainsi dire en véritable lèpre chez nombre d'espèces de création humaine et produit des becs monstrueux.

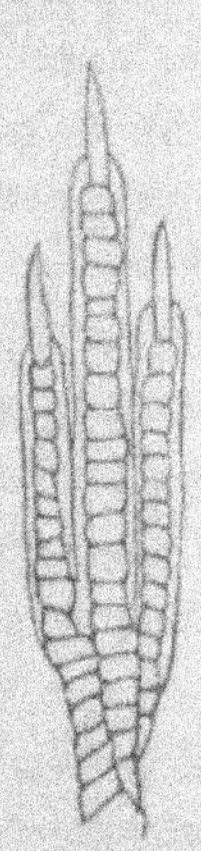

Le pied tient bien encore un peu de celui des Coureurs, par la solidité de la semelle et la solidarité du système des autres doigts ; mais le pouce s'insère toujours au niveau des doigts de l'avant, et c'est cette disposition qui fait que le Colombien est plus spécialement chaussé pour le perchement et la marche que pour la course rapide. Il est obligé de sauter et de s'aider des ailes pour accélérer son mouvement.

Pied du Colombien.

Mais à partir des caractères tirés du bec, du pied et du régime de nourriture, tous les autres ne font qu'apporter contrastes et dissemblances entre les deux ordres contigus, et la séparation est plus profonde encore au moral qu'au physique… D'où j'ai conclu qu'il y avait lieu de prononcer le divorce pour cause d'incompatibilité d'humeur.

Les Colombiens grattent le sol de leur bec et non de leurs ongles ; ils préfèrent les bains d'eau courante aux bains de poussière qui font les délices des Pulvérateurs.

Ils sont pourvus de longues ailes aiguës, propres aux voyages d'outre-mer, et le besoin de voir du pays est maladie endémique de l'ordre. La troisième rémige est la plus longue dans la grande majorité des espèces. Leur vol est sibilant, soutenu et rapide, et leur départ, quand ils prennent l'essor, est accompagné d'un claquement tout spécial produit par le choc violent des deux ailes qui se rencontrent en se dressant verticalement sous la détente de leurs muscles vigoureux. Le type hirondinien, ailes aiguës, queue fourchue, pieds pattus et courts, se reproduit fréquemment dans l'ordre, et toutes les espèces se livrent dans les airs aux évolutions les plus folâtres et les plus capricieuses. Les Pigeons Ramiers, les Bisets et les Tourterelles d'Europe franchissent en quelques minutes le détroit de Gibraltar, et ne le cèdent en vélocité qu'aux Hirondelles, aux Faucons, aux ballons, aux locomotives. Les Pigeons messagers qu'on charge de porter des lettres et qui prennent naturellement le chemin des écoliers, comme tous les commissionnaires, les Pigeons messagers, dis-je, n'en voyagent pas moins avec une vitesse minima de vingt-six lieues à l'heure. Mais autant les allures de vol sont faciles et gracieuses chez les Colombiens, autant sont disgracieuses leurs allures de pied.

La queue est longue et horizontale, et non pendante comme chez la Perdrix, et elle s'arrondit volontiers pour jouer l'éventail. Au nombre des espèces créées par l'industrie humaine s'en trouve une qui imite, avec cet appareil démesurément développé, toutes les évolutions rotatoires du Paon, du Dindon, du Tétras. Je rappelle à cette occasion une observation importante de Geoffroy Saint-

Hilaire, qui signale tous les emprunts de façons excentriques ou d'organes monstrueux faits par une espèce d'un
ordre quelconque à une autre d'un ordre voisin, comme
autant de révélations certaines des liens secrets de parenté
qui unissent les deux ordres.

Presque tous les Colombiens perchent et nichent sur les
arbres. Une seule espèce, jalouse de marquer le caractère
de transition qui est le signe hiérarchique de son ordre,
affecte de ne pas se brancher et fait élection de domicile
dans les trous des rochers et des tours. C'est l'espèce ralliée qui accepte aussi de bonne grâce l'hospitalité de
l'homme dans de hauts édifices qu'on appelle colombiers.
Mais il est à remarquer qu'aussitôt que le démon de la sauvagerie et de l'indépendance le reprend, le Pigeon fuyard
quitte le toit pour la branche. Se brancher, c'est pour lui
faire montre de l'esprit de retour à la vie des forêts.

Les Colombiens ne pondent que deux œufs et n'élèvent
que deux petits de sexe différent et qui sont probablement destinés à continuer jusqu'à la fin de leurs jours
l'union contractée au berceau. Ils ont pour abecquer leurs
jeunes un procédé spécial qui eût pu fournir à la science
un nom d'ordre acceptable, si sa complication extrême
eût permis d'en tirer une dénomination brève suffisamment explicative. En effet, les Pigeons ne nourrissent pas
leurs petits à la façon des Canaris et des Chardonnerets
qui dégorgent dans le bec de leurs nourrissons une bouillie de grain préparée au fond de leur jabot. Ceci est le
système d'abecquement primitif et vulgaire pratiqué par
la masse, et qui jouit même d'une certaine vogue chez
plusieurs races d'humains, chez celle des Esquimaux
entre autres. Les Pigeons font usage d'une méthode quasi-
inverse. Ce ne sont plus ici les nourriciers qui introduisent
leur bec dans celui de leurs nourrissons, mais ceux-ci, au

contraire, qui introduisent leur bec dans celui de ceux-là. Et comme il est naturel que l'introduction d'un corps étranger indigeste dans la gorge d'une pauvre bête provoque immédiatement chez elle le besoin de l'expulser violemment, il s'ensuit que les malheureux parents sont soumis, pendant toute la durée de leurs fonctions nourricières, à une série de convulsions stomacales complétement analogues à celles qui résultent chez nous de l'ingestion de l'émétique. Or, ces convulsions ont précisément pour effet de projeter dans le bec entr'ouvert du Pigeonneau l'aliment préparé dans le jabot maternel. Les petits cris plaintifs qui accompagnent cette ingurgitation laborieuse et la fixation rigoureuse de deux repas par jour tendraient à faire croire que l'opération ne s'accomplit pas tout à fait sans douleur. Maintenant, de quel nom qualifier ce procédé d'abecquement bizarre?

On sait que la substance liquide que secrète le jabot du père et de la mère dans les trois premiers jours qui suivent l'éclosion des petits, est chimiquement et physiquement semblable au lait des mammifères.

Un autre caractère presque général des espèces colombiennes est d'avoir les pieds roses, ce qui est une grâce de plus dans un moule pétri de grâces et créé pour charmer les yeux. La nature, prodigue de ses dons pour cette espèce honnête, lui a encore concédé le doux privilége du baiser.

La voix de la Colombe et celle de la Tourterelle, qui ne s'entendent jamais que dans la saison d'amour, ont inspiré aux créateurs de la langue française deux verbes harmonieux, *roucouler* et *gémir*. *Faire le Saint-Esprit* est encore une locution heureuse et pittoresque prise de certain détail du vol amoureux du Pigeon et de la Tourterelle, une évolution gracieuse par-dessus toutes les autres, une sorte de planement extatique dont le nom baptise l'ordre dans la nomenclature passionnelle.

J'en reste là de l'exposé des caractères généraux de l'ordre pour aborder le terrain de l'histoire religieuse et politique de la Colombe, une histoire remplie d'enseignements de tout genre, et qui nous rapportera bien encore quelques caractères oubliés.

HISTOIRE RELIGIEUSE ET POLITIQUE DU PIGEON.

Voilà peut-être bien soixante siècles déjà que le Pigeon fait commerce d'amitié avec l'homme ; car sa légende religieuse se retrouve au fond des plus anciennes traditions de l'Asie, et remonte au delà du déluge. Quelques savants mal avisés ont cru même pouvoir attribuer à cette espèce timide, innocente et persécutée, l'insigne honneur d'avoir donné au monde des oiseaux le premier exemple de ralliement spontané à son souverain légitime. L'analogie passionnelle et la vérité historique sont malheureusement obligées de protester contre cette attribution fautive, et elles profiteront de la circonstance pour restituer à quide droit le mérite de l'initiative glorieuse. Elles déclarent donc que ce mérite et cet honneur reviennent exclusivement au Faucon..., par la double raison que l'homme a vécu de la chasse, qui est institution pivotale de Sauvagerie, avant de vivre de la culture du sol, qui est institution de plein Patriarcat.... ; et que l'oiseau qui vit de chasse a dû se rallier à lui avant l'oiseau qui vit de grain, lequel a été forcé d'attendre que l'homme eût inventé le blé et la charrue pour traiter avec lui.

Le même argument victorieux servirait à démontrer l'antériorité de la domestication du Chien sur celle de la Brebis, s'il ne se présentait ici un fait qui prime la question et ne permet pas qu'on la pose. C'est à savoir que le troupeau est un don que le Chien a fait à l'homme pour lui faciliter la transition de Sauvagerie en Patriarcat.

Et ce bienfait n'est pas le seul que nous ayons reçu du Chien, qui, au dire de M. de Buffon, nous aurait assuré par son concours la paisible possession de notre globe, en nous donnant par-dessus le marché les sens qui nous manquaient. Le *Vendidad*, qui est le livre sacré des anciens Mages, n'est pas moins explicite à cet égard que l'illustre naturaliste français. « Sans le Chien, proclame-t-il, point de société humaine, » et le *Vendidad* et M. de Buffon ont dit vrai : c'est le Chien qui nous a mis en main le peu que nous avons et qui nous a faits ce que nous sommes ; c'est lui qui nous a tirés par la manche de l'abîme de Sauvagerie et de Cannibalisme, où tant d'autres peuples sont demeurés enfoncés, faute d'une aide efficace ; et sans lui le Germain, le Gaulois et le Scythe en seraient encore, à cette heure, à se dévorer les uns les autres ou bien à disputer au Sanglier brutal le gland de leurs forêts. C'est pour cela que le cœur me saigne si affreusement de voir que les Civilisés de ma patrie n'aient rien trouvé de mieux pour reconnaître le dévouement et la générosité du Chien, que de le soumettre à la triple torture de l'impôt, de la muselière et de la vivisection. Les Barbares valaient mieux que nous, qui lui érigèrent des temples et écrivirent son nom sur la voûte du ciel en caractères de feu.

Les archives de l'humanité conservent des dates presque authentiques du premier contrat d'alliance qui fut conclu entre la Colombe et l'Homme. Toutes remontent très-haut dans le passé et sont contemporaines de l'entrée des sociétés en phase patriarcale ; car les plus vieux bouquins de l'extrême Orient, d'où nous vient toute lumière, constatent unanimement l'existence du Pigeon domestique. Il y a de plus à cet égard le témoignage de la

Bible, le livre saint par excellence, partant le plus digne de foi et dont l'affirmation permettrait au besoin de se passer des autres. Le livre saint rapporte donc que le bonhomme Noé, qui était capitaine de l'Arche, en eut un jour assez de sa longue croisière au-dessus des monts d'Arménie et qu'il fit sortir de leur cabine le Corbeau et le Pigeon, pour voir ce qui se passait au dehors. Et tout le monde sait que le Pigeon revint seul, tenant en son bec un rameau vert, pour annoncer que le courroux de Jéhovah commençait à se calmer et la face du globe à sécher. A quelques heures de là, le navire qui portait le monde et sa fortune atterrissait à la cime du mont Ararat où sa carcasse a été retrouvée plus tard, et le débarquement s'opérait avec ordre.

Or, la belle conduite du Pigeon, qui fut en cette circonstance le porteur de la bonne nouvelle, autorise à penser que l'habitude de rentrer au logis de l'homme était déjà pour lui une seconde nature au temps de la génération adamique. Cette opinion est d'autant plus soutenable qu'il est à peu près démontré en histoire que la conquête du blé a précédé celle de la vigne qui fut découverte par Noé, et que nous avons dit tout à l'heure que le Pigeon n'avait dû attendre que l'invention du blé pour se rallier à l'homme. Toujours est-il que l'histoire des premiers jours du monde régénéré, du sémitique entre autres, nous montre l'homme empressé de témoigner en toute occasion à la blanche Colombe la haute estime qu'il fait d'elle, l'offrant de préférence en sacrifice à ses dieux, comme la plus agréable et la moins indigeste de toutes les victimes. Je n'ai pas besoin de rappeler que ce nom de *victime* dérive de *victus* (victuailles) pour exprimer que les victimes offertes aux dieux par les fidèles servaient de nourriture aux ministres du culte. C'est en grande

partie pour cette cause que Jéhovah prit en grippe le ladre
Caïn qui ne déposait jamais sur *ses* autels que des fruits
sans valeur, et qu'il réserva toutes ses préférences pour le
généreux Abel qui avait grand soin de lui offrir ses brebis
les plus grasses (*oves egregias*). Il est tout naturel que les
ministres du culte, qui ont presque toujours l'oreille de
leur dieu et qui font les livres saints, vous traitent
comme vous les avez traités.

L'Écriture grecque, qui n'est guère en arrière de la
Sainte sous le rapport des dates, mentionne une coutume
qui remonte au temps où les chênes parlaient et qui prouve
que le Pigeon partageait déjà la demeure de l'homme en
ces jours reculés. Elle rapporte que les jeunes fiancés,
au moment de s'unir, offraient à Vénus deux Colombes ;
pour se rendre propice la déesse qui prolonge, suivant
qu'il lui plaît, la durée des lunes de miel, et aussi pour
obtenir d'elle qu'elle fît passer le sang des douces victimes
dans leurs veines. M. de Buffon nous expliquera tout à
l'heure en son style galant les motifs de cette oblation.

Le Panthéisme grec, cette religion adorable, qui compte
parmi nous plus d'adeptes qu'on ne pense et notamment
tous les esprits raffinés des deux sexes, le Panthéisme grec
avait, entre autres excellentes habitudes, celle d'assigner
à chacune de ses divinités sa bête symbolique. Cette attribution d'un emblème pris dans les rangs de l'animalité
avait le double avantage d'annoncer franchement la dominante caractérielle du dieu ou de la déesse et de proclamer en même temps la loi de solidarité qui relie tous
les règnes. On devait y regarder à deux fois dans ce pays-
là pour faire de la peine à des bêtes qui pouvaient avoir
dans le ciel de puissants amis. La religion chrétienne a bien
tenté quelquefois de marcher sur les traces de la païenne ;
mais je crois pouvoir affirmer, sans blasphème, qu'elle

a été moins bien inspirée dans le choix du compagnon bourru dont elle a doté saint Antoine, que ne l'ont été les poëtes grecs dans le choix de l'attribut symbolique de leur Vénus : un couple de Pigeons qui s'aiment éperdûment et ne s'ennuient pas d'être ensemble, comme ceux de La Fontaine.

Il paraît donc qu'en ces jours regrettés où les dieux n'avaient pas honte de deviser d'amour avec les filles des hommes, les gens qui avaient de bons yeux voyaient passer fréquemment par les airs une jeune immortelle aux cheveux blonds, nonchalamment couchée sur un léger traîneau, que remorquaient sans effort deux charmantes Colombes attelées de faveurs roses. Je ne sais pas bien si les choses se sont passées réellement ainsi que ces voyants l'affirmèrent ; car bien des événements eurent lieu du temps que la terre était plate, qui auraient beaucoup de peine à se produire aujourd'hui qu'elle est ronde. Mais ce qui m'intrigue fort et ce que je voudrais que quelqu'un de savant m'expliquât, c'est l'étrange ressemblance qui se trouve entre le dessin de ce char fabriqué de toutes pièces par la folle du logis des poëtes et l'intérieur de la corolle de cette fleur magnifique bleu sombre que les botanistes appellent l'Aconit Napel ou *tue-loup...*; une vraie conque d'azur d'où s'échappent horizontalement deux étamines, dont les deux longs filets figurent exactement deux brancards au bout de chacun desquels est attelé un pigeon figurant une anthère. Je dis que la ressemblance est étrange, parce qu'il est très-probable que les analogistes grecs, lorsqu'ils firent don de l'équipage gracieux à la mère des Amours, ignoraient complétement les détails de la structure interne de cette fleur à laquelle le peuple a consacré le doux nom de Char de Vénus. Et puisque le courant de ce récit nous a naturellement conduit à ce rébus, je profiterai de l'occasion pour demander derechef à qui de droit, l'explication d'une autre énigme du même genre, mais qui bien autrement m'inquiète et m'épouvante.

Je veux parler de la forme de la lyre inventée par je ne sais qui, bien des siècles avant Orphée et retrouvée tout à coup, à près de 4,000 ans et de 4,000 lieues de distance, sur la queue d'un oiseau d'un monde tout à fait inconnu ! ! Je désire savoir quelle secrète influence a pu pousser cet oiseau, qui appartient à un ordre essentiellement ennemi de l'art musical, à marcher à pieds joints sur tous les préjugés de sa caste, pour se faire chanteur. Car voici le mystère : cet oiseau, le Ménure, est un véritable virtuose, et l'instrument qu'il porte dessiné sur l'arrière et qu'il déploie majestueusement dans ses grandes évolutions de la parade d'amour, cet instrument est une lyre et une *lyre magnifique*, et si bien une lyre avec tous ses agrès, que les premiers naturalistes qui ont vu le Ménure l'ont appelé du nom que je viens de souligner. Or, l'analogiste passionnel pense mais n'ose dire que si l'oiseau module de gracieux accords, contrairement aux habitudes universelles de son ordre, c'est parce qu'il est tenu de céder à l'irrésistible pression de la nature qui lui a révélé le secret de ses destinées artistiques en lui mettant une lyre sur la queue. Et, s'il se trompe, il désire qu'on le lui fasse voir et qu'on lui dise par quel miracle un modèle d'instrument taillé de toutes pièces par un poëte dans l'étoffe de la fantaisie, a pu se retrouver au bout de quarante siècles dessiné sur la queue d'un Gallinacé mélomane qui loge aux antipodes !.. Est-ce le poëte qui a deviné la nature à distance, ou la nature qui a voulu flatter le poëte en jugeant son travail digne de contrefaçon ? La tête se fend, la cervelle se calcine à s'approcher trop près

de ces questions brûlantes, bien plus difficiles à deviner
que l'énigme du Sphinx dont on fit tant de bruit dans le
temps. Jules Verreaux, le grand naturaliste, le savant
observateur qui a voyagé dans tant de mondes et qui a
eu l'heureuse chance de pouvoir étudier chez elles tant
de bêtes inédites, Jules Verreaux qui a passé beaucoup
d'heures dans l'intime société de la Lyre magnifique, en
pleine solitude australienne, me disait une fois, que la
passion du chant était si développée chez cette espèce,
qu'elle ne pouvait entendre gazouiller, moduler, roucouler quoi que ce fût, sans éprouver tout aussitôt l'impérieux
besoin de répéter l'air entendu et d'en développer les
motifs. Mais moi qui sais que les hommes forts ont tous
leur petit côté faible, je me suis bien gardé de révéler à
Jules Verreaux le véritable motif de cette mélomanie bizarre, qu'il n'eût peut-être pas accepté.

La Colombe semble si bien l'emblème d'amour, de
pureté, d'innocence, que les analogistes de la religion
chrétienne, qui remplaça celle de l'Olympe, n'hésitèrent
pas à incarner l'Esprit saint dans ce moule et à le faire
descendre du ciel sous cette forme. Ce maniaque de génie
qui réussit à échanger sa condition de conducteur de
chameaux contre celle de Prophète eut aussi recours aux
bons offices du Pigeon blanc pour converser avec l'ange
Gabriel et tirer de lui les articles secrets de la vraie loi.
C'est-à-dire que la religion juive, la chrétienne et l'arabe,
qui sont en désaccord sur tant de points fondamentaux,
ne se sont encore entendues que sur le fait des éminentes
vertus de la Colombe et sur la nécessité de lui décerner
une attribution digne de ses mérites, celle d'interprète-
jurée des volontés du ciel. Le Coq gaulois et l'Aigle romaine ont sans doute tenu des emplois plus brillants que
le Pigeon dans la Bataille et dans la Politique ; mais l'im-

portance de leurs rôles sanguinaires s'éclipse totalement devant l'éclat de la mission sublime assignée au Pigeon par les révélations des trois grands cultes qui pivotent sur le principe de l'unité de Dieu. Voilà pour la légende religieuse du Pigeon.

Maintenant, nous lisons dans l'histoire des contrées d'Orient, où l'esclavage et la détention perpétuelle sont le lot de la femme depuis la chute, que le Pigeon s'est chargé, de temps immémorial, des messages de tendresse des amoureux captifs et de la correspondance politique de tous les exilés. De l'Orient où il a été inventé, ce mode de communication si rapide a passé en Europe, où il est en ce moment plus en vogue que jamais; de sorte que, de tout temps et en tout lieu, le Pigeon a mis son aile au service de l'infortune. J'ai connu le fait de bonne heure, ayant eu la douloureuse chance, en mes plus jeunes ans, de frapper de mort un de ces valeureux messagers qui portait sous l'aisselle un pli adressé à Liége et qui venait de bien loin. J'ai eu bien longtemps sur le cœur le remords de ce coup de feu.

On attribue généralement l'invention de la poste aux Pigeons aux amoureux des rives de l'Euphrate, où la barbarie règne encore, et où, par conséquent, la beauté fut toujours captive. On accuse l'institution de s'être déshonorée, depuis peu, à servir les tripotages de Bourse et les spéculations des joueurs. Ces Juifs ont tout sali.

En dehors de la littérature chinoise et indoustane et de l'histoire sainte, dont les livres sont beaucoup plus récents que leurs dates, un des plus vieux récits du monde est la double épopée d'Homère. Or, le Pigeon domestique se rencontre dans l'*Odyssée* aussi bien que dans la Bible, où le Coq ne me semble apparaître que fort tardivement (Ps. LVIII). Le ralliement du Coq devait être cependant

opéré vers l'époque du roi Salomon, ce prince chéri de
Dieu qui avait mille femmes.

La conquête du Pigeon fut, en tout cas, une des plus
belles de l'industrie humaine, car elle a considérablement accru l'agrément de la demeure de l'homme et la
masse de ses ressources alimentaires. Elle lui a été tout
profit, et c'est cette considération qui m'incite à dénoncer
à l'opinion publique l'une des plus grandes iniquités
sociales, économiques et politiques de ce malheureux
temps. Je veux parler de la persécution désastreuse que
le Code civil, né de la Révolution de 89 et aidé de la
complicité des autorités municipales et départementales,
a déchaînée sur le Pigeon fuyard, au détriment immense de
l'intérêt de tous. C'est une supplique que j'adresse spécialement à MM. les préfets, à qui la loi a confié la tutelle des
malheureux Pigeons et aussi celle des malheureux Per-
dreaux et des malheureux Lièvres, et que je regrette
d'être obligé de traiter de tuteurs infidèles.

Chose pénible à penser, plus triste à dire encore! le
Pigeon de colombier, qui est le plus frugal et le plus
inoffensif peut-être de tous les voiliers de l'air, est le seul
cependant auquel la loi française ait songé à faire expier
le crime de ses prétendues sympathies politiques. Parce
que le droit de posséder un colombier était jadis privilége
nobiliaire, le peuple des campagnes, égaré par ses haines
pour un passé odieux, a voulu à toute force voir dans
l'habitant de la tour féodale un complice et un partisan
du régime foudroyé dans la nuit du 4 août. Comme si
l'infortunée volatile avait jamais été libre d'émettre une
opinion politique quelconque et de choisir entre ses bourreaux! Bien des institutions démolies par la tempête révo-
lutionnaire de la fin du siècle dernier se sont relevées
depuis, bien des erreurs se sont amnistiées de part et

d'autre, bien des rancunes d'ordre se sont refroidies et calmées ; le colombier tout seul attend et ne voit pas venir le jour de la réparation. De louables magistrats, de savants jurisconsultes, des orateurs puissants se sont levés durant cet intervalle de soixante-dix ans et plus pour prendre la défense de la Perdrix, du Rouge-gorge, du Faisan, du Chevreuil, etc., etc., pour essayer de soustraire à l'extermination imminente une foule de gibiers des bois et de la plaine, gibiers royaux ou non...; mais aucune voix éloquente n'a osé se faire entendre jusqu'ici en faveur du Pigeon fuyard, victime de l'ignorance administrative bien plus encore que des préjugés populaires. Nos annales parlementaires conservent avec amour le souvenir de cette discussion mémorable de la loi du 3 mai, où l'on vit une majorité d'hommes graves emportés par un louable excès de sollicitude à l'égard de la Caille, retirer hardiment cet oiseau vagabond de la catégorie des oiseaux de passage pour le préserver des périls attachés à ce titre. Pourquoi l'idée n'est-elle pas venue à nos législateurs, quand ils étaient en si belle veine de sagesse, de réviser la législation draconnienne qui pèse sur le Pigeon domestique?... sur le Pigeon fuyard, qui orne plus fréquemment que la Caille la table du pauvre monde et qui fournit à la culture de l'oignon et à celle du chanvre un engrais spécial si puissant! Admirez, je vous prie, les funestes conséquences des passions politiques et des réactions aveugles de l'esprit de parti ! C'était le travailleur des champs, c'était la production du sol que les réformateurs de 1783 prétendaient protéger d'une façon toute spéciale, en vouant le Biset à l'extermination ou à la détention perpétuelle, ce qui revient au même..., et c'est précisément sur la tête de l'agriculteur et sur celle de ses fils qu'est retombé le sang de l'innocent !

J'ai lu quelque part que le colombier seigneurial versait à la consommation du peuple, avant 1783, un tribut annuel de seize à dix-sept millions de Pigeonneaux..., en évaluant le nombre des colombiers à 42,000, un par commune, la population de chaque colombier à cent paires de Pigeons et le produit annuel de chaque paire à quatre Pigeonneaux. Chaque Pigeonneau pris au nid, vidé et préparé pesant quatre onces, les quarante-deux mille colombiers de France fournissaient donc à la population soixante-sept millions, deux cent mille onces, soit un peu plus de quatre millions de livres pesant d'une viande excellente et d'un prix accessible à tous et dont la majeure partie servait à varier l'ordinaire du ménage des champs. Le ménage campagnard et beaucoup de ménages citadins ont dû faire leur deuil du pâté de Pigeon et de la crapaudine, à partir de 83; car, depuis cette époque, la production de la viande en question a décru des trois quarts et le prix des autres denrées alimentaires s'est accru de ce déficit.

Je ne sais plus à combien de milliers de tonnes s'élevait le produit annuel de la colombine, qui est un engrais sans pareil pour plusieurs plantes potagères ou textiles et qui se vendait au même prix que le blé. Aujourd'hui, la production de ce guano national est réduite à zéro et la culture maraîchère cherche en vain à le remplacer, et c'est ainsi que deux sources fécondes de prospérité agricole ont été taries pour la France. J'estime que le peuple français a sacrifié assez longtemps à des haines puériles pour écouter enfin la voix de la raison. Et voici ce que la raison lui souffle par ma bouche :

Puisque les Pigeons ne grattent pas la terre avec leurs ongles comme les Poules, puisqu'ils ne la piochent pas avec leurs becs comme les Corbeaux et les Pies, ils ne peuvent ramasser sur le sol que les seuls grains qui sont tombés de l'épi ou de la silique par une cause indépendante de leur volonté, ou bien encore ceux que la herse a oublié d'ensevelir et qui ont mille chances pour une de ne pas germer. La preuve que le Pigeon ne fait aucun tort aux récoltes, c'est que, toutes les fois qu'on lui ouvre le ventre pour interroger ses entrailles, on y trouve neuf graines de plantes parasites et nuisibles aux cultures pour une graine de celles dont l'homme se nourrit.

Et puisque les Pigeons ne peuvent, en aucun temps, faire grand tort aux semailles, les arrêtés préfectoraux qui les condamnent à rester prisonniers chez eux depuis le 1ᵉʳ mars jusqu'au 15 avril, au printemps, et depuis le 1ᵉʳ octobre jusqu'au 15 novembre, à l'automne, sont des arrêtés mal conçus et qui doivent être rapportés... Attendu que le Pigeon de colombier a besoin de jouir de toute sa liberté pour aimer, et qu'il abandonne ses œufs quand on le tient captif.

La seule époque où les Pigeons puissent occasionner quelques dégâts est celle qui avoisine la récolte, dans les pays où l'on cultive l'escourgeon, le colza, les pois et les vesces. Qu'on ferme les colombiers pendant une huitaine de jours en ces temps dangereux, c'est tout ce qu'exige l'intérêt de la chose publique; car il est écrit quelque part que le peuple ne vit pas seulement de pain, et qu'il a encore besoin de chair.

Et la chair du Pigeon qui vaut mieux en tout pays que sa réputation est succulente, sapide et propice à l'âge mûr ainsi qu'au travailleur, celle du Pigeonneau surtout. L'Autour et le Faucon qui sont de fines bouches en font le plus grand cas; les vrais gourmands de notre espèce aussi, qui n'auraient pas assez de vénération pour elle, si son bas prix ne la mettait à la portée de toutes les bourses. Le Pigeon se plaît dans la société des petits pois, après sa mort comme pendant sa vie, et il se prête à une foule de caprices de l'imagination culinaire. Est-il besoin de plus de titres pour mériter l'estime des gouvernés, le respect des gouvernants?

Si j'étais le gouvernement français, je ferais élever demain un superbe colombier monumental sur le territoire des 40,000 communes de l'Empire, et je frapperais sur chacun de ces établissements un impôt excessif de capitation pour le sel, et je forcerais ainsi les conseils municipaux paresseux de se faire un revenu de mille écus avec la vente de leurs Pigeonneaux et de leur colombine, et j'augmenterais de je ne sais combien de millions le revenu du Trésor et celui des communes, sans arracher à qui que ce soit la moindre plainte, ce qui est le sublime de l'art, en matière de fiscalité.

Que si le destin, qui pousse on ne sait où les livres, faisait tomber celui-ci entre les mains d'un administrateur éclairé et ami de son pays, veuille le ciel qu'il médite religieusement ce passage et qu'il conforme ses actes à mes paroles; il en recueillera beaucoup de gloire et de bénédictions. Car nous traversons une période de consommation ascendante où les questions de production et d'alimentation publique vont prendre des proportions menaçantes.

L'ordre des Colombiens, très-pauvre d'espèces-types en Europe, en renferme un grand nombre dans le reste du globe. Ce serait peut-être même l'ordre qui, pris dans son ensemble, donnerait le chiffre de population le plus considérable. Audubon vit passer un jour au-dessus de sa tête un vol de Pigeons voyageurs qui tenait tout un pan du ciel et dont il estima l'effectif à plus de mille millions de têtes. Bien qu'aucun nuage ne fût entre le soleil et lui, les rayons de l'astre étaient complétement éclipsés sur un espace de plusieurs milles carrés. Dans la futaie choisie pour le repos nocturne, les chênes rompaient sous le poids de la masse qui s'abattait sur leurs branches; le sol blanchissait à vue d'œil sous la neige épaisse du guano dont l'observateur eut à se plaindre. Or, la scène se passait sur les rives de l'Ohio, et l'Amérique n'est pas la vraie patrie de l'ordre. L'Australie, les Moluques et les îles de la Sonde nourrissent un bien plus grand nombre d'espèces et surtout de plus belles. Le chiffre de ces espèces orientales dépasse, en effet, la centaine, et l'on trouve dans la masse des Pigeons à aigrette gros comme des Chapons et des Tourterelles minuscules de la taille d'une Alouette, plus des Colombes huppées, porteuses de manteaux verts, de manteaux de velours gris perle, ocellés de topazes, avec des coups de poignard dans le sein, comme la Francesca d'Ary Schœffer ; toutes espèces charmantes de physionomie et de forme et délicates de chair, de mœurs et de langage.

Le chiffre énorme de l'effectif de certaines espèces, rapproché de la minime fécondité de l'ordre, nous force de reporter à des dates fort lointaines son apparition sur la terre. J'ai déjà précédemment donné les preuves géologiques de cette ancienneté de création.

On vient de voir, par l'exposé des caractères généraux ci-dessus, que les attributs séparatifs ne manquent pas pour isoler l'ordre des Colombiens de ses voisins de gauche. Mais la reine de Cythère, en attelant jadis deux Colombes à son char, a dit mieux que tous les savants la gloire de la tribu et sa dominante passionnelle.

Bien inspiré fut, en effet, le choix de la déesse d'amour; car tous les mâles de cette famille sont des amoureux de très-haut titre, passionnés et fidèles et qui se montrent

dans la saison d'amour les plus fervents observateurs des
lois de la galanterie. C'est merveille de voir avec quel
luxe de révérences courtoises et de courbettes cérémo-
nieuses l'amant de cette catégorie aborde sa maîtresse.
Elle marche, dans sa dignité féminine, fière et majes-
tueuse, et comme il convient à une reine; lui l'arrête en
se précipitant tout à coup au-devant de ses pas et commence par l'encenser de trois saluts adorateurs, le front
profondément incliné vers la terre et comme pour baiser
la poussière de ses pieds. Vient ensuite une série d'évolutions rotatoires, de pirouettes semi-circulaires, de passes
et de contre-passes magnétiques exécutées avec une persévérance et une fougue sans égales, et illustrées de
gonflements de gorge et de redressements de col d'un
effet indicible. Ces démonstrations éloquentes sont ac-
compagnées, suivant les espèces, de tendres gémissements
ou de roucoulements énergiques, ardentes réclames
d'amour que rhythme un frémissement voluptueux des
ailes. Le moyen de rester froide au contact d'une passion
si véhémente, si sincère surtout, et si chaleureusement
exprimée! La coquette essaye bien de retarder sa défaite
par tous les artifices vulgaires, et réussit à prolonger sa
résistance aussi longtemps qu'il faut pour décupler le
prix de ses concessions; mais l'incendie finit par l'atteindre à la longue, et alors elle fuit vers les saules, désireuse qu'on l'y suive, et là le pacte des fiançailles se
conclut d'un baiser. Car le privilége du baiser, faveur
inestimable que la Nature n'accorde qu'à un très-petit
nombre d'espèces, est attribut de l'ordre, comme je viens
de le dire. Le pacte conjugal suit de près celui des fiançailles; il durera autant que la vie; de part et d'autre on
y sera fidèle... aussi fidèle que possible.

Remarquez que j'ai dit tout à l'heure amoureux de *très-*

haut titre, et non pas du *plus haut titre*. C'est qu'il y a mieux, en effet, dans le monde des oiseaux, en fait d'amants fidèles, que les Colombiens : il y a l'Hirondelle et aussi l'Oiseau-Mouche. Et la fidélité n'est pas toujours, chez les oiseaux de Vénus, à l'abri des orages impétueux des sens, et parfois on a vu de pauvres Tourterelles, victimes de leur bon cœur, s'attendrir trop vivement au récit des malheurs d'infortunés célibataires, et éprouver le besoin d'adoucir leurs tourments. Alors, pour ce manquement à sa foi, la foule des puritains, et M. de Buffon à leur tête, ont accablé des termes les plus durs la Tourterelle trop sensible, comme s'il ne fallait pas que la sainte corporation des *Sœurs de Charité d'Amour* eût aussi là-haut son emblème.

Donc, il paraît démontré que la Tourterelle des bois et le Pigeon Domestique donnent quelquefois, dans le contrat, de légers coups de bec; tandis que les plus mauvaises langues n'ont pas osé encore accuser l'Hirondelle de méfaits de cet ordre. En outre, chez les Colombiens, quand le mariage est dissous par un cas de force majeure, par un de ces accidents funestes auxquels est exposée l'existence des tribus délicates de chair, il est rare que le veuvage du conjoint survivant dure plus d'une saison. Souvent même l'oublieux n'attend pas la fin légale de son deuil pour convoler en secondes noces; scandale inouï dans la famille des Hirondelles, où le premier amour dure autant que la vie et où ceux qui se sont juré une fidélité éternelle n'admettent pas que la mort dégage des serments. Séparée par le sort de tout ce qu'elle aimait, et brisée par l'épreuve, l'Hirondelle survivante ne songe pas même à éluder la sentence du destin; mais disant adieu pour toujours aux bonheurs de ce monde où rien ne lui est plus, elle s'enveloppe dans son deuil et attend la fin de ses maux. Les poëtes affirment qu'on a vu de ces Artémises et de ces

Orphées inconsolables qui trouvaient que le chagrin ne tuait pas assez vite, traverser les monts et les mers et faire deux mille lieues pour revoir une fois encore le nid de leurs dernières amours et s'y enfermer pour mourir. Je demande que la loi qui protége les bêtes en France contienne un article terrible contre les assassins d'Hirondelles.

Le mariage, du reste, n'est pas chez les Pigeons comme chez les humains le tombeau de l'amour. Le père et la mère s'y partagent avec un dévouement passionné les soins de la famille ; et ce partage édifiant de bonheurs et de peines semble aviver bien plutôt qu'amoindrir l'ardente tendresse des époux. Nos amoureux commencent par se mettre à la bâtisse du nid ; le mâle va cueillir sur les arbres voisins les brindilles légères qui doivent servir de matériaux à l'édifice, et les apporte à sa femelle, qui fait semblant de les disposer avec art. Cette besogne est trop tôt terminée, par malheur, car ce nid n'est pas tout à fait une merveille architecturale. Il se compose tout simplement de deux ou trois lits de bûchettes entre-croisées et posées à plat sur quelque enfourchure de grosse branche, une manière de lit de camp, sans aucune addition de matelas ni de paillasse. Il est visible que les artistes qui ont exécuté cette œuvre ont été dérangés dans le cours de leur travail par plusieurs distractions, et qu'ils avaient dans ce moment-là tant de choses plus intéressantes à se dire qu'ils n'ont pas eu le temps de s'occuper des questions de confort. Mais l'extrême négligence apportée en cette construction est souvent cause de désastres terribles. Que de fois j'ai vu la tempête, dans la saison des nids, emporter comme une plume les deux œufs du Ramier et les semer dans l'espace ou jeter en bas de l'arbre sa progéniture confondue ! Si du moins la catastrophe servait de leçon aux victimes; mais l'expérience ne profite à personne, pas même, hélas! aux pauvres amoureux de la tribu des prolétaires (genre *homme*) qui s'en vont répétant après les Tourterelles et après les Ramiers *une chaumière et son cœur*, et qui ne craignent pas d'entrer en ménage avec leur affection mutuelle pour tout mobilier, parfaitement insoucieux des chutes dangereuses auxquelles leur imprudence expose dans l'avenir les innocents qui naîtront d'eux!

Après la bâtisse du nid, qui ne prend que deux ou trois jours, après la ponte qui n'est que de deux œufs et ne dure guère plus, vient le travail de l'incubation. Dans toutes les tribus de l'ordre des Colombiens, le père partage avec la mère cette fonction attributive de la maternité chez l'immense majorité des espèces, et il se montre si fier de cet honneur, que la femelle est souvent obligée de le pousser hors du nid par les épaules pour le forcer de lui céder sa place. A peine relevé de garde, le couveur passionné s'élève dans les airs par une pointe verticale, puis s'arrête aussitôt pour déployer toutes ses voiles et faire le Saint-Esprit.

On peut citer comme preuve de l'amour maternel qui anime cette famille un fait très-remarquable en raison de sa rareté et qui ne se retrouve que chez l'Hirondelle et le Pétrel (Diablotin de la Guadeloupe). C'est que les Pigeonneaux, nourris par leurs parents sont plus gras qu'ils ne le sont à aucune autre époque de leur vie. Le fait est universel et notoire. Dans certaines contrées des États-Unis d'Amérique, Ohio, Kentucky, Tennessée, etc., les ménagères font provision de graisse de Pigeonneaux sauvages qu'elles emploient en guise de saindoux et de beurre pour accommoder leurs ragoûts. Ces Pigeonneaux se tuent par *centaines de mille* en quinze jours. La tuerie a lieu au mois de mai. Je renvoie de nouveau, pour les détails de ces boucheries atroces, aux récits d'Audubon qui nous montrent des fermiers accourant au *nesting place* (nichoir), de vingt lieues à la ronde, munis de leurs énormes chariots pour emporter le gros des morts, et suivis de leurs troupeaux de Porcs pour faire ventre des individus isolés.

Avais-je tort de dire que ces habitudes touchantes où se trahit si visiblement la dominante passionnelle du groupe des Colombiens, jointes à l'innocence et à la pureté de leurs mœurs, discordent quelque peu avec ce que nous savons de l'histoire amoureuse des Éperonnés, vile engeance de goujats qui ne comprennent pas même une jouissance au delà des brutales satisfactions des appétits charnels, qui n'emploient la plupart du temps que la violence pour triompher de la résistance des poules et n'entrent jamais dans le ménage de celles-ci que pour y mettre tout à sac? J'en suis toujours à me demander, en présence de cette disparate si violente des mœurs et des coutumes des deux ordres, comment il a pu entrer dans l'esprit d'un naturaliste de la taille de Cuvier de faire des Pigeons un groupe des Gallinacés.

Ainsi, les Pigeons de toutes les espèces et dans tous les pays du monde symbolisent l'amour pur, tendre, ardent et fidèle, et la Colombe que les Grecs ont baptisée du doux nom de Péristera, plus harmonieux encore que son appellation latine, la Colombe possède au même degré que le Rossignol et l'Hirondelle le privilége d'inspirer heureusement les poëtes et les grands écrivains. M. de Buffon lui-même a trouvé moyen de broder de charmantes phrases sur ce texte propice, sans trop le surcharger de fioritures ni d'erreurs, *sicut suus est mos.* Il fait mieux, et le sujet le pousse à rectifier spontanément et sans

le savoir une de ses plus graves erreurs, une de celles
que la science ne lui pardonne pas. Il commence par déclarer, en effet, que la plupart de nos espèces domestiques appartiennent à l'art de l'homme ; que ces espèces
sont plus grandes, plus belles et plus fécondes que les
souches d'où elles proviennent et *que jamais la nature
n'aurait pu les produire.* Or, M. de Buffon ne s'aperçoit
pas qu'en restituant à l'art créateur des hommes sa
force et sa puissance, il renverse de fond en comble la
fausse théorie de la *supériorité inimitable des œuvres
de la nature* qu'il a soutenue en tant d'occasions, et notamment dans son fameux chapitre du Cheval, où il a
commis l'imprudence de placer l'étalon des Steppes et des
Pampas à beaucoup de coudées au-dessus de l'étalon
arabe pour la grâce, la vitesse et la légèreté. Mais ne lui
retirons pas plus longtemps la parole. Il s'agit des Pigeons :

« Tous ont de certaines qualités qui leur sont communes : l'amour de la société, l'attachement à leurs semblables, la douceur des mœurs, la charité, c'est-à-dire la
fidélité réciproque et l'amour sans partage du mâle et de
la femelle (?), la propreté, le soin de soi-même qui suppose l'envie de plaire ; l'art de se donner des grâces qui
le suppose encore plus ; les caresses tendres, les mouvements doux et les baisers timides..... un feu toujours durable, un goût toujours constant, et pour plus grand bien
encore la puissance d'y satisfaire sans cesse ; nulle humeur, nul dégoût, nulle querelle ; tout le temps de la
vie employé au service de l'amour et au soin de ses fruits ;
toutes les fonctions pénibles également réparties, le mâle
aimant assez pour les partager et même se charger des
soins maternels, couvant régulièrement à son tour et les
œufs et les petits, pour en épargner la peine à sa com-

pagne, pour mettre entre elle et lui cette égalité dont dépend le bonheur de toute union durable : quels modèles pour l'homme, s'il pouvait ou savait les imiter ! »

Ceci est un échantillon modèle du grand style de M. de Buffon, de ce style à facettes, à paillettes, à manchettes, qui a jeté tant d'éclat sur l'histoire des Bêtes et qui a toujours joui de la propriété d'éblouir ceux qu'il n'aveugle pas. Sachez donc bien que ce portrait du Pigeon n'est qu'une terne grisaille en regard de celui de l'Oiseau-Mouche, de celui du Paon, d'une foule d'autres où l'immense coloriste a dépensé tous les trésors de sa riche palette. C'est pourquoi je doute fort que les partisans fanatiques de la royauté littéraire et scientifique de M. de Buffon travaillent réellement dans l'intérêt de sa gloire, quand ils essayent de lui ravir l'incontestable paternité de son Histoire du règne des Oiseaux, pour l'affranchir, à ce qu'ils disent, de la solidarité des erreurs plus ou moins nombreuses que contient cette histoire. Je ne vois là, pour mon compte, qu'une tactique souverainement maladroite et souverainement inutile, aujourd'hui surtout que les critiques les plus bienveillants du grand homme et les naturalistes eux-mêmes commencent à admettre que le mérite littéraire pèse un peu plus que le scientifique dans le poids de la gloire de M. de Buffon.

Mais beaucoup de mes lectrices s'impatientent peut-être de ce que l'histoire littéraire du Pigeon n'a pas encore amené sous ma plume le nom de l'inimitable fabuliste et sa fable des *Deux Pigeons :*

> Deux pigeons s'aimaient d'amour tendre.
> L'un d'eux s'ennuyant au logis...

Je vous demande pardon de ce retard, Mesdames; mais c'est que l'infortuné Bonhomme n'entendait rien à l'amour, et que ce prétendu chef-d'œuvre, qui possède le privilége de charmer les badauds, a le privilége de m'horripiler, moi, comme un grossier mensonge, compliqué d'une insulte gratuite à l'amour et au sens commun. De deux choses l'une, en effet, ou les Pigeons du bon La Fontaine s'adorent, ou ils ne s'adorent pas. Or, s'ils s'aiment sérieusement, ils ne peuvent pas s'ennuier d'être ensemble, au contraire; et s'ils s'ennuient d'être ensemble, c'est qu'ils ne s'aiment pas. En tout cas, les deux premiers vers du poëme se donnent l'un à l'autre un démenti formel, et je n'ai pas besoin de m'inquiéter du reste de l'histoire après cet absurde début. Et vous savez parfaitement, Mesdames, que j'ai superbement raison, quoique vous n'osiez le dire. Hélas! le monde est plein de jolies femmes qui n'osent dire ce qu'elles pensent, et aussi de gens obtus et même de lettrés qui s'accordent à trouver ces deux vers admirables et s'en vont partout les lisant. — C'est que la masse des obtus, comme celle des lettrés, ressemble peut-être au bonhomme La Fontaine qui n'entendait rien à l'amour.

Le fait est que le sujet de la Colombe a mieux inspiré ici le naturaliste que le fabuliste, qui a odieusement abusé en cette circonstance de son autorité de bonhomme et de poëte pour calomnier le Pigeon, comme il avait déjà calomnié la Fourmi. Et si le naturaliste a mieux observé que l'autre, c'est qu'il a regardé, sans le vouloir, du côté de l'analogie passionnelle; car l'éloquente peinture du ménage de la Colombe, de ce doux foyer d'amour où toutes les vertus et tous les dévouements ont élu domicile, n'est que la millième variante de l'éternelle idylle dont les héros s'appellent Estelle et Némorin, Philémon et Baucis, les mêmes qui virent changer leur cabane en un temple. L'amour opère tous les jours de ces changementslà, parce que l'amour est la passion foyère de tous les enthousiasmes, qui pare tout, qui enrichit tout et transforme en palais d'Armide les arceaux de verdure, et surtout se plaît aux champs où tout parle tendresse, les fleurs par leurs parfums, les oiseaux par leurs mélodies. En revanche, l'amour abomine les cités où tout est calcul et mensonge. Le monde entier des Oiseaux ne pouvait donc, comme je l'ai déjà dit, offrir au peintre un modèle plus parfait de ménage harmonien que celui de la Colombe.

Apprenez en effet, de l'analogie passionnelle, que la Colombe est l'emblème de la Charité, bien plus encore que celui de l'Innocence et de l'amour fidèle. Vous savez que les plumes duveteuses de la Colombe tiennent à peine à son épiderme et qu'elle en donne à qui en a besoin sans se faire prier. Cette promptitude à se dépouiller de son manteau pour en couvrir autrui est le cachet de la charité sainte chez les bêtes comme chez les hommes. L'Agneau fait de même que la Colombe, laissant une partie de sa toison aux épines pour fournir aux petits oiseaux la matière de leurs édredons... Mais ne demandez pas semblable libéralité au Corbeau ni à la Fouine (Zibeline) ; car ces mauvaises bêtes-là sont des emblèmes de légistes avares et thésauriseurs, et tenaces à leurs pièces... d'où vient la solidité de leur fourrure. Et ce qui fait que de tout temps la Censure s'est logée assez bas dans l'estime des honnêtes gens, c'est que de tout temps elle s'est montrée indulgente pour les Corbeaux, impitoyable pour les Colombes...

> Dat veniam corvis, vexat censura columbas...

Si les Colombiens ne mangent guère d'insectes, ils en nourrissent un grand nombre, et ce malheur leur est commun avec les Hirondelles et aussi avec les Pêchers, et généralement avec tous les êtres organisés, bêtes ou plantes, qui symbolisent les affections désintéressées et pures.... dont le destin en Civilisation est de servir de texte à tous les ragots des portières et de nourrir l'oisiveté de tous les esprits parasites.—De là le goût passionné des Pigeons pour le sel, spécifique contre la vermine, emblème des cancans.

L'histoire des Colombiens est semblable à celle des prolétaires qui vivent aussi de rien et nourrissent beaucoup de parasites. Elle apporte un témoignage précieux à l'appui de deux grandes lois que j'ai souvent formulées dans le cours de ces études :

« Le Granivore est ami de l'homme qui fait venir les grains. »

« Le principal caractère de l'ambigu est d'être utile et agréable à l'homme. »

Nous avons vu, en effet, que le Pigeon devait être le second en date des oiseaux qui se sont ralliés spontanément à l'homme. Or, comme toutes les espèces innocentes doivent suivre un jour son exemple, sa gloire sera grande dans les âges futurs. Déjà nous savons que toutes les phalanges d'Harmonie sont amplement pourvues de charmantes volières où vivent à l'état de demi-liberté une foule d'espèces chanteuses ; mais, au-dessus de tous ces légers édifices bâtis par le caprice et par la fantaisie, s'élève la haute tour dite du Péristère ou palais des Colombes, qui les domine tous, comme le cèdre altier l'humble hyssope.

Après avoir exposé les caractères généraux qui constituent l'ordre des Colombiens et retracé l'histoire des faits religieux, moraux et politiques qui l'illustrent, il nous reste à faire défiler ses diverses catégories sous les yeux du lecteur.

Tous les Colombiens, avons-nous dit, marchent au lieu de courir, vivent de fruits ou de graines, nichent sur les arbres, pondent deux œufs, abecquent leurs petits d'une façon spéciale et leur mode de nidification est l'enfance de l'art. Assurément qu'il y avait là plus de caractères séparatifs et génériques qu'il n'en fallait pour nous permettre de déterminer nettement le point de départ et le point l'arrivée de l'ordre. Aussi cette partie de notre tâche nous a-t-elle coûté peu de peine.

Le point de départ, c'est-à-dire le Colombien qui ouvre la marche de l'ordre *normal* est le Goura couronné des Moluques; un moule ambigu remarquable par sa physionomie de Pigeon, et par la majesté de sa prestance de Coureur. Et comme nous savons que les ordres primitifs débutent volontiers par des moules anormaux que nous appelons *hors cadre*, nous ne serons pas étonnés de voir figurer au plus bas de l'échelle et au delà du point de croisement des deux ordres, un moule tout à fait excentrique, un oiseau quasi inconnu, *rara avis*, le Samoa, ainsi nommé de l'île de la Polynésie qu'il habite. Le Samoa semble destiné à disparaître avant peu de la surface de ce globe; c'est pour cela que nous nous empressons de reproduire ses traits, pendant qu'il en est temps encore. C'était de son vivant le plus proche parent de feu le Dronte, sur l'histoire duquel les savants, depuis qu'il n'est plus, ont écrit tant de contes. Son bec, dont il se sert pour déterrer les bulbes qui sont sa nourriture, paraît avoir été calqué sur celui du défunt, et semble avoir servi lui-même de patron éloigné à celui de ces grands Pigeons de l'Archipel indien qui se nourrissent de noix qu'ils avalent tout entières, mais dont ils ne digèrent que le brou. Ce bec monstrueux et robuste est surtout remarquable par l'énorme volume et la convexité de ses deux mandibules; l'inférieure présente à son extrémité une double échancrure dont les pointes sont probablement destinées à faire office de dents.

Le Samoa.

Malheureusement, la division interne et secondaire de l'ordre n'offre pas aujourd'hui les mêmes facilités que l'ordinale. La raison de l'embarras est simple ; sur les 200 espèces qui composent l'effectif de l'ordre, 150 pour le moins ont pour patries les terres les plus imparcourues du monde, l'Australie, la Polynésie, les Moluques, les îles de la Sonde, et la science manque encore de renseignements suffisants sur les mœurs et les coutumes d'une foule d'espèces récemment découvertes. Le lecteur comprend, qu'en l'absence de pièces justificatives et dans le doute, un classificateur sage s'abstienne de hasarder une coupe dichotomique aventureuse, ou une division instable par séries ou par groupes. Je ne dis pas cependant que l'obstacle ne puisse être vaincu et la lacune comblée, dès à présent, à force de recherches opiniâtres, d'observations et de consultations infinies. Mais, hélas ! ces recherches et ces études ingrates demandent plus de temps que le sort n'en a mis au service de mon zèle ; et il n'en coûte aucunement à ma fierté de convenir que, de toutes les choses dont j'ai eu le plus besoin pour mener à bonne fin l'œuvre immense que j'ai entreprise, le temps est celle qui m'a le plus manqué. Il y a des gens qui voudraient être riches pour être libres de ne rien faire; j'en sais d'autres qui ne désirent la fortune que pour être libres de travailler.

En conséquence de quels empêchements, j'ai donc laissé aux finisseurs le soin d'opérer cette division secondaire de l'ordre des Colombiens par séries et par groupes, et me suis contenté de reproduire la simple division par genres que j'ai trouvée toute faite dans le grand traité encyclopédique d'O. des Murs. Me permette le savant ornithologiste dont les conseils et les encouragements me sont si souvent venus en aide, en ma pénible tâche, de saisir cette occasion heureuse de lui adresser l'hommage de ma profonde gratitude et de ma haute estime.

M. O. des Murs n'admet qu'une seule tribu dans son ordre des Pigeons. Cette tribu est dite des Colombidés et se divise en trois familles, Colombars, Colombinés et Gourinés. Il retranche de l'ordre le genre Samoa que j'ai placé dans la section hors cadre. Je n'ai pas osé accepter cette division par familles, dans la crainte qu'elle ne fût entachée d'arbitraire. Je ne pouvais pas non plus loger dans l'ordre les deux genres Colombi-Perdrix et Colombi-Caille qui ne lui appartiennent pas selon moi et qui figurent dans le catalogue de l'*Encyclopédie*. Enfin, j'ai mis aux avant-postes de l'ordre le Goura qui, dans le système d'O. des Murs, stationne au dernier échelon. On conçoit parfaitement, du reste, que je n'attache qu'une très-faible importance à ces dissentiments de détails quand je proclame la nécessité de remanier l'ordre de l'alpha jusqu'à l'oméga. Je n'ai donc fait les déclarations qui précèdent que pour empêcher la responsabilité de mes erreurs de retomber sur autrui.

La classification purement passionnelle a moins de peine que la pédiforme à opérer les divisions intérieures de l'ordre des Colombiens, qui est dit l'ordre du *Saint-Esprit* ou des *Planeurs extatiques* et qui se coupe de lui-même en deux parts : Roucouleurs, Gémisseurs.

QUATRIÈME ORDRE : GRADIPÉDIE (MARCHEURS).

DIVISION PAR GENRES.

GENRES.	Nombre des espèces.	GENRES.	Nombre des espèces.	GENRES.	Nombre des espèces.
Samoa,	1	Ramiret,	10	Cocotzin,	7
Goura,	2	Biset,	1	Turvert,	2
Colombar,	20	Rameron,	1	Lumachelle,	5
Ptélonope,	17	Voyageur,	1	Pétrophasse,	1
Kurukuru,	13	Colombi-Turtur,	8	Péristérie,	45
Colomgalle,	2	Tourterelle,	12	Lougup,	1
Fourningo,	3	Maquarie,	4	Colombin,	3
Dilophe,	1	Tourtelette,	1	Trogon,	1
Muscadivore,	30	Colombette,	1	Nicobar,	1
Ramier,	28	Zenoïde,	4		

Total des genres : 29.

— des espèces : 196.

ESPÈCES FRANÇAISES.

La tribu des Pigeons de France renferme quatre espèces premières dont une ou deux domestiquées ont fourni à elles seules une trentaine de variétés. Ces quatre espèces s'appellent le Ramier, le Colombin, le Biset et la Tourterelle.

RAMIER.—Pigeon sauvage, Pigeon des bois, Pigeon des Tuileries, Palombe et Palome du Midi ; le *Palumbus* de la classification officielle.

Le Ramier, que son nom désigne suffisamment pour percheur, est le plus grand de tous les Pigeons d'Europe. Il habite les forêts, pose son nid en plate-forme sur les enfourchures des vieux arbres et fait sa principale nour-

riture des glands et des faînes qu'il avale tout entiers. Il
descend dans les plaines, à l'époque de la maturité des
vesces et des graines oléagineuses dont il est très-friand
comme tous ses congénères.

Le Ramier.

Les Ramiers se réunissent en bandes nombreuses vers
le milieu de septembre et se répandent dans les champs
récemment débarrassés de leurs récoltes de chanvre, de
millet et de sarrasin. Une partie de cette population attend la venue des brouillards pour émigrer vers l'Afrique, en franchissant les deux chaînes de montagnes qui
enceignent la France au midi. Le plus grand nombre
choisit la voie des Pyrénées. La direction des voyageurs
est en ce temps-là du levant au couchant et la masse ef-
fectue son passage par les gorges ou *fontes* des environs

de Pau. Les Ramiers voyagent volontiers de grand matin et par la brume pour éviter la rencontre de l'Épervier et de l'Autour. Ils volent en escadrons serrés, rasant parfois le sol.

Une autre partie hiverne en nos contrées où elle mange le cœur des colzas et des choux, quand toute autre nourriture lui manque, ce qui arrive naturellement quand la neige couvre la terre où ces oiseaux ne peuvent pas fouiller à l'instar des Perdrix, des Tétras et des Lagopèdes. C'est alors qu'on les voit se mettre à la queue des troupeaux de Porcs qui s'en vont déterrant les glands dans les *clairs chênes* de l'Est et se poser sur le dos de ces quadrupèdes.

Depuis que la culture du colza a pris une très-grande extension dans la région septentrionale de la France, le Pigeon ramier y est devenu un des fléaux de l'agriculture, et le cultivateur lui fait une guerre impitoyable. La chasse à la Palombe que j'ai décrite ailleurs, et qui est une des plus savantes institutions de ce genre, a été pendant des siècles pour les habitants des Pyrénées-Occidentales l'objet d'une fructueuse industrie. Le lieu où se pratique cette chasse est dit une *palomière*.

La robe du Ramier est trop connue pour que j'aie besoin de la décrire en détail. Dessus du corps et de la tête gris cendré, poitrine lie-de-vin, larges épaulettes blanches, col chatoyant à reflet vert doré passant volontiers au bleu tendre, orné d'un croissant blanc sur chacune de ses faces latérales ; pieds rouges, iris jaunâtre. La forme du Ramier est des plus élégantes ; son vol est soutenu et rapide, son roucoulement sonore, sa vue aussi perçante que celle de l'Aigle ou du Canard. C'est un des plus charmants oiseaux de nos climats.

Les plus terribles ennemis du Ramier sont, après

l'homme et l'oiseau de proie, le Corbeau et la Martre qui en veulent à ses œufs, encore plus qu'à ses petits. Quand on considère le nombre prodigieux d'ennemis acharnés à la destruction de cette espèce si peu féconde et qui n'a pour tous moyens de salut que sa vue perçante et son aile rapide, on a quelque peine à s'expliquer le chiffre respectable de sa population. Le Ramier qui niche dans nos forêts ne pond que deux œufs et ne fait qu'une seule ponte par an, mais les Ramiers des Tuileries élèvent généralement deux couvées.

L'apprivoisement complet des Ramiers des Tuileries fait voir que l'humeur farouche et défiante de l'espèce n'est que le résultat naturel des dispositions malveillantes que lui témoigne toujours l'homme. Quand la femme régnera sur le reste du monde, comme elle règne au jardin d'amour de Paris, le Ramier déposera de grand cœur ses appréhensions légitimes et rivalisera en tout lieu de familiarité et de hardiesse avec le moineau franc. Ainsi disais-je, il y a une vingtaine d'années. Or l'apprivoisement des Ramiers des Tuileries a fait de si grands progrès depuis lors que ce sont les Moineaux francs qui sont demeurés en arrière de hardiesse et de familiarité avec eux. C'est à peine si les Moineaux francs osent venir prendre le pain dans la main des promeneurs, les Ramiers n'hésitent pas à le prendre dans la bouche, et voici ce qui résultera bientôt du spectacle édifiant de cette familiarité. Tous les autres habitants ailés du jardin des Tuileries commenceront par en subir l'influence ; puis ils feront bruit au dehors des charmes de leur séjour et beaucoup d'étrangers se décideront à s'y établir. De nombreux Étourneaux y ont déjà fait en ces dernières années élection de domicile et viennent réclamer leur sportule quotidienne, à l'instar des Pigeons et des Moineaux francs.

Quand les apprivoiseurs s'aviseront d'offrir des sorbes et des alizes aux Merles, ceux-ci imiteront à leur tour la conduite des Étourneaux.

Le Ramier pris au nid s'élève facilement ; sa chair est d'un excellent goût, plus substantielle toutefois que délicate. Celle des vieux est très-dure, ce qui devrait les faire respecter.

COLOMBIN. — Les naturalistes ont donné un nom insignifiant à une espèce voisine du Ramier, habitante des forêts comme lui, mais plus petite de taille et nichant dans les trous d'arbre. Cette espèce est celle que les chasseurs des Pyrénées appellent le Biset et qui se prend à la *pantière* dans les gorges des Pyrénées *orientales*. Les habitudes du Colombin diffèrent peu de celles du Ramier ; seulement il passe de meilleure heure et je ne crois pas qu'il hiverne chez nous, n'en ayant jamais vu voler un seul dans la rude saison. Ses vrais quartiers d'hiver sont les plaines de l'Afrique septentrionale depuis l'Égypte jusqu'au Maroc. Il revient de bonne heure au printemps dans son pays natal. L'espèce, moins répandue en France que la première, habite surtout les districts forestiers de l'Est. Elle préfère aux fruits des forêts les grains et les semences des plaines et aussi la rive droite à la rive gauche du Rhin, je veux dire la forêt Noire aux forêts des Vosges et des Ardennes.

Quoique voisin du Ramier par la couleur du manteau, les habitudes et les mœurs, le Colombin s'en sépare cependant par plusieurs caractères faciles à saisir, indépendamment de la différence de la taille. Ainsi, le ton général de la robe du Colombin est plus foncé, le rouge vineux de la poitrine est plus accentué ; les reflets métalliques du col jouent l'acier brûlé plus que le cuivre. Enfin l'iris, qui est jaunâtre chez celui-là, est rouge chez celui-ci.

Le vol du Colombin est aussi soutenu et aussi rapide que celui du Ramier, mais sa vue est beaucoup moins perçante, ce qui est cause que la chasse du Biset n'exige pas des procédés aussi savants et aussi compliqués que celle de la Palombe. On parle de 2,200 Bisets pris dans une seule journée dans une seule pantière des environs de Saint-Girons (Ariége) ; mais le fait s'est passé bien avant la Révolution.

Biset. —Le Pigeon biset de Buffon ou le Pigeon de roche. Celui-ci passe généralement pour être la souche de toutes nos variétés domestiques, et cette opinion me paraît d'autant plus acceptable que l'espèce-type ne se rencontre plus guère à l'état libre en Europe, et que la masse semble avoir fait sa soumission définitive à l'homme.

Le Biset n'habite plus les forêts et ne vit plus des fruits des arbres ; il est exclusivement arvicole et trouve sa nourriture dans nos plaines ; il ne perche jamais. Cette différence radicale dans l'habitat et le régime diététique suffit pour établir entre le Biset et ses congénères une distinction tranchée. On ne pourrait d'ailleurs confondre cette espèce à la vue qu'avec le Colombin qui est de la même taille et qui porte à peu près le même uniforme ; mais la comparaison du croupion chez les deux espèces ne laisse pas d'occasion à l'erreur. Cette partie du corps, toujours cendrée chez le Colombin, est d'un blanc pur chez le Biset. Le Pigeon de roche d'ailleurs niche dans les rochers.

C'est à l'espèce du Pigeon de roche qu'appartiennent toutes ces républiques libres de Pigeons qui peuplent les édifices publics des cités, arcs de triomphe, voûtes de ponts, tours de cathédrales, Pigeons de Saint-Marc à Venise, du Pont-Neuf à Paris, de Saint-Pétersbourg, etc. Les citoyens de ces républiques sont à coup sûr, comme les Ramiers des Tuileries, les plus heureux de leur race, cumulant tous les avantages de la liberté absolue, avec la sécurité que leur assure le partage du domicile de l'homme. C'est pour cela que j'approuve fort la sagesse des Bisets de colombiers, qui se sont donnés à l'homme pour n'avoir plus qu'un maître et qu'un seul tribut à payer. Ainsi a fait le Coq qui ne s'en est pas trouvé plus mal, à ce que j'imagine et si j'en juge d'après l'accroissement de la taille chez les individus et le chiffre énorme des légions de l'espèce. Ainsi conseillerai-je toujours d'agir aux espèces innocentes trop faibles pour se défendre, et vouées par leur innocence même à l'universelle boucherie. Je sais encore aujourd'hui en France quelques pauvres localités, falaises de l'Océan, roches de Thébaïdes intérieures où vivent à l'état libre, c'est-à-dire sous la menace perpétuelle de l'Autour et du braconnier, les maigres et rares débris de la race du Biset-type. Quand je vois les périls qui planent sur la tête de ces derniers amants d'une liberté illusoire, et quand je compare leur sort à celui de leurs frères captifs, je n'ose plus m'attendrir sur l'infortune de ceux-ci ni réclamer pour eux la jouissance absolue de leurs droits naturels. Tristes droits naturels que ceux d'être traqués, forcés, plumés vifs et croqués par tous les assassins de la terre et du ciel. La liberté, hélas! n'est que le pain des forts.

L'histoire du Biset, qui est la souche de toutes nos variétés domestiques, exigerait naturellement un volume à elle seule; mais il y a six raisons excellentes pour que je n'entreprenne pas ce travail. La première est qu'il a été fait beaucoup mieux que je ne saurais le faire par deux savants de haut mérite, MM. Corbié et Boitard, et je renvoie les curieux à leur œuvre.

Je demande seulement la permission de dire le nom

des principales espèces créées par l'homme, pour faire remarquer, à travers les modifications du type primitif, la persistance du caractère normal de l'ambiguïté qui est le cachet propre de l'ordre des Colombiens.

Ces principales variétés du Pigeon de volière dérivant du Biset portent les noms qui suivent : Romain, Batave, Polonais, Souabe, Suisse, Turc, etc., Pattu, Paon, Culbuteur, Plongeur, Tourneur, Frisé, Capucin, Carme, Nonnain, Grosse-Gorge ou Souffleur, Cravate, Coquille, Mondain, Cavalier, Messager, Hirondelle, etc. La parenté secrète qui est entre les Gradipèdes et les Dromipèdes (Pigeons et Coureurs) apparaît surtout dans les trois espèces dites *Paon*, *Pattue* et à *cravate*. Il est évident, en effet, que le Pigeon à cravate a emprunté sa parure de col au Tétras à fraise d'Amérique, et le Pattu la fourrure dont ses pieds sont garnis aux pieds du Lagopède. Enfin le Pigeon Paon qui fait la roue ne peut être qu'un plagiaire du Dindon et de l'oiseau de Junon. La chair rouge et substantielle de tous les Pigeons rappelle encore celle du Lagopède.

Famille des Tourterelles. — La charmante et poétique famille des Tourterelles n'est représentée en France que par deux seules espèces, l'une sauvage, l'autre privée. Celle-ci a donné naissance à une variété.

Les Tourterelles sont comme les Pigeons, des oiseaux voyageurs munis de longues ailes. Leur arrivée dans nos forêts du Nord n'a guère lieu avant le premier mai ; elles repartent pour l'Afrique dès le milieu d'août ; pas une n'hiverne en France. Les Tourterelles sont essentiellement sinon exclusivement granivores, et vivent dans nos champs. Les vesces, le blé, le colza, le chènevis, sont leurs nourritures favorites. Leurs mœurs familiales et conjugales sont les mêmes que celles des Ramiers. Elles nichent comme ceux-ci dans les bois, et ne déploient pas plus de science architecturale dans la construction de leur demeure. Seulement elles ont pris l'excellente habitude de la placer sur des buissons touffus à quelques pieds de terre, et non plus sur des arbres ; ce qui garantit leur famille contre de nombreux sinistres. Elles ne font qu'une ponte par an. Les Tourterelles passent isolément et de jour, l'extrême vigueur de leurs ailes leur permettant de braver l'attaque de l'oiseau de proie. On ne les voit jamais réunies en grandes bandes dans l'intérieur des terres, mais seulement dans le voisinage des côtes maritimes, au moment de l'arrivée ou du départ. J'ai remarqué autrefois en Afrique que ces oiseaux, si farouches et si difficiles à approcher dans nos plaines, déposaient soudainement leur défiance en posant le pied sur le sol algérien, où l'indigène d'alors leur permettait de circuler librement parmi ses tribus et ses villes, sans attenter jamais à leur liberté ni à leur existence. J'ai grand'peur que cet état de choses n'ait changé au détriment de l'innocente espèce, depuis que la civilisation et le fusil de chasse ont envahi le domaine des forbans.

Le vol des Tourterelles semble plus facile encore et plus rapide que celui des Ramiers ; la forme de leur corps est plus svelte et plus élégante, plus féminine, pour tout dire. Leur queue s'épanouit en gracieux éventail toutes les fois qu'elles se posent, soit sur un rameau, soit à terre. Leur gémissement, plus tendre que le roucoulement des Pigeons, ressemble bien plus aussi à une supplique d'amour. La Tourterelle est une suave créature dans toute l'acception du terme, et le nom de Tourtour que lui ont donné les Romains est une des plus heureuses et des plus expressives onomatopées de la langue zoologique.

Tourterelle des bois. La Tourterelle des bois, notre

unique espèce indigène, habite tous les pays de France
où il y a un bosquet pour lui offrir un asile, et un ruisseau
d'eau pure pour la désaltérer. Elle aime par-dessus tout
les vallées ombreuses et fraîches, voisines des prairies et
des champs cultivés. Elle est friande de toutes les graines
oléagineuses, de celles de la navette d'été notamment; et
l'abus de cette nourriture finit par lui donner vers le mois
de septembre un excès d'embonpoint qui lui permet de
rivaliser avec la Caille pour la délicatesse de la chair. La
jeune Tourterelle prise au nid s'élève facilement en cage
et se marie sans trop de répugnance avec la Tourterelle
à collier, voire avec les petites variétés du Pigeon domestique. Cette union est même féconde ; seulement les métis
qui en naissent sont stériles. Toutes les Tourterelles
nourries en cage, et auxquelles on ne ménage pas assez
le chènevis ou le colza, sont sujettes à périr d'indigestion
et d'obésité.

TOURTERELLE A COLLIER. Cette espèce, qui est pour le
vulgaire le type de la famille, est originaire de la Syrie et
de l'Égypte, d'où elle a été importée en Europe à une
époque déjà assez ancienne pour qu'il soit difficile de la
bien préciser. Elle est remarquable par sa charmante
couleur isabelle ou café au lait et par un joli collier noir
qui tranche délicatement sur le fond de son manteau. Je
ne connais pas dans le monde une seconde créature aussi
innocente de mœurs, aussi élégante de forme, aussi douce
de regard, aussi caressante pour sa maîtresse que la
Tourterelle isabelle. Elle a pour pendant la Gazelle dans
le règne mammifère. On entend souvent des gens froids,
parfaitement insensibles aux harmonies de la nature, se
plaindre de la monotonie des soupirs de la Tourterelle,
comme si c'était pour eux que la Tourterelle soupirait.
Ce reproche de monotonie est souverainement absurde,

attendu que c'est le propre des vrais amoureux de répéter toujours la même note et le propre des vraies amoureuses d'adorer cette même note et d'en être enchantées. En Harmonie, tous les séristères d'amour sont peuplés de Tourterelles comme les Tuileries de Ramiers; et il est fait à toutes ces espèces innocentes une destinée proportionnelle à leurs attractions. Tout porte à croire que la Tourterelle des bois ne tardera pas à faire élection de domicile d'amour dans les jardins de la cité parisienne, car elle niche déjà aux cyprès des villes d'Orient où la femme est esclave, et je ne vois pas quelle cause la pourrait empêcher d'avoir même confiance aux arbres des jardins du pays où la femme est reine.

En vertu du principe de zoologie passionnelle, qui veut que toute espèce susceptible d'être domestiquée débute par virer au blanc, couleur d'unitéisme, la Tourterelle isabelle produit en cage une variété blanche. Ainsi la Poule blanche et la Colombe blanche sont les premières modifications de leurs types primitifs.

La famille des Tourterelles qui ne fournit à la France qu'une espèce indigène, est, comme celle des Pigeons, très-riche en variétés naturelles sur d'autres points du globe. On y trouve des Tourterelles lilliputiennes à queue fourchue, d'autres à queue pointue, d'autres qui ne quittent jamais la plaine. Il est probable que la plupart finiront quelque jour par produire et s'acclimater parmi nous.

La coutume d'élever des Tourterelles en cage n'est nulle part plus répandue que dans les pays d'outre-Rhin. On a cru très-longtemps que cette passion du peuple allemand pour ce touchant emblème de tendresse maternelle et de fidélité conjugale reposait sur l'accord des sympathies du cœur. Mais il a bien fallu depuis revenir de ces illusions poétiques et restituer à la triste coutume son mobile mesquin. Ce mobile est la croyance que les Tourterelles sont plus prédisposées que l'homme aux affections nerveuses et notamment au mal caduc, et que ce mal tombe sur elles, quand il entre dans un logis, au lieu de s'attaquer aux maîtres. C'est-à-dire qu'on ne se charge de l'entretien des malheureuses bêtes que pour s'en faire des boucliers contre la maladie et qu'on ne les chérit que tout juste assez pour les mettre souffrir à sa place. Combien d'autres espèces délicates et nerveuses, telles que le Canari, le Chardonneret, le Bouvreuil n'ont dû leur popularité qu'à des préjugés du même ordre!

CHAPITRE XI

Cinquième ordre dit de la Sédipédie ou des oiseaux Percheurs. — 3 sous-ordres, 4,000 espèces[1].

Après les Coureurs sylvicoles, qui ne quittent le sol que pour demander à l'arbre un juchoir ou un refuge, sont venus les Marcheurs qui partagent leurs heures entre la forêt et la plaine; après les Marcheurs les Percheurs, qui vivent presque constamment sur la branche; après les Percheurs les Grimpeurs, de qui l'existence est soudée à l'écorce des grands arbres comme celle des Hamadryades de la mythologie.

J'ai peut-être tort de remettre aussi souvent, sous les yeux du lecteur, ces états de situation qui entravent la marche du récit; mais le terrain sur lequel nous sommes arrivés est si rempli de fondrières, de ronces et d'épines que je me suis cru obligé d'y multiplier les poteaux et les points de repère pour bien indiquer la vraie route et empêcher de s'égarer ceux qui me suivent.

L'ordre des oiseaux Percheurs n'est pas seulement, en effet, le plus populeux de tous les ordres du règne, et partant, celui qui présente le plus de difficultés de classe-

---

[1] Le chiffre des espèces connues ne s'élève pas encore à 4,000, mais il dépasse déjà 3,800 et augmente tous les jours.

ment du chef de la nature; il a de plus le malheur immense d'être celui sur lequel l'art humain a versé le plus de ténèbres et d'erreurs. D'une part, il renferme près de 4,000 espèces, ce qui représente plus de moitié de l'effectif total de la Volatilie; de l'autre, il correspond à l'ordre des Passereaux de la classification officielle, *un désordre, un chaos, une cohue immense.*

L'analogie passionnelle m'ayant expliqué les motifs de la supériorité du chiffre des espèces percheuses, je ne me suis pas préoccupé outre mesure des difficultés naturelles que cette inéquité de répartition présentait. Je n'en dis pas autant des obstacles semés sur la voie de la distribution harmonique par l'esprit d'empirisme; car l'ordre usurpateur des Passereaux créé par Linnæus occupe précisément, dans le monde des oiseaux et dans la classification officielle, le haut rang que la Nature avait, de tout temps, assigné à celui des Percheurs, et je ne puis remettre celui-ci en possession de ses droits légitimes sans préalablement les reprendre à celui-là qui les détenait iniquement. Davantage ne puis-je songer à édifier quoi que ce soit de rationnel et de stable sur ce terrain ingrat de la classification ornithologique avant de l'avoir préalablement débarrassé des ruines qui l'encombrent et qui le stérilisent. Puisse ce long travail de restauration et de démolition prouver à mes lecteurs qu'il est moins difficile encore de venir à bout des problèmes les plus complexes posés par la Nature, que de vaincre les préjugés bâtis sur l'ignorance des masses par les sciences incertaines et étayés de l'autorité des grands noms. Beaucoup de gens se plaignent journellement de leur sort, qui n'ont pas payé, à coup sûr, aussi chèrement que le classificateur, le droit de déplorer les funestes conséquences de la perversité de la race adamique.

Pour les personnes peu versées dans la connaissance des saintes Écritures et à qui cette dernière phrase pourrait paraître obscure, je rappelle qu'il est dit au chapitre II de la Genèse, versets 19 et 20, que l'homme, à peine sorti des mains de son créateur, *se mit à nommer tous les animaux de la terre et tous les oiseaux du ciel.* Le livre saint ajoute que les noms donnés aux bêtes ce jour-là par Adam furent les *vrais!*...

Les vrais noms, l'éternel désidérata de la science universelle! C'est-à-dire que la première opération du cerveau humain fut une nomenclature zoologique (une grande gloire pour la zoologie) et que cette nomenclature atteignit d'emblée la perfection. Or, puisque c'est le déluge qui a empêché le remarquable travail de notre premier père d'arriver jusqu'à nous et qui me condamne à le refaire, je suis bien fondé, je suppose, à maudire les méchants qui ont provoqué le fléau.

Mais avant de porter le premier coup de sape à la classification officielle, j'ai besoin de supplier mes maîtres, les savants professeurs du Jardin des Plantes et d'ailleurs, de me pardonner l'excessive franchise de mon langage à l'endroit des princes de leur science. Que si je parviens à démontrer que la création de l'ordre des Passereaux a été l'une des plus déplorables conceptions du génie de Linnæus, et que c'est l'intrusion frauduleuse de cet ordre bâtard parmi les familles légitimes de la Volatilie qui a vicié radicalement la constitution hiérarchique du règne, empêchant de se former les alliances naturelles, par contre forçant la main aux alliances monstrueuses... Que si, de plus, j'ai la conviction, comme tous les esprits droits et simples, qu'il y a une justice dans le ciel...; je prie qu'on me laisse dire que Linnæus, Georges Cuvier et tous ceux qui ont contribué aux succès de l'ordre perturbateur en ont dû répondre devant Dieu. Que si enfin, par impossible, par un hasard heureux, inespéré, je réussissais peu ou prou à débarrasser la voie de la classification ornithologique de sa plus grosse pierre d'achoppement, je demande humblement qu'on m'accorde un éloge, une mention honorable quelconque, une rémunération du service rendu, au lieu de me lapider pour le crime d'avoir parlé des dieux avec irrévérence ou tenté de substituer, moi chétif, mon travail d'écolier indigne, à l'œuvre du génie.... Vu que d'abord ce n'est pas faire œuvre de génie que de créer un ordre qui n'a ni queue ni tête... et qu'ensuite c'est la logique impérieuse qui exige que toutes les fois qu'on renverse un système, on en mette un autre à la place, un meilleur autant que possible. Je déclare donc que je n'ai pas cédé aux suggestions d'un orgueil insensé en essayant de substituer l'ordre légitime des Percheurs à l'ordre bâtard des Passereaux ; mais que j'ai tout simplement essayé d'obéir aux prescriptions de la logique. Je confesse encore qu'il a été dans mes vœux de répondre à l'appel de mon maître Isidore Geoffroy Saint-Hilaire, le professeur aimé qui passa trente ans de sa vie à démontrer la nécessité de remanier profondément la classification officielle ; comme le prouvent les lignes ci-après :

« J'ai à peine besoin de dire en terminant ce paragraphe, que les observations nouvelles dont je viens de présenter le résumé ont pour conséquence *la nécessité de soumettre à une révision la méthode ornithologique la plus généralement adoptée et de lui faire subir de graves modifications en ce qui concerne la classification des Passereaux.* Nous verrons bientôt que d'autres faits tendent également à démontrer la nécessité de modifier la méthode de Cuvier ; mais non comme l'ont pensé quelques auteurs guidés par des considérations d'un autre ordre, celle de la rejeter ou de la renouveler presque entièrement. »

Ce passage est extrait des *Nouvelles suites à Buffon* (page 459). J'ai cru bien faire de citer les paroles de l'illustre président de l'Académie des Sciences, pour placer ma responsabilité d'essayeur de réformes sous l'abri d'un grand nom.

Mais j'ai besoin de compléter cette critique trop timide, trop pleine de réserves dangereuses, en affirmant que personne n'a mieux prouvé qu'Isidore Geoffroy Saint-Hilaire la nécessité de *rejeter et de renouveler entièrement la méthode de Cuvier ;* car ses paroles ont été d'or, toutes les fois qu'il a opiné dans le sens de cette nécessité, et j'ajouterai que lui-même, l'illustre professeur ne s'est arrêté à mi-chemin de sa gloire que pour n'avoir pas eu le courage de ses bons désirs jusqu'au bout. Il est bien reconnu aujourd'hui, en effet, que le système de classification botanique de Linnæus, revu et corrigé par Jussieu, était de beaucoup supérieur à celui de sa classification ornithologique, et que le grand naturaliste suédois était bien plus facile encore à vaincre sur le terrain des Bêtes que sur celui des Plantes. Or, je regrette sincèrement que la gloire de ce second triomphe n'ait pas tenté l'ambition du modeste savant de qui elle eût dignement couronné la carrière.

On vient d'avoir la preuve, par les lignes citées qui précèdent, que je n'étais pas tout seul à vouloir la réforme. J'ajoute que, parmi les maîtres de la science du jour, beaucoup et des plus éminents partagent à cet égard l'opinion de leur collègue Isidore Geoffroy Saint-Hilaire. Pour toutes ces causes j'espère donc que l'indulgence et la justice que je sollicite humblement de la docte maîtrise ne me seront pas refusées.

Efforçons-nous maintenant de démontrer qu'il y a orgence de *renouveler entièrement la méthode de Cuvier et d'apporter des modifications essentielles à la classification de l'ordre des Passereaux.* Et commençons par établir : d'abord qu'il n'y a jamais eu de méthode de Cuvier, et que cette prétendue méthode et celle de Linnæus et l'officielle sont la même. Le tableau comparatif ci-dessous en apprendra plus sur ce point aux personnes qui me lisent que tous mes vains discours.

CLASSIFICATION DE LINNÆUS.	IDEM DE G. CUVIER : OFFICIELLE.
Ordo I. Accipitres.	Ordre Ier. Oiseaux de proie (Accipitres.)
— II. Picæ.	— II. Passereaux (Passeres).
— III. Anseres.	— III. Grimpeurs (Picæ).
— IV. Grallæ.	— IV. Gallinacés (Gallinæ).
— V. Gallinæ.	— V. Échassiers (Grallæ).
— VI. Passeres.	— VI. Palmipèdes (Anseres).

Ceci est la classification officielle adoptée par l'Université, et il n'y en a pas d'autre ; et ce tableau fait voir que la classification dite de Georges Cuvier n'est que la traduction en français de celle de Linnæus : *Passeres - Passereaux*, *Gallinæ - Gallinacés*, *Grallæ - Échassiers*, etc. Peut-être bien que la succession des six ordres est mieux étagée dans le cadre de Cuvier, et que les deux titres d'ordre *Palmipèdes et Grimpeurs* qui indiquent une fonction générale du pied, valent mieux que leurs homologues latins *Anseres* et *Picæ*, qui ne désignent que deux espèces, l'Oie et le Pic. Mais toujours est-il que le nombre des ordres est le même, que leurs noms diffèrent à peine, et que la plus grave dissemblance qu'offrent les deux séries consiste en une simple transposition de notes. Or peu importe, assurément ici, que Passereau soit devant, que Passereau soit derrière. La mise en regard des deux méthodes nous force de reconnaître, en outre, que les deux illustres parrains de la nomenclature officielle ont versé dans la même ornière et commis ensemble l'immense faute de débuter en leur histoire du règne volatile par celle des oiseaux de proie (*Accipitres*), c'est-à-dire par l'histoire des types les plus achevés et les plus composés, pour de là redescendre à celle des types inférieurs et des moules d'ébauche, des moules *premiers-nés* de la Volatilie. Je n'ai pas besoin de prouver, pour la deuxième et troisième fois, que cette méthode historique est diamétralement opposée à celle de la Nature qui procède toujours du simple au composé, et commence par le commencement. J'ai seulement à faire observer que l'engagement que j'ai pris, dès le début de cet ouvrage, de serrer d'aussi près que possible les voies de la Nature, me forçait de me séparer des maîtres dès le début.

Quelques lignes me suffiront pour démontrer les vices constitutifs de cet ordre des Passereaux déjà condamné à la refonte par la science officielle.

L'immonde Corbeau qui se nourrit de cadavres y côtoie l'Oiseau-Mouche qui vit du suc des fleurs. Le Perroquet qui grimpe des ongles et du bec s'y trouve apparenté de force avec l'Engoulevent et l'Hirondelle, qui n'arrêtent jamais, et à qui leurs pieds servent si peu dans leurs éternelles évolutions aériennes. Le Gobe-Mouche y a été placé dans le voisinage immédiat de la Pie-Grièche qui aime à s'en nourrir. On y voit aussi le Rouge-Gorge en société du Geai qu'il redoute et abhorre. C'est, au passionnel comme au matériel, le plus incroyable pêle-mêle d'oiseaux chanteurs, d'oiseaux criards, de croque-morts et de granivores, de marcheurs, de grimpeurs, de mangeurs, de mangés. C'est mieux que le beau idéal de l'anarchie et du tohu-bohu. C'est la négation criminelle du principe sacré de l'univer-

salité de Providence ; car le Créateur ne s'est pas borné,
dans sa haute sagesse, à instituer la série pour distribuer
l'harmonie dans tous les règnes ; il a eu soin de donner,
en outre, à toutes ses créatures, ailées ou non, bêtes ou
plantes, un caractère spécial, un titre sériel et un numéro
d'ordre pour que ceux qui voudraient un jour les rallier
en familles pussent les reconnaître à ces signes. Et il a
expressément défendu de ranger côte à côte sous la même
vitrine les espèces qui se repoussent par toutes les habitudes de l'esprit et du corps, ou dont l'une mange l'autre.
Et tous les classificateurs qui marchent au rebours de ces
inductions sont des naturalistes rebelles aux lois de la
Nature et qui calomnient l'œuvre de Dieu. Et plus vaste
est la science de ces génies sublimes de qui c'est le métier
de voir et de savoir, plus impardonnable est leur faute.

Mais ce n'est pas tout que de dénoncer le mal, il faut
encore en expliquer les causes et en indiquer le remède.

Tout le mal signalé plus haut est venu de l'insignifiance
absolue du titre de *Passereau*, choisi par Linnæus pour
désigner le plus populeux et le plus important des ordres
de la Volatilie. Tout le mal est venu de ce que l'illustre
naturaliste suédois n'a pas voulu comprendre cette double
vérité, plus claire que la lumière du jour, à savoir qu'une
devise qui ne dit rien n'est pas une devise, qu'on ne forme
pas une gerbe, un groupe, un faisceau sans un lien... Et
que le premier mérite d'une étiquette d'ordre est de formuler nettement le caractère typique, séparatif et isolateur qui constitue l'unité de cet ordre, qui sert à en
déterminer géométriquement les frontières, de même
qu'à constater la parenté de ses genres...; le caractère, en
un mot, qui permet d'en ouvrir ou d'en fermer l'accès
aux diverses espèces, suivant qu'elles sont ou ne sont pas
munies du signe de passe exigé.

De ce que le type générique de Passereau n'existait pas dans la nature vivante, n'avait rien de précis, ne formulait aucun caractère unitaire qui pût servir de terme de comparaison entre les espèces, il est donc fatalement advenu qu'une multitude de genres, de familles, voire d'ordres, qui ne se tenaient par aucun lien, qui n'étaient parents, comme on dit, ni d'Ève ni d'Adam, ont pu entrer pèle-mèle dans les rangs de l'ordre confus, dont le pavillon neutre abritait généreusement toutes les nationalités. De là ces apparentages impossibles, ces promiscuités scandaleuses de croque-morts et de suce-fleurs, de victimes et de bourreaux dont on a cité des exemples. Puis, le principe du *laissez passer* une fois adopté, le maître et le poète paresseux s'en sont servis pour loger dans le nouvel ordre tous les genres un peu rebelles qu'ils ne savaient où mettre; et l'ordre des Passereaux est devenu de ce fait un ordre de débarras, ou plutôt de refuge, un ordre semblable à ces corps qu'on appelle des légions étrangères et qui se recrutent de déserteurs et de mal contents venus de tous pays et divers d'appétits, de costumes et d'idiomes. On n'a plus été Passereau, comme ailleurs on était Palmipède, Échassier, Rapace, en vertu de certains caractères de similitude avec un chef d'ordre quelconque pris pour terme de ralliement et de comparaison, un Canard, un Héron, un Aigle. On vous a baptisé de ce nom, pour s'épargner le souci de vous en trouver un autre qui accusât un type. On n'a pas plus tenu compte pour vous loger à cette enseigne des caractères que vous aviez que de ceux que vous n'aviez pas. On était bien convenu tacitement que Passereau voudrait dire *qui ressemble au Moineau franc*, comme Gallinacé veut dire *qui ressemble à la Poule*; mais je défierais bien le plus facile et le plus accommodant de tous les classificateurs de me conjuguer l'Oiseau-Mouche, le Corbeau, le

Perroquet, la Tourterelle et mille autres sur un type commun, quel qu'il soit. L'Oiseau-Mouche et le Corbeau se ressemblent certainement en ce qu'ils ont des ailes et qu'ils pondent; mais, à part ces traits de parenté un peu vagues et un peu éloignés, je ne leur en sais pas d'autres. Et comme je cherche et ne trouve pas les motifs qui font qu'on a rallié ces espèces sous le même drapeau, je cherche et ne trouve pas mieux les motifs que peuvent avoir des écrivains sérieux à continuer de considérer ces œuvres informes et baroques comme des conceptions sublimes... Et je me demande comment un gouvernement éclairé et qui sent avoir charge d'âmes, tolère qu'on instruise la jeunesse à distribuer les règnes de cette façon-là.

Car, voilà le malheur : les illustres parrains de l'ordre des Passereaux ne se sont pas contentés de semer à pleines mains l'anarchie dans leur science et d'y récolter le chaos; ils nous ont laissé leurs disciples. Et les ministres des fausses sciences sont semblables à ceux des fausses religions, qui ont besoin de faire croire à l'infaillibilité de leurs dogmes, sinon à l'infaillibilité de leurs révélateurs... Et lorsque, par hasard, cette folie ne travaille pas les maîtres, leurs disciples l'ont pour eux... Ce qui est cause qu'on a vu, de nos jours, des sectaires fanatiques de Linnæus et de Cuvier faire décréter indisciplinables de nature les tribus innocentes, pacifiques et dociles que leurs maîtres impuissants n'avaient pu ordonner. Or, c'est considérablement aggraver les torts de l'erreur que d'y persévérer et surtout que d'en faire un article de foi. Et si Dante Alighieri a rencontré tant de papes en enfer, c'est que beaucoup, j'en suis sûr, avaient péché par là. Cherchez d'abord la loi de Dieu, a dit le Christ, frappez et l'on vous ouvrira. Le premier devoir du chrétien, du savant, est donc d'observer à la lettre les paroles du divin Maître, et de chercher d'abord la loi de Dieu, qui ne fait rien à l'aveuglette et procède, au contraire, en toutes ses créations, avec esprit de suite et méthode. Alors, comme la série est, au su et au vu de tout le monde, le seul instrument que Dieu emploie pour distribuer l'harmonie, *et comme, par conséquent, elle existe partout*, il est de nécessité absolue qu'on l'y retrouve; et c'est le comble de l'impiété et de l'orgueil que de la nier quelque part, parce qu'on n'a pas su l'y voir. Malheureusement, beaucoup de bons esprits de ce temps ne sont pas encore pleinement convaincus qu'il y ait entente cordiale naturelle entre la vraie Science et la vraie Religion, et inclinent plutôt à adopter le préjugé contraire qui pose comme une loi la fatalité de l'antagonisme entre ces deux nobles aspirations de l'âme humaine. On ne sait pas tous les retards qu'opposent à la marche du progrès ces déplorables conflits d'opinions des sages, et combien la vraie Science pâtit des égarements de la fausse, et comme l'obscurantisme jubile et triomphe en sa barbe du discrédit profond où sont tombées les études zoologiques depuis la mort du grand analogiste Étienne Geoffroy Saint-Hilaire, un honnête homme de génie celui-là, et qui n'a pas déshonoré la science zoologique à mettre ses vérités en règle avec le mensonge régnant.

Un autre côté dangereux de la situation est que ces disciples fanatiques, si chatouilleux à l'épiderme de la gloire de leurs maîtres, sont sûrs d'avoir pour eux en leurs polémiques ardentes, les hautes puissances de la presse qui, d'habitude aussi, poursuivent pour leur compte la conquête d'une chaire en Sorbonne, d'un fauteuil à l'Académie, et sont naturellement disposés pour cette cause à épouser les querelles scientifiques de tous ceux qui veulent bien

épouser leurs ambitions littéraires. C'est ainsi que, dans
le temps, un puissant critique des *Débats*, prix d'honneur
du premier Empire, *laudator temporis acti*, osa bien
m'imputer à crime de ne pas m'être traîné assez servi-
lement sur les traces des maîtres, sur celles de M. de
Buffon, notamment. Comme s'il m'eût été possible, en demeurant collé à cette froide piste (style de vénerie), d'avoir
connaissance parfaite du pied du volatile et de retrouver
en son empreinte le pas des sociétés humaines en marche
vers la phase d'Apogée ! Que lui avais-je fait, à ce critique-
là ? Nulle offense. Il n'avait même pas de motifs sérieux
de vouloir m'amoindrir, puisque je ne croisais pas la
voie de ses prétentions, et que la question des bêtes n'était
pas de son ressort. Mais parce qu'il était, de sa personne,
candidat éternel à l'Immortalité, et parce qu'on jure
encore par M. de Buffon de l'autre côté de l'eau, il crut
faire œuvre agréable à ces vieux qui disposent des suffrages et qui n'aiment pas le neuf, d'accabler de ses traits
aiguisés de latin un pauvre diable d'analogiste en quête
de vérités nouvelles et de le renvoyer à l'école du maître
de Montbard. Singulier maître à consulter, pour quelqu'un
qui cherche l'ordre, que celui qui a mis la Cigogne des
tours en tête des oiseaux d'eau, et logé la Girafe auprès du
Hérisson... ; le même qui n'admit jamais la possibilité de
la disparition des races créées par Dieu et mourut dans la
douce croyance que le Loup anglais existait !

La morale de cet incident nous prouve que les naturalistes vivants ont peu de commisération et de justice à
attendre de la part des hautes puissances de la presse, qui
réservent sagement aux morts leur admiration exclusive,
pour n'avoir pas à se reprocher un jour d'avoir poussé à
la roue de la fortune de quelque futur concurrent.

Ainsi s'éternisent les systèmes les plus inanimés, par

la coalition des paresses et des mauvais vouloirs des apôtres-nés du progrès, la presse et les corps enseignants.

Je m'en tiens là de la critique de la méthode officielle. Que si l'acerbité de mon langage avait dépassé la mesure; que si je m'étais mis dans mon tort en me permettant de qualifier d'empirique un système qui semble la négation systématique de toutes les idées reçues en matière de classification et de nomenclature, j'en demande pour la seconde fois pardon à mes lecteurs, leur faisant observer que ce titre seul d'analogiste qu'on me donne emporte avec lui son excuse. Je veux dire que celui qui sait les emblèmes des bêtes et leurs dominantes passionnelles doit être plus sensible qu'un autre aux affronts qu'on leur fait, et qu'il m'a dû être, pour cette cause, plus souverainement déplaisant qu'à quiconque de voir apparenter de force et enrôler sous la même bannière l'Oiseau-Mouche, un sylphe aérien qui vit du suc des fleurs, qui se pare de pierreries, qui s'agite dans un perpétuel tourbillon de plaisirs et de fêtes, qui symbolise en un mot la jeunesse dorée..., et le Corbeau lugubre, l'immonde déterreur de cadavres, le pillard de nids effréné, qui représente le légiste impur, avide et croasseur, vivant de la ruine des familles et des procès de succession, le même qui prend, comme on dit, les intérêts de la veuve... et le capital de l'orphelin.

Mais j'entends, à ce propos, les critiques hostiles s'écrier que l'ornithologiste passionnel, qui a été mis par la Nature au courant de ces détails, a belle à se moquer de ceux à qui elle les a tenus cachés; et qu'il est peu généreux à lui d'abuser des priviléges d'une situation exceptionnelle. J'accorde que l'Analogie passionnelle, qui révèle à qui la consulte beaucoup de secrets d'en haut, soit un guide plus sûr que Calchas et plus gai que Mentor, et qui rarement égare et qui vous aide volontiers à franchir sans encombre les écueils où d'autres ont sombré; mais je suis en droit de répondre aux reproches qu'on m'adresse, que les consultations de l'Analogie passionnelle sont gratuites et ouvertes à tous, et que tous les savants sont à même d'en tirer profit comme moi.

Et que si Linnæus et Cuvier et Temmynck et Latham, au lieu de s'appuyer sur le principe de l'unité de plan et de solidarité des règnes, qui enseigne la loi de la distribution harmonique, ont préféré prendre pour règle de classification le principe du *laissez passer* ou de la libre admission qui mène droit au chaos, la faute en est à eux, et qu'il est juste qu'ils en subissent la peine. Il est de fait que le principe du laissez passer, qui a introduit dans l'ordre économique et social la plupart des fléaux qui l'affligent et le déshonorent, n'a guère été moins funeste à l'ordre scientifique, où il a réussi comme partout et toujours à faire dominer l'anarchie. C'est lui qui, notamment, a ravi à l'illustre découvreur des sexes et des amours des plantes la plus belle moitié de sa gloire; lui faisant manquer par deux fois, en botanique et en zoologie, la découverte de la méthode des familles naturelles.

Et la perte de tant de gloire est d'autant plus regrettable pour l'immortel naturaliste, que la plupart des infractions par lui commises à la loi d'harmonie étaient très-évitables... A preuve qu'il les a parfaitement évitées dans le règne des mammifères, où il a eu grand soin de confiner dans des ordres à part et de tenir à distance convenable l'une de l'autre les races ennemies comme la Fouine et la Brebis, qui ne sont cependant que les races homologues du Corbeau et de la Tourterelle. Il est bien évident qu'ici l'illustre maître a parfaitement compris que le mariage entre les deux genres était complétement impossible pour cause d'incompatibilité d'humeur, puisqu'il n'a pas songé à les unir. Le malheur est qu'il ne se soit pas aperçu que la même incompatibilité, qui s'opposait à l'alliance de la Fouine et de la Brebis, s'opposait à celle du Corbeau et de la Tourterelle et lui dictait les mêmes conclusions. L'analogiste n'en prend pas moins acte de l'arrêt de séparation prononcé par la méthode officielle entre la Fouine et la Brebis, comme d'un précédent qui implique la nullité de toutes les alliances contre nature qui se rencontrent à chaque station de l'ordre des Passereaux.

Maintenant, et si d'après la critique qui précède il est très-facile de comprendre les motifs qui ont engagé Isidore Geoffroy Saint-Hilaire à demander une modification essentielle à la classification de l'ordre des Passereaux, il l'est moins de se rendre compte des résultats qu'il espérait obtenir de cette modification, lorsqu'il demandait qu'on fît pour la méthode de Cuvier ce que celui-ci avait fait pour la méthode de Linnæus. J'ai prouvé en effet plus haut, d'une façon nette et catégorique, que Cuvier n'avait rien fait pour corriger Linnæus, sinon de traduire son latin en français. Or, est-ce bien corriger les gens que d'adopter leurs erreurs et de les vulgariser ? Je ne le pense pas. En vérité, en vérité, je vous le répète, très-cher et très-regretté Maître de qui je tiens le peu que je sais et qui m'appeliez votre ami, il n'y a qu'un moyen d'utiliser les systèmes usés, qui est de les refondre, comme on fait pour les vieux écus ; et c'est pour cette raison, autant que pour répondre à l'appel que vous nous avez adressé à tous, du haut de votre châire, que j'entreprends hardiment la besogne. *Fais ce que dois, advienne que pourra.*

Étant surabondamment démontré et reconnu que la confusion qui vicie l'ordre des Passereaux provenait sur-

tout de ce que ce titre ordinal était complétement dépourvu de tout caractère séparatif et isolateur, j'ai commencé par substituer à ce dénominateur élastique celui
de *Sédipède*, synonyme de Percheur. Sédipède échappe
heureusement au reproche d'impropriété et d'insignifiance, si justement mérité par celui qu'il remplace ; car
il exprime une des fonctions pivotales du pied auquel
nous avons attribué, si l'on veut bien s'en souvenir, six
modes principaux d'exercice : nager, vader, courir, percher, grimper, saisir. Toutefois, comme j'ai défini le
perchement : la faculté de s'asseoir sur la branche dans
la position horizontale, et comme cette faculté n'est pas
un attribut exclusif et spécial au nombreux personnel de
la Sédipédie, puisqu'on trouve des espèces percheuses
dans tous les ordres, voire dans celui de la Rémipédie,
j'ai compris la nécessité de définir le titre de Sédipède
d'une façon plus précise et de l'entourer, pour ainsi dire,
d'une défense qui interdît accès à toute confusion et re-
poussât victorieusement toute accusation d'insuffisance
de caractère séparatif.

Je définis donc le Sédipède : l'Oiseau tétradactyle dont
la station horizontale sur la branche est l'attitude normale, et dont les pieds, qui ne semblent faits que pour le
perchement, ne sont munis ni d'une *rame* pour nager, ni
d'une *raquette* pour arpenter les vases, ni d'une *espadrille* pour courir, ni de *crampons* pour grimper, ni d'ongles aigus pour *retenir* ou *déchirer* ou *emporter* la proie.
Tous les oiseaux dont le pied n'est pas muni des appareils
spéciaux qui viennent d'être définis, font partie de l'ordre
des Sédipèdes. Peut-être bien se rencontrera-t-il de ci
de là, dans le sein de l'ordre populeux quelque espèce qui
plonge, une autre qui gratte le sol ou qui ne perche guère,
une autre qui se suspend aux fruits la tête en bas, une

autre qui fait montre d'appétits condamnables ; mais l'exception sera si rare que ce sera vraiment ici le cas de répéter avec l'adage vulgaire qu'elle confirme la règle, au lieu de la détruire.

Mais voyez comme les disciples de Linnæus et de Cuvier avaient tort de proclamer l'ordre des Passereaux indisciplinable de nature ; car le voilà soudainement discipliné et réduit à sa plus simple expression d'ordre des Percheurs, rien que par la première application de la définition ci-dessus... Et nous n'avons pas même eu besoin de recourir pour en arriver là à l'emploi des autres moyens d'isolation qui étaient en nos mains.

L'ordre primitif des Passereaux de Linnæus se composait, en effet, si je sais bien compter, de sept grandes familles ayant droit au titre ordinal et formant un effectif total de plus de 5,000 espèces ; à savoir : les Colombidés, les Percheurs, les Syndactyles, les Zygodactyles, les Corvidés, les Pics, les Perroquets. Or, regardez ce qu'il en reste, à la suite de l'élimination prononcée par le seul énoncé du caractère séparatif de la Sédipédie, et défalcation faite de la famille des Colombiens antérieurement élevée au rang d'ordre. Les Corbeaux sont exclus pour cause d'ongles *préhenseurs*, les Grimpeurs, Perroquets et Pics pour cause de *crampons*. Les Syndactyles et les Zygodactyles sont ramenés parmi les Sédipèdes. Nous n'avons plus à compter qu'avec l'ordre des Percheurs. L'ordre confus primitif se trouve désobstrué de ses promiscuités les plus compromettantes ; le chiffre de ses grandes familles ordinales réduit de sept à trois et celui de ses espèces abaissé de plus de mille. Je ne sais pas si j'ai sauvé l'ordre et vaincu l'anarchie par ce coup d'État vigoureux ; mais au moins suis-je sûr d'avoir poussé heureusement dans la voie des réformes reconnues nécessaires par mon illustre maître, puisque j'ai eu l'insigne honneur de m'y rencontrer avec lui.

Et remarquez maintenant qu'il ne tenait qu'à moi d'isoler et de discipliner plus parfaitement encore le grand ordre de la Sédipédie réputé indisciplinable; car ce titre de Sédipède est bien celui qui traduit le plus exactement en langage scientifique le titre de Passereau. Je n'avais à faire pour cela qu'à outrer simplement la sévérité des conditions d'admission dans l'ordre, en ajoutant ces quelques mots à ma définition première : « Le Sédipède est un oiseau qui pose sur quatre doigts *séparés et libres, trois à l'avant, un à l'arrière.* » Cette simple addition suffisait, en effet, pour détacher de l'ordre les deux grandes tribus des Syndactyles (doigts *soudés*) et des Zygodactyles (doigts *attelés deux à deux*). Elle avait, outre l'avantage de constituer la Sédipédie à l'état d'isolement parfait, celui d'en faire un ordre admirablement homogène qui débutait par les Granivores chanteurs et se terminait par les Oiseaux-Mouches mellisuges, se composant exclusivement des plus charmantes et des plus innocentes espèces qui soient sous le soleil. Malheureusement, j'ai cru m'apercevoir que les mérites et les utilités de cette combinaison, qui est mienne, ne pourraient balancer les conséquences funestes des principes de désordre qui en viciaient l'essence et que chacun va comprendre.

Premièrement, il m'était impossible d'exclure de l'ordre des Percheurs la tribu des Syndactyles, qui sont de véritables Percheurs et ne sont que cela. Secondement, en faisant de la Syndactylie et de la Zygodactylie des ordres complétement distincts de la Sédipédie, c'est-à-dire en prenant la simple dissemblance de la forme du pied comme assise du type séparatif de ces deux ordres, je rompais avec la méthode beaucoup plus large et plus philosophique que j'ai observée jusqu'à ce moment et qui consiste à baser la séparation ordinale sur la diversité de la fonction bien plus spécialement encore que sur celle de la forme qui n'est que l'expression de la fonction. Troisièmement enfin, la constitution de l'ordre distinct de la Syndactylie, sur la simple considération de la forme des supports, renversait de prime-saut tout l'échafaudage de mon système, en me condamnant de par la logique impérieuse, à faire pour la Zygodactylie ce que je venais de faire pour la Syndactylie.

Alors je me trouvais forcé de rallier sous ce titre de Zygodactylie toutes les espèces qui posent sur des doigts accouplés par paire, c'est-à-dire les Zygodactyles *Percheurs* (Toucans, Aracaris, Coucous), puis les Zygodactyles *Grimpeurs* (la grande tribu des Pics), et enfin les Zygodactyles à *mains prenantes* (les Perroquets). Et nous retombions en plein dans le chaos du système officiel dont nous avions eu tant de peine à nous tirer.

Ce n'est pas tout encore : la simple reconnaissance de la Zygodactylie comme ordre à part me faisait enfreindre le grand principe religieux qui me sert de guide à travers les passes dangereuses de cette longue Odyssée, à savoir : que *la progression vers l'homme est la loi du mouvement de l'animalité*. D'après ce grand principe, en effet, le Perroquet, qui est frugivore comme l'homme, qui parle comme l'homme, qui a des mains *prenantes* comme l'homme et un *facies* quasi humain ; le Perroquet, qui est de tout point l'*homologue du Singe*, s'aidant de son bec pour grimper, comme l'autre de sa queue, le Perroquet scansorimane, dis-je, doit occuper dans la Volatile le même gradin que le Quadrumane dans la Mammiférie. Je ne pouvais, par conséquent et sous aucun prétexte, accepter une combinaison qui eût eu pour effet de le retirer de la place d'honneur où je l'avais placé moi-même. C'est bien le moins que le classificateur donne le premier l'exemple du respect à la loi qu'il a le premier formulée.

J'ai révélé les causes qui m'ont fait renoncer à la création des trois ordres distincts de la Sédipédie, de la Syndactylie et de la Zygodactylie. Mais on dirait vraiment que l'officieuse Nature, comme si elle avait prévu les difficultés de la grave question qui nous occupe, a voulu nous venir en aide en nos perplexités et nous indiquer elle-même les procédés de subdivision du grand ordre qui comprend peut-être les deux tiers des espèces ailées.

Il est de fait que cet ordre populeux de la Sédipédie a l'air de se subdiviser *naturellement* et de lui-même en trois grandes classes, disons en trois *sous-ordres : Déodactyles* ou Percheurs à *doigts libres ; Syndactyles*, Percheurs à *doigts soudés ; Zygodactyles*, Percheurs à

doigts accouplés. Et je défie d'imaginer une subdivision plus naturelle et plus simple que celle-là et qui s'adapte mieux à la classification pédiforme. Car, en élevant la tribu des Percheurs Syndactyles et celle des Zygodactyles à la dignité de sous-ordres, cette division consacre l'importance de la modification survenue dans la forme du support, et elle ne commet pas la faute d'attribuer à une modification simple, qui ne s'attaque qu'à la forme et ne change rien à la marche, le même degré de valeur séparative qu'à la modification composée qui entraîne à la fois changement de fonction et de forme.

L'éloge de la combinaison m'est d'autant plus facile qu'il ne coûte rien à ma modestie, attendu que tout l'honneur de l'œuvre revient au maître, non au disciple. J'entends dire par ces paroles que cette subdivision trinaire est celle qu'Isidore Geoffroy Saint-Hilaire avait proposée dans le temps, comme modification essentielle à introduire dans la classification des Passereaux de Linnæus, et dont le savant professeur nous a exposé oralement plus d'une fois les nombreux avantages. La modification était bien essentielle, puisqu'elle renversait de fond en comble l'infortuné système qu'elle désirait simplement amender. Seulement, le timide réformateur n'eut pas, comme je le disais tout à l'heure, le courage de son opinion jusqu'au bout, et alors sa réforme a péché par où pèchent toutes les demi-mesures qui ne démolissent les abus qu'à moitié et ne satisfont personne, pas même leurs auteurs. Il a parfaitement démontré qu'une *rétroversion du doigt externe qui ne change pas en Grimpeurs* tous les Passereaux qui présentent ce caractère (Zygodactyles sédipèdes), n'est pas une modification du pied assez importante pour motiver la création d'un ordre à part.... Mais il a oublié d'éliminer de l'ordre des Passereaux, de l'ordre à réformer, les deux grandes tribus de *Grimpeurs* qui s'appellent les Pics et les Perroquets, lesquels ne peuvent figurer réunis dans aucun ordre méthodique et sérieux, pas plus que les Fourmiliers et les Singes, leurs homologues. Cependant, il est évident pour moi que l'auteur des *Suites à Buffon* avait tacitement accepté la nécessité de la conversion préalable de l'ordre des Passereaux en celui des Percheurs, quand il s'est décidé à émettre sa proposition. Il était parfaitement impossible, du reste, qu'un procédé de subdivision aussi clair et aussi visiblement dicté par la nature trouvât sa place ailleurs que dans une méthode naturelle. La preuve en est que le système officiel, en faveur duquel il avait été proposé, l'a vivement repoussé, et que la méthode pédiforme, à laquelle son auteur n'avait aucunement songé, l'a respectueusement accueilli.

Et j'ai fait mieux que le bien accueillir, je l'ai complété; je l'ai appliqué en toutes ses conséquences et j'ai eu pour lui le courage qui a fait faute à son auteur.

Comme le maître avait démontré que la simple rétroversion du doigt externe, quand elle n'entraînait pas changement d'attitude et de marche, ne suffisait pas pour motiver formation d'ordre à part, j'ai supprimé le titre d'ordre de Zygodactylie. Et comme alors il n'y avait plus de prétexte pour maintenir enrôlés sous le même drapeau les Grimpeurs à pieds mousses (Pics) et les Grimpeurs à *mains prenantes* (Perroquets), j'ai rendu à ces deux grandes tribus, si distinctes de toutes les autres, leur rang d'*ordres naturels*. J'ai pris sur moi également de débarrasser l'Oiseau-Mouche du voisinage déshonorant du Corbeau, et j'en ai fait autant pour le Gobe-Mouche que j'ai affranchi de la société dangereuse de la Pie-Grièche, et j'ai renvoyé celle-ci à son poste de guerre près de la grande Pie sa cousine, à l'avant-garde de l'ordre des Rapaces. Et l'ordre des Passereaux de Linnæus, si confus, si mêlé, s'est trouvé transformé, par suite de ces éliminations rationnelles, en l'ordre naturel des Sédipèdes ou des Percheurs de la méthode pédiforme; et le disciple, plus docile aux sages leçons du maître que le maître lui-même, a recueilli les fruits de son obéissance.

Nous voici donc enfin arrivés, après tant de peines, à l'histoire du sous-ordre de la Déodactylie, un sujet presque neuf encore, bien que tout le monde l'ait traité.

DE LA DÉODACTYLIE OU DES PERCHEURS A DOIGTS LIBRES.

Caractères généraux. — J'ai bien dit la chose qui était, quand j'ai peint autrefois l'ordre des oiseaux Percheurs comme la joie, la parure et l'enchantement éternel de la dernière création. Je n'ai pas, par conséquent, à retirer un seul mot de cette phrase qui donne la portraiture abrégée, mais fidèle, d'une classe qui comprend, outre tous les oiseaux chanteurs, l'Oiseau-Mouche, le Colibri et le Souï-Manga, les merveilles du monde emplumé. J'ai besoin seulement de faire observer au lecteur qu'à l'heure où j'esquissais ce portrait, le nom de Percheurs ne s'adressait dans ma pensée qu'aux espèces déodactyles, qui composaient alors à elles seules, pour moi, tout l'ordre des Sédipèdes... Et que, par conséquent, je dois revendiquer pour mes nouveaux Déodactyles, la propriété exclusive et spéciale du texte jadis consacré à l'illustration de mes anciens Sédipèdes. Le sous-ordre des Déodactyles est, en effet, celui qui nous présente le plus parfait ensemble de types adorables créés pour le ravissement des oreilles et des yeux.

Avant de procéder à l'examen des caractères généraux de la Déodactylie, qui ressemblent beaucoup à ceux de l'ordre précédent, je veux commencer par chasser de l'horizon du sujet les deux points noirs qui l'obscurcissent et empêchent le jour de s'y faire. J'entends parler du chiffre énorme des espèces du sous-ordre et de la ténuité du volume d'icelles; deux énigmes que la science vulgaire n'a pas même cherché à deviner; deux problèmes, du reste, que l'Analogie passionnelle était seule capable de résoudre.

D.—Pourquoi si démesurément supérieur à l'effectif de tous les autres ordres, le chiffre des espèces de la Déodactylie?

Pourquoi si exiguë la taille de ces espèces charmantes?

R.—La Déodactylie symbolise la phase d'Harmonie et de plein développement des sociétés humaines.

Voilà pourquoi elle tient plus de place que tous les autres ordres dans le règne des oiseaux.

La phase harmonienne occupe aussi plus de place que toutes les autres phases dans la vie de l'humanité.

Les personnes tant soit peu versées dans l'étude des destinées sociales savent, en effet, que la phase d'Harmonie ou de plein apogée est l'état normal, l'état *sain* des sociétés humaines...; tandis que la Sauvagerie, le Patriarcat, la Barbarie et la Civilisation sont à cette phase normale ce que les maladies de l'enfance, le Croup, la Dentition, la Coqueluche et la Peur du diable sont à la santé de l'adulte.

Et la Déodactylie symbolise l'Harmonie..., parce que le féminin y est dit plus noble que le masculin...; parce que l'autorité souveraine y est dévolue à la femelle qui règne et qui gouverne...; parce que la monogamie y est la loi des relations conjugales et la fidélité aux serments inviolable...; parce que, enfin, la galanterie, qui est la tonique d'amour et qui implique déférence passionnée du mâle pour la femelle, s'y exprime par le chant.

Le chant, comme le parfum des fleurs, est la plus pure et la plus suave expression de l'amour. C'est le privilége exclusif des natures d'élite, ardentes et fidèles; c'est le cachet des vases d'élection. La tribu des oiseaux chanteurs occupe un gradin si élevé dans l'échelle des bêtes, qu'elle n'a pas d'homologue dans les règnes inférieurs de l'animalité, et qu'il faut s'élever bien haut dans l'histoire future de l'homme, pour trouver son pendant. Beaucoup de savants ornithologistes ont dû se plaindre de l'excès de population de l'ordre des Passereaux, qui étaient loin de soupçonner la cause de cet embarras de richesse.

Il est vrai qu'on a fait accroire à une foule de savants timides et modestes, que les destinées de l'avenir étaient masquées d'un voile impénétrable que les regards des mortels ne devaient pas chercher à percer. C'est là une déplorable et funeste croyance ; car la nature ne propose des énigmes à l'homme que pour lui tenir l'imagination en éveil et lui donner le plaisir d'en deviner le mot. Et s'il est difficile de lire à première vue dans son livre, comme en tout grimoire étranger, au moins peut-on y parvenir avec de bons yeux et du zèle ; et les profits qu'on tire de cette lecture indemnisent richement des peines qu'on s'est données pour déchiffrer les hiéroglyphes rebelles. Il faut bien se figurer, en effet, que tout l'intérêt de l'histoire est dans la solution de ces questions d'avenir vers lesquelles convergent toutes nos curiosités, toutes nos anxiétés, toutes nos aspirations. Pour mon compte, j'avoue humblement qu'il m'est doux de savoir que la phase d'Harmonie n'est pas seulement l'état normal des sociétés humaines ; mais qu'elle est de plus aux autres phases de début et de décadence ce que l'état de veille, où l'on a parfaite souvenance des événements du passé, est à l'état de sommeil, où le cerveau engourdi ne perçoit plus que des images confuses, en parfait désaccord avec toutes les notions de l'espace et du temps. Je sais encore que la vraie vie de l'Immortalité ne commence pour les hommes qu'en cette phase d'apogée, où ils entrent de très-bonne heure en communion avec Dieu par l'amour qui révèle à chacun la loi de sa destinée, et lui donne la certitude de la persistance de son individualité animique à travers toutes ses existences. L'étude de l'analogie passionnelle ne m'eût-elle appris que ces choses, que je lui saurais encore gré de ses révélations.

Maintenant la même révélatrice qui vous a expliqué si limpidement les causes de l'énorme supériorité de l'effectif des espèces déodactyles va vous dire, sans plus d'ambages, la raison de la ténuité du volume d'icelles, une question qui, par parenthèse, se confond avec celle de la simplicité du costume de l'oiseau chanteur.

La ténuité du volume des espèces déodactyles est, avec cette simplicité du costume de l'oiseau chanteur, l'une des plus merveilleuses applications, que je sache, du principe de justice distributive, un des trois attributs de Dieu. Le principe de justice distributive interdit naturellement le cumul de la richesse intellectuelle et de la matérielle. Voilà pourquoi le Rossignol et le Roitelet sont si petits de taille, si modestes de tenue.

Le principe de justice distributive se formule par cette loi très-claire : *que le raffinement des espèces s'opère aux dépens de leur masse;* une loi que le bon sens vulgaire a traduite en France par ces mots : *Dieu a donné la force aux bêtes...;* une vérité dont les preuves surabondent et sortent impétueusement de tous les règnes.

C'est ainsi que la femme de race caucasienne, l'Ève ou la Vénus de Chaldée, qui est incomparablement le chef-d'œuvre le plus achevé et le plus délicat qui soit sorti jusqu'à présent des mains du Créateur, a été coulée dans un moule plus mignon que celui d'Adam. Or, il est clair que Dieu, qui n'agit jamais sans motifs, n'a fait la femme plus petite et plus belle que l'homme, que pour *inférioriser le Phénomène à la Substance*, c'est-à-dire subalterniser la Matière à l'Esprit et retirer le commandement à la Force pour le transférer à l'Attrait. Et alors, il a bien fallu que tous les règnes inférieurs qui prennent le mot d'ordre de l'archétype hominal se réglassent sur lui... *Totus ad exemplar...*

Ce qui est cause que, dans le règne végétal, le parfum, titre aromal par essence et caractère de raffinement supérieur, semble avoir été dévolu presque exclusivement à la plante herbacée, et la suavité de l'arome mesurée à l'humilité de la fleur. La Violette et le Muguet se cachent sous la verdure; la Jonquille, le Réséda et l'Œillet traînent à terre.

Toutes les lianes odorantes, Vignes, Jasmins, Vanilles, Clématites, Glycines, succomberaient bientôt sous le faix de leurs trésors, si la Nature prévoyante n'avait armé leurs bras de crampons vigoureux qui les aident à monter sur l'épaule des grands arbres; toujours pour retracer l'image du couple humain où la Grâce s'appuie sur la Force qu'elle couronne de fleurs et de fruits. Si quelques brillantes exceptions semblent se détacher de la loi générale, comme l'Oranger, l'Acacia, le Magnolia, c'est que les hautes institutions d'Harmonie que ces moules exceptionnels symbolisent, avaient besoin d'être représentées dans le monde végétal par de puissants emblèmes de charme *composé*, cumulant les deux caractères du Beau et de l'Utile, du Gracieux et du Fort.

Le volume exigu des pierres fines confirme aussi d'une façon éclatante la loi du raffinement inversement proportionnel à la masse.

Mais le règne qui apporte la démonstration la plus victorieuse de cette grande vérité est celui des Oiseaux... où le plus volumineux de tous les moules, l'Autruche, en est en même temps le plus chauve, le plus informe et le moins pourvu d'ailes...; où le plus petit, au contraire, qui s'appelle l'Oiseau-Mouche, semble un corps glorieux, un pur esprit de l'air, frisant d'aussi près que possible l'assemblage idéal des perfectibilités de sa race.

Voulez-vous, puisque nous y sommes, que nous poursuivions l'application du principe de justice distributive à la question de la simplicité du costume des oiseaux chanteurs?

La loi contre le cumul a été si rigoureusement appliquée aux espèces chanteuses, que tous les membres de cette tribu d'élite ont été obligés de renoncer à l'usage des étoffes flamboyantes qui étaient de mode chez les Faisans, les Paons, les Lophophores et les autres raffinés de la Dromipédie. Chez elle, plus de falbalas ruineux, de panaches extravagants, de manteaux à queues encombrantes, plus de ces robes splendides où l'acier brûlé, l'émeraude, le rubis, le saphir et l'or ondoient sur la moire des plumes en reflets chatoyants. Tout cet attirail fait pour l'œil est remplacé par une mise de bon goût, élégante, distinguée, mais simple, la véritable tenue de l'artiste qui honore et pratique le travail.

Sublime leçon de sagesse et mesure d'équité suprême. Dieu, qui fit les Chanteurs si riches au dedans, leur a refusé la richesse du dehors qu'il a dû attribuer spécialement aux lourdauds et aux pauvres d'esprits, pour les empêcher de trop se plaindre.

Mentionnons, en passant, une preuve curieuse de l'identité du titre passionnel qui est entre le chant de l'oiseau et le parfum de la fleur. Le glacis nacré des pétales repousse le parfum chez celle-ci, comme le reflet métallique du plumage la mélodie chez l'autre; de sorte qu'il en est de la corolle éblouissante des Cactus, des Renoncules et des Camellias, fleurs froides et empesées, comme des manteaux fulgurants du Faisan, du Paon, du Couroucou, qui ne semblent jeter tant d'éclat au dehors que pour couvrir l'indigence du dedans.

Ainsi parmi les hommes, la Richesse de cœur et la Richesse d'esprit inclinent-elles à s'unir avec la Pauvreté d'argent, la Sottise avec l'Opulence.

C'est le destin, et il y a incompatibilité d'humeur entre Cupidon et Plutus. Bienheureux les pauvres d'argent, a dit le sage, le royaume d'amour est à eux. Le royaume d'amour, le paradis des jeunes, des poëtes et des artistes, le seul coin de la terre où l'on vive, où l'on chante.

Un autre sage a dit encore : Le même esclave ne peut servir deux maîtres, sa conscience et l'or… Ce qui fait que l'indépendance et la dignité du caractère ont tant de peine à s'entendre avec la passion des honneurs, des hochets, des colliers…; et que les gants blancs et les habits brodés vont mieux à la Fainéantise qui représente qu'au Travail qui produit…

Ce qui fait que les oiseaux chanteurs, qui sont des industrieux de sang noble, prisent par-dessus tout les mérites de l'esprit et les jouissances du cœur et prennent en pitié les airs de matamore des raffinés de basse-cour et leur luxe insolent…

Et que les fleurs odorantes, les vraies fleurs du printemps, les Œillets et les Roses, traitent avec le même mépris les Dahlias et les Passeroses, fleurs sans parfum, froides et pharmaceutiques, fleurs d'automne, emblèmes des bourgeoises enrichies sur le tard…

Et que parmi les hommes, le noble travailleur à pied regarde de son haut le laquais de parade noir ou blanc qui perche à l'arrière du carrosse, chamarré d'oripeaux menteurs, et se pavane fièrement dans sa livrée d'esclave.

J'ai parlé de la rigueur avec laquelle la loi qui proscrit le cumul avait été appliquée aux espèces déodactyles. Que j'en cite deux exemples :

La glorieuse tribu des Oiseaux-Mouches a été frappée de mutisme, en expiation de sa merveilleuse beauté !

Le Martinet des tours qui n'a pas de rival pour la puissance du vol, a payé cette faveur insigne de la privation du chant et du droit de percher !

Ainsi l'Analogie passionnelle déchire en se jouant les voiles les plus épais, les plus impénétrables, et découvre dans les faits extérieurs les plus muets en apparence, le secret des causes finales. Voici que la simplicité du costume de l'oiseau chanteur et l'exiguïté de sa taille viennent de glorifier la sagesse et la justice d'en-haut; c'est maintenant sa naissance qui va nous aider à résoudre un des problèmes les plus obscurs de l'Anthropologie, de l'Esthétique, de la Géologie et du reste. Quand je vous disais que cette histoire des espèces déodactyles que tout le monde avait traitée était encore vierge.

Le chant, parfum de l'âme et langage privilégié des cœurs tendres, n'annonce pas seulement, en effet, la seconde ou la troisième édition revue et corrigée, d'un règne volatile quelconque. Le chant est l'attribut spécial des venus de la dernière heure. Le chant des oiseaux amoureux, qui reporte pour la *première fois* vers le ciel les bénédictions de la Terre, est caractère signalétique de la plus importante des époques de ce globe, de celle qui vit naître Aphrodite; de celle où la créature eut pour la *première fois* conscience de la libéralité de son Créateur et où sa reconnaissance fit explosion par le chant. Cette explosion de mélodie et de ravissement s'appelle l'ère d'Amour dans les traités de géologie passionnelle. Que ne sais-je chanter comme Haydn et comme Lamartine pour écrire sur ce thème un poëme merveilleux ! Pardon, monsieur de Lamartine, j'oubliais que vous n'aimiez pas qu'on vous rappelât vos folies.

J'ai fait précédemment assister le lecteur au spectacle émouvant des émersions continentales de la planète. Il a été témoin de l'apparition *successive* des espèces animales sur les sols émergés ; et s'il a bonne mémoire, il doit se souvenir que la puissance créatrice éclata tout d'abord en moules gigantesques, Plésiosaures, Mégalosaures, Ichthyo-saures et autres, et que les espèces volatiles qui servaient de cortéges à ces léviathans des terres molles étaient de monstrueuses Chauves-Souris, dites Plérodactyles, munies en place d'ailes de membranes velues de dix mètres d'envergure. Puis est venu à ce malheureux globe un nouveau soulèvement d'entrailles qui a fait disparaître cette création lumineuse de premier jet, pour établir sur ses débris les fondements d'un autre règne, le règne des Mastodontes et des Éléphants crépus dont le type déjà s'humanise, puisque des ossements de Mastodonte ont pu faire illusion à de savants paléontologues qui nous les ont donnés pour des squelettes authentiques de Goliaths gaulois. Parmi les moules emplumés de cette nouvelle création figuraient l'Épiornis, le Dinornis, une foule d'autres dont les noms ne sont pas arrivés jusqu'à nous et dont la taille moyenne était encore celle de la Girafe adulte, dix-huit pieds de haut environ. On y voit aussi que le nombre des espèces ailées dont la robe est de plume, s'est largement accru, ce qui est un progrès. Seulement, les Échassiers et les Oiseaux de proie semblent former encore le gros de l'effectif de l'armée emplumée de cette époque et les Oiseaux chanteurs y brillent par leur absence. La science officielle a constaté cette absence des oiseaux chanteurs, ce retard d'avénement pour mieux dire ; mais elle a oublié de nous en apprendre les causes, que peut-être elle ne savait pas. L'Analogie passionnelle, mieux renseignée ou plus heureuse, a été moins discrète, suivant son habitude.

Les oiseaux, a-t-elle dit en son naïf langage, attendent pour chanter, comme les fleurs pour sentir, que la femme blonde soit venue.

Et ceci est de l'histoire et non du madrigal, malgré qu'en ait dit un fâcheux, un illustre élève de Lhomond, décoré d'un prix de vertu dans l'âge le plus tendre et professeur de philosophie quelque part. Ceci est de l'histoire, et même la mythologie grecque, qui est le seul foyer lumineux de l'Art et de la Science, nous avait révélé déjà la moitié de cette vérité, quand elle avait fait naître la Rose double sous les pas de Vénus, en l'île d'Ophiusa ; car il appert de cette naissance que la Rose existait dans l'île, antérieurement à l'apparition de la déesse ; mais que seulement elle était simple, partant sans éclat ni parfum. Vint Aphrodite, et pour lui faire honneur, les buissons naturellement se couvrirent de plus riches atours, les Roses se doublèrent et les oiseaux chantèrent, comme l'atteste parfaitement encore l'histoire des amours de Bulbul, autre idylle embaumée des rives de l'Oronte. Mais il y a mieux que toutes les autorités de la poésie des Grecs et des Orientaux pour démontrer la simultanéité de création de la femme blonde, des oiseaux chanteurs et des fleurs odorantes. Il y a le témoignage tout-puissant de l'attribut divin de l'Économie de Ressorts, qui assigne à chaque note, à chaque sens, à chaque muscle sa fonction distincte, son jeu propre, sa spécialité..., et qui, par conséquent, interdit au chantre mélodieux créé pour égayer la demeure de la femme et pour charmer ses oreilles, de dépenser à aucun autre usage les trésors de sa voix.

Il est, en effet, bien certain que si Dieu ne fait pas de l'art pour l'art, et que s'il assigne au contraire un but utile aux actes de toutes ses créations, il n'a pu créer de son souffle les corolles qui parfument et les oiseaux qui chantent pour que toutes leurs senteurs et leurs mélodies fussent perdues.

Et alors si la femme, l'Ève blonde aux yeux bleus, est le seul être de la création dernière à qui l'exquise délicatesse de son organisation permette d'apprécier à leur juste valeur ces parfums et ces chants, c'est la preuve sans réplique qu'ils furent faits pour elle.

Ceci est mieux encore que de l'histoire, c'est de la géométrie. Le champion de la *Raison pure*, l'illustrissime Kant, a consacré de très-gros livres à la démonstration de cette vérité-là.

Quels pas de géant ferait la science si, comme nous, elle osait avoir le bon esprit de ne jamais suivre en ses explorations que les voies indiquées par les trois attributs de Dieu : Économie de Ressorts, Justice distributive, Universalité de Providence.

Telle femme, tel oiseau, telle fleur, voilà toute la loi, la loi du mouvement universel qui veut que tous les moules des règnes inférieurs reflètent et annoncent le type supérieur hominal.

Telle femme, telle fleur..., pour dire encore que chaque création nouvelle est un progrès forcé sur la création précédente, et que ce progrès se caractérise par le raffinement omnimode des aromes de la Planète, lequel produit dans tous les règnes des moules de plus en plus parfaits, les Roses doubles après les Roses simples.

De tout quoi il demeure acquis que le moule féminin
de la race blanche n'est pas sorti de premier jet de la
main du Créateur, pas plus que la Rose des peintres; mais
qu'il a été précédé d'une foule d'autres moins heureux et
moins réussis, lesquels moules d'essai se trouvaient néanmoins en parfait rapport de forme et de complexion avec
le degré de raffinement aromal du milieu où ils devaient
naître et se développer.

C'est ainsi que nous avons eu l'essai de la femme Noire
d'Australie et de la Noire du Cap, et de la Jaune d'Asie,
et de la Cuivrée d'Amérique, et de la Lapone, de la Pa-
tagone et de vingt autres et plus; car les races humaines
sont au nombre de trente-deux, comme les planètes du
tourbillon solaire, et elles n'ont pas été créées le même
jour, tant s'en faut; et le récit de la Genèse, qui a fait
naître tous les hommes d'un seul couple, s'est trompé
aussi lourdement sur ce point que lorsqu'il a affirmé que
la terre était plate et que c'était le soleil qui tournait autour d'elle. Non-seulement toutes ces races ne sont pas
contemporaines de naissance, mais il y a entre l'apparition de quelques-unes d'entre elles l'abime d'un déluge;
et il est aussi très-probable que les ossements de plusieurs dorment ensevelis près de ceux d'espèces mammifères inconnues dans l'immense charnier que recouvrent
les eaux de l'Océan austral, d'où la science les exhumera
dans quelques milliers d'ans d'ici.

La géologie passionnelle nous fait voir, sans avoir
besoin de ce témoignage paléontologique, que ces types
féminins ont toujours été s'amendant et se perfectionnant
sans cesse, et que le parfum des corolles et le chant des
espèces ailées ont gagné successivement et en raison directe de l'amélioration du type féminin.

La preuve en est que de nos jours encore la zone tempérée de l'hémisphère boréal, où le raffinement aromal est le plus avancé, est la seule où les oiseaux chantent, et que tous ceux d'ailleurs ne font que jacasser, bredouiller, gazouiller.

Et que les roses d'Amérique, qui sont pareilles en éclat à celles de l'ancien continent, sont encore dépourvues d'*essence*..., ce qui est cause que le beau sexe de New-York, de Boston et de Baltimore est encore tributaire de l'industrie française pour l'article parfumerie.

La légende de Chaldée rapportée par Moïse affirme bien que la première femme est née au Paradis terrestre, un parc anglais délicieux plein de fraîcheur et d'ombre, peuplé d'oiseaux de toutes les couleurs et d'arbres portant tous les fruits. Mais cette légende ressemble aux livres des économistes qui racontent les faits sans formuler la loi de leur emboîtement. Ne sachant rien des causes de l'élection de l'Éden, elle n'en peut rien dire ; mais elle commet une erreur grossière et se trompe du *noir* au *blanc* quand elle prend Ève la blonde pour la *première* femme. C'est la *dernière* qu'il fallait dire pour rester dans le vrai. Ces Juifs n'entendent rien qu'au négoce et sont partout ailleurs d'un absurde colossal.

Heureusement que les Grecs, qui n'ignorent de rien, étant analogistes, sont toujours là pour reprendre de leurs fautes les Juifs qui ignorent de tout. Les poètes grecs, en effet, se sont mieux rendu compte que ceux de la Chaldée des exigences topographiques de la situation, quand ils ont fait sortir Vénus Anadyomène de l'écume des flots de la mer d'Ionie. C'est parce que les milieux les plus richement *aromisés* du globe gisaient *alors* par le travers du 32ᵉ parallèle Nord, où murmuraient les sources des quatre fleuves et les flots caressants de la mer du Midi, qu'ils voulurent naturellement que la reine d'amour naquit là. Et elle y naquit, en effet, et avec elle Bulbul et la Rose des roses, l'oiseau qui *chante* excellemment et la fleur qui *embaume* de même, lesquels aussitôt qu'ils se virent, se prirent à s'aimer et n'ont cessé depuis de s'exhaler leurs tendresses et de s'encenser nuit et jour de parfums et de mélodies.

Et l'Ève de Chaldée, l'Aphrodite et l'Anadyomène sont la même, une seule blonde en trois personnes; et j'admire que l'identité de ces trois types supérieurs de la beauté féminine n'ait pas été officiellement constatée et reconnue depuis des siècles, puisqu'elle se conclut de la simple lecture de leur signalement : « Regards bleus, cheveux d'or, ceinture d'aimant chargée d'attraits irrésistibles. » Ajoutez que de toutes trois le premier mouvement fut de se regarder et de se trouver belles. Les poëtes grecs ont fait, il est vrai, l'Anadyomène déesse parce qu'elle était belle et parce que la beauté, qui est l'incarnation de l'idéal, est d'essence divine; mais, en lui donnant son brevet d'immortelle, ils se sont bien gardés de lui rien ravir des séductions et des adorables faiblesses de la féminité. Et cette attention délicate fait plus qu'excuser leur ivresse, elle est cause que leur Vénus, mère du Désir et des Grâces, régnera éternellement dans le domaine sacré de l'Art et justifiera glorieusement jusqu'à la fin des siècles la sublime invocation de Lucrèce :

Alma Venus, hominum divamque suprema voluptas...

L'analogiste passionnel, à qui est échu en partage l'esprit de justice et d'indulgence, ne force jamais personne de porter plus lourd qu'il ne peut. Et comme il sait que les prix de vertu aiment peu et ne sont pas, par conséquent, dans l'état de grâce qui est nécessaire pour comprendre, au dire de saint Augustin, il n'espère pas d'eux une adhésion enthousiaste aux propositions ci-dessus. Il leur demande seulement de se montrer plus équitables envers lui à l'avenir, et de ne plus flétrir de l'épithète de madrigal un ensemble de hautes solutions scientifiques que tous les philosophes de la terre réunis en concile mettraient bien mille ans à trouver.

J'ai donc fini de dire le pourquoi de la supériorité anormale du chiffre des Déodactyles et la raison de l'exiguïté de leur taille, et je n'ai point à demander pardon à mes lecteurs de la longueur et de la prolixité des uéveloppements que j'ai consacrés à cette tâche, puisqu'il s'agissait de résoudre une des plus grandes difficultés de la classification ornithologique. Il fallait bien légitimer, en effet, la création de cette division *subordinale* qui renferme à elle seule un beaucoup plus grand nombre d'espèces que tous les ordres réunis; et surtout il fallait prouver que l'anomalie qui semblait résulter *à priori* de cette *inéquité* de répartition n'était que dans les apparences. Je ne regretterai pas mes peines, si j'ai eu le bonheur de démontrer que la Providence divine avait dû se montrer prodigue dans la distribution des espèces les plus utiles et les plus agréables à l'homme, et notamment dans la distribution de celles qu'il avait spécialement chargées du soin d'égayer sa demeure et de protéger ses récoltes. Que ceux qui savent d'autres causes que la sollicitude maternelle de la nature à l'énormité de ce chiffre des espèces Déodactyles, soient assez bons pour me les communiquer avant de critiquer ce travail, ils m'apprendront une chose que j'ignore et je leur aurai de ce service une reconnaissance infinie. En attendant, je reprends mon travail et vais tâcher de traiter plus rapidement l'esquisse des autres caractères généraux. Je dis plus rapidement, parce que les moindres subdivisions de cet ordre trop plein contiennent un si grand nombre de groupes qu'il sera parfois nécessaire de débuter pour chacune par un exposé spécial de ses caractères généraux, et qu'il semble logique de ménager le texte à l'unité quand on est forcé d'être généreux à la fraction.

Les caractères généraux de la Déodactylie pris en masse ressemblent beaucoup, ai-je dit, à ceux de l'ordre précédent. Il fallait bien qu'il en fût ainsi pour que Linnæus ait cru devoir faire de l'ordre des Colombiens une simple famille de son ordre des Passereaux, et pour que je n'aie pas osé moi-même distraire de prime-saut cette famille importante de mon ordre des Sédipèdes.

Les Déodactyles, en effet, s'aiment, comme les Pigeons, d'amour tendre; tous sont également monogames, pour une année au moins; tous abecquent leurs petits; tous posent sur quatre doigts libres, trois à l'avant, un à l'arrière; la plupart nichent sur les arbres; beaucoup chantent, comme les autres roucoulent ou gémissent. Les Colombiens ne se séparent, en un mot, des Déodactyles que par leurs allures de marche, leurs narines boursouflées, leur ponte bornée à deux œufs, leur procédé d'abecquement spécial, le claquement de leurs ailes, leur régime d'alimentation plus exclusivement végétal, et enfin par le cachet *sui generis* de leur physionomie. Hors de ces dissemblances, les deux ordres voisins sont bien frères, et l'innocence des mœurs est le trait le plus distinctif de la parenté qui les lie. Je n'ai pas besoin de dire que, lorsque je me sers de ce mot d'innocence, je l'emploie dans son sens relatif, celui que lui donnent les hommes qui rapportent tout à eux, et non dans son sens absolu. Pour nous autres, en effet, qui écrivons l'histoire des bêtes, une espèce innocente est celle qui ne nous mange pas ou qui ne vit pas de la chair de ses semblables, comme l'Hirondelle, par exemple ; mais il est fort probable que les moucherons auraient quelque peine à accepter notre définition, et que, s'ils tenaient la plume, ils seraient plus disposés à célébrer la clémence et la magnanimité de l'Aigle et du Vautour que l'innocence de l'Hirondelle, du Rouge-Gorge ou du Gobe-Mouche.

Le régime de la nourriture est loin d'offrir un caractère général dans l'ordre des Déodactyles, comme dans les ordres précédents ; car nous avons ici granivores, baccivores, insectivores et mellivores, sans compter les espèces qui mangent à deux râteliers, et chacun de ces régimes divers compte ses adhérents par *mille*…, je ne dis pas par *milliers*.

Le plus grand nombre se nourrit de fruits, de grains, d'insectes. Les populeuses tribus du sous-ordre, qui vivent du suc des fleurs, sont de véritables tribus insectivores, qui mangent les mangeurs de miel. Un seul genre comprend des espèces qui vivent d'insectes aquatiques qu'elles cueillent au fond des ondes. Quelques autres font montre d'appétits déréglés et que j'aurais tort de taire ; mais l'ordre est si peuplé qu'il est bien difficile que quelques-uns de ses membres ne tournent pas de travers, comme la chose arrive chez nous dans les trop grandes familles. Et puis, vous savez bien que rien n'est parfait en ce monde, pas même les artistes amoureux.

La taille du mâle, qui surpassait autrefois d'un bon tiers celle de la femelle, a perdu chez les Déodactyles, comme chez les Colombieus, son excédance anormale de volume, par la raison fort simple et qui va toujours revenir, que si la doctrine de Lhomond, la doctrine du masculin plus noble que le féminin, prévaut dans les ordres barbares, les ordres raffinés la réprouvent.

Une seule espèce du sous-ordre nous présente l'exemple

de parents dénaturés se dispensant des devoirs de la paternité et de la maternité. À l'exception de cette seule espèce, tous les mâles et toutes les femelles de cet ordre par excellence sont des modèles de dévouement et de tendresse familiale, et l'amour de la progéniture y est le naturel couronnement de la tendresse conjugale. Le mâle sert ici la femelle dans la mesure de ses moyens; il l'aide comme manœuvre dans les travaux de la bâtisse du nid; il pourvoit à tous ses besoins et l'endort de ses chants, quand il chante, pendant toute la durée du travail de l'incubation. C'est encore lui qui nourrit la famille après qu'elle est éclose. Pour remplir sa double fonction de pourvoyeur et de charmeur, il était nécessaire que le mâle dépassât la femelle en force musculaire, ainsi qu'en génie musical. Par conséquent, il lui est un peu supérieur par ces deux côtés-là, et aussi sous le rapport de l'éclat du costume.

Mais le vulgaire s'abuse étrangement s'il s'imagine que la femelle n'a pas de voix. Le chant est dans ses dons, et si elle n'en use pas, c'est qu'elle a beaucoup mieux à faire qu'à chanter, c'est qu'elle a une mission plus haute et plus sainte à remplir. Mais elle a suivi dans son enfance un cours de musique vocale aussi bien que ses frères, et son goût s'est développé avec l'âge. Il fallait bien d'ailleurs qu'elle fût connaisseuse en musique pour pouvoir savourer le charme des élégies brûlantes qu'on lui soupirerait un jour et pour être en état de décerner le prix du chant..., car l'institution du tournoi subsiste encore chez beaucoup d'espèces chanteuses, et le prix du chant est toujours l'amour de la plus belle; ce qui explique la fureur jalouse dont sont dévorés la plupart des mâles de la tribu artistique et l'énergie de leurs accents aux premiers jours d'avril, et leurs duels acharnés. Mais les femelles s'expriment parfaitement dans le langage de la passion quand la fantaisie leur en prend ou quand le veuvage les y condamne, et les femelles de Rossignols sont trop souvent réduites à cette extrémité. Tout le monde a pu voir, du reste, dans la loge de son portier, une pauvre serine sevrée d'amour qui essayait de tromper ses ennuis par le chant, comme l'époux d'Eurydice, et qui s'est empressée de renoncer à ce triste emploi de ses heures aussitôt qu'on l'a mise en possession d'un mari. Ainsi la jeune Parisienne, si ardente au piano *avant* le mariage, le néglige volontiers *après*.

Puisque le mâle l'emporte encore sur la femelle par la force, la taille et l'éclat du costume, il est nécessaire et fatal, en vertu du principe précédemment déduit, que la femelle soit de beaucoup supérieure au mâle par l'intelligence et la grâce. Elle se distingue, en effet, dans toutes les espèces du sous-ordre, par une forme générale plus svelte, plus délicate, par des attaches plus fines, des tarses plus transparents, un bec et des doigts plus habiles. C'est elle aussi que la nature a dû charger de la partie la plus artistique et la plus importante de la fonction familiale qui comprend la bâtisse du nid et l'éducation secondaire de la jeune famille. C'est absolument comme chez nous, où les plus difficiles des arts, ceux qui exigent le plus de tact et de délicatesse, comme la broderie, la conversation, l'art de styler l'adolescence sont les attributs exclusifs du sexe féminin, et se conjuguent aussi sur les attaches les plus déliées et les extrémités les plus fines. Ainsi reconnaît-on à première vue, dans le monde, à la grâce des manières, à la distinction et à la facilité du verbe, l'adolescent élevé parmi les femmes. Et comme ces qualités séduisantes lui ouvrent bientôt toutes les portes de la faveur, il distance aisément et sur tous les terrains le collégien lourdaud sorti des mains des cuistres. Et comme on l'a dressé à plaire au lieu de le bourrer de langues mortes, il arrive rarement qu'il tombe dans l'abus de la citation latine, cette déplorable infirmité de l'âge mûr et des journaux fossiles, qui se gagne à se moquer de ceux qui l'ont. *Experto crede Roberto.*

Or, je fais remarquer en passant que si la petitesse relative des supports est caractère essentiel et constant de distinction *aristocratique* dans toutes les espèces, il est souverainement absurde et complétement impossible d'adhérer plus longtemps à l'impure doctrine de Lhomond qui dit le masculin plus *noble* que le féminin ; car il est visible à l'œil nu que, dans toutes les espèces, le féminin l'emporte sur l'autre pour la finesse du pied.

Il est fort à regretter que les savants, quand ils ont des bêtes à classer, négligent trop ces rapports du physique au moral, qui seuls peuvent révéler la loi de l'ordre hiérarchique divin. J'attribue à cette négligence le vague et le décousu qui règnent dans leurs classifications comme dans leurs nomenclatures. Un autre tort de cette classe respectable est de n'avoir pas assez compris cette vérité qui est le point de départ de toute la science zoologique : à savoir que la forme n'est jamais que le moule d'une idée qui lui préexistait depuis des siècles. C'est ainsi que beaucoup, par exemple, refusent d'admettre que telle bête, dont l'apparition sur la terre a précédé celle de l'homme, ait pu être créée à l'image de celui-ci, sous prétexte qu'*il n'était pas né*, et qu'il est impossible que *la copie précède l'original*. Là est une erreur des plus vastes :

L'homme est de toute éternité dans la pensée de Dieu, comme tous les autres jalons de la série universelle des êtres, et *du moment que Dieu le pense*, IL EST. Et le moule inférieur annonce le supérieur créé ou à créer ;

et le supérieur résume et contient tous les inférieurs.

Ceci est la vraie loi de la création, et donne la solution de toutes ces prétendues grandes questions de l'Hétérogénie et de la Panspermie, et de la variabilité des espèces, qui ne sont que des questions oiseuses, des problèmes mal posés.

Toutes les fois qu'un milieu nouveau se forme sur un globe par l'effet d'un déluge ou d'un autre cataclysme, la puissance génératrice du tourbillon y fait naître *spontanément* tous les êtres organisés qui le doivent habiter... Et tous ces êtres naissent adultes et pourvus de la faculté de se reproduire d'eux-mêmes. Mais les germes de cette création de dernier jet n'existaient auparavant nulle part. L'homme blanc n'est donc pas né d'une guenon, pas plus que le noir, comme le prétendent les partisans de la mutabilité des espèces. Il a bien été pétri des mêmes éléments qui avaient servi à former l'espèce la plus avancée en grade de la création submergée ; seulement ces éléments ont été combinés d'une façon plus complexe et plus savante encore, et de manière à produire un être plus parfait, en rapport de convenances avec le milieu nouveau plus raffiné d'aromes. Tous les animaux de la terre sont semblables à la terre, a écrit Hippocrate, et cette grande vérité est de toutes les époques.

Aux Panspermistes, qui nient la génération spontanée, on demande où dormaient les germes de l'espèce hominale avant qu'elle apparût en ce globe? Où dormaient tous les germes du règne végétal et du règne animal, quand ce globe n'était qu'une sphère de feu, un boulet rouge ou blanc?

Aux Hétérogénistes, qui attribuent la paternité de l'Homme au Singe, on demande de citer une seule espèce animale ou végétale véritablement *créée* par l'homme dans l'espace de dix mille ans, et douée de la faculté de se reproduire d'elle-même comme les espèces naturelles?

Dieu a donné à l'homme la faculté de former des *races*, c'est-à-dire de maintenir à l'état d'*espèce* la simple variété d'une espèce; et c'est là, sans contredit, le plus bel attribut de la puissance humaine. Mais l'homme ne peut maintenir cette race à l'état de *variété persistante* que par des soins habiles et non interrompus de tous les jours et de toutes les heures, et si peu qu'il se laisse aller à négliger *sa création artificielle*, la Nature reprend ses droits, détruit le type factice et le fait retourner de force au type originel. L'homme a créé des *races* de pêchers, des Serins de Canarie jaunes, des chiens d'arrêt, des chevaux arabes, des Coqs et des Pigeons pattus; mais qu'il néglige son œuvre pendant soixante ans seulement, et tout le travail antérieur de soixante siècles sera perdu. La pêche de Montreuil retournera à l'amande amère, le Serin de Canarie au Venturon; le chien d'arrêt prendra des oreilles droites, l'étalon arabe des oreilles pendantes; le Coq et le Pigeon domestiques reprendront les costumes et la taille de leurs ancêtres respectifs; il poussera des cornes aux vaches qui n'en ont plus. L'homme ne crée pas des espèces nouvelles; il embellit, perfectionne, améliore celles créées. Ce rôle est assez beau pour que son orgueil se résigne à n'en point vouloir d'autre, et son ambition doit le perdre s'il prétend aller au delà.

Anomalie étrange! c'est un chef de doctrine médicale, un guérisseur célèbre, non présent sur les lieux, qui a gagné la grande bataille que se sont livrée naguère les Panspermistes et les Hétérogénistes. Leurs expériences, en effet, n'ont rien prouvé, sinon que Raspail était un grand homme, qui le premier avait déclaré que toutes les maladies provenaient d'une invasion d'animalcules, et que tout l'art de guérir consistait à trouver le destructeur spécifique de ces agents de mort. Or, Dieu sait si les Panspermistes et les Hétérogénistes songeaient à se pourfendre pour le plus grand profit de la science médicale, pour la plus grande gloire de Raspail!

De ce que toutes les espèces Déodactyles abecquent leurs petits, il suit naturellement que la durée de l'incubation est beaucoup plus courte chez elles que chez les Coureurs. On comprend qu'un petit Poulet, qu'un Perdreau, qui ont charge de se nourrir tout seuls en sortant de la coquille, doivent séjourner dans l'œuf plus longtemps que la jeune Fauvette et le jeune Moineau-Franc que leurs parents ont si grand plaisir à nourrir dans le nid, et qu'ils abecquent encore pendant des semaines entières, après qu'ils l'ont quitté.

La plupart des espèces Déodactyles, celles qui vivent d'insectes, notamment, sont estivales et voyageuses. Elles sont bien forcées de suivre le soleil en ses courses, puisque les insectes dont elles vivent ne peuvent supporter la froidure et demandent une température chaude pour naître et se développer. Quand nos Hirondelles périssent par l'effet d'une gelée prématurée d'automne ou d'un retour offensif de l'hiver au printemps, ce n'est pas le froid qui les tue, mais la disparition subite des insectes qui leur servent de pâture.

Les espèces granivores sont moins tourmentées que les insectivores de la passion des voyages. Quelques-unes parmi elles sont même complétement sédentaires. La masse est vagabonde, allant comme le vent la pousse.

Les espèces mellisuges, qui vivent exclusivement du suc des fleurs, sont naturellement confinées par les exigences de leur régime alimentaire aux régions brûlantes où la floraison dure douze mois chaque année. Quelques-unes pourtant ne craignent pas de s'égarer vers les contrées plus voisines des pôles, dans la saison d'été.

Il n'y a pas de caractères généraux à tirer pour le sous-ordre de la forme de la queue ni de celle des ailes ; car tous les types de rémiges et de rectrices se retrouvent dans les rangs de la populeuse légion, aussi bien que toutes les coiffures, toutes les couleurs et tous les uniformes. Seulement il est facile de voir que la nature s'est observée dans le pétrissement de cet ordre d'élite, et qu'elle a eu grand soin d'exclure de ses rangs les moules excentriques, privés d'ailes, qui déparent les ordres précédents. Pour cette cause de supériorité de conditionnement, il a dû arriver le plus souvent que, parmi les espèces Déodactyles, le chiffre douze fût le chiffre normal des plumes de la queue. Le nombre douze est, comme chacun sait, nombre d'harmonie simple, destiné à servir de pivot de sériation à toute combinaison rationnelle. Je n'ai pas vérifié ce fait, qui rentre dans la catégorie des déductions de l'Analogie passionnelle, mais je crois pouvoir affirmer d'assurance et *à priori* que tous les oiseaux qui chantent ont douze plumes à la queue, et que ceux qui n'en ont que dix sont des braillards de la pire espèce. C'est par la raison que la gamme musicale qui a été faite pour être perçue agréablement par notre sens auditif est composée de douze intervalles et non pas de dix. J'en aurais trop à dire pour prouver géométriquement que le nombre des éléments de la puissance régulatrice du vol chez les oiseaux, doit être égal à celui des éléments de la gamme naturelle ; mais les jeunes personnes qui me lisent peuvent tenir pour certain que l'affreux braiment du Pivert, autre-ment dit l'*Onocrotale*, qui remplit de notes si sciantes la solitude du roi David, est en relation de causalité immé-diate et directe avec le nombre des plumes de sa queue qui est de dix. Je ne connais pas de condamnation plus sanglante du système décimal en vogue chez les Barbares et les Civilisés que l'adhésion spontanée du Pic à ce système. Les Pics sont les emblèmes des compagnons bruyants qui vont toujours cognant, tapageant, détonnant. Le système métrique duodécimal est au décimal ce que la voix du Rossignol est à celle de l'Onocrotale. Ajoutons que de tous les rôtis coriaces le Pic est le plus amer et le plus immangeable peut-être, tandis que la série des oiseaux chanteurs est, au contraire, celle qui fournit les brochettes les plus exquises et les plus dignes de servir d'éprouvettes gastrosophiques. Savez-vous rien de plus délicat que l'Alouette, sinon le Becfigue, la Grive, l'Ortolan, le Rouge-Gorge, pour ne parler que des espèces françaises? Il est vrai que la France, qui est le pays le plus raffiné de ce globe, est naturellement celui où toutes les espèces mangeables, animales et végétales, ont atteint leur plus haut degré de saveur et de finesse.

J'estime que l'exposé des caractères généraux qui précède suffit, et au delà, pour isoler parfaitement le sous-ordre des Déodactyles de ses voisins de droite et de gauche, et que l'heure est venue d'aborder le travail ingrat de la subdivision.

SUBDIVISION DU SOUS-ORDRE DES DÉODACTYLES.

4 séries, 340 genres, 3,500 espèces environ.

Je ne sais pas si j'ai opéré conformément aux instructions de la nature en créant l'ordre de la Sédipédie et en le subdivisant comme j'ai fait en ses trois sous-ordres des doigts *libres*, des doigts *soudés* et des doigts *appariés*. Je n'ai pas non plus la certitude, comme j'en ai l'espoir, d'avoir satisfait complétement aux vœux de mon illustre maître, en ramenant à des proportions convenables l'ordre confus des Passereaux de Linnæus, et en lui restituant son titre légitime d'ordre des Percheurs qu'il aspirait secrètement à porter. Enfin, ce n'est pas à moi de dire si le tableau de ma classification ornithologique a été fidèlement calqué sur le plan déposé aux archives de la création, et si ce calque reproduit avec une exactitude rigoureuse les lignes extérieures du cadre et ses divisions principales. Toutefois, je puis affirmer :

Que si par hasard le succès avait couronné mes efforts...; que si j'avais réellement découvert le secret de la distribution harmonique des espèces ailées, j'aurais, dès aujourd'hui, rendu à la science des bêtes d'immenses et éclatants services, et conquis des droits éternels à l'estime peu fructueuse de la postérité.

Il est évident, en effet, que d'après ma théorie des milieux qui se suivent et se superposent et engendrent des êtres conformes à eux, il est évident, dis-je, que toutes les espèces des divers règnes organisées pour vivre ensemble au sein d'un habitat quelconque, ont fait le même jour leur apparition sur ce globe. Et que l'Autruche et le Chameau, par exemple, que Dieu avait destinés de toute éternité à orner le désert, y sont nés simultanément. Et que la similitude des appétits a suscité partout pareille simultanéité d'éclosion... Ruminants à poil et à plumes, Chevreuil-Perdrix, Vautour-Hyène, Lévrier-Faucon, Chats-Hiboux, etc., etc. Et de même dans le règne végétal : Lin et Linotte, Chardon-Chardonneret, etc., etc.

Or, il existe, au bureau des archives de la création, un registre spécial où il est tenu note de ces naissances doubles et triples, et où les noms de tous les moules créés à la même heure, dans les règnes divers, se trouvent inscrits à la même date et sur la même ligne, mais sous des colonnes différentes. La chose se voit d'ici.

Et cette disposition vous explique comment l'analogiste, admis à consulter l'intéressant recueil, a pu lire, du même coup d'œil, toutes les divisions périodiques et synchroniques de tous les règnes, et colliger ainsi, avec une facilité extrême, les éléments chronologiques d'une demi-douzaine de classifications à la fois.

Ce qui confirme l'assertion de tout à l'heure, que si par hasard l'Analogie m'avait soufflé le dernier mot de la classification des oiseaux, elle m'aurait en même temps révélé le secret de la classification universelle… Mammifères, Ophidiens, Sauriens, Insectes, Plantes !

Est-ce trop de réclamer une place minime dans l'estime des âges pour une révélation aussi intéressante, et après que le Maître a dit : la classification c'est la Science !

Est-ce trop d'espérer que l'innocente ambition d'apporter un peu d'ordre dans la distribution des bêtes, ne m'aura pas pris pour rien quarante années d'études et dicté cinq volumes d'un million de lettres chaque ?

Est-ce trop d'espérer la gloire, à qui n'a jamais pu travailler que pour elle ?

Je donnerai à la fin de ce traité, si Dieu me prête vie, un tableau homologique de la classification des divers règnes, où l'on verra que toutes les classifications sont la même.

J'ai déjà dit ailleurs que le glorieux auteur de la *Théorie des analogues* avait parfaitement reconnu et signalé les correspondances organiques et paralléliques qui trahissent les affinités des divers ordres des divers règnes à travers la distance. J'ai rappelé également les tentatives faites par l'héritier de son nom et de sa gloire, pour dégager la loi de ces homologies. C'est un grand malheur pour la science que les deux illustres maîtres n'aient pas osé pénétrer plus avant dans une voie où ils eussent

rencontré bientôt les éléments de la vraie méthode de
classification universelle. Seulement, pour en arriver
là, pour éprouver le besoin de fabriquer de toutes
pièces cette méthode nouvelle, il eût fallu que tous deux
eussent reconnu d'abord la nécessité de démolir complétement et préalablement le système régnant. Or, nous
voyons que la mesure héroïque n'a jamais été dans leurs
vœux, puisque le père s'est servi pendant quarante ans du
système officiel, et que le fils s'est borné à en demander
la modification pure et simple. Un pauvre palliatif que
cette modification, comme l'on a pu voir, et qui serait plus
propre à entretenir le mal qu'à le détruire. Je répète,
avec raison, que les constitutions viciées dans leur principe ne peuvent être guéries que par l'emploi des plus valeureux spécifiques, et que le seul spécifique applicable à
la méthode de classification ornithologique de Linnæus
était de la supprimer premièrement, puis de la remplacer
par une autre. C'était d'ailleurs le procédé antérieurement
employé avec tant de succès par Bernard de Jussieu, à
l'égard de la classification botanique du même naturaliste. Et j'admire que personne, hors moi, n'ait tenté de
renouveler une expérience qui avait si bien réussi. A ce
propos, je prie qu'on me permette d'avoir recours aux
bons offices d'une comparaison historique pour justifier
l'audace de mon intervention aux débats.

La chose s'est passée aux colonies, en l'an de grâce je
ne sais plus lequel. Il s'agissait de canaliser un fleuve
dont une roche obstruait le cours. On y envoya des gens
de l'art, des ingénieurs de guerre qui, à la vue de l'obstacle, oublièrent soudainement l'objet de leur mission pacifique et bâtirent un fort sur la roche au lieu de la
détruire. Le courant fut barré, le pays enfiévré, mais il
fut dominé, c'était l'essentiel.

Un homme simple et *non du métier* qu'on eût chargé de la besogne, eût probablement commencé par faire sauter la roche et par faire couler l'eau, mais il n'eût pas dominé le pays.

Or, je vous le jure, en vérité, la classification des oiseaux est semblable à ce fleuve qu'il s'agissait de rendre navigable. L'obstacle principal qui s'oppose à la distribution harmonique des espèces, est l'ordre confus des Passereaux dans lequel gisent entassés pêle-mêle, comme Pélion sur Ossa, cinq ordres différents au moins. Les braves ingénieurs qui ont ici perdu de vue l'objet de leur mission sont les savants universitaires qui, au lieu de démolir l'ordre malencontreux, l'ont fortifié aussi de chevaux de frise et de chemins couverts, et qui ont bâti dessus une énorme tour de Babel dont l'érection a été suivie comme celle de l'autre, hélas! d'une incroyable confusion de langues. Enfin l'homme simple, mais *non du bâtiment*, à qui est venue l'idée de faire sauter le roc et de faire couler l'eau, c'est l'humble auteur de la méthode de classification pédiforme... qui n'a eu, en effet, qu'à substituer son ordre des Percheurs à celui des Passereaux de Linnæus pour rétablir le cours régulier de la sériation harmonique dans les rangs du règne tout entier!

A telles enseignes qu'il est déjà devenu à peu près impossible à quiconque de se tromper sur le caractère *ordinal* d'une espèce, rien qu'à consulter nos titres d'ordre. Et qu'il est facile d'entrevoir l'époque fortunée où la méthode s'appliquera aussi sévèrement à la subdivision interne par séries, par groupes et par genres qu'à la division par ordres, et ne laissera plus même une misérable chance à l'erreur de détail. Montrez-nous votre pied et dites-nous votre manière de vous en servir, et l'on vous dira qui vous êtes et de quoi vous vivez, et votre état et votre nom, et celui de vos tenants et de vos aboutissants.

Mais des lecteurs impatientés m'arrêtent pour me dire que je m'égare dans le pays des rêves, et que je ferais mieux d'en descendre pour reprendre le travail de la classification du sous-ordre des Déodactyles, là où je l'ai laissé. Même, j'en entends qui me conseillent de finir de me louer et de m'attaquer aux maîtres, m'engageant de plus à méditer, à mes heures perdues, la morale de l'apologue du Serpent et de la Lime. Je remercie les donneurs de conseils de leurs intentions charitables, et je leur réponds avec calme que leurs rappels à l'ordre ne sont nullement motivés, et que leurs épigrammes mordantes ne m'effleurent pas même l'épiderme, attendu que je sais parfaitement où j'en suis et n'ai pas besoin qu'on m'y remette, et que je ne me suis point égaré en des digressions oiseuses, pas plus que laissé enivrer des sottes fumées de l'orgueil. Quant à cette accusation éternellement renaissante d'irrévérence aux dieux, et que j'ai déjà repoussée, elle n'est pas simplement inique, elle est de plus absurde, s'il est permis de s'exprimer ainsi. Elle est inique, parce que personne n'admire plus volontiers que moi le génie où il est, le poëte en Linnæus, le savant dans Cuvier, l'écrivain dans Buffon. Il est vrai que si je n'attends jamais commandement pour payer mon tribut d'admiration à la gloire, à la gloire légitime des maîtres, je suis impitoyable en revanche à leur gloire usurpée. Mais en distinguant le bien du mal, je ne crois pas faire simplement acte de conscience et de justice, je crois de plus servir les intérêts de la science avec intelligence, courage et dévouement; car les erreurs s'enfoncent d'autant plus profondément dans le sol de l'ignorance qu'elles tombent de plus haut, et c'est là ce qui fait celles du génie si funestes.

Et alors c'est le devoir de tout noble esprit qui les voit de les dénoncer vivement et de les combattre sans merci. J'ajoute que si la voix de ce devoir doit parler impérieusement quelque part, c'est ici, sur le terrain de la science où nous sommes et dans ce milieu qu'on appelle le beau pays de France, une terre vouée de tout temps au fétichisme des noms propres... où ils ont épuisé l'hyperbole de l'adulation lapidaire en faveur de M. de Buffon qui ne le méritait pas...; un pays où ils n'attendent pas même que les découvreurs de planètes leur aient fait voir leur marchandise pour la leur payer des prix fous.

Sénèque affirme qu'il n'est pas de spectacle plus agréable aux dieux que celui de l'honnête homme aux prises avec l'adversité. J'en sais un plus touchant encore et mieux fait, selon moi, pour intéresser tous les cœurs. C'est celui de l'analogiste sans peur, sûr de vaincre et ferme en sa foi, qui s'en va seul en guerre contre des milliers d'ennemis, sans plus s'inquiéter de leur nombre que de l'éclat de leurs titres officiels et de la renommée de leurs œuvres, et défie de préférence au combat tous les géants de la zoologie, d'où qu'ils soient, et n'aspire pas à moins qu'à les désarmer tous et à leur faire confesser la supériorité de la méthode pédiforme...

Et tout cela, tous ces grands coups de plume, toutes ces chances de horions si généreusement encourues... pour qu'un jour, longtemps après lui, les échevins de sa cité natale, peu féconde en lettrés, se mettent en frais d'un écriteau bleu tendre historié de blancs caractères, à seule fin d'indiquer aux voisins qui l'ignorent la place où il est né!!

Reprenons donc nos travaux sérieux pour qu'on ne nous accuse plus de nous repaître de chimères et de nous enivrer des fumées de la gloire.

Le règne tout entier des oiseaux renferme, avons-nous dit, un peu plus de sept mille espèces; et sur ce nombre, 4,000 espèces au moins appartiennent à l'ordre des Percheurs (Sédipèdes), et sur le chiffre des espèces appartenant à la Sédipédie, le sous-ordre des Déodactyles en réclame 3,500 à peu près pour sa part. Ces rapports indiquent clairement que le nœud gordien de la distribution interne du grand ordre était ici, non ailleurs, et que tous les efforts du classificateur devaient tendre à le trancher.

Ai-je réussi à trancher ce nœud gordien, partant, à débarrasser complétement la voie de la classification de son principal obstacle? — Franchement, je ne le pense pas; j'ai fait beaucoup dans ce but, mais beaucoup ne suffit pas. Et cet humble aveu d'impuissance coûte d'autant moins à mon orgueil qu'il accuse plus la pauvreté de mes moyens d'étude que celle de mon intellect. Ce n'est pas moi, en effet, qui suis coupable des rigueurs du destin adverse qui a oublié de me faire les loisirs nécessaires à toute longue étude, et ne m'a pas même laissé entre les mains les instruments de mon propre travail. Ce n'est pas ma faute non plus, si le travail de démolition m'a pris tant de jours de peine, qu'il ne m'en est pas resté en suffisance pour l'œuvre de reconstruction. Qui fait tout ce qu'il peut fait tout ce qu'il doit, dit le sage. Or, je crois avoir fait tout ce que je devais et même plus, en traçant le cadre des ordres, laissant le soin de les remplir à ceux qui viendront après moi. Pour adopter la méthode des familles naturelles de Bernard de Jussieu, on n'a pas exigé de lui qu'il connût individuellement les cent mille plantes qui tapissent la surface de ce globe, ni qu'il les eût mises en leur place. Je demande qu'on ne soit pas plus exigeant envers moi, qui marche seul, sans guide ni patron dans la voie ténébreuse et n'ai pas à ma disposition les ressources des musées.

Il est très-évident, du reste, que tout le monde peut achever mon travail avec un peu de temps et de patience et un nombre convenable de sujets empaillés. Et alors j'ai bien le droit de me consoler de n'avoir pas fait ce que tout le monde peut faire, en songeant que j'ai fait ce que tous n'auraient pu.

Puisque le temps et les pièces comparatives m'ont manqué pour découvrir la loi de la division naturelle des groupes du sous-ordre des Déodactyles, j'ai dû me contenter, jusqu'à plus ample informé, de la division par séries, par genres et par espèces. Je laisse donc ici une lacune à combler, comme dans l'ordre des Colombiens qui ne contient que 200 espèces, et que cependant je n'ai pas eu le loisir d'étudier assez à fond pour être en mesure d'assigner à ses groupes naturels leurs caractères séparatifs spéciaux. Si j'ai été plus heureux dans la distribution interne de mes trois premiers ordres de la Rémipédie, de la Grallipédie et de la Dromipédie où j'ai réussi à introduire la coupe dichotomique d'abord, puis la subdivision par groupes et par genres, c'est que probablement j'ai eu plus d'années à donner à l'examen des pièces. Mais encore suis-je forcé d'avouer en cette occasion qu'une grande différence est à faire entre la sévérité rigoureuse avec laquelle la loi de la série a été appliquée à l'ordre des oiseaux d'eau et la manière suivie à l'égard des ordres suivants..... Car cet ordre modèle de la Rémipédie est le seul où l'on puisse voir le pivot de série, le type hirondinien par excellence, la Frégate aux pieds courts et aux ailes immenses, posant triomphalement au sommet de l'échelle, à égale distance du Manchot et du Grèbe, les deux points extrêmes de l'ordre. C'est là seulement que vous pouvez constater les rapports d'*identité et de contraste* qui sont entre tous les moules homologues de la série ascendante et de la descendante ainsi que le *ralliement des extrêmes*. Mais vainement ai-je entrepris d'enchâsser ainsi mes séries dans l'ordre des Échassiers et dans celui des Coureurs. J'y ai bien trouvé pour types hirondiniens la Glaréole et le Syrraphte, mais j'ai perdu mes peines à essayer de faire tourner un système sérieux sur ces pivots factices. Bienheureux les naturalistes insoucieux du principe hiérarchique, comme M. de Buffon; car leur paresse ne préjudicie aucunement à leur gloire, après leur mort; et elle les sauve pendant leur vie de beaucoup de déboires, de misères et d'ennuis.

Cependant, parce que les deux ordres de la Grallipédie et de la Dromipédie s'étaient montrés plus réfractaires que celui de la Rémipédie à l'application géométrique de la loi sérielle, ce ne m'a pas été une raison de renoncer à y introduire les autres règles de la distribution naturelle qui m'avaient si bien réussi dans le classement des oiseaux d'eau, et je crois qu'un double succès a été en cette circonstance le fruit de mon courage.

De même, parce que je ne sais pas encore les éléments de la coupe dichotomique du sous-ordre des Déodactyles, pas plus que ses divisions par groupes, ce ne m'est pas une raison de ne pas exposer les voies et moyens d'une classification méthodique moins complète de ses innombrables espèces; au contraire. Car ce qu'on ne sait pas aujourd'hui, demain peut vous l'apprendre, surtout quand on y pense toujours. Et, en tout cas, ce n'était pas à l'analogiste convaincu et qui se vante d'avoir en mains la clef de tous les mystères et le fil d'Ariane de tous les labyrinthes, de demeurer court sur une question d'ordre naturel quelconque et de jeter sa langue aux chiens, comme un simple savant. L'analogiste, qui avait donc la ressource suprême d'en appeler de l'anarchie de la méthode empirique officielle à la clarté de la classification passionnelle, a usé de son avantage. Il a commencé par tracer l'esquisse du tableau de la classification idéale, pour faire voir d'abord à quiconque où était la vérité vraie et par suite entraîner la masse à reporter ses suffrages sur la méthode qui se rapprocherait le plus de l'utopie entrevue.

J'ai donné à la fin du précédent chapitre un exemple remarquable de la facilité extrême avec laquelle la classification passionnelle appliquait à l'ordre des Colombiens le procédé de la coupe dichotomique que je n'avais pas su découvrir. Je disais que cette classification, plus heureuse que la pédiforme, appelait l'ordre des Pigeons celui du *Saint-Esprit* et le distribuait de prime-saut en deux classes : Roucouleurs, Gémisseurs. Or, ce n'était là qu'une simple affirmation dénuée de preuves ; mais je vais faire plus qu'affirmer en procédant à la distribution hiérarchique du sous-ordre des Déodactyles. Je vais démontrer par le fait, et en moins de deux ou trois pages, que l'Analogie passionnelle ne connaît pas d'obstacles en matière de classification, et que les solutions des problèmes les plus obscurs du genre sont pour elle jeux d'enfants.

Ils ont écrit cinq cents volumes ornés de plus de cent mille dessins pour faire le chaos dans la classification de l'ordre des Percheurs, mal nommés Passereaux. Comptez ce que l'Analogie passionnelle va mettre de secondes à dissiper toutes ces ténèbres et à loger chaque bête à sa place.

Vous vous souvenez que le sous-ordre des Déodactyles est l'ordre ailé par excellence, l'ordre des amoureux, des poëtes, des artistes, où le féminin est reconnu plus noble que le masculin ;... un ordre qui symbolise l'Harmonie, c'est-à-dire la phase d'apogée, où la moyenne de l'existence humaine est de cent quarante-quatre ans, où les femmes sont encore belles aux deux tiers de cet âge, et où chacun, sûr de revivre après sa mort, se conduit en conséquence.

L'Analogie passionnelle commence par diviser cette masse de 4,000 oiseaux en deux classes : ceux qui chantent, ceux qui ne chantent pas. Et voilà opérée sans travail ni douleur la première coupe dichotomique.

Et sans plus tarder, elle procède au classement hiérarchique des espèces qui chantent. Son moyen n'est pas moins rapide ni commode. Elle dit :

L'ordre des oiseaux chanteurs est une vaste société chorale qui se réunit chaque année au retour du soleil pour célébrer un festival immense qui s'appelle le printemps.

Or, comment s'y prennent chez les hommes, les distributeurs d'harmonie pour introduire la discipline dans les rangs d'une société chorale? Là est toute la question.

Les distributeurs d'harmonie commencent par consulter le registre de la voix de chaque exécutant pour classer les chanteurs par parties ou par groupes. Ainsi faisait Émile Chevé, l'illustre maître de l'enseignement de la musique vocale, quand il prenait pour la première fois possession d'un de ces nombreux auditoires de 7 à 800 néophytes, d'âges, de sexes et de gosiers divers, tous étrangers à l'art du chant et qu'il convertissait au bout de quelques mois en exécutants de premier ordre.

Le registre de la voix humaine se divise en quatre parties principales dont l'ensemble constitue le type parfait de l'harmonie universelle et s'appelle le *quatuor*. Ces quatre grandes divisions sont dites en langage technique : du Soprano, du Contralto, du Ténor, de la Basse. L'union des deux premières fractions constitue le mode *mi-*

neur, domaine des voix féminines; les autres le mode *majeur*, domaine des voix masculines.

Les chefs des sociétés chorales fractionnent donc en quatre groupes leur masse d'exécutants. Les chefs d'orchestre agissent de même ; car le quatuor instrumental est basé sur le même principe divisionnaire que le vocal et se compose de deux violons, d'un alto et d'une basse, correspondant aux quatre parties ou registres de la voix humaine.

Or, l'Analogie passionnelle procède à l'instar d'Émile Chevé et de tous les chefs d'orchestre, pour distribuer l'harmonie dans les rangs des oiseaux chanteurs. De ce que tout s'enchaîne et se tient dans le système de la nature, de ce que l'oiseau chanteur a été créé et mis au monde pour réjouir et charmer l'oreille des humains, il appert, en effet, que la musique qui se chante aux fêtes annuelles du printemps a dû être écrite pour nous, que le clavier musical de l'oiseau a dû être réglé sur celui de l'homme et que l'harmonie vocale des deux règnes a dû se fondre dans le moule commun.

L'Analogie passionnelle débute donc encore, comme précédemment, par appliquer à l'ordre des Chanteurs la coupe dichotomique. — Elle partage le clavier musical en deux modes : mode mineur, mode majeur !

Et elle divise chacune de ces deux premières séries en deux groupes ! Mode mineur : Soprano, Contralto ; mode majeur : Ténor, Basse.

Mode mineur, premier groupe (Soprano) : Chanterelles aiguës, Chardonnerets, Canaris, Bouvreuils, etc. ; becs durs, aigus, coniques ; espèces *granivores* qui chantent sur la branche.

Deuxième groupe (Contralto) : Alouettes et Farlouses, voix un peu plus veloutées, moins aiguës ; becs un peu moins solides, moins coniques. Espèces *granivores* et *insectivores* à la fois, et qui aiment à semer l'harmonie dans l'espace et chantent en volant...

Mode majeur, premier groupe (Ténor) : voix passionnées, ardentes, mélancoliques : Fauvettes, Rossignols, etc. Espèces *baccivores* et *insectivores*.

Deuxième groupe (Basse) : Grives et Merles, etc.; une tribu populeuse et amie de la vendange et qui a l'honneur de compter parmi ses membres le Moqueur d'Amérique, le plus brillant de tous les virtuoses ailés, au dire d'Audubon, que je ne crois pas compétent.

Ce n'est pas fini, laissez dire : Cette division secondaire, calquée sur celle du quatuor vocal, vient bien de nous donner les quatre principales sections de l'ordre des Déodactyles ; mais elle nous doit encore l'indication des sections ambiguës, l'indication des nœuds de transition qui rattachent cet ordre à celui qui le précède et à celui qui le suit; et si elle nous doit, elle payera, n'ayez peur. La classification passionnelle n'est pas de celles qui laissent des lacunes à combler. Et d'ailleurs, vous n'avez qu'à écouter vous-mêmes, avec un peu de bon vouloir et de recueillement, l'exécution de la symphonie amoureuse du printemps pour que votre oreille vous apporte les noms que vous cherchez. Entendez-vous ces gémissements si tendres, si passionnés dans leur monotonie. C'est la voix de la Tourterelle et celle du Ramier qui n'appartiennent pas encore à l'ordre des Chanteurs, mais qui sont cependant déjà des amoureux de haut titre, dont la tribu forme l'anneau de transition entre les Coureurs polygames et les Chanteurs monogames. Ces gémissements et ces roucoulements graves et monotones fournissent au concert aérien l'accompagnement de pédales continues, pendant que les Pouillots, les Roitelets et les autres chanteurs minuscules, qui confinent à l'Oiseau-Mouche, tiennent la partie des chœurs de l'enfance et remplacent avec avantage les malheureux exécutants de la chapelle Sixtine. En avant du Pigeon on braille, après le Roitelet on ne module plus. L'Oiseau-Mouche bourdonne à l'instar de l'insecte, du Sphinx ou de l'Abeille. Je ne suis pas assez musicien pour accuser plus nettement ces séparations et ces nuances, et peut-être qu'il y a eu un temps où je les aurais mieux senties et plus clairement exprimées ; mais je suis bien forcé de laisser aujourd'hui à de plus jeunes et à de plus savants que moi, à ces heureux surtout qui traversent la phase à jamais regrettable de la lucidité amoureuse, le soin de compléter cette intéressante analyse des divers groupes de la passion rectrice et de traduire en idiome scientifique vulgaire le langage mystérieux des chantres du printemps. Il y a longtemps que j'ai écrit, et avec beaucoup de raison, que celui qui connaîtrait à fond sa gamme musicale, en saurait plus sur la Géométrie, sur l'Astronomie, sur l'Histoire et sur la Politique que Newton, Machiavel, Richelieu, Bossuet.

Ainsi a procédé l'Analogie passionnelle pour isoler au dehors le grand ordre des Chanteurs et pour le distribuer harmoniquement au dedans. Elle n'a eu besoin que d'écouter un son, que de prononcer un mot pour comprendre tous les droits, pour asseoir l'ordre sur des bases inébranlables, pour faire rentrer la discipline au sein des tribus mutinées. Que dites-vous à présent de la prétendue indisciplinabilité de l'ordre des Chanteurs ? Que dites-vous de la puissance d'une méthode qui semble avoir pris pour devise : grandeur des résultats par la simplicité des moyens ?

Peut-être objecterez-vous, à l'encontre de ces résultats mirifiques, que l'idée de faire entrer le chant parmi les éléments de la constitution hiérarchique de l'ordre des Chanteurs a en elle-même quelque chose d'audacieux, d'excentrique et de paradoxal, et qui sort complétement des données de la Science officielle... Et qu'en adoptant ce moyen de classement héroïque, l'Analogie a procédé par la méthode de l'écart absolu qui consiste à prendre le contre-pied des méthodes suivies jusqu'alors. — Je n'en disconviens pas ; mais à considérer les résultats acquis, il faut pourtant bien reconnaître que ces procédés étranges et audacieux ont du bon ; puisqu'en somme, la classification passionnelle a réussi à discipliner un ordre réputé indisciplinable et à le débarrasser de tous les obstacles dont l'autre avait semé son cours. C'est que l'Analogie passionnelle, qui pose la dominante caractérielle des espèces comme titre de série et de groupe et de genre, n'est peut-être pas aussi éloignée qu'on le pense des procédés de ralliement dont use la Nature pour créer ses familles. C'est que la Passion, qui est la révélation permanente de la volonté de Dieu et le principe moteur universel, est peut-être bien aussi le principe de la distribution harmonique des êtres dans tous les règnes.

Pour mon compte, j'avoue qu'il ne me déplairait aucunement de voir inscrire cette dernière formule en caractères d'or au frontispice des palais de tous les Instituts et de toutes les Sorbonnes. J'ajoute que si j'avais aujourd'hui un conseil à donner aux jeunes classificateurs désireux de se faire un nom et d'arriver vite à la gloire, je n'hésiterais pas une seconde à leur recommander l'emploi de la méthode de l'écart absolu, exclusivement et surtout de préférence à celle de Descartes. La sagesse de ce conseil se conclut assez logiquement, je suppose, de la lecture des quelques pages qui précèdent et où tout le monde a pu voir qu'il m'avait suffi de prendre le contre-pied de la

marche suivie par la routine pour tomber du premier coup
sur la loi de la distribution des espèces chanteuses...;
pendant que les maîtres qui cheminaient dans la direction
opposée s'embourbaient dans le gâchis depuis la cheville
jusqu'aux aisselles. On n'imagine pas, en effet, jusqu'à
quel degré de complaisance coupable le fétichisme du nom
de Linnæus a entraîné les malheureux savants qui se sont
obstinés à poursuivre l'amélioration de son système. Si je
disais que, non contents d'avoir accepté de gaieté de cœur
toutes les monstruosités de ce système, les apparentages
impossibles du Corbeau et du Colibri, de l'Hirondelle et du
Perroquet, du Roitelet et de la Pie-Grièche, ils en sont
venus à créer une famille ambiguë, mi-Grimpereau, mi-
Alouette, dans le seul but d'honorer la mémoire du grand
naturaliste ! Singulière façon d'honorer les illustres morts
que de les tirer de leur tombe pour les faire assister au
mariage d'un oiseau granivore à doigts plats qui habite la
plaine nue et ne quitte pas le sol... avec un insectivore
aux doigts crochus, à la queue étagée, rigide, qui habite
les forêts et ne peut quitter le tronc des arbres autour desquels son destin le condamne à tourner du matin au soir.
Car assurément que si deux êtres ont jamais dû être étonnés
de s'entendre appeler cousins, ce sont bien ces deux-là,
l'arpenteur des guérets et le fouilleur d'écorces. Mais il
n'en est pas moins vrai que la proche parenté des deux
familles a été constatée par un acte authentique et enregistré aux archives de la méthode officielle où l'on
trouve une tribu qui a nom des *Certhialaudinés*. Certhia
est le nom de famille que Linnæus avait assigné à ses
Grimpereaux.

Abyssus abyssum... Ainsi l'abîme appelle l'abîme, et
les maîtres les plus illustres, les Cuvier et les deux Geoffroy, les Charles Bonaparte, les Temmynck et vingt

autres qui ont essayé d'introduire un semblant de discipline dans l'ordre indisciplinable des Passereaux, n'ont
rien fait qu'apporter quelques pierres de plus à l'édifice
de la confusion.

J'ai donc fait fonctionner pendant quelques minutes la
méthode de classification passionnelle, et la situation s'est
trouvée illuminée soudain de clartés imprévues. Mais
comme il a été convenu au début de ce livre que ladite
méthode n'apparaîtrait en cette œuvre qu'à l'état d'utopie
et de phare lointain, il me faut bien me conformer à mes
engagements et reprendre ma voie ingrate. Écartons le
titre passionnel comme pivot de série, pour en revenir à
la forme du pied, et résignons-nous courageusement à
notre tâche; nous souvenant que de toutes les méthodes
de classification imparfaites, la pédiforme est celle qui
côtoie de plus près la méthode passionnelle... et que sa
ductilité extrême lui permet de tirer le parti le plus avantageux des révélations d'icelle. Essayons de faire que
l'enveloppe dont nous allons recouvrir la Méthode-modèle
laisse deviner ses formes et ressemble à ces robes bien
faites qui mettent en saillie les charmes qu'elles ont l'air
de vouloir cacher.

Une fois éliminée la distinction du registre vocal,
comme mesure de division secondaire du sous-ordre des
Déodactyles, il y avait à chercher auquel de nos caractères
séparatifs habituels nous attribuerions cet office important
de second diviseur. Les caractères séparatifs qu'on nous a
vu adopter pour la subdivision des ordres précédents, sont
naturellement ceux qui se tirent des différences physiques
les plus saillantes et les plus saisissables à la vue, différences d'habitat, de costume, de physionomie, d'allure,
de régime alimentaire. Passons attentivement la revue
de ces divers caractères pour nous attacher au plus digne,

c'est-à-dire à celui qui porte le plus visiblement l'empreinte du type de ralliement, du terme de comparaison.

L'élément de l'habitat est un caractère trop vague pour remplir ici cet office. Presque tous les oiseaux percheurs, quel que soit leur régime, vivent, en effet, sous le couvert. Le Pinson, la Fauvette, le Merle, le Roitelet, pour ne citer que des espèces françaises, habitent nos vergers, nos jardins, en compagnie des Pics, des Grimpereaux, des Mésanges. Et cette confusion même est une des marques les plus éclatantes de la justice distributive de Dieu, qui n'a voulu déshériter aucune terre ni aucune demeure de l'homme des enchantements de la mélodie aérienne, créant des Alouettes pour les champs dénudés comme des Rossignols pour les solitudes ombreuses. Le mode de division secondaire ne pouvait être conséquemment tiré de l'habitat qui rallie et ne sépare pas.

Le costume peut être appelé à distinguer les espèces dans un genre ou même les variétés dans une espèce, mais non à distribuer les séries dans un ordre. Je l'ai rejeté *à priori* comme type séparatif.

Des ornithologistes imprudents avaient proposé de baser la classification de l'ordre des Passereaux sur la diversité des modes de nidification. C'est un des priviléges de l'ordre des Passereaux de fournir à ses arrangeurs des idées anarchiques. J'ai essayé du procédé pour voir, et j'ai vu que son application eût atteint de primesaut ce beau idéal de désordre auquel les maîtres ne sont parvenus qu'après de si longs efforts.

Le bec est un excellent caractère séparatif et isolateur dont j'ai reconnu maintes fois les nombreux avantages. J'ai dit qu'indépendamment de l'indication de la manière de vivre et de l'industrie spéciale de l'Oiseau, il donnait sur-le-champ son portrait, sa physionomie. Le bec se prête de plus avec une souplesse merveilleuse, à raison de la diversité de ses formes, à toutes les coupes sérielles par deux, par trois, par quatre, et il joint à tous ces mérites celui de dessiner ses groupes sur le patron du quatuor vocal, critérium supérieur d'aptitude distributive d'harmonie. Pour toutes ces causes réunies, le bec possède donc une immense valeur comme élément de subdivision naturelle et j'ai dû en tenir un grand compte, si je n'ai pas osé lui confier cet office important de second diviseur.

Il est à remarquer, en effet, que la première opération subdivisionnaire pratiquée dans le sein de la Déodactylie par la comparaison des divers types de cet organe, donne d'emblée les deux grandes sections ou séries des Gros-becs (Conirostres) et des Becs-fins (Ténuirostres), laquelle division semble fidèlement reproduire toutes les circonstances du partage primordial de l'échelle des sons en deux modes, mineur et majeur. Mais le lecteur qui vient d'assister à la distribution des places par la classification passionnelle se trompe grandement, s'il espère qu'il aura suffi de cette rencontre heureuse des deux méthodes sur le terrain du clavier musical pour armer la classification pédiforme de la boussole directrice dont elle avait besoin pour former ses séries. L'infortuné classificateur a partagé aussi pendant quelques instants cette illusion décevante, mais il a dû y renoncer bien vite, quand il a reconnu à l'œuvre, que toutes les facilités espérées de l'homologie se changeaient d'abord en obstacles. C'est que nous ne sommes plus ici sur le terrain des seuls oiseaux chanteurs, et que l'analogie passionnelle n'est déjà plus pour nous qu'un simple phare à éclipses. Donc, j'ai cherché la coupe dichotomique de la Déodactylie par la division *rostriforme*, et je ne l'ai pas obtenue; ce qui ne veut pas dire qu'un autre, mieux renseigné ou plus habile, ou plus heureux que moi, ne la trouvera pas. Seulement, il m'a fallu pour l'heure laisser là l'ingrate besogne et repousser le bec comme type séparatif sériel de l'ordre à diviser. J'ai choisi, en son lieu et place, le genre de nourriture.

Du reste, je suis d'autant plus porté à croire que c'est la nature elle-même qui m'a dicté ce dernier choix, que de bec à nourriture la distance est minime, que l'un ne peut varier sans entraîner dans la forme de l'autre une modification parallèle et que, par conséquent, rien ne s'oppose à ce que le nouveau procédé divisionnaire profite de tous les avantages dévolus à l'ancien. Pourquoi tairais-je d'ailleurs une délicatesse qui m'honore, et n'avouerais-je pas que j'ai peur des noms barbares et grossiers de la méthode officielle? J'ai rompu avec le système, pour ne pas être obligé d'entrer en relations avec son personnel mal embouché, c'est vrai; mais le moyen, je vous prie, pour une plume bien élevée, sensitive et nerveuse, d'accepter d'écrire des noms comme *Unguiculatirostres*, *Émarginatirostres!*... La science ne sait pas tout le tort que lui a fait la barbarie de son vocabulaire, près des gens comme il faut.

Un autre élément de classification important est celui qui se tire de la diversité de structure des appareils digestifs. On peut même affirmer que de toutes les disparités d'organe, aucune n'établit aussi nettement que celle-là la distance qui sépare les bêtes; et l'on comprend facilement que des savants dont le nom fait autorité dans la Zoologie, M. de Blainville, entre autres, aient eu l'idée d'asseoir sur cette comparaison des diverses formes de l'appareil digestif les bases d'un système de classification zoologique quasi-universel. Cependant si l'on est forcé de reconnaître que la nature a creusé un abîme entre l'estomac de l'Herbivore et celui du Carnivore

dans tous les règnes, et qu'elle a placé là un signe pour
différencier les séries, ce ne serait pas moins commettre une grave erreur que de supposer un moment
qu'elle ait pu poser un pareil signe comme type séparatif
supérieur, et comme pivot de distribution harmonique
des espèces dans tous les règnes... Attendu que l'estomac
est un viscère *caché* dont le scalpel peut seul pénétrer les
mystères... et que la nature, qui est franche, a l'habitude
d'écrire les ressemblances congénériques des familles dans
les traits *apparents* de la physionomie chez les bêtes,
comme dans le port de la plante chez les espèces végétales. Le véritable savant, qui veut se conformer aux
instructions de la nature, ne peut donc demander qu'à ces
signes *extérieurs palpables* les indices de la parenté des
espèces...; et par cette seule raison, l'analogiste était tenu
de repousser le caractère séparatif tiré de la diversité des
formes des appareils digestifs; car l'analogiste, on le sait,
n'a jamais nourri l'orgueilleuse prétention de forger de
toutes pièces un système de classification quelconque, et
il ne vise qu'à découvrir la loi de la distribution harmonique instituée par Dieu.

Ainsi l'Analogie admet l'importance de la comparaison
des formes de l'estomac comme procédé de vérification
scientifique et comme preuve par 9, preuve *à posteriori*;
mais elle ne l'admet pas comme signe révélateur des affinités naturelles. C'est pour cela que je n'ai pas même
songé à essayer d'introduire la division dichotomique
dans la Déodactylie par la comparaison des diverses
formes de l'appareil digestif des espèces, bien que je ne
sois nullement éloigné de croire que l'opération eût pu
pleinement réussir, soit qu'on eût pris pour terme de
comparaison la consistance de l'appareil (musculeux-
membraneux), soit qu'on eût tablé sur le nombre des

poches stomacales (Polygastrie-Monogastrie). Je me plais à reconnaître encore que cette division binaire, qui fût devenue facilement quaternaire, eût joui, au même degré que la coupe dichotomique produite par la division rostriforme, de l'avantage de se mouler sur les modulations du quatuor vocal. Mais du moment que le type séparatif pour lequel j'ai opté héritait de tous les avantages de ce parallélisme, je ne pouvais hésiter à sacrifier l'élément de la comparaison stomacale, comme j'avais déjà fait de l'élément rostriforme; car il est évident que la dissemblance des régimes alimentaires se traduit bien plus ostensiblement chez les espèces ailées par la dissemblance des appareils digestifs que par celle des becs, et que la distance est moindre encore de nourriture à estomac que de bec à nourriture. Il m'est facile, du reste, de prouver en deux lignes que l'élément du régime alimentaire que j'ai définitivement adopté comme type de second diviseur, reproduit aussi fidèlement que le bec et l'estomac, en ses évolutions cardinales, le jeu du quatuor ou du quadrille vocal, ce terme de comparaison supérieur que nous avons appelé le phare lointain de la classification passionnelle.

Et d'abord, puisque toutes les espèces Déodactyles se nourrissent de fruits, de graines ou d'insectes, il semblait légitime que la classification naturelle débutât par la division de l'ordre en deux grandes sections primordiales dites de la *Granivorie* et de l'*Insectivorie*.

Et déjà nous aurions trouvé que cette division naturelle se fondait merveilleusement avec celle des Gros-becs et des Becs-fins, et encore avec celle des estomacs multiples et des estomacs simples. Exemples :

Granivorie : régime végétal, aliments *résistants*, de coction plus difficile. — Becs *vigoureux*, estomacs *musculeux, multiples*. — Mode mineur (soprano-contralto) :

Chardonnerets, Serins, Bouvreuils, Alouettes (*Coni-rostres*).

Insectivorie : nourriture animale, aliments *mous*, plus facilement assimilables. — Becs *faibles*, estomacs *membraneux et simples*. — Mode majeur (ténor, basse) : Fauvettes, Grives et Merles (*Ténuirostres*).

Vous voyez que la correspondance parallélique avec les évolutions du quatuor vocal continue de se poursuivre avec la même persistance dans le nouveau système que dans les deux précédents.

Maintenant cette simple division binaire était-elle suffisante pour un ordre aussi populeux que celui des Déodactyles ? J'ai déjà répondu que non, et les causes de cette insuffisance sont nombreuses.

Et d'abord il y a fruits et fruits, insectes et insectes. Il y a les fruits durs, les noix, la graine résineuse, le grain ; il y a aussi les fruits mous, les baies tendres, les baies à noyau. Il y a aussi des insectes qui vivent dans le sein de la terre, d'autres qui rampent sur les tiges, d'autres qui volent, d'autres qui demeurent cachés dans la corolle des fleurs. Et chacun de ces produits a ses consommateurs attitrés et spéciaux, et le chiffre d'une seule série de ces consommateurs spéciaux de la Déodactylie dépasse généralement l'effectif des autres ordres du règne. Puis encore, parmi ces espèces innombrables, on en trouve qui s'accommodent des deux régimes à la fois, qui vivent de fruits et d'insectes.

Or, cette diversité d'appétits entraînait naturellement de profondes dissemblances d'organes extérieurs et d'organes secrets, et alors il n'est pas tout à fait surprenant que le classificateur, surchargé de tant de richesses, n'ait pas réussi à trouver la coupe dichotomique par la comparaison des becs et des appareils digestifs. Et l'on comprendra encore mieux que pour se reconnaître au sein de tant d'espèces, il ait pris le parti extrême de doubler d'emblée le chiffre habituel de ses divisions secondaires.

A ces causes donc, et à défaut de la première coupe dichotomique que je n'ai pu rencontrer, j'ai débuté par partager le sous-ordre des Déodactyles en quatre grandes séries primordiales que j'ai dites de la *Granivorie*, de la *Baccivorie*, de la *Mellivorie* et de l'*Insectivorie*.

Granivores sont les espèces portant jabot et vivant *principalement* de graines ; Baccivores, les espèces vivant six mois de fruits mous et les autres six mois d'insectes. Ambivorie, peut-être, eût valu mieux. Mellivores, ou Mellisuges, sont les suce-fleurs, ou les mangeurs d'insectes confits dans le miel ; Insectivores enfin les chasseurs d'insectes, d'insectes ailés principalement. J'exposerai, au fur et à mesure de l'installation de chacune de ces séries populeuses, les motifs que j'ai eus de les baptiser ainsi et de les composer comme j'ai fait. Je déclare une fois de plus que je ne considère point ce travail comme une œuvre complète, achevée, définitive, et que toute mon ambition se borne ici à indiquer l'issue du labyrinthe où la classification de Linnæus tient la science engagée. — N'eussé-je réussi, au prix de tant d'efforts, qu'à démontrer les vices de ce système et la nécessité de le refondre, que je me croirais suffisamment rémunéré de ma peine. Le travailleur modeste se contente de peu.

CHAPITRE XII

Première série. — Granivorie : 86 genres. — 822 espèces (?). — 35 Françaises.

Je ne sais pas s'il existe en ce monde des espèces ailées purement et exclusivement frugivores, et à qui la règle de leur ordre interdise absolument l'insecte ; et j'avoue que malgré les affirmations de Temmynck, le doute à cet égard est entré dans mon âme, depuis que j'ai vu les Ramiers des Tuileries se gaver de lombrics au printemps, d'autres se percher pendant l'hiver sur le dos des pourceaux qu'ils suivent à la glandée. Les pâtres disent bien que quand les Ramiers font ainsi, c'est pour se réchauffer les pattes ; mais tout me porte à croire qu'ils imitent plutôt en cela l'exemple que leur donnent chaque jour les Étourneaux et les Bergeronnettes qui se posent aussi sur le dos des moutons pour les débarrasser de la vermine dont leur toison abonde. J'avoue encore que l'odeur d'acide formique prononcée qu'exhale quelquefois la chair des Tourterelles, en septembre, semble trahir la fréquentation des fourmilières. Il est connu d'ailleurs que les Perroquets eux-mêmes, qui passent pour les plus délicats d'entre les Granivores, recherchent avidement les insectes parfaits et les larves, au temps où éclosent leurs petits.

Mais peu nous importe de savoir si le Granivore pur existe quelque part, puisque nous n'en avons pas besoin pour créer le type générateur de la Granivorie que nous définissons ainsi, pour prévenir toute erreur :

« Un Sédipède Déodactyle, pourvu d'un bec conique à mandibules tranchantes et d'un estomac musculeux. »

Voici donc qui est entendu : la première série de la Déodactylie, dite des *Granivores*, se compose exclusivement d'espèces munies d'un bec assez solide pour trancher, triturer, décortiquer les aliments résistants, et d'un estomac musculeux, simple ou multiple, assez puissant pour en opérer la coction. Que tout Percheur Déodactyle muni de ces deux appareils se présente donc sans crainte pour avoir place en la série; car cette place lui sera faite, comme elle devra être retirée à quiconque l'occupe indûment, c'est-à-dire sans avoir produit les pièces demandées.

Cet avertissement préalable ne manque pas d'opportunité dans les circonstances où nous sommes, car ma conscience de classificateur honnête m'oblige de confesser que sur les 822 espèces granivores que je viens de déclarer tout à l'heure, il en est deux cents peut-être qui n'auraient pas le droit de se parer de ce titre. Et mal venu serait certainement le fâcheux qui voudrait à ce propos me reprendre de ma facilité ou de ma légèreté extrême..., attendu que j'ai mon excuse toute prête et trop valable, hélas ! dans l'insuffisance des renseignements recueillis jusqu'à ce jour sur vingt genres nouveaux; à propos desquels genres les récits les plus circonstanciés des voyageurs se bornent généralement à dire : Mœurs et manière de vivre complétement inconnues. Que le lecteur accompagne donc mes efforts de son indulgence plutôt que de sa sévérité, quand je cherche à assigner une place à peu près convenable aux espèces non classées sur des indications aussi vagues. Qu'il considère surtout qu'il n'y a point péril en la demeure, avec ce casement provisoire ; et que le classificateur, innocent des torts de l'universelle ignorance, n'attend que d'être mieux renseigné pour redresser de lui-même ses inévitables erreurs, et que la porte de ses séries essentiellement perfectibles est toujours prête à s'ouvrir aux revendications légitimes, comme à se refermer sur les prétentions déplacées.

Le malheur est que, dans le doute, le sage soit tenu de s'abstenir et que par exemple ici, défense m'ait été faite de tenter l'application de la division dichotomique à la Granivorie... ; car la populeuse série me semblait devoir se prêter avec une facilité sans égale à cette opération si grandement favorable à la distribution harmonique des groupes et des genres ; et je voyais en imagination les nombreuses tribus se séparer d'elles-mêmes en deux classes : espèces qui dégorgent, espèces qui ne dégorgent pas.

On sait, en effet, que, chez les espèces les plus amies du grain et les moins portées vers l'insecte, les parents nourrissent leurs petits en leur dégorgeant dans le bec une bouillie préparée dans le laboratoire du jabot ; et que cette pratique est naturellement hors de mode dans les familles qui nourrissent leurs jeunes avec des larves d'insectes, des hannetons, des sauterelles, etc., et qui se contentent de leur apporter la nourriture toute crue au bout du bec, après avoir pris soin toutefois de débarrasser le coléoptère de ses ailes et de ses élytres. Il était difficile, je crois, de souhaiter une division binaire plus heureuse que celle-ci qui résultait de la simple comparaison des deux procédés d'abecquement. Seulement, pour pouvoir mettre les Dégorgeurs et les Non-Dégorgeurs à leur place, il est de première nécessité de savoir qui dégorge et ne dégorge pas, et j'observe avec mélancolie que les voyageurs pour les bêtes aiment généralement à se taire sur ces détails d'éducation primaire ; comme aussi sur la forme et la fonction des pieds, ce qui expose les auteurs de classification pédiforme à trébucher sur des pierres pointues, là où ils s'imaginaient devoir marcher dans des allées de parc.

Donc, à défaut de renseignements et de moyens suffisants pour opérer la subdivision de la série d'après les règles de l'art, je me suis borné à faire défiler ses escadrons par genres, comme on le verra tout à l'heure, quand j'aurai terminé le chapitre des caractères généraux.

Caractères généraux de la Granivorie Déodactyle. — Le Granivore est ami de l'homme..... Le lecteur a entendu assez de fois répéter cette phrase pour la savoir par cœur ; je ne l'achève donc pas. Elle peint en six mots les mœurs de la série, une série charmante et *titrée* en *mineur*, une série féminine qui, dans la classification mélodique, embrasse toute la partie du soprano, plus une fraction importante de celle du contralto.

Là se trouvent, en effet, les espèces qui se plaisent le plus dans la société de l'homme, qui se résignent le plus facilement à la perte de leur liberté, qui peuplent le plus abondamment nos volières et remplissent nos demeures, nos jardins et nos plaines de plus de chansons et de joies. C'est la série des êtres charmants par excellence, des compagnons d'éternelle bonne humeur, des causeurs spirituels, des artistes habiles aux travaux délicats. L'esprit de fraternité qui les anime est si vif qu'ils donnent dans tous les piéges tendus à leur charité, et que l'homme a pu fonder une industrie fructueuse sur l'exploitation inhumaine de ces instincts si purs. La supériorité du sexe féminin sur l'autre y est acceptée comme axiome et ne s'y discute pas ; ce qui atteste le grand bon sens qui est dans ces espèces, puisque *chez toutes*, c'est la femelle qui construit le nid à elle seule, et que *chez la plupart*, elle chante *quand elle veut*. On ne voit pas trop, par conséquent, sur quel privilége de droit divin pourrait s'appuyer le mâle, si par hasard la folle idée lui venait de revendiquer l'autorité supérieure. Heureusement que l'amour joue un rôle trop important dans les espèces qui peuplent ce milieu harmonique pour qu'un pareil genre de désordre puisse s'y développer. Le règne du mâle, je l'ai déjà dit, est caractéristique des milieux subversifs, voués à l'oppression, au carnage et aux déchirements, où il est naturel que le droit reste à la force et que le Coq éperonné trône sur son fumier. Mais nous ne croupissons plus, grâces à Dieu, dans ce domaine infect. Nous venons d'émigrer des sociétés limbiques, pour entrer en phase d'apogée. Ici tout vise à la douceur, à l'urbanité, à la grâce, comme dans tout milieu où le sexe féminin domine. Le mâle y prend les allures de la femelle et aspire à la remplacer dans la plupart des fonctions maternelles. Il l'aide à faire son nid, autant que ses faibles moyens le lui permettent ; il la nourrit et *lui* chante pendant qu'elle couve. La bataille n'a plus lieu dans cette série modèle que pour des questions de rivalité amoureuse ou de préséance artistique. On ne cite pas un seul Granivore qui ait fait brûler son semblable en ce monde ni dans l'autre pour crime de diversité d'opinion. Je préviens les Civilisés qui aspirent à quitter leur triste vallée de larmes pour les champs d'Harmonie, qu'ils auront beaucoup à profiter de l'étude des mœurs du Bouvreuil, de l'Alouette, du Chardonneret.

Voici pour le côté moral de la Granivorie. Passons à l'examen des caractères physiques de ses espèces.

Toutes, avons-nous dit, sont armées d'un bec de forme

conique, plus ou moins effilé, de consistance cornée, dur, luisant, solide et muni de mandibules tranchantes. D'où le nom de *Conirostres* qu'on leur a attribué. Les narines sont généralement nues comme chez les Pigeons. Les villosités de ces ouvertures trahissent des habitudes insectivores.

La queue fourchue est d'uniforme chez le plus grand nombre d'espèces; l'aile courte et arrondie; le vol bruyant et saccadé, indécis, peu soutenu. L'ongle du pouce, dont la dimension s'en va toujours croissant du premier anneau de la série à sa limite extrême, finit par atteindre chez l'Alouette des proportions exagérées qui font presque perdre à l'oiseau la faculté de percher.

L'appareil digestif des espèces Granivores devait être naturellement construit sur le même modèle que celui des Pigeons et des Pulvérateurs. Cette antichambre de l'estomac véritable, qui s'appelle le jabot, se retrouve donc chez plusieurs, et, pour cette cause, les Granivores peuvent être assimilés comme les Pulvérateurs aux quadrupèdes ruminants... Quelques espèces suppléent à l'absence des dents par l'ingestion d'une certaine quantité de gravier qui fait l'office de molaire et qui aide à la trituration des aliments par le frottement d'iceux dans l'intérieur du gésier. La méthode de transvasement de nourriture, dite dégorgement, n'est pas seulement employée comme procédé d'abecquement de la jeune famille ; c'est de plus une pratique de courtoisie galante, à l'usage des amoureux.

Le tarse était demeuré court et les doigts empâtés chez les Colombiens, en signe de la parenté de cet ordre avec celui des Coureurs. Le tarse vire désormais à la transparence et à la légèreté, les doigts sont complétement dégagés chez es Granivores.

L'immense majorité des espèces de la série fait ses nids

sur les arbres. Quelques-uns de ces édifices bâtis par l'amour maternel sont des merveilles d'art. Les Granivores en général font deux ou trois pontes par an, mais la première couvée est toujours plus nombreuse et plus prospère que celles qui la suivent.

J'ai dit que les dégorgeurs, qui sont les Granivores par excellence et qui, par ce côté, confinent aux Pigeons, nourrissaient leurs petits à la bouillie de grain. Ils adorent aussi la verdure, le mouron, le séneçon, la salade, et sont friands de sucre et de colifichets. Le grain qui leur agrée le plus est le millet. L'habitude qu'ont dû prendre les Granivores de faire subir une élaboration première à leurs aliments dans la poche du jabot accuse la nature coriace et réfractaire des substances ingérées, lesquelles révèlent à leur tour la force et l'épaisseur du bec, la puissance de ses mandibules. Il y a de ces becs de dégorgeurs qui brisent les noyaux comme des casse-noisettes, d'autres qui vous entaillent les doigts aussi profondément qu'une serpette. Il y en a qui sont disposés de manière à pouvoir pénétrer jusqu'au cœur de la pomme pour y prendre les pepins. Tous les Granivores dégorgeurs décortiquent les graines dont ils se nourrissent avant de les avaler, et il y a même des tribus chez lesquelles le père et la mère, au lieu de commencer par digérer un peu les graines qu'ils destinent à leurs petits, se contentent de les éplucher proprement et de les leur servir en cet état.

La chair des dégorgeurs est généralement sèche et maigre, heureux défaut qui protége leurs jours.

Cette grande classe des Granivores, presque entièrement composée d'oiseaux chanteurs, doux, familiers, sociables et *faciles à nourrir*, devait être la Providence des volières. C'est à elle en effet que ces établissements d'agrément public et privé doivent la majeure partie des richesses qu'ils possèdent, et le temps n'est pas éloigné où une foule d'espèces de cette même tribu, natives d'autres parties du monde, mais conquises à l'Europe par les soins d'habiles amateurs, doubleront le chiffre de nos espèces ralliées.

Tous les non-dégorgeurs nourrissent leurs petits d'insectes dans leur âge le plus tendre, et ils ne les sèvrent jamais de cette alimentation substantielle avant que leurs plumes soient sorties. Un grand nombre d'espèces de cette seconde classe nichent à terre, quelques-unes aussi dans les trous des arbres et des murs. Plusieurs sont célèbres dans les fastes de la gastrosophie par l'exquise délicatesse de leur chair. Le groupe ne semble pas avoir été créé, comme l'autre, pour l'unique volupté des oreilles et des yeux.

La mue chez la plupart des Granivores n'a lieu qu'une seule fois chaque année, à l'automne; ce qui n'empêche pas les mâles, dans certaines espèces (Pinson, Bouvreuil, etc.), de revêtir au printemps un splendide costume de noces ; car il faut que l'amour apporte son lustre avec lui. Mais ici le changement de tenue n'est plus, comme en la mue ordinaire, le remplacement des vieilles plumes par des neuves. Ce sont les vieilles plumes elles-mêmes qui se colorent de nuances plus vives par l'effet du soleil et de l'exposition au grand air. C'est pour cette cause que nous voyons nos Linots, nos Pinsons, nos Bouvreuils perdre complétement l'éclat de leurs couleurs par la captivité. Il est douloureux de songer que, dans la nature actuelle, le soleil embellit tout, hors l'homme; car cette exception humiliante nous prouve que le Civilisé est un être en disgrâce. Les vivants d'Harmonie lèvent noblement leurs regards vers l'astre radieux, qui ne les éblouit pas et leur rosit le teint, bien loin de le roussir.

Beaucoup d'espèces Granivores sont de passage, beaucoup également sédentaires. C'est la température des zones qui divise les tempéraments en casaniers et en mobiles. Plus on approche des pôles, plus naturellement se réduit le nombre des espèces sédentaires. On en compte à peine une douzaine dans les pays situés, comme le nôtre, à mi-chemin du pôle à l'équateur.

Mais le moment est venu de faire défiler sous les yeux du lecteur les longues catégories de la série puissante que j'ai ouverte par les genres exotiques dans lesquels j'ai cru rencontrer les plus proches parents des Pigeons *frugivores*, et que j'ai close par la famille des Alouettes,... une famille admirablement marquée au coin de l'ambigu, peu percheuse, et presque aussi amie de l'insecte que du grain, mais reconnaissable pourtant comme Granivore au premier chef, par son estomac musculeux.

TABLEAU DE LA GRANIVORIE.

GENRES.	Espèces.	GENRES.	Espèces.	GENRES.	Espèces.
Habia,	25	Dur-bec,	2	Poephile,	5
Phytotome,	3	Bouvreuil,	6	Wehong,	3
Ramphocèle,	11	Urage,	2	Sénégali,	50
Lamprote,	2	Githagine,	3	Spermospiza	1
Pyranga,	19	Roselin,	11	Viduestrelde,	5
Arremon,	23	Catynobidynque,	1	Euplectes,	13
Tangara,	30	Spermophile,	15	Veuve,	7
Cypsnagre,	1	Serin,	11	Dioch,	4
Calliste,	48	Chrisagra,	8	Nigrite,	3
Euphone,	28	Venturon,	4	Moineau,	24
Iodopleure,	3	Linot,	4	Républicain,	1
Tersine,	1	Sizerin,	4	Alecto,	3
Phibalure,	1	Tarin,	17	Nivérolle,	10
Guiraron,	3	Hypoloxie,	1	Pinson,	5
Carpornis,	5	Chardonneret,	3	Gros-bec,	2
Tijuca,	1	Callacanthe,	2	Mycérobe,	8
Araponga,	4	Verdier,	6	Pityle,	11
Cotinga,	43	Combasou,	3	Guiara,	8
Coliou,	8	Emblème,	1	Cardinal,	5
Paradoxornis,	5	Bengali,	24	Paroare,	6
Bec-croisé,	7	Erythrure,	5	Touit,	8

GENRES.	Espèces.	GENRES.	Espèces.	GENRES.	Espèces.
Embéryzoïde	4	Jaseur,	3	Fringillaire,	9
Ammodrome,	7	Pardalote,	13	Bruant,	24
Manimbé,	8	Passerine,	12	Cenchrame,	3
Chingolo,	31	Certhidée,	1	Plectrophane,	5
Dinca,	12	Cactornis,	3	Sirli,	5
Jacarini,	2	Camarhynque,	3	Geositte,	7
Chipiou,	4	Geospize,	8	Alouette,	73
Commandeur,	1	Agripenne,	1		

Total des genres : 86.

— des espèces : 822, dont 35 Françaises.

Je répète une fois de plus à ceux que la chose intéresse, présents et à venir : que cette première application de la subdivision quaternaire à la distribution de la Déodactylie n'est encore qu'un essai, et qu'il est pour moi hors de doute que parmi les 822 espèces admises provisoirement dans la série des Granivores, beaucoup s'y sont introduites par fraude, et qu'elles ont profité lâchement pour forcer la consigne de ce que je n'étais pas en mesure de contrôler rigoureusement leurs titres. Or, les moyens de contrôle qui m'ont manqué, parce qu'ils manquaient à la science, j'ai dit quels ils étaient. C'est à savoir la simple connaissance du procédé d'abecquement spécial à chaque espèce ; et après l'œuvre de l'observateur le travail du scalpel; c'est, en un mot, le fait de l'abecquement appuyé du procès-verbal authentique de l'autopsie stomacale. Qu'on me fournisse ces deux pièces pour les espèces douteuses, et je n'en demande pas davantage pour mettre à la porte les intrus et pour faire marcher tous les groupes, tous les genres, voire toutes les espèces Déodactyles, dans un ordre édifiant. Je suis même si sûr à l'avance du résultat promis, que je ne crains pas d'affirmer, dès ce jour, que la série réduite à ses vrais termes par le double procédé de vérification que j'indique, comptera juste autant d'espèces qui dégorgent que d'espèces qui ne dégorgent pas : quatre cents d'un côté, quatre cents de l'autre, si le chiffre total de l'effectif est huit cents. Il va sans dire qu'après une affirmation aussi audacieuse, le classificateur appelle ardemment la critique loin de la redouter.

Cependant, il m'est impossible d'entreprendre l'histoire des espèces françaises avant d'avoir exposé les motifs de la distribution qui précède.

Le lecteur aura sans doute remarqué tout d'abord que j'avais complétement oublié de diviser la série par groupes *naturels*. La raison de cet oubli prémédité s'explique d'elle-même par la conviction où je suis que la coupe dichotomique dont je viens d'indiquer les moyens possède seule le privilége d'engendrer les groupes demandés. Si je me suis abstenu de créer de nouveaux groupes et de leur assigner de nouveaux noms, c'est que je ne voulais pas avoir l'air d'attacher une haute importance à des subdivisions provisoires et non viables. On comprend que l'ornithologiste passionnel, emporté par l'amour de l'art, ne regarde pas à ses peines pour créer de toutes pièces la nomenclature idéale qui doit restituer son vrai nom à chaque bête et porter dans les âges futurs la gloire de son auteur. Il est tout simple qu'en pareille occurrence il innove hardiment et qu'il accepte sans faiblir la responsabilité de ses néologismes..; la grandeur de son but justifie sa vaillance; mais telles n'étaient pas, on le sait, les exigences de ma situation, puisque j'ai dit, dès le début, en quoi consistait l'idéal. L'idéal, ici, consistait à instituer d'abord la série des Sopraniens, non celle des Granivores; puis, à distribuer les groupes par l'expression du chant, puis les espèces par l'arbre ou la place où elles chantaient, ou encore par le trait saillant du costume ou du caractère. Il est clair qu'il y avait là pour l'innovateur audacieux toute une série à créer de dénominations inédites, euphoniques et charmantes. Il y avait à baptiser à nouveau le Sopranien des vergers, des forêts, des collines, comme celui des lilas, de la vigne et des roses; le Sopranien couronné, au *bec rouge*, aux *ailes d'or*, etc. Et certainement que l'insurrection contre la nomenclature officielle eût été en ce cas-là le premier de ses droits et le plus sacré de ses devoirs. Mais le sage, qui consulte ses forces avant d'agir, ne se met pas ainsi l'esprit à la torture pour dire du provisoire, et il ne trouve pas qu'il y ait si grande presse à renverser le pauvre vocabulaire scientifique, à déranger le public de ses habitudes de langage et n'aboutir en somme, qu'au moins mal. Et dans l'impuissance d'innover, il se résigne philosophiquement à subir les noms de groupes et les noms d'espèces consacrés par l'usage, sauf à s'attacher aux meilleurs. C'est ainsi que ne pouvant dire le Sopranien aux ailes d'or, il dira tout bonnement *Chardonneret*, parce qu'après tout, Chardonneret vaut mieux pour désigner un petit oiseau qui vise le chardon, que *Conirostre longicône* qui est le substitut charmant dont la science moderne a jugé à propos d'habiller cette espèce.

Je pourrais ajouter, si j'avais besoin d'autres motifs pour justifier mon choix, que l'usage déplorable que Georges Cuvier avait fait du titre de Conirostre en rendait désormais l'emploi presque impossible. Il faut que l'on sache, en effet, que cet illustre maître, qui pouvait apparemment dormir sur les lauriers de Linnée, s'est avisé de rallier une fois sous cette étiquette de malheur les Alouettes, les Mésanges, les Bruants, les Moineaux, le Bec-croisé, le Dur-bec, le Coliou, le Pique-bœuf, le Cassique, l'Étourneau... Attendez, ce n'est pas fini : le Corbeau, le Rollier et les Paradisiens!... C'est-dire qu'il ne manquait plus qu'un Aigle et qu'un Canard à la collection, pour faire de la série nouvelle quelque chose d'analogue à l'arche de Noé!

Mais que penser, grand Dieu! de cette persistance inouïe du mauvais vouloir des savants à l'endroit de cette pauvre Alouette qu'ils entendent loger de force entre les Grimpereaux insectivores et les Mésanges mangeuses de cervelles ;.... comme si la longueur démesurée de ses doigts et de ses ongles rectilignes lui permettait de se livrer aux ascensions de mât de cocagne et aux autres exercices d'acrobate qui sont les moyens d'existence de ces voisins dangereux.

Il est, en effet, difficile d'imaginer une opposition de mœurs et d'allures plus tranchée que celle qui est entre la Mésange et l'Alouette; celle-ci, l'innocence même, symbolisant l'humble travailleur des champs, le producteur par excellence; l'autre, emblème parlant d'un intermédiaire parasite et qui vit ainsi qu'elle de la cervelle d'autrui. C'est dire qu'il y a entre ces deux espèces la même distance infranchissable qu'entre le Corbeau, emblème du légiste retors, et le Colibri, emblème de la jeunesse dorée; et j'admire qu'on passe auprès d'un abîme de cette dimension, sans même l'apercevoir, lorsque l'on a des yeux!

Elle était pourtant bien facile à trouver, la place naturelle de l'Alouette. L'Alouette aux doigts plats, au long pouce rectiligne, l'Alouette qui vit de menus grains et d'insectes, qui niche à terre et qui chante en volant, a pour cousins germains l'Ortolan et le Becfigue, qui sont bâtis des pieds comme elle, qui chantent comme elle, vivent comme elle et se mangent comme elle en terrines et en rôtis. Alors, encore une fois, pourquoi la retirer de cette société où elle était si bien pour la faire entrer de

force dans celle des Grimpereaux ou dans celle des Mésanges, ces tribus d'acrobates dont les passe-temps favoris sont de se pendre la tête en bas et d'exécuter
des ascensions impossibles? Où les savants sérieux qui
persistent à vouloir cette alliance monstrueuse, ont-ils
trouvé que l'Alouette, qui est impuissante à saisir
quoi que ce soit des pieds, ait reçu de la nature le
goût de ces exercices périlleux? La place que j'ai donnée
à l'Alouette est celle où le suprême distributeur de
l'ordre l'avait mise, et j'ai bien fait, je pense, de l'y
laisser.

Quelques lecteurs, peu initiés aux lois de la série, trou-
veront peut-être à reprendre à cette distribution qui
donne pour dernier terme à la première série d'un
ordre dit des *Percheurs*, un genre auquel la faculté de
perchement est presque complétement interdite. Je suis
désolé d'être obligé de leur rappeler que l'excentricité des
ambigus ou des extrêmes est une des nécessités les plus
impérieuses de l'ordre et que, par conséquent, la prétendue anomalie qui les choque est cachet scientifique
et normal de la présente classification. L'Alouette est la
plus grande voilière de toute la série; elle peut se reposer
sur ses ailes, comme l'Oiseau-Mouche et comme le
Martinet. La loi de répartition équitable, dite de balancement des organes, et le principe de l'Économie de
Ressorts s'opposaient donc à ce que l'espèce si largement
favorisée pour le vol le fût au même degré pour la faculté
de percher. L'Alouette perche d'autant moins qu'elle a
de plus longues ailes, et l'Hirondelle des tours ne perche
pas du tout. Il y a encore la loi du ralliement des extrêmes
qui veut que les derniers termes de chaque série d'un
ordre soient en rapport d'identité et de contraste. Nous
prouverons à la fin du chapitre de la Déodactylie que les

types choisis par nous pour anneaux de transition répondent à ces exigences sévères.

Et puisque nous avons commencé l'apologie de notre méthode distributive par la fin, il est naturel que nous la terminions par le commencement. Il me reste à dire pour quelles causes j'ai concédé les vingt premières places de la série des Granivores aux genres qui les occupent et de qui les noms comme les mœurs sont assez peu connus. Ici encore, j'invoquerai pour excuse de mon erreur, si erreur il y a, l'insuffisance de renseignements spéciaux sur les genres à classer, et je ferai valoir, comme circonstance atténuante de mon méfait, l'extrême facilité de corriger la faute.

Je rappelle en quelques lignes ce fait acquis par les discussions qui précèdent : Que si le Frugivore pur existe quelque part, ce doit être parmi les Colombiens de la zone équatoriale... Que toutes les tribus de cet ordre se nourrissent de fruits ou de graines, vivent en société, pondent deux œufs, et enfin que cet ordre peu populeux des Marcheurs forme la transition harmonique des Coureurs aux Percheurs.

Il y avait donc à chercher, parmi les espèces Déodactyles, celles qui se rapprochaient le plus du type Colombien pour opérer le plus scientifiquement possible le raccordement de la Gradipédie et de la Sédipédie. Et puisque les moules de transition ne se rencontrent pas parmi les espèces européennes, où le genre le plus voisin des Pigeons semble être celui du Bouvreuil, force était bien de les demander à la faune exotique. J'ai donc consulté les auteurs, ou pour mieux dire, j'ai donc relu avec attention le grand *Traité encyclopédique* de Chenu et d'O. Des Murs qui les renferme tous, et là, j'ai appris qu'au Chili et encore dans d'autres contrées se trouvaient des espèces nombreuses ayant nom Phytotomes (coupeurs de tiges), Tanagridés, Habias, etc., lesquelles vivaient de fleurs et de fruits et coupaient les tiges des plantes cultivées par les indigènes et mangeaient le cœur des laitues comme chez nous les Ramiers mangent le cœur des colzas. Les auteurs, il est vrai, ne s'expliquaient pas bien catégoriquement sur les procédés d'abecquement en usage chez les individus observés, pas plus que sur la forme de l'appareil digestif. Mais, cependant, les espèces décrites paraissaient tant aimer le voisinage des habitations humaines ; la frugalité de leur régime et l'innocence de leurs mœurs établissaient *à priori* entre elles et les Pigeons tant de liens de parenté, que je me suis cru autorisé à conclure en la circonstance du principal à l'accessoire et du régime alimentaire à la structure de l'appareil stomacal. Suppléant donc au silence de l'observation par la témérité de l'induction et de l'analogie, j'ai pris sur moi d'attribuer un estomac musculeux et multiple à ces espèces *Phytotomes* qui se nourrissent de verdure à l'instar des Ruminants à quatre et à deux pieds. Si j'ai eu tort d'oser, une expérience ultérieure le dira, et l'erreur ne sera pas longue à réparer, puisqu'il n'y aura qu'à transférer du premier groupe dans le second le genre mal classé. Si, au contraire, l'induction m'a heureusement guidé, le provisoire deviendra définitif, et tout sera pour le mieux dans la moins mauvaise possible des classifications. En attendant, les critiques de bonne foi conviendront que le classificateur embarrassé était fort excusable d'avoir fait arriver à la suite immédiate des Pigeons, et d'avoir colloqué au numéro premier de la première série de la Déodactylie le genre Habia, dont il a été dit par son historien d'Azara:

« Leur nid, s'il faut en juger d'après celui de l'espèce la

plus commune, est placé à la moitié de la hauteur des buissons; il est tissu avec de petits rameaux et des lianes sèches et flexibles entremêlés de quelques grandes feuilles d'arbres. D'autres lianes, plus déliées et moins noueuses forment à l'intérieur une garniture peu molle. Tous ces matériaux sont employés avec parcimonie, car le grand diamètre du nid n'a que quatre pouces et l'intérieur que deux et demi. La *ponte est de deux œufs également gros aux deux bouts...* »

Même système de nidification, même ponte, même régime alimentaire, mêmes mœurs. Ne suffit-il pas, je le demande, de cet ensemble d'identités morales et physiques, pour légitimer mon erreur, si erreur il y a?

Enfin, j'ai à faire observer que j'ai distrait de la série des Granivores Déodactyles les treize genres *douteux* qui, selon moi, doivent appartenir à l'ordre des Dromipèdes et dont les savants officiels ont formé trois familles dites des Ménuridés, des Mégalonycinés, des Formicarinés. La première de ces familles contient les deux genres Ménure et Orthonyx renfermant chacun deux espèces. La seconde, celle des Mégalonycinés, se compose des six genres qui suivent et qui comptent vingt-deux espèces : Leptonyx, Rhinocrypta, Mégalonyx, Tripitochinus, Mérulaxe, Scytalope. La troisième enfin, dite des Formicarinés, contient trente-six espèces réparties entre les cinq genres ci-après : Grallarie, Fourmilier, Conophage, Pithys et Sclérure. J'ai exposé, à la fin du chapitre de la Dromipédie, les raisons qui me faisaient considérer ces soixante-deux espèces comme appartenant à cet ordre, lesquelles raisons se trouvent résumées par la définition que j'ai donnée du Dromipède (Gallinacé, Coureur) : « Pulvérateur qui niche à terre et n'abecque pas ses petits. » A partir du premier des Pigeons jusqu'au dernier des Perroquets, tous les parents, en effet, abecquent leurs petits, et les Coucous et le Cow-bird, deux moules anormaux, font seuls exception à la règle. Si la nouvelle place que j'assigne aux Ménures, aux Fourmiliers et aux Mégalonyx, se trouvait par hasard être la meilleure, la vraie, il conviendrait donc de reporter à l'actif de la Dromipédie ce chiffre supplémentaire de soixante-deux espèces que j'ai cru devoir retrancher de l'effectif de la Déodactylie.

Aucun motif ne nous retient plus désormais de passer outre à l'histoire des espèces françaises.

Le Bec-croisé. — Oiseau de la taille du Gros-bec, à physionomie de Perroquet; corps trapu, queue fourchue, ailes médiocres; manteau gris, rouge ou vert, suivant l'âge, la saison, le sexe. Moule étrange et paradoxal, marqué au coin de l'anomalie et de la caricature. Son bec est une des plaisanteries les plus hasardées de la Nature, mais des mieux réussies.

Ce bec ne consiste plus, comme tous les autres becs, en une paire de compartiments réguliers et commodes qui se superposent et se ferment exactement l'un l'autre. C'est au contraire, un jeu de mandibules biscornues, dépareillées, féroces, qui, au lieu de s'emboîter pacifiquement, se repoussent, se chevauchent, se manquent, bref se disjoignent violemment dans le sens de la verticale, de manière que l'une tire à gauche, pendant que l'autre oblique à droite, et que celle-ci remonte pendant que celle-là descend. Représentons cette image en moins de mots encore : Tandis que chez tous les autres becs, sans exception aucune, les mandibules tendent au rapprochement, chez celui-ci elles virent à l'écart absolu, et comme la mandibule qui se redresse contre le ciel est tout aussi crochue que celle qui aspire vers le sol et simule un tantinet la corne ou la défense, cet accident de physionomie insolite donne à l'ensemble de la portraiture un effet renversant. La figure du Bec-croisé est de celles qui vous font dire involontairement et sans malice quand vous les regardez pour la première fois : Voilà de pauvres bêtes qui sont arrivées un peu tard à la distribution des masques.

Ce qui n'empêche pas le Bec-croisé, du reste, de tirer un parti merveilleux de son instrument ridicule pour l'exploitation des cônes des arbres verts qu'il vide de leurs semences avec une dextérité sans égale, et malheureusement aussi pour l'épépinement des pommes et des poires, au sein desquelles il ouvre des tranchées formidables pour pénétrer jusqu'au cœur de la place et s'emparer des trésors qu'il convoite. La passion du Bec-croisé pour les pepins de pommes, passion qui lui est commune avec le Perroquet et le Jaseur, annonce des goûts essentiellement frugivores. Le Bec-croisé est, en effet, après le Pigeon et le Bouvreuil, l'oiseau d'Europe qui mérite le plus d'être classé parmi les Frugivores purs.

Un ornithologiste fort savant de Saône-et-Loire, et non moins obligeant qu'éclairé, M. Rossignol de Pierre, me répondait récemment : « J'ai tué beaucoup de Becs-croisés dans leurs passages irréguliers au printemps, sur les pins, sur les ormes, et principalement sur les peupliers dont ils mangent les bourgeons résineux. Jamais je ne leur ai trouvé d'insectes dans l'estomac, mais cela tient peut-être à l'époque de leur passage chez nous. » On sait les scrupules honorables qui m'ont retenu de reconnaître l'existence des Granivores purs de France. J'aime à supposer avec mon judicieux correspondant de Pierre, que l'absence totale de l'insecte constatée à diverses reprises dans l'estomac du Bec-croisé doit être attribuée à l'époque où a été dressé le procès-verbal de carence.

Le Bec-croisé ne niche pas encore à l'heure qu'il est en

France, mais il y nichera prochainement. Son premier établissement chez nous se fera probablement dans la forêt des Ardennes, voisine des forêts belges, où il habite depuis des siècles. Cette tendance de l'espèce à se rapprocher du territoire français devient de jour en jour plus manifeste; elle a été signalée par une foule d'observateurs, oiseleurs ou naturalistes, en ces dernières années. Jusqu'à nouvel ordre, néanmoins, nous considérerons le Bec-croisé comme indigène du Nord, ainsi que le Jaseur, et vivant des mêmes semences, des mêmes bourgeons et des mêmes *insectes.*

Le Bec-croisé émigre plus fréquemment chez nous que son compatriote et il descend volontiers jusque dans nos vallées méridionales du Rhône et de l'Isère. Ses heures de voyages diffèrent légèrement aussi de celles du Jaseur qui ne se déplace sérieusement que par les grands hivers et qui attend généralement pour traverser le Rhin que ce fleuve soit gelé. Le Bec-croisé se met plus volontiers en route au milieu des beaux jours; il reste dehors toute la saison d'automne, plus une grande partie de l'hiver, et n'est guère de retour dans ses forêts natales avant la mi-janvier, époque vers laquelle il commence à aimer. Cette précocité d'ardeur amoureuse, bien faite pour dérouter les ornithologistes vulgaires, qui ont longtemps révoqué le fait en doute, ne surprend aucunement l'analogiste, qui sait à quoi s'en tenir sur les bizarreries des moules exceptionnels, et que rien n'étonne de la part d'une espèce munie du bec paradoxal que nous venons de voir. D'autant que le Bec-croisé avait deux excellentes raisons pour faire comme il a fait, indépendamment de la nécessité de conformer ses actes à ses principes, qui sont d'opérer au rebours de toutes les habitudes d'autrui. D'abord c'était choisir sagement pour *travailler*, la saison que les loirs,

grands ennemis des couvées, ont choisie pour *dormir*;
ensuite la fin de janvier est l'époque de l'an où les semences
de pins confites par les gelées ont acquis leur maximum
de tendreté et de délicatesse et présentent aux parents le
plus de facilité pour l'entretien de leur famille. D'ailleurs,
le Bec-croisé, qui n'est pas aussi maladroit qu'il en a l'air,
a des procédés de bâtisse analogues à la circonstance et
qui lui permettent de braver l'inclémence des frimats. Il
place son nid, qu'il compose des mêmes éléments et qu'il
dispose dans le même ordre que le Jaseur, sous l'auvent
d'une grosse branche; il en enduit les deux faces latérales
d'une couche de résine qui garantit la muraille de l'édifice
contre l'infiltration des eaux; et il réussit à force d'industrie à se créer un domicile parfaitement confortable
sous la menace des éléments conjurés. Ainsi la nature
proclame par la voix des plus humbles et des plus disgraciés la féconde énergie du mobile tout-puissant d'a-
mour!

La ponte du Bec-croisé est de quatre à cinq œufs d'un
gris verdâtre, nuancés de rouge au gros bout. Il fait
deux pontes par an. Le Bec-croisé ne chante pas encore;
il appartient comme ses plus proches voisins au groupe
des débutants ou des jaseurs, et tout porte à croire que
dans cette espèce la femelle possède comme le mâle le
droit de jaboter. Il apprend à parler en cage et retient
facilement les airs de serinette. Il dégorge puisqu'il est
essentiellement séminivore et gemmivore. C'est un oiseau
de mœurs innocentes et qui ne se défie pas assez de la
malice de l'homme; il fréquente volontiers sa demeure,
pénètre dans ses cités et se fait tuer jusque sur les arbres
du Jardin des Plantes de Paris. De mauvaises langues
ont accusé le mâle d'être brutal envers sa femelle, mais
j'attends d'avoir reçu des preuves authentiques du crime

avant de vouloir me faire l'écho de ces vilains bruits. Je pourrais y ajouter quelque foi sans doute, s'il existait une espèce de Bec-croisé tridactyle, comme certains l'affirment, attendu que la galanterie n'est pas dans les dons de la Tridactylie. Heureusement que je ne crois pas à l'existence de ce Percheur à trois doigts.

Le Bec-croisé se suspend quelquefois par les pieds aux grappes des bourgeons qu'il attaque, à la façon des Tarins et des Mésanges, et il transporte cette habitude dans la captivité.

Malgré les prodiges d'industrie qu'il accomplit sans cesse, le Bec-croisé n'arrive pas à faire une bonne maison; je veux dire n'arrive pas à acquérir cet état d'embonpoint et de délicatesse de chair qui atteste que la nourriture que vous prenez vous profite. Il y en a qui travaillent moins et qui engraissent plus.

Le Bec-croisé ne doit muer qu'une seule fois par an, malgré les apparences contraires. La femelle est vêtue d'une robe modeste, d'une nuance cendré-verdâtre uniforme qui ne varie jamais. Le mâle, après avoir adopté cette couleur pour les six premiers mois de son existence, change subitement de costume à sa première mue. Il endosse alors un splendide manteau d'étoffe cramoisi tendre, livrée de l'ambition artistique, qu'il ne garde pas plus longtemps que l'autre et qui se laisse remplacer définitivement dès la seconde mue par une humble livrée grise nuancée de vert et de brun sombre, livrée du travail mal payé.

Emblème trop parlant de ces déshérités du sort dont la triste carrière n'est qu'une longue série de disgrâces et d'épreuves douloureuses, qui *aiment par le froid*, par la faim, par le manque de tout, et pour qui l'horizon de l'avenir *ne se colore en rose qu'une seule fois dans la vie*, aux beaux jours du premier printemps.

Un mot sur le nom de l'oiseau avant de passer outre.

La voix publique l'avait nommé le *Bec-croisé*, peut-être parce qu'il avait le *bec en croix*... Mais apparemment que les savants n'ont pas trouvé la raison suffisante, puisqu'ils se sont empressés de le débaptiser pour l'appeler *Loxia*... Loxia, du mot grec *loxos*, louche, oblique, de travers.

Je ne blâme pas les savants d'avoir usé ici du droit qu'ils ont toujours de forger un terme nouveau quand les besoins du service le réclament, et je les en blâme d'autant moins que le vocable créé n'a rien en soi de dissonant ni d'illégitime. Mais si j'admets qu'il soit permis jusqu'à un certain point d'infliger le sobriquet malveillant de Loxienne à une pauvre espèce qui a le *bec de travers* de naissance, je nie énergiquement qu'on ait le droit de falsifier une étymologie étrangère pour transporter l'épithète injurieuse qu'elle recèle aux espèces qui ne la méritent pas.

Or, tel est précisément le crime que les savants ont commis en faisant de leur *Loxia*, nom d'espèce, un nom de tribu ou de famille. Tel est l'abus scandaleux d'autorité que je dénonce à la vindicte publique.

Linnæus, Brisson, Gmelin, une foule d'autres sont parmi les coupables, mais le plus criminel de tous à cent coudées près est Latham; Latham, ce même Anglais qui pour m'aigrir et me pousser à bout, avait déjà créé dans le temps son affreux ordre des Pies, dont le besoin ne se faisait nullement sentir et dans lequel il a entassé pêlemêle Pivert, Oiseau-Mouche et Corbeau... Enrôler l'Oiseau-Mouche, emblème de la jeunesse dorée, et le Pivert, emblème du compagnon charpentier, sous l'ignoble bannière du mouchard! En vérité, on ne sait plus qui l'emporte de l'odieux ou de l'innocent dans ces combinaisons étranges, ni si l'on doit pleurer ou rire de tels égarements!

C'est-à-dire qu'il y a une tribu de Loxias de Latham, riche de cent deux membres, sur lequel nombre, entendez bien, cent un ont le bec planté droit... C'est-à-dire que tous les *becs de travers* de Latham sont des becs droits, hors un! *Risum teneatis...*

Et cette puissante tribu si indignement défigurée par le bon plaisir d'un Anglais qui cherchait à se distraire, veut-on que je la nomme? C'est la propre tribu des Granivores chanteurs que nous étudions à cette heure, la tribu qui renferme les espèces les plus gaies, les plus vives, les plus jolies, les plus amies de l'homme, celles qui font le plus de frais pour charmer son séjour, la tribu des Chardonnerets et des Bouvreuils, des Serins, des Bengalis et des Sénégalis. Comme ce doit être agréable pour un de ces moules pétris de gentillesse et de grâce de s'entendre appeler Loxien!

Il fallait pour la place d'honneur de porte-drapeau et de parrain de la tribu modèle un type exceptionnel de grâce, de talent, de beauté; ce fut un Loxien qui l'obtint... le Loxien que vous savez, aux mandibules extravagantes, le Loxien en lutte ouverte contre toutes les habitudes reçues, le Loxien qui pond l'hiver et ne peut pas porter le même habit six mois de suite!

Et la Science officielle! Que dire de la Science officielle, qui, au lieu de traduire l'Anglais délinquant à sa barre pour violation flagrante de la loi naturelle de la classification, a lâchement adopté sa tribu de contrebande et partagé le prix d'honneur de la nomenclature entre l'inventeur du Loxien et celui du Bombycivore, *ex æquo!*

Mais moi, qui ne suis pas de la science, je protesterai au nom de la raison, du bon sens et du droit contre l'usurpation de l'exception minuscule, et le *bec de travers à*

bec droit ne me verra pas plus faiblir que le *Pied rouge
aux pieds noirs*, le *Quadrupède solipède*, la *Poule d'eau de
genêts !*

Il est dans le nord de l'Europe une espèce voisine de
celle-ci qu'on nomme le Dur-bec. Cette espèce, qui ne
descend jamais en France, forme la transition naturelle
entre le Bec-croisé et le Bouvreuil. Le Dur-bec est de la
même grosseur que le Bec-croisé ; il porte ses couleurs,
habite de préférence les mêmes régions que lui et y vit
de la même nourriture ; il a comme lui aussi le corps trapu,
le bec crochu, l'air lourd du Perroquet. C'est sa doublure
pour tout dire, à part les mandibules qui n'ont rien d'excentrique chez l'oiseau de Russie.

GENRE BOUVREUIL. — Ébourgeonneux de l'Ouest et du
Midi, *Pionne* (Pivoine) de Lorraine.

Un des plus jolis oiseaux de France, trop connu pour
que je le décrive en détail : manteau cendré, calotte noire,
toute la partie antérieure du corps, depuis la gorge et les
joues jusqu'à l'abdomen, rouge ponceau éclatant, abdomen et croupion blanc pur, les ailes et la queue noires,
le rouge remplacé chez la femelle par une teinte gris
sombre ; queue fourchue, bec bombé, court et conique, la
mandibule supérieure légèrement incurvée. Le Bouvreuil
ne mue qu'une seule fois par an, à l'automne ; le lustre
éclatant de ses couleurs se perd dans la captivité.

Le Bouvreuil niche de très-bonne heure, au printemps ;
j'en ai vu des nids au mois de mars. Ce nid est composé
d'un tissu de petites racines reposant sur un lit d'herbe
fanée, et n'admet aucunement le concours des plumes,
de la mousse ni de la laine. Ce nid est quelquefois posé
à plat sur une branche horizontale de chêne ou d'arbre
vert. On le trouve plus souvent encore caché dans les enfourchures des branches qui forment la chevelure touffue

des jeunes sapins. Le nombre des œufs est de cinq à six pour la première ponte ; il descend jusqu'à trois à la troisième couvée. Ces œufs, d'une couleur blanc-bleuâtre, sont marqués de taches brunes au gros bout.

Le Bouvreuil, armé d'un bec trapu et fort, presque aussi vigoureux que celui du Perroquet, s'en sert habilement pour décortiquer et briser toutes sortes de graines ; il est friand des bourgeons des arbres fruitiers auxquels il porte de graves préjudices dans la saison d'hiver ; il s'accommode des baies du sorbier et de l'épine blanche, comme des graines des plantes oléagineuses et de celles de l'armoise. C'est un des oiseaux les plus essentiellement granivores que je connaisse. M. Rossignol de Pierre m'écrit n'avoir jamais trouvé d'insecte dans l'estomac du Bouvreuil ; ce qui ne m'empêche pas cependant de croire que cet oiseau en mange quelquefois.

Le Bouvreuil dégorge la becquée dans le bec de ses petits, et le mâle par conséquent dans le bec de la femelle ; c'est cette habitude qui rend facile l'accouplement du Bouvreuil avec la Serine domestique.

Le Bouvreuil fait encore partie du groupe des jaseurs ou des apprentis virtuoses ; car son ramage agréable ne saurait passer pour un chant. Mais à défaut d'héritage de talent paternel, il possède d'heureuses dispositions pour l'étude avec beaucoup de mémoire, et il profite de ces dons pour apprendre les airs des autres oiseaux. On l'a même instruit à répéter des phrases du langage humain. Ceci est un rapport de plus qu'il a avec le Perroquet auquel il ressemble quelque peu de carrure et de physionomie, mais en beau. La femelle dans cette espèce charmante est aussi bonne musicienne que le mâle.

Avez-vous quelquefois entendu dans les bois l'hiver cette note sifflée, tendre et mélancolique, qui réveille seule par intervalles les échos de la solitude assourdis par les neiges et se marie si bien au deuil de la nature? C'est la voix plaintive du Bouvreuil qui semble invoquer l'appui de l'homme contre la cruauté du ciel. Je sais une maison du bon Dieu, sur les bords fortunés de l'Indre, où tous les petits oiseaux hivernants, Bouvreuils, Pinsons, Chardonnerets, Rouges-gorges, sont habitués de père en fils et de temps immémorial à trouver chaque soir un asile dans une orangerie immense qu'on leur ouvre à heure fixe. Il faut entendre la bande mutine murmurer d'impatience et cogner aux vitres avec rage pour peu que l'ouvreur soit en retard de quelques minutes seulement. Chaque commune d'Harmonie a ainsi son kiosque d'asile pour les petits oiseaux durant la froide saison. C'est une annexe de la volière qui est le bonheur et l'orgueil du séristère d'Enfance.

Nature essentiellement nerveuse, délicate et sensible, amie des belles manières et des douces senteurs, répulsive aux butors et aux gens mal vêtus, susceptible d'attachement et de reconnaissance, le Bouvreuil est en sympathie native avec la femme. C'est un des hôtes les plus charmants de nos demeures, et c'est peut-être après le Chardonneret le captif qui supporte avec le plus de philosophie la perte de sa liberté. Il semble comprendre les paroles caressantes qu'on lui adresse et y répondre en même style par son zézayement enfantin. Il a pour sa compagne en cage des attentions de tous les instants, des prévenances infinies; et j'en ai vu, qui après avoir perdu l'objet de leur tendresse, avaient toutes les peines du monde à se remettre du coup affreux qui leur avait été porté par cette séparation cruelle.

Un noble ami m'écrivait une fois de Belle-Ile : « Voici ce qui vient de m'arriver avec mes Bouvreuils.

La femelle ayant éprouvé une ophthalmie à la suite de sa mue, j'ai voulu lui donner la clef des champs; mais elle a refusé de profiter de sa liberté toute seule, et à peine a-t-elle été délivrée qu'elle est revenue assiéger ma cellule; si bien que, pour ne pas prolonger son supplice, j'ai été obligé de la réintégrer dans sa cage à côté de son époux. Que de tristes rapprochements à tirer de ce trait de fidélité conjugale pour notre pauvre espèce! » Il est certain que l'Art, la Poésie et l'Histoire ont canonisé Artémise pour moins que ce qu'on vient d'ouïr.

Le Bouvreuil, ainsi qu'il est facile de le voir à l'humble couleur de son manteau et à la pourpre éclatante qui couvre sa poitrine, symbolise le travailleur honnête, animé de la pure ambition du bien et incapable de marcher à la fortune par les voies de traverse, les seules qui y conduisent en phase civilisée. Il y paraît à la maigreur qui semble être son lot éternel, en dépit des peines qu'il se donne et de l'industrie qu'il dépense. Aussi, malgré son grand courage ne peut-il bien souvent retenir une plainte contre l'injustice du sort, et même quelquefois le voit-on, à la suite de trop longs chômages, aigri, désespéré, furieux, n'écouter plus que les conseils de son estomac vide et se ruer avec rage à la démolition des bourgeons du pommier, espoir du laboureur. C'est que les oiseaux les plus méritants sont faits de chair, comme nous autres hommes, et que la patience échappe à la longue au plus saint.

Voilà plusieurs années que je me promets chaque printemps de me tuer des Bouvreuils pour vérifier par l'inspection de leur estomac si ce que j'ai écrit d'eux est vrai, s'ils mangent parfois des insectes. Mais c'est chose si odieuse que de donner la mort à un pauvre petit oiseau qui ne vous a rien fait et qui aime, à seule fin de savoir ce qu'il a dans le ventre, que je n'ai pas encore pu me tenir ma promesse.

Genre Verdier. — *Verdon* du Midi, *Vertmontant* du Nord, *Bruant*, *Tarin-Bruyant*, *Fringilla Chloris* des savants.

Il importe de ne pas confondre le Verdier qui est un oiseau dégorgeur, qui fait son nid sur les arbres et qui produit en captivité avec la Serine, avec la Verdière qui fait son nid à terre et ne dégorge pas, et ne peut par conséquent se marier avec la Serine. L'oiseau connu à Paris et dans les trois quarts de la France sous le nom de Verdière, est le Bruant de baies dont il sera question plus tard. Le Verdier dont nous nous occupons pour le moment est un oiseau jaune et vert, un peu plus gros que le Pinson, qui ressemble assez pour le ton général du costume au Tarin. Les gamins de Lorraine, qui sont de grands nomenclateurs, l'ont appelé le Tarin-bruyant, à raison de cette ressemblance compliquée de tapage.

Le Verdier est un assez joli oiseau dont il y a beaucoup de bien à dire. C'est une espèce innocente et sans fard, et qui n'a d'autre défaut que d'être trop confiante dans la loyauté de l'homme et de donner dans tous les piéges avec une facilité extrême, caractère commun à tous les êtres bons et naïfs, incapables de mentir et qui ont le cœur sur la main. Le Verdier accepte la captivité avec une philosophie admirable et se prête complaisamment en prison à toutes les expériences matrimoniales qu'on veut tenter sur lui. Il vit autour de nos jardins l'été, et l'hiver autour de nos fermes; il émigre à peine au Midi par les froids les plus rigoureux.

Mais le Verdier engrène sérieusement dans l'ordre des artistes supérieurs, virtuoses, architectes, tisseurs, vanniers, matelassiers, etc. Son chant, bien qu'un peu monotone, est un chant véritable, retentissant et sonore qu'il fait entendre presque sans interruption du matin jusqu'au soir pendant la belle saison. Son nid est déjà une œuvre d'art et qu'il est licite d'admirer, même à côté des produits merveilleux de la fabrique du Pinson et de celle du Chardonneret. Ce nid, très-compliqué, se compose, à partir de l'extérieur, d'une première corbeille en menues racines d'herbettes lâchement tissues et ornées d'une ruche de mousse destinée à marier la couleur de l'édifice avec celle du milieu verdoyant où il est assis. Cette première corbeille ou paillasse en enveloppe une seconde d'un tissu de même étoffe, mais bien plus serré et plus fin, qui sert à son tour de support à un léger matelas de crin, admirablement ouvragé, feutré, enguirlandé, sur lequel reposent les œufs. Ces œufs sont au nombre de cinq, tiquetés de rouge sur fond gris bleuâtre. Le Verdier, qui aime le monde, niche volontiers sur les tilleuls des promenades publiques; et si je ne l'ai pas encore trouvé établi aux Tuileries ni au Luxembourg, j'en ai connu en revanche de nombreux ménages en province, à Versailles, par exemple, et bien plus fréquemment encore dans les allées des esplanades de toutes nos grandes places fortes du Nord, Lille, Metz, Strasbourg. Ces nids sont presque toujours dissimulés habilement dans la sombre épaisseur de ces bouquets de feuilles qui font éruption après le tronc des tilleuls à la suite des élagages pratiqués par la serpe. Le mâle aide valeureusement la femelle dans la bâtisse de ce nid, œuvre capitale dont l'achèvement complet n'exige pas moins de trois jours d'un travail assidu. Il lui sert de manœuvre pendant toute la durée de la besogne, lui apportant avec un zèle et une intelligence dignes des plus grands éloges les divers matériaux qu'elle lui demande, et ne s'interrompant dans sa tâche que pour lui chanter des chansons où il met toute son âme. C'est lui aussi qui la nourrit dans l'incubation et qui prend sur sa peine la plus lourde part de l'éducation de la famille, se chargeant de distribuer aux nouveau-nés la nourriture de l'esprit après celle du corps. Bon fils, bon époux et bon père, est un témoignage qu'on peut porter *à priori* de tous les Verdiers du monde et inscrire sur leur tombe. J'ignore à propos de quoi Buffon s'est avisé d'attribuer au pauvre volatile la triste habitude d'enfouir.

Je dois faire ici, à propos de cette espèce jaune, une remarque très-intéressante et qui s'appliquera à toutes les espèces du groupe que nous venons d'aborder et qui est le groupe des illustres soprani, de ces grands artistes si habiles à façonner les étoffes précieuses en barcelonnettes mirifiques et à marier les sons en d'éloquents épithalames. On sait que le Serin jaune est un produit de l'art, c'est-à-dire un produit de l'industrie humaine, et que la couleur jaune jonquille est la note du familisme pur. Il est donc visible que le moule obtenu par l'homme est l'emblème le plus pur de l'amour maternel, ce qui se traduit en analogie passionnelle par cette phrase : « Le Serin est l'emblème de l'enfant gâté. » La couronne de plume que portent les jeunes Canaris est, en effet, un signe de royauté qui ne permet pas qu'on se méprenne sur la dominante passionnelle de l'espèce ; c'est comme si la nature avait écrit sur le front du petit oiseau la formule du ton du mode hypomineur : *le supérieur excuse aveuglément l'inférieur.* Alors, il résulte de cette attribution du titre supérieur de paternisme au Serin de Canarie que toutes les espèces qui sont en affinité morale avec lui, c'est-à-dire que toutes les espèces qui se marient avec la Serine, sont titrées en même dominante. Et cette remarque ne s'applique pas seulement aux trois espèces indigènes auxquelles je faisais allusion au début de cet alinéa, Tarin, Chardonneret,

Linot, mais encore à cette foule immense de petits Granivores des autres parties du monde qui peuplent déjà les volières des riches amateurs, et grâce aux efforts de quelques-uns d'entre eux ne tarderont pas à s'acclimater sous notre ciel. Ainsi voilà cette série innombrable des Gros-becs, des Loxias, des Fringilles, que la science empirique avait proclamée indisciplinable, parfaitement classée ou différenciée passionnellement d'un seul trait!

GENRE TARIN. — Charmant petit oiseau de volière, à manteau jaune, illustré de plaques noires, compagnon de cage habituel du Serin et du Chardonneret, espèces avec lesquelles on l'apparie avec une facilité extrême. Les métis qui naissent de la Serine et du Tarin sont féconds, vivent beaucoup plus longtemps que les autres et fournissent d'excellents musiciens. On en a vu qui frisaient le quart de siècle. Le Tarin qui niche communément dans certaines provinces du milieu de la France, et notamment dans les contrées riveraines de la Saône, ne se montre que fort rarement ailleurs dans la belle saison. En revanche, on le rencontre partout, à dater de la mi-octobre jusqu'au 1ᵉʳ décembre. C'est l'époque où la venue du froid le chasse du Nord, sa patrie, et le force à prendre ses quartiers d'hiver dans les pays voisins de la Méditerranée. Il repasse au printemps, mais ne suit pas la même route, car on n'en revoit pas au mois de mars la vingtième partie du nombre qu'on avait compté en novembre. Ses pérégrinations, du reste, embrassent une grande partie de l'hémisphère boréal de l'ancien continent, et même je suis très-porté à considérer comme de véritables Tarins les petits oiseaux jaunes et noirs qui sont inscrits dans les vitrines du Muséum d'histoire naturelle de Paris sous le nom de Chardonnerets de l'Amérique du Nord.

Les Tarins voyagent le matin par petites troupes de

douze à quinze individus, qui s'annoncent de très-loin par leur sifflet d'appel, note perçante quoique flûtée et douce et semblable à celle du Bouvreuil. Leur vol est rapide et incertain comme celui des Linots avec lesquels ils ont de grandes similitudes d'allures. Il arrive très-souvent qu'en cette saison des brumes on les entend passer au-dessus de sa tête sans les apercevoir. Les Tarins s'abattent d'habitude sur la cime des aulnes où ils se tiennent tout le reste du jour. Les semences de l'aulne, renfermées entre des écailles comme celles des arbres verts, sont, en effet, la principale nourriture de ces petits oiseaux qui sont obligés de se pendre à l'extrémité des rameaux pour visiter les fruits sous toutes leurs faces. On les voit aussi, mais bien plus rarement, se jeter sur les massifs de chardons et de bardanes. Ils ne cessent de caqueter et de voleter joyeusement d'une tige à l'autre pendant la durée du repas, puis à un coup de sifflet donné par le chef de la bande, tous prennent leur volée et font une pointe rapide dans l'espace pour revenir la moitié du temps à leur point de départ. Si pendant qu'une compagnie est en train de dépouiller un arbre, une autre se fait entendre dans l'air, elle est aussitôt conviée par une acclamation unanime et énergique à venir prendre sa part de la bonne aubaine offerte par le sort, et elle répond sans se faire prier à l'invitation fraternelle. Cette facilité extrême à accepter les invitations à déjeuner qui distingue le Tarin voyageur, comme tous les Granivores du reste, ne pouvait manquer d'être exploitée d'une façon cruelle par l'homme. Elle est cause que l'appelant fait tomber chaque automne des milliers de Tarins dans les filets de l'oiseleur. Heureusement que les pauvres petites bêtes sont si jolies à voir et à entendre, et font si triste mine à la broche et à la casserole, que l'idée ne vient jamais à l'oiseleur de leur ôter la vie.

Ajoutons que la bonne humeur avec laquelle les captifs semblent accepter leur position nouvelle et qui leur permet de se mettre à table une heure après leur entrée en cellule, ne laisse pas que de contribuer quelque peu à alléger le remords des bourreaux.

Règle générale : tous les oiseaux qui vivent sur les grands arbres, de semences dures et coriaces, font de piètres rôtis. Le Coq de bruyère, lui-même, quand il a trop abusé des tiges de sapin, prend un goût de résine qui détruit tous ses charmes.

Le nid du Tarin est encore un progrès sur celui du Verdier; la mousse en est absente, le matelas de crin et le sommier de menues racines sont d'un tissu plus fin et plus serré, et j'ai cru y voir figurer un élément nouveau, la laine ou le duvet. Ce nid est caché avec un soin extrême dans le redan de l'enfourchure d'une grosse branche d'arbre vert, et si bien dissimulé aux regards qu'il est à peu près impossible de le découvrir d'en dessous.

Genre Venturon.—Espèce presque exclusive aux provinces du Midi riveraines du Rhône; ambiguë entre le Tarin et le Serin de cage. La tendance au jaune absolu continue de se dessiner d'une façon formelle; le sommet de la tête, encore noir chez le Tarin, passe au jaune chez le Venturon, ainsi que la poitrine et toutes les parties inférieures du corps, y compris le croupion. La teinte de l'abdomen et celle du croupion sont un peu plus pâles, mais l'envahissement de la nuance citron est notable. Le manteau reste vert, les ailes à peu près noires, ourlées de lisérés jaunâtres avec un rayon de miroir de pareille couleur. Du reste, même innocence de mœurs et même régime que le Tarin. Le Venturon vit un peu moins exclusivement de semences d'arbres que ce dernier, et mêle plus volontiers à cette nourriture les menues graines des plantes herbacées. Gazouillement gracieux et intarissable. Les habitants du Midi appellent cet oiseau d'un nom barbare qui veut dire *violonneux*, pour l'habitude qu'il a de pincer sa chanterelle. Il niche de préférence sur les arbres verts; son nid est une œuvre d'architecture merveilleuse à la construction de laquelle il emploie les matières les plus riches et les plus délicates, la laine, le crin, le duvet. Aucune couche n'est trop douce pour les enfants gâtés. La femelle y pond ses cinq œufs et continue après avoir pondu de parer sa demeure, pour charmer les longues heures de l'incubation, pendant lesquelles le mâle la quitte à peine d'une seconde pour lui aller chercher sa pâture. Le Venturon est avec le Cini le moule de la série qui se marie le plus facilement avec la Serine. Originaire des pays méridionaux comme elle, et brûlé d'autant de feux, il n'a pas contre ces mariages de la main gauche les mêmes scrupules de conscience que les espèces du Nord, froides et morigénées, et il n'attend pas comme le Bouvreuil et le Tarin, que la Serine abjure la pudeur de son sexe pour lui faire des avances.

Le Serin de Canarie.—Pur produit de l'art, c'est-à-dire de la création humaine; moule inconnu dans la nature vivante et fort improprement nommé Serin de Canarie, puisque le Serin de cette île n'est pas jaune des pieds à la tête et ressemble beaucoup plus au Serin de Provence qu'au Serin de Hollande.

Pur produit de l'art, cela revient à dire, produit qui ne tarderait pas à dégénérer si on l'abandonnait à lui-même comme le blé, comme la pêche de Montreuil, comme le chien d'arrêt;... ou encore, que si par hasard tous les Serins appropriés par l'homme et élevés aujourd'hui dans sa demeure, s'échappaient de leur cage à la même heure, l'espèce aurait disparu de la surface du globe avant un demi-siècle. Par conséquent, j'aurais pu me dispenser de classer le Serin dit de Canarie parmi les oiseaux de France et le reléguer dans la catégorie des variétés dont je n'écris pas l'histoire. Mais l'espoir de tirer un parti avantageux de son introduction dans la série, pour le classement des espèces voisines, a été le motif qui m'a fait renoncer pour cette fois à ma pratique habituelle.

On dit donc qu'un navire qui venait des îles Canaries à destination de Livourne avec un fort chargement de Serins, fit naufrage sur les côtes de l'île d'Elbe, en l'an 1500 et tant, et que ces oiseaux s'étant échappés de leur prison, gagnèrent heureusement la terre, et trouvant le pays à leur convenance, s'y établirent et y multiplièrent promptement. On ajoute que l'affabilité des nouveaux débarqués, la grâce de leurs manières, la suavité de leur chant, et surtout leur aptitude précieuse à apprendre facilement tous les airs, leur acquirent en peu de temps une célébrité européenne. Si bien que l'engouement de tous les riches oisifs des cités pour cette provenance enchanteresse des îles Fortunées était devenu si puissant et si universel, que le prix d'une paire de Serins de l'île d'Elbe avait rapidement atteint des chiffres fabuleux, à la portée des seules bourses hollandaises. Ce pourquoi l'industrie de l'élève de l'espèce se serait localisée dans les Provinces-Unies, à côté de l'industrie des tulipes et des jacinthes. Acceptons cette donnée telle quelle, étant plus facile d'y croire, comme on dit, que d'y aller voir.

Le fait est que s'il est un peuple qui ait à réclamer une plus large part qu'aucun autre dans la création du Serin jaune, c'est le peuple hollandais. Aujourd'hui même encore, les plus belles variétés de l'espèce, les plus grandes, les plus sveltes, les meilleures chanteuses, les plus vives en couleur sont dites *de Hollande*, et je ne vois aucune raison de ne pas considérer cette glorieuse attribution d'origine, comme une sanction légitime de la reconnaissance publique. N'oublions pas de mentionner cependant que beaucoup d'autres contrées européennes réclament à juste titre l'honneur d'avoir contribué à l'illustration de l'espèce en développant ses talents. C'est ainsi que les Canaris de la ville d'Inspruch, capitale du Tyrol, mère-patrie du *tutuitou*, ont joui longtemps sur tous les marchés de l'Europe d'une faveur méritée ; faveur qui provenait de ce que la plupart d'entre eux tiraient leur origine d'un ancêtre fameux *qui chantait le rossignol*. C'est ainsi encore que les Canaris d'Angleterre se sont fait une brillante réputation mélodique à chanter la farlouse. Il m'est dur d'avouer que j'ignore complétement encore l'illustration spéciale des Canaris de France. J'en sais bien des centaines qui chantent l'hirondelle, mais l'article n'a qu'un prix fort médiocre aux yeux des amateurs.

Toute l'histoire du Serin des Canaries, du Serin d'avant la conquête, tient largement dans les trois faits qui suivent et dont deux sont déjà connus :

Il aspire au jaune absolu; les petits portent la couronne. Les pères ont un grand bonheur à jouer à l'enfant, c'est-à-dire à se fourrer dans le nid, à côté de leur progéniture, puis à ouvrir le bec et à battre des ailes pour se faire donner la becquée.

Il est possible que des pères civilisés, que des hommes modérément titrés en paternisme et en intelligence aient besoin qu'on leur explique la signification de ces faits ; mais j'ose affirmer qu'il n'est pas une jeune mère à la hauteur de la mission sacrée que ce titre lui confère, qui ne tire facilement et à première vue la morale de l'histoire. En effet, la tendresse immodérée des Canaris pour leurs nourrissons ne veut dire autre chose, sinon, qu'on ne saurait trop gâter et câliner l'enfant, le bourrer de trop de sucreries, le manger de trop de caresses, etc., principes de sagesse éternelle que Dieu a gravés de tout temps dans le cœur des vraies femmes. Or, il était difficile que celles-ci n'entendissent pas sur-le-champ un langage aussi clair, et qu'après l'avoir compris, elles n'entourassent pas de leurs sympathies légitimes les charmantes créatures qui étaient en communauté d'opinions politiques avec elles... Et si l'alliance contractée entre la femme et le Serin a été si complète que celui-ci, pour vivre auprès de sa protectrice, a fait abandon absolu de sa liberté, il est plus que probable que cet acte d'abnégation étrange cache un secret dessein de Dieu, qui aura voulu que le spectacle du ménage heureux de l'oiseau qui symbolise l'amour maternel élevé à la septième puissance, fût sans cesse sous les yeux de l'homme pour lui apprendre à chaque heure du jour les devoirs du père envers l'enfant. Les Harmoniens, qui pratiquent le dogme de la Suprématie enfantine, attribuent justement la méchanceté des Civilisés à ce qu'on les fustige trop dans le jeune âge où la chair est si tendre et les impressions si durables, âge où l'instinct de la justice native se révolte si facilement contre l'iniquité du châtiment et l'abus de la force.

Tel père, tel fils; les Canaris qui n'ont reçu de leurs auteurs que des preuves d'affection quand ils étaient petits, sont tout naturellement portés à faire à leur progéniture ce qui leur a été fait, et l'idée de se conduire autrement ne leur est jamais venue que dans des cas exceptionnels, dits d'aliénation mentale, qui peuvent déshonorer quelques individus, mais n'atteignent pas l'espèce. On n'a peut-être pas d'exemple qu'il ait existé un commerce d'amitié entre des Canaris et l'une de ces mégères atroces, hontes de l'humanité, qui font périr à petit feu

leurs malheureux enfants qui n'avaient pas demandé à
naître.

Il est bien vrai que toute l'histoire analogique et philosophique du Serin de Canarie peut tenir en trois lignes;
mais cette vérité-là n'empêche pas qu'il ne reste pour les
détails un volume plein d'intérêt à écrire sur cette espèce
amie de l'homme et consolatrice entre toutes; car aucun
autre petit oiseau à gosier de cristal n'occupe une aussi
large place dans les affections de la jeune prolétaire,
n'égaye de ses chansons joyeuses plus de taudis maussa-
des, ne préserve tous les jours plus de pauvres anges dé-
chus de la tentation du réchaud. Je regrette bien vivement
pour mon compte que le manque d'espace m'interdise
de me laisser aller aux élans de ma sensibilité et de ma
gratitude envers ce doux charmeur du travail et de la
misère; désireux que je serais de le venger des coupables
dédains de la jeune fille du monde, qui n'a pas honte de
préférer les criailleries odieuses du Perroquet vert faux,
ignoble emblème du légiste retors, aux notes vives et
perlées, aux fugues enthousiastes du Canari jonquille,
emblème gracieux de la plus sainte des passions féminines. Pauvre société, hélas, que celle qui aime à se mirer
dans les emblèmes de perfidie et de cupidité! Pauvre société que celle où l'artiste de talent végète au fond des
bouges, pendant que le hâbleur subtil, sans foi ni loi ni
style, habite les palais!

Il était encore dans mes vœux de ne pas clore cet
essai si court sur les mœurs et coutumes du Serin de Canarie, avant d'avoir fait ressortir les avantages immenses
du système d'éducation publique en vogue chez l'espèce,
système que les Harmoniens lui ont pris et dont ils ont
tiré des résultats merveilleux; système dont l'adoption
toute seule suffirait peut-être aujourd'hui à sauver le vieux

monde, mais dont il m'est totalement impossible de donner des détails.

Institution d'une double Grande-Maîtrise de l'enseignement public, l'une Féminine, l'autre Masculine. Celle-là modulant en *mineur* et régissant souverainement la sphère de l'*éducation* proprement dite, de l'éducation *physique et morale* de la première enfance ; la sphère du sentiment, du juste, du gracieux, du tendre ; la sphère de l'éducation attrayante où s'apprennent les secrets de la parole élégante et facile avec ceux de la faisanderie, de la confiserie et de l'art d'élever les lapins et les roses, etc., où l'enfant, en un mot, est guidé vers le *bon* par la route du *beau*... Celle-ci modulant en *majeur* et embrassant la vaste et sérieuse doctrine de l'éducation *intellectuelle*, de l'enseignement secondaire et professionnel, poussant au *beau* par la route de l'*utile*. On comprend tout ce que doit faire perdre d'intérêt à un sujet de cette nature l'insuffisance d'un pareil exposé, mais on sent aussi la nécessité qui force l'analogiste à s'imposer certaines bornes en de trop riches matières. Et assurément que ce n'était pas pour demander au Serin de Canarie un modèle de constitution de l'instruction publique que je l'avais tiré de son île et classé, malgré lui, parmi les Granivores de France.

Le Serin de Canarie est le plus habile, le plus intelligent et le plus infatigable de tous les chanteurs à gros bec. Il est, à ce titre, le coryphée et le pivot de la grande série naturelle musicale du Soprano. Il est en outre le prototype du groupe des Dégorgeurs dont nous sommes occupés à distribuer les genres. Or, tous ceux qui ont tenu en main le compas sériaire savent combien il est difficile d'opérer le calcul des distances hiérarchiques, quand on ne connaît pas la place du pivot, et quelle lacune immense l'absence de ce numéro 1 laisse dans la série. Telle était

précisément la situation où se trouvaient nos espèces de
France, et c'est pour parer à ces périls que j'ai appelé
l'intervention du moule glorieux. En le plaçant où je l'ai
mis, je fais voir que le classement des espèces du groupe
a été établi d'après l'ordre des affinités morales et physiques de chacune d'elles pour le type pivotal. Ainsi en est-il
de la séquence des trois oiseaux jaunes qui précèdent, le
Verdier, le Tarin et le Venturon, lesquels vont se rappro-
chant de plus en plus de l'idéal jonquille. A partir de là,
marche analogue, mais en sens inverse, et le premier
moule de l'aileron descendant, le Cini, est presque complétement semblable au dernier de l'aileron ascendant,
le Venturon.

J'ai mentionné dans une note antérieure, ce fait intéressant que la femelle du Serin de Canarie chantait
quand elle voulait et quand elle n'avait rien de mieux
à faire. Tout porte à croire que ce don du chant a été
accordé par privilége exclusif et spécial à toutes les
femelles du groupe.

Genre Cini.—Serin de Provence. Front, poitrine, croupion jaune serin, ventre paille, manteau brun verdâtre,
émaillé de taches noires, bec bombé, queue fourchue, natif
du Midi de la France, commun aux deux versants des Alpes;
habitant des rives ombragées des ruisseaux et des fleuves;
amateur de mouron, de seneçon et de toutes les menues
graines; nid charmant, chant délicieux. Celui-ci est le plus
proche parent du Serin de Canarie. Mêmes mœurs innocentes, même gentillesse, même grâce, même esprit de
charité sociale que toutes les espèces voisines; même facilité à donner dans tous les piéges à la voix de l'appelant. Sédentaire dans quelques localités privilégiées du
Languedoc et de la Provence. Émigre par delà les monts,
à la venue des froids.

Le Cini, le Venturon et le Serin libre, sont des espèces si voisines l'une de l'autre qu'on les a souvent
confondues. Cependant la différence de la forme du
bec est assez grande entre les trois pour prévenir les
méprises.

Le Chardonneret.

GENRE CHARDONNERET. — Le plus vif, le plus joli, le
mieux paré et le plus coquet de tous les oiseaux de
France, le plus industrieux aussi et le plus intelligent. Le
Chardonneret est, comme l'Alouette et le Rouge-gorge,
une de ces espèces précieuses sur lesquelles il faudrait se
taire ou écrire un volume. Je ne puis ni l'un ni l'autre,
hélas ! Mais ce n'est ni la bonne volonté ni les pièces qui
me manquent pour faire le gros livre.

Les Grecs, plus heureux que nous dans la distribution
des noms de bêtes, appelaient le Chardonneret l'*Acan-
thide*. Rome adopta ce nom et Virgile l'a chanté. C'est la

même expression que celle de Chardonneret, à la poésie près du vocable. On sait, en effet, que l'acanthe qui a fourni le modèle du chapiteau corinthien est une variété de chardon voisine de l'artichaut, plante toute neuve. Les Allemands, moins poëtes que les Grecs, mais plus dociles quelquefois aux indications de la nature, ont aussi rencontré mieux que nous. Ils appellent le Chardonneret *Stiglitz* par harmonie imitative. C'est le plus rationnel et le plus joli de ses noms.

Le changement de costume du Chardonneret, qui déserte décidément le jaune et adopte pour parure de chef le turban écarlate, annonce une tendance à s'éloigner du type pivotal. Le Chardonneret se tient à la même distance de la Serine au delà que le Tarin en deçà. Il fait avec elle bon ménage, mais à la condition néanmoins que la princesse étrangère commence par l'encourager à oser. Il est essentiellement Granivore et ne doit se passer la fantaisie de l'insecte que comme le Jaseur, au dessert.

Le ramage éclatant du Chardonneret se rapporte à son plumage. Sa grâce, sa gentillesse, son babil amusant en ont fait de tout temps les délices de l'enfance et la consolation des recluses. C'est le plus charmant des captifs, et après le Rouge-gorge, l'oiseau chanteur le plus familier et le plus ami de l'homme. Pour un peu de caresses, quelques marques d'intérêt, quelques douces paroles, on lui fait chérir sa prison; il s'attache à son maître et surtout à sa maîtresse. L'esclavage à deux lui plaît plus que la liberté seul. Je connais à Paris une dizaine d'établissements de coiffeurs où voltigent librement parmi les faux toupets et les flacons de Portugal des Chardonnerets privés, prisonniers sur parole, et à qui l'idée ne vient jamais de prendre la clef des champs.

Plus heureux que beaucoup de ses semblables, le Chardonneret sait sa beauté et la soigne. Il se mire dans sa glace et se regarde faire et s'écoute chanter. Dans les parterres qui sont ses demeures favorites et où il aime à nicher parmi les lilas et les roses, il pose en guise de fleur à la cime des pousses des pommiers qu'il courbe de sa pression légère et il s'y balance avec grâce pour étaler aux regards la dorure de ses ailes.

Il y eut sous le dernier règne, dans une petite ville de l'Oise, distante de 12 lieues de Paris, un Chardonneret dont l'intelligence dépassa la commune mesure et qui jouit très-longtemps dans son pays natal d'une popularité méritée. Il appartenait à un entrepreneur de messageries qui faisait deux fois par semaine le voyage de la capitale, et il s'était habitué peu à peu à accompagner son maître en ses expéditions. Dans le principe, il se bornait à voltiger au-devant de la voiture et à se reposer de temps en temps sur la bâche de l'impériale où siégeait le patron et d'où il s'échappait à l'occasion pour causer et batifoler avec les oiseaux de son espèce qu'il rencontrait sur la route. Mais il se fatigua bientôt de la lenteur du véhicule à quatre roues, et peu à peu il s'accoutuma à prendre les grands devants ; à la fin il allait tout d'une traite annoncer la prochaine arrivée de son maître à l'hôtel de la grande ville, où il l'attendait tranquillement au coin du feu quand le temps était à l'orage et d'où il partait pour voler à sa rencontre quand l'air était serein. C'était à chaque fois qu'on se séparait et qu'on se retrouvait une effusion intarissable de caresses et de félicitations mutuelles, comme s'il y avait des siècles qu'on ne s'était parlé. Ce charmant commerce d'amitié dura plusieurs années pendant lesquelles tout citoyen de la ville en question eut chaque jour sous les yeux la démonstration con-

vaincante de cette vérité philosophique par nous si souvent
formulée : que toutes les bonnes bêtes ont été créées pour
aimer et servir l'homme, et que l'ambition secrète des plus
intelligentes est de se rallier à lui. Un accident dont on
n'a jamais su positivement les détails mit fin à l'union édi-
fiante de l'oiseau et de l'homme. Un enfant sans pitié
abusa-t-il de l'innocence de la douce créature pour mettre
la main dessus et lui tordre le cou? Mourut-elle sous la
griffe d'un émerillon affamé pendant qu'elle portait un
message? L'estomac d'un matou perfide lui servit-il de
tombe? Personne ne peut le dire, car personne ne fut là
pour constater le crime. L'une des trois versions était la
plus probable, mais l'imagination du peuple, amie du
merveilleux, ne voulut pas accepter cette catastrophe
commune, si éloignée de tous les principes de la légende ;
et elle trouva plus naturel d'admettre que Sa Majesté le
Roi des Français, voyageant un jour vers Compiègne et
ayant entendu raconter en termes enthousiastes les prodiges de sagacité de l'humble volatile, fut soudainement
atteinte d'un désir si violent de posséder l'oiseau phénoménal, qu'elle en fit offrir des sommes folles, auquel prix
son maître le céda.

L'histoire du Chardonneret est pleine de traits d'attachement de ce genre, et son intelligence va de pair avec
la noblesse de son cœur. Tout le monde sait l'innocence
et l'honnêteté de ses mœurs à l'état libre ; le dévouement
absolu du mâle à la femelle, l'amour de la famille qui caractérise l'espèce, la grâce et la gaieté de son langage,
son talent prodigieux d'architecte, et cependant l'étude
du Chardonneret captif est plus intéressante encore que
celle du Chardonneret libre.

Un Chardonneret captif s'étant aperçu qu'un méchant
fragment d'échaudé, inattaquable pour cause de dureté

et de vieillesse, s'était amélioré par suite de son exposition à une longue pluie, prit, à dater de cette expérience, l'habitude de faire tremper dans l'eau les aliments qu'on lui offrait.

Le besoin le plus vif du Chardonneret est d'échanger sa pensée avec ses semblables; le régime cellulaire le tue, et quand il y est condamné, on voit bientôt sa gaieté disparaître et le marasme de la solitude le prendre pour le conduire aux portes du tombeau. Or quelquefois on le guérit de ces excès d'humeur noire en trompant sa passion par un innocent subterfuge, en lui faisant cadeau d'un miroir qui reflète ses traits. La pauvre petite bête, en voyant manger son image, se persuade facilement qu'elle dîne en société, et il ne lui en faut pas davantage pour lui redonner le goût de vivre.

L'intelligence du Chardonneret se lit dans sa physionomie éveillée, spirituelle, qu'encadre d'une façon si heureuse et si caractéristique sa couronne d'ardent écarlate, symbole de noble ambition. Son joli bec d'ivoire, plus gracieux et plus effilé qu'aucun de ceux des espèces voisines, semble bien l'instrument taillé pour créer des chefs-d'œuvre. La sveltesse féminine de ses formes lui confère le cachet d'élégance suprème. Il porte d'or en miroir sur les ailes, en signe de l'énergie de ses attaches pour les doctrines du plus pur familisme. Les deux plaques roux cendré qui décorent sa poitrine sont l'Ordre du Travail et celui de la Pauvreté.

C'est, en effet, un travailleur de premier ordre que le Chardonneret, un artiste qui, comme chanteur, ne reconnaît dans toute la série du Soprano qu'un rival et qu'un maître, le Serin de Hollande, et qui, comme constructeur, peut disputer hardiment le premier prix d'architecture aérienne aux plus célèbres maîtres du genre volatile, Loriot, Grive, Pinson, Rémiz et Mésange à longue queue. Son nid, qu'il construit de duvet végétal, de crin, de laine et de mousse, est plus mignon, plus joli, plus petit et plus délicatement ouvré que celui du Pinson lui-même, qui sous d'autres rapports peut lui être supérieur. Il le fait en trois jours et sait tirer parti pour sa construction de toutes les substances soyeuses et cotonneuses qu'offrent le règne végétal et le règne animal. Aussi n'est-il pas rare de voir des Chardonnerets défaire leur bâtisse de fond en comble, lorsqu'ils viennent à trouver au milieu de leur besogne des matériaux plus précieux que ceux qu'ils avaient employés dans le principe. C'est ainsi qu'on a vu une paire de Chardonnerets changer de matelas trois fois dans l'espace de trois jours, au gré du propriétaire d'un jardin où ils avaient établi leur domicile. Le premier jour on leur offrit de la laine ; ils s'empressèrent de composer leur matelas de cette étoffe. Le second jour on mit à leur portée de la ouate de coton ; ils jetèrent dehors la laine et la remplacèrent par la substance végétale. Le troisième jour on leur proposa du fin duvet qu'ils acceptèrent encore ; mais ils s'en tinrent là finalement, s'apercevant que leur bâtisse commençait à prendre des dimensions exagérées par suite de ces remaniements. Je me suis assuré par des expériences personnelles que les Chardonnerets en quête de matériaux de construction acceptaient le poil de lapin avec non moins de reconnaissance que le coton. J'ai su une fois dans le même jardin potager onze nids de Chardonnerets dont tous les matelas étaient faits de ces houppes soyeuses qui ornementent les graines de salsifis. Or retenons bien ces détails, si caractéristiques de la dominante de l'oiseau.

Le Chardonneret unit donc aux grâces de la figure tous les agréments de l'esprit, toutes les facultés de l'intelligence, plus une foule de vertus du cœur.

C'est que le Chardonneret est l'emblème d'un ambitieux du plus haut titre, d'un artiste éminent, adorateur passionné du beau comme du bon, désireux de parvenir, de briller, d'éclipser les autres, disant bien, faisant mieux encore, mais avant tout honnête et ne voulant devoir qu'à son mérite seul sa fortune et sa gloire.

Le Chardonneret est né dans une humble condition, puisqu'il vit sur le chardon comme l'âne, emblème du porteur d'eau et ennemi du progrès. Il symbolise l'enfant du peuple, fils de ses œuvres, qui s'élève très-haut dans l'estime de la postérité par ses inventions et par ses découvertes, mais qui personnellement et de son vivant ne doit recueillir que des privations et des tribulations de tout genre. Ainsi le veut la loi des sociétés limbiques qui condamne les Prométhée, les Galilée, les Salomon de Causs à expier dans les supplices et dans les cachots les torts de leur génie. Le Chardonneret n'a jamais que les os et la peau ; c'est l'espèce que le froid et la faim moissonnent le plus rapidement dans nos rudes hivers.....; et le Civilisé, jaloux de témoigner au Chardonneret l'estime qu'il fait de ses talents, a inventé pour lui la *peine des galères*, châtiment odieux par son injustice et par sa barbarie; plus cruel encore peut-être au moral qu'au physique pour le noble travailleur qu'il ravale au rang de porteur d'eau, symbolisé par l'âne.

Heureusement que le Chardonneret a été doué par la nature d'une résignation à toute épreuve et armé de la patience qui est la moitié du génie. Cet éternel besoin de corriger, de refaire et de perfectionner son œuvre qui tourmente le Chardonneret en travail de bâtisse, a torturé aussi tous les grands découvreurs. « Cent fois sur le métier remettez votre ouvrage, » dit Boileau qui a raison de faire du travail patient de la lime la condition première des œuvres immortelles; mais le Chardonneret avait formulé ce précepte quarante siècles avant qu'Horace ne l'eût dicté à Boileau. Newton, qui avait fini par découvrir la loi de l'attraction sidérale *en y pensant souvent*, avait suivi aussi sans le savoir les instructions de notre oiseau.

L'histoire dit que Thémistocle ne pouvait dormir des lauriers de Miltiade. Il y a beaucoup de Thémistocle dans le Chardonneret, qui ne peut non plus fermer l'œil si quelqu'un de ses compagnons de volière sommeille plus haut que lui. C'est un travers d'esprit peut-être, mais l'ambitieux ne saurait se résigner à être confondu dans la foule. Il n'est à son aise pour chanter qu'à la plus haute cime de l'arbre ou de l'arbuste; il a à toute force besoin qu'on le regarde, même quand il travaille à son nid.

Ce besoin de s'élever au-dessus de la masse qui tyrannise le Chardonneret explique les déboires dont sa carrière est semée. Le peuple en général n'aime pas à reconnaître la supériorité de ceux qui sont nés dans son sein. Le menu peuple de la volière murmure donc tout bas contre les prétentions du Chardonneret à occuper la première place; les Serins de Canarie, les Tarins, les Linottes essayent même de la lui disputer; mais il triomphe sans peine de ces ligues innocentes. Tout autre est l'issue du combat quand la Mésange s'en mêle. Il est plus facile au Chardonneret d'avoir raison de cent Linottes que d'une seule Charbonnière.

Il faut dire que cette Charbonnière est une intrigante de la pire espèce, avide d'autorité et de richesses, et à laquelle tous les moyens sont bons pour parvenir. C'est l'ennemie intime, l'antipathie naturelle, la bête noire du Chardonneret, à qui elle rend haine pour mépris, guerre pour guerre ; et l'on se détesterait cordialement à moins. Le Chardonneret est, comme je l'ai dit, fils de ses œuvres ; la Mésange, au contraire, mange la cervelle aux petits oiseaux plus faibles qu'elle ; elle *vit* par conséquent de la pensée des autres. Le Chardonneret vous représente l'auteur, la Mésange l'éditeur. Le Chardonneret définit le droit de propriété, *celui de jouir du fruit de son travail*; la Mésange, *le droit de jouir du fruit du travail d'autrui*. On sent qu'il n'y a ni trève ni arrangement possible entre des champions de doctrines aussi opposées; mais jusqu'à présent, il faut le dire, la stupide sentence du sort a été pour la Mésange, l'affreuse petite cannibale qui enfouit comme le Corbeau, qui adore le suif comme un Barbare, qui porte des griffettes comme un oiseau de proie, et siffle comme la Vipère, emblème de calomnie.

Les prétentions de la Mésange à occuper le rang suprême sont aussi ridicules que celles du Chardonneret légitimes; mais comme elle est mieux armée et comme elle ne se fait pas scrupule d'abuser de la supériorité de ses moyens d'attaque, il arrive que neuf fois sur dix le succès couronne ses manœuvres. Quand le cas exceptionnel se présente, quand il arrive par hasard qu'elle ne peut débusquer l'ennemi de sa haute position, la méchante petite bête, féconde en artifices, a recours à un subterfuge ingénieux pour prendre le dessus. Elle grimpe au plafond de l'établissement où le Chardonneret ne peut la suivre, s'y cramponne fortement de ses griffes crochues, se pend la tête en bas et dort dans cette attitude, narguant ainsi de ce poste suprême et jusqu'en sa défaite son vainqueur stupéfié. Audacieuse et rampante, et l'on parvient à tout.

Que d'emplois supérieurs aussi et de grades et de fauteuils d'Institut usurpés par l'intrigue et volés au talent dans le monde des hommes! Et que d'apologues à écrire sur ce texte inédit de l'antipathie invincible du Chardonneret pour la grosse Mésange!

J'engage toutes les personnes qui me lisent, et qui aiment les jolis oiseaux et veulent leur bonheur, à éloigner de leurs Chardonnerets les Mésanges Charbonnières, vases d'impureté et calices d'amertume. Si vos Chardonnerets se montrent trop difficiles à vivre, isolez-les invisiblement dans leur cage, au milieu de la volière. De cette façon, vous conserverez tous les charmes de leur société, tout en vous préservant des écarts de leur dominante.

L'amour des Chardonnerets dure autant que leur vie. On en a vu *prendre le deuil* à la suite d'une grosse peine de cœur et se retirer du monde, à l'instar de l'empereur Charles-Quint, qui, dégoûté de l'ambition et de la vaine grandeur, abdiqua le sceptre pour s'ensevelir tout vivant dans le monastère de Saint-Just et y fabriquer des horloges. L'histoire dit que le regret de sa détermination prit quelquefois le monarque. Ainsi le Chardonneret qui a déposé sa couronne écarlate, signe de royauté, pour coiffer le voile noir, signe de renoncement et de deuil, revient quelquefois aussi sur la résolution que lui a dictée le désespoir, et rentre en ses insignes.

Malgré tant de dons naturels, malgré tant de moyens de plaire, le Chardonneret n'arrive qu'en second dans les affections de l'analogiste. Il cède le pas au Rouge-gorge, emblème touchant du martyr de la foi sociale, et la plus noble, la plus dévouée et la plus héroïque de toutes les créatures ailées.

Le Chardonneret a droit de porter haut et de s'admirer dans son chant comme dans sa beauté; il est bien le phénix des hôtes de nos jardins, mais l'auréole écarlate qui décore son front ne lui descend pas sur la poitrine, comme l'auréole orangée du Rouge-gorge, pour couvrir la région du cœur d'un vaillant plastron d'enthousiasme. Il n'accourt pas au bruit de la cognée pour assister le pauvre bûcheron dans son travail ingrat; il n'accompagne pas le voyageur égaré dans les sentiers de la forêt solitaire; l'hiver, il ne vient pas comme le Rouge-gorge demander place au foyer de l'humble cabane; il ne proteste pas par ses douces chansons contre la rigueur du deuil universel. Il n'a pas non plus suivi le Christ au calvaire et détaché une épine de la couronne du Rédempteur; et les génies bienfaisants des campagnes ne lui confient pas leurs messages.

Je demande qu'on supprime la peine des galères pour le Chardonneret par un simple amendement à la loi qui protége les bêtes, la meilleure loi que nos législateurs nous aient faite depuis un demi-siècle, la seule du moins que j'eusse été heureux et fier d'entendre appeler par mon nom.

GENRE LINOT. — Linotte de vigne, Linotte rouge, grande Linotte, *Gyntel* de Strasbourg, etc. Toutes ces espèces-là sont la même, et le nom sous lequel on les déguise ne leur convient pas plus au masculin qu'au féminin. *Linot*, pour dire l'oiseau du lin, comme on dit Chardonneret en français, *Carduelis* en latin et *Acanthis* en grec, pour dire l'oiseau du chardon.

Donc, les savants qui avaient à baptiser cette espèce en latin l'ont nommée d'abord *Linota* et puis *Cannabina* (c'est-à-dire mangeuse de chènevis), et ils ont obtenu de la sorte la mangeuse de graine de lin qui vit de celle du *chanvre*. Après quoi ils ont naturellement appliqué le dénominateur *Linaria*, équivalent de Linot, au Sizerin ou Cabaret, une espèce voisine qui se nourrit particulière-

ment de bourgeons et des semences de l'aulne. On n'a
pas la main plus heureuse. Je fais observer, du reste, à
raison de ces deux noms français de Chardonneret et de
Linot tirés de la nourriture favorite, que le premier convient mieux au Chardonneret que le second au Linot,
attendu que celui-ci se passe parfaitement de la graine
de lin pour vivre, tandis que celui-là a l'habitude de ne
considérer comme habitables que les contrées où le chardon, fléau de l'agriculture, étale avec orgueil sa végétation
parasite. Et gardez-vous bien d'accuser à ce propos d'in-
conséquence le Chardonneret qui est un ami sincère du
progrès; car le Chardonneret, qui n'a pas sa langue dans
sa poche, vous répondrait sur-le-champ que le chardon
qui est la pâture des ânes, est aussi l'emblème de la
bonne et de la mauvaise presse, et que beaucoup de fils
de leurs œuvres font leur chemin par cette presse ingrate dans la société où nous sommes.

Je voulais donc dire que j'ai vécu durant de longues
années parmi de très-nombreuses républiques de Linots,
dans un pays où j'en savais au moins cinquante nids chaque printemps et où la culture du lin était presque totalement inconnue. J'ai même remarqué que ces petits oiseaux préféraient généralement à tous autres les cantons
montueux où abondent les genévriers et les buissons d'é-
pine noire. Et tout le monde sait que le genévrier et l'épine
noire sont les parures naturelles des terres en friche;
tandis que le lin, au contraire, se plaît exclusivement
dans la plaine fertile, riche et bien cultivée. Par conséquent, à supposer qu'il y eût eu nécessité de baptiser
l'oiseau d'un nom de plante, j'estime qu'on aurait pu
mieux choisir la marraine qu'on n'a fait. Mais rien n'empêchait certainement de le nommer d'un nom de couleur
et qui eût fait image, comme par exemple Gorge-ama-

rante, ou Amarante tout court. Si l'élégance et la clarté de la nomenclature eussent gagné toutes deux à la chose, où eût été le mal?

Le Linot s'éloigne à tire d'ailes du type pivotal de la série. Il abjure la couleur jonquille et vise résolùment à la rouge dont il se décore le poitrail et teint gracieusement sa calotte. Ce nouvel uniforme est l'accident le plus caractéristique de sa toilette ; tout le reste de son costume, à la réserve de quelques étroits sillages de couleur blanche à travers les rémiges et les couvertures, se fond dans cette nuance indécise et modeste que j'appelle l'humble livrée du travail et qui passe par toutes les nuances du terne, depuis le brun roux foncé des scapulaires du Moineau-Franc jusqu'au gris terreux et jaunâtre du manteau de l'Alouette. Le Linot se trouve placé à la même distance du Serin que le Verdier, et il est assez remarquable qu'il ait avec ce dernier de nombreux rapports d'habitudes, de régime et presque de voix, recherchant sa société dans les bons comme dans les mauvais jours.

Le Linot niche fréquemment sur les quenouilles des jardins attenant à l'habitation de l'homme et aussi dans les vignes ; mais sa demeure de prédilection est le buisson fourré du genévrier et de l'épine, où il bâtit près de terre un nid plus confortable qu'élégant et dans lequel le matelas de crin est trop léger et celui de laine trop épais. Cette bâtisse est l'ouvrage de la femelle seule, mais le mâle lui tient une compagnie assidue pendant toute la durée des travaux, et l'aide avec tant de zèle dans la mesure de ses petits moyens qu'il est juste de lui savoir gré de ses bonnes intentions.

Le Linot se nourrit de toutes les menues graines des champs, mais principalement de celles des plantes textiles et oléagineuses, lin, chanvre, cameline, etc. On lui reproche quelquefois aussi d'attaquer les bourgeons des arbres des forêts. Mais je présume qu'en revanche et quoi qu'on en puisse dire, le Linot fait bonne guerre aux insectes ennemis de la vendange, et que Dieu ne l'a pas poussé à nicher dans la vigne, sans lui confier en même temps la mission de défendre la plante sainte contre les invasions de la Pyrale.

La confusion qui s'est faite dans les livres autour du nom de la Linotte provient de ce qu'on a pris quelques variétés accidentelles et locales de l'espèce pour des espèces réelles. Et comme la couleur de la robe de la Linotte n'était pas très-bon teint et qu'elle tendait fortement à passer à l'une des deux nuances génératrices du gris, l'occasion de l'erreur a dû se présenter fréquemment. C'est ainsi qu'on a eu d'abord une Linotte blanche et une Linotte à manteau sombre. On n'a pas donné un nom spécial à la première variété, parce qu'on a bien vite reconnu qu'elle n'était que fortuite, mais on a été moins réservé à l'égard de la seconde qui se reproduisait plus souvent et qui est devenue en Alsace le *Gyntel* ou le *Gentil* de Strasbourg, une prétendue Linotte noire à pieds rouges. Il y a eu ensuite la confusion motivée par la différence de taille, où l'on a fait naturellement de l'espèce la mieux nourrie et la plus riche la Grande Linotte de vigne, et de la plus pauvre la Petite. Enfin on a été jusqu'à trouver des différences d'espèces dans les différences de langage, comme si chaque région n'imposait pas pour ainsi dire son idiome particulier et son accent à tous les indigènes, hommes ou bêtes, comme si le plus ou moins d'élégance et de pureté de la diction n'était pas une chose qui se prend. Je n'ai besoin que de citer une seule observation pour faire sentir la puérilité de la distinction.

Il est de notoriété publique, et tous les marchands

d'oiseaux chanteurs le savent parfaitement, si les savants l'ignorent, que ces espèces délicates et sensibles subissent irrésistiblement l'influence du milieu social où elles vivent, et qu'il y a pour chacune d'elles dix méthodes de chant comme chez nous, et qu'il en est absolument du Linot, du Pinson, du Rossignol, etc., comme de la prima donna, du ténor et des autres premiers sujets du chant qui se tiennent parfaitement et acquièrent tant qu'ils travaillent sur les théâtres des capitales, mais qui perdent promptement et se rouillent en province.

Or on peut être un Rossignol barbare, un rustre, un mal appris sans cesser d'être un Rossignol, de même qu'on peut naître à Saint-Flour sans perdre le glorieux titre de citoyen français.

En somme, je ne connais en dehors de la Linotte de vigne que deux autres oiseaux de France qui méritent ce nom, le Sizerin dont il sera question tout à l'heure, et encore une Linotte à gorge rousse et à croupion rose, dite par quelques auteurs Linotte de montagne, qui ne niche pas chez nous, mais dans les pays du Nord, d'où elle émigre en nos climats plus doux en même temps que le Pinson des Ardennes.

La Linotte ne mue qu'une fois l'an, à l'automne, ce qui ne l'empêche pas de revêtir son costume de noces au printemps. C'est un charmant oiseau de volière, doux de mœurs, caressant, intelligent, docile, doué par la nature d'un organe enchanteur et susceptible de se perfectionner par l'étude. Il retient facilement les airs qu'on lui serine ; il y en a qui sifflent, d'autres qui parlent. La Linotte vit très-bien et très-longtemps en cage, où elle ne tarde pas cependant à perdre ses brillantes couleurs ; ce qui veut dire que sa place naturelle est bien dans l'intimité de l'homme, mais non dans une prison. Donnez à la Linott-

au printemps ce dout elle a besoin pour bâtir, un peu de tranquillité l'été, un peu de grain l'hiver ; assurez-lui un refuge contre la rigueur des longues nuits de janvier et de décembre, et elle acceptera d'égayer vos demeures toute l'année à ce prix.

On dit *tête de linotte* pour une tête vide et légère et qui tourne à tout vent, à cause de l'indécision et de l'inconstance d'allures qu'on a cru remarquer dans le vol de cette espèce. L'expression est vicieuse ; la Linotte est vive et rieuse, babillarde, étourdie, confiante, et comme tous les enfants gâtés et les gens heureux d'être au monde, elle aime le mouvement pour le mouvement lui-même et ne tient pas en place ; mais ce besoin perpétuel d'aller et de venir, cette démangeaison de joyeux caquetage dont elle est tourmentée, n'impliquent aucunement chez elle le vide du cerveau ni le décousu des idées. Peu d'oiseaux, au contraire, sont plus fermes en leurs principes et plus fidèles en leurs affections. La Linotte est l'emblème du chansonnier très-gai qui chante *sur la vigne*.

GENRE SIZERIN. — Cabaret, petite Linotte ; Serin de Lorraine. Plus petit que la Linotte ; le manteau d'un cendré plus obscur ; une charmante calotte rouge laque ou rouge cramoisi sur la tête ; les deux parties latérales du col et de la poitrine, le ventre et le croupion, teints de la même nuance, mais considérablement affaiblie et touchant presque au rose. Aucun des divers noms qui précèdent n'ayant de valeur intrinsèque et ne convenant à l'oiseau, les savants ont beaucoup écrit sur la question de savoir lequel était le meilleur ; et personne naturellement n'a songé à baptiser l'espèce du nom de Linotte à tête rouge ou Têterouge tout court, le seul qui lui convînt.

Le Sizerin est une jolie petite espèce qui porte la livrée de la Linotte, mais qui pour tout le reste, caractère, allures, régime, semble avoir été coulée dans le même moule que le Tarin au poitrail jaune et à la calotte noire. Elle ne niche pas en France ; sa patrie, c'est-à-dire le pays où elle aime, est le Nord, le vrai Nord du Pôle, la région la plus hyperboréenne des trois continents d'Europe, d'Asie et d'Amérique. On la trouve au cap Nord, au Groënland et au Kamschatka où elle passe toute la saison d'amour, attendant que le froid l'en chasse. Elle commence à paraître dans nos provinces d'Artois, de Flandre, de Lorraine et d'Alsace, aux approches de la Toussaint.

C'est aussi l'époque que le Tarin a choisie pour ses voyages. Le Sizerin passe comme lui en petites bandes et à la même heure ; il recherche comme lui les vallées humides plantées d'aulnes, se nourrit comme lui des semences de ces arbres, se suspend comme lui à l'extrémité des tiges pour inspecter les fruits, siffle ou caquette joyeusement comme lui en volant ; bref, porte la manie de l'imitation de son modèle jusqu'à se précipiter tête baissée dans les piéges où il le voit donner. Il m'est arrivé bien des fois de rapporter de la même chasse le même nombre de captifs de l'une et l'autre espèce pris sur les mêmes salades, au moyen du même appelant. Car j'ai oublié de dire que le Sizerin adorait la graine de salade et qu'il la préférait même à la semence et aux bourgeons de l'aulne dont il est si friand. Ce qui est cause que les maîtres l'ont appelé le *mangeur de lin*, Loxia *linaria* ou Fringilla *linaria*, le Bec de travers ou la Fringille de lin, au choix. Je serais curieux de savoir si, à nous autres barbares, la Science pardonnerait de telles fautes. Elle aurait au surplus raison de nous huer !

Le nid du Sizerin que je ne connais pas et dont je n'ai jamais entendu parler, est bâti de crin, de laine, de mousse et de duvet végétal, et caché très-adroitement

dans une enfourchure d'arbre vert ou de bouleau rabou-
gri..... à l'instar de celui du Tarin.

Le Sizerin est, comme le Tarin et la Linotte, un joyeux
compagnon, un ami fanatique du plaisir, toujours en
verve, toujours en belle humeur, mangeant et buvant à
sa délivrance prochaine, une heure après l'entrée en
cage ; officieux, bon enfant, se faisant tout à tous, ne
croyant pas déroger en s'alliant à une espèce voisine, habile aux tours de force du corps et du gosier, marchant la
tête en bas sous le ciel de son domicile, et donnant des
ut de poitrine d'un éclat formidable pour un si petit
oiseau.

Ici finit le groupe des Dégorgeurs de France. Le Sizerin, qui clôt le groupe des Dégorgeurs, est en même
temps le dernier membre de cette corporation illustre des
Maîtres Soprani que je ne crains pas de nommer les *délices du genre humain*, après l'empereur Tite ; car Dieu
ne versa jamais avec une pareille profusion sur aucune
autre race ses trésors de vertu, de grâce, de joliesse, d'aptitude à toutes les jouissances spirituelles, de charme
composé. Et il a eu grand soin, en la faisant amie de
l'homme, de la faire immangeable, immangeable hors le
cas de légitime défense contre la faim, inestimable don
qu'il a refusé à l'Alouette, au Becfigue, au Rouge-gorge
et au Rossignol.

Ajoutez maintenant à cette masse de précieux priviléges celui de la longévité. Gessner, qui écrivait il y a trois
siècles, parle d'un Chardonneret qui avait vécu vingt-
trois ans; on en a connu depuis qui avaient dépassé ce
terme. Et il y a mieux que des faits de longévité à rapporter de cette tribu favorisée du ciel. L'histoire naturelle de tous les pays lui attribue des traits d'intelligence
quasi canine. J'ai raconté l'histoire de ce Chardonneret

de province qui faisait la messagerie de Paris à sa petite ville, de compte à demi avec son maître. Des écrivains dignes de foi ont vu maintes fois dans l'Inde des *Bengalis* dressés à rattraper dans sa chute rapide un anneau de métal qu'on leur jette en l'air et qui va toucher l'eau... D'autres qui s'amusent à faire des niches aux jeunes Indoues, et leur *chippent* les piécettes d'or dont elles parent leur front, sur un mot de leurs amoureux... D'autres enfin qui, dans leur zèle pour la diffusion des lumières, illuminent toutes les nuits la façade de leur domicile, au moyen de vers luisants et de mouches phosphorescentes qu'ils fixent dans la muraille par un procédé ingénieux; spectacle évidemment renouvelé des Feux de Bengale et des lanternes de couleur en usage à la Chine. Arrêtons-nous ici de peur d'aller trop loin.

Nous voici parvenus, pour les espèces de France, au second groupe naturel qui devrait s'appeler des Non-Dégorgeurs. Mais comme nous avons été obligé de renoncer à cette coupe, nous croyons bien faire de garder au premier groupe que nous allons rencontrer le titre de Fringilles, pour faire une position honorable à ce nom générique qui tient une grande place dans le vocabulaire ornithologique officiel, en dépit de son insignifiance. Les savants certifient que ce nom-là vient du latin *frigus*, sous prétexte que les oiseaux de cette catégorie sont les amis du *froid*. Mais je fais observer qu'alors c'était *frigilles*, et non *fringilles* qu'il aurait fallu dire. Quoi qu'il en soit, puisque ce terme a une notoriété quelconque et qu'il est doux à entendre en sa désinence féminine, je l'accepterai de bonne grâce, d'autant plus volontiers que cette acceptation provisoire ne tire aucunement à conséquence. Je demanderai même aux parrains de ce groupe de fantaisie la permission d'y introduire deux genres, le

Gros-bec et le Jaseur de Bohême, qui n'ont jamais, je crois, figuré dans ses rangs.

GROUPE DES FRINGILLES. — Quatre genres, huit espèces.

Le groupe des Fringilles de France se compose donc de quatre genres, dits du Gros-bec, du Jaseur, du Pinson et du Moineau, renfermant en tout huit espèces : Gros-bec, Jaseur, Pinson commun, Pinson d'Ardennes, Pinson des neiges, Moineau Franc (domestique), Friquet (Moineau des champs), Soulcie (Moineau des bois).

Caractères généraux. Les Fringilles ne dégorgent plus comme les espèces du groupe précédent, et elles nourrissent leurs petits avec des insectes ; elles ne peuvent plus par conséquent se marier avec les Serins. Les unes nichent sur les branches, les autres indifféremment dans les cavités naturelles des vieux arbres et dans les trous des murs. La plupart ont le naturel batailleur et donnent à la pipée. Courageuses, rusées et méfiantes, les Fringilles se défendent vaillamment contre un agresseur plus fort qu'elles et évitent même les piéges de l'homme. Elles sont ambivores et changent de nourriture avec les saisons, insectivores au printemps, baccivores l'été, granivores l'automne, gemmivores l'hiver. Cette complaisance et cette élasticité d'estomac, triplant et décuplant pour elles les ressources alimentaires du pays, elles sont volontiers sédentaires, et leur chair n'est pas tout à fait aussi sèche ni aussi coriace que celle des Séminivores quasi purs. Les Fringilles se réunissent en bandes innombrables dans la saison des froids et voguent de conserve avec les Linots, les Bruants, les Verdiers, les Alouettes, etc. Vol peu soutenu, bruyant et lourd, ailes rondes, queue fourchue, bec conique, vigoureux et court. Plus épaisses de corsage et beaucoup moins rapides que les Seriniens.

Le groupe des Fringilles se distingue des deux qui l'en-

tourent par des caractères si tranchés et si nets que je
n'excuse pas les classificateurs d'avoir pu les confondre.
Les Fringilles ne dégorgent pas comme les Serins et ne
nichent pas à terre comme les Bruants. Je m'abstiens
d'indiquer une foule d'autres caractères séparatifs saillants et faciles à saisir.

GENRE GROS-BEC. — *Gros-bec* commun, *Pinson royal* de
l'Ouest, a reçu des savants le doux nom de COCCOTHRAUSTES.
J'aime mieux celui du peuple.

C'est un moule du groupe des jaseurs Gemmivores
(ébourgeonneurs), mais un moule inférieur, un rustre,
un lourdaud, un butor; face de Perroquet, mais de
Perroquet très-laid; bec singeant le faux nez, cou en-
goncé, corps mal bâti, ailes trop rondes, queue trop
courte; mauvais œil, mauvaise bête. J'apprendrais ce matin par les papiers publics que toute l'engeance des Coccothraustes a été emportée par une épidémie, que mon
pouls n'en battrait ni une pulsation de plus, ni une pulsation de moins.

Le Gros-bec ne donne pas à la pipée et n'est ni méfiant,
ni rusé; ce qui me fait repentir de l'avoir enrôlé dans le
groupe des Fringilles.

Le malheur du Gros-bec est de symboliser l'homme
trop fort pour sa taille ou trop petit pour sa force. On sait
les ridicules et les disgrâces sans nombre qui pleuvent
de cette fausse position renouvelée du supplice de Sisyphe,
où l'on voit un pauvre diable condamné à lever sans relâche et à bras tendu des tas de chaises ou de queues de
billard, ou des poids de cent livres sans cesse retombants.
Le malheureux qui se livre à ces exercices n'a eu d'autre
but, dans le commencement, que de vaincre l'incrédulité
du public qui ne l'aurait pas jugé capable de tels exploits
sur sa mine. Plus tard, il a été forcé de travailler pour

nourrir l'admiration acquise ; enfin il en est arrivé à casser des cailloux et des noyaux de pêche d'un coup de poing. C'est le genre de succès et d'amabilité qu'ambitionne le Coccothraustes des savants qui aime aussi à casser des noix ou des noisettes d'un coup de sa mailloche pour divertir la société.

L'homme qui désire prouver sa force manque rarement d'enfoncer une côte ou deux à un ami en jouant, ou de lui casser un bras, ou de lui crever un œil. Mais sortez-le de cette spécialité, il est nul. Ainsi fait le Grosbec qui éborgne, estropie, assomme tout ce qui l'entoure, sous prétexte d'essayer à qui sera le plus fort. Hors de là, triste compagnon.

Le Gros-bec est commun dans toutes les contrées de la France, mais plus répandu dans le Nord et dans l'Est que dans la région du Midi où il n'apparaît qu'en hiver. Il n'y a pas d'année que je ne le rencontre aux Tuileries ou au Jardin des Plantes à son double passage de printemps et d'automne. Il niche dans les forêts, presque toujours sur les arbres conservés dans les coupes. Son nid, qui n'est pas artistement construit, comme l'affirme Temmynck, mais, au contraire, assez grossièrement façonné, est posé à plat sur une enfourchure de grosse branche, à une vingtaine de pieds du sol ; il ressemble à celui du Bouvreuil, étant formé d'herbes sèches et de petites racines, et renferme quatre à cinq œufs d'un gris sale, marqués de taches de rousseur.

Le Gros-bec est un goinfre à qui tous les morceaux conviennent, mais à qui la nourriture ne profite guère plus qu'à la plupart de ses congénères. Il attaque les bourgeons des arbres, les graines, les noix, les noisettes, les fraises ; il adore le marc de raisin, mais son mets de prédilection est le noyau de cerise. C'est grand dommage

qu'il ne rachète pas les défauts de son caractère par les
qualités de sa chair, car c'est un des oiseaux les plus
niais et les plus faciles à prendre; il n'a pas même l'esprit de se débarrasser d'un gluau. Sa tactique de défense
est de se renverser sur le dos pour faire le moulinet à
quatre faces et asséner un vigoureux coup de bec à la
main qui va le saisir, et malheur au novice trop lent à
la parade.

Je sais des personnes qui ont du plaisir à garder de ces
oiseaux en cage où ils ne disent pas grand'chose, mais
j'en connais aussi qui se plaisent dans la société des hommes forts.

Le Jaseur de Bohême.—Voici un de ces noms charmants
de la fabrique de tout le monde, un nom ramassé dans la
rue. Jaseur, babilleur, gazouilleur, apprenti virtuose,
qui fredonne des ariettes, qui s'essaye à chanter depuis
le matin jusqu'au soir pour le plus grand tourment de
ceux du voisinage. Le vocable est si heureux et si savant
à la fois qu'il ne serait pas possible même à l'analogie
de trouver mieux. Regardez maintenant ce que les savants en ont fait.

Ils l'ont appelé *Bombycivore*, mot à mot : qui mange
des Bombyx. Bombycivore... comme ce nom qui sent
la poudre ressemble bien à un joli petit oiseau tout
habillé de soie, qui babille sans fin et qui vient de
Bohême!

J'ouvre maintenant le dictionnaire de Boiste à l'article
Bombyx et j'y trouve pour toute définition : « Long chalumeau de roseau. » Cela voudrait-il dire que le Jaseur
de Bohême mange des chalumeaux? Cette définition m'i-
rait assez à moi qui ai rangé d'autorité l'espèce dans les
Végétivores; mais je doute qu'elle entre aussi bien dans
les vues de Temmynck, le parrain du Bombycivore, qui

classe le Jaseur parmi les Corbeaux et les Geais, races omnivores, mais surtout *ovivores*, et qui préfèrent infiniment la chair à la moelle de roseau. Peut-être alors que j'ai eu tort de chercher au mot *Bombyx*, dans Boiste, et que j'aurais mieux fait de prendre *Bombice* du même auteur qui s'applique à une famille de Lépidoptères nocturnes dont le papillon du ver à soie fait partie. Mettons donc le lépidoptère à la place du chalumeau et lisons la notice de l'illustre ornithologiste hollandais, pour vérifier si le nouveau nom de l'oiseau dérive véritablement de ses habitudes diététiques.

Je lis : « Nourriture du Jaseur : insectes, mais *particulièrement* toutes sortes de baies. » Cette explication ne m'avance guère. M. de Talleyrand était curieux de savoir quel intérêt pouvait avoir M. de Sémonville, son ami, à être alité par la fièvre. Je ne suis pas moins intrigué de savoir quel intérêt avait ce savant de Hollande à donner le nom de Bombycivore à un oiseau qui se nourrit particulièrement de toutes sortes de baies.

Il est vrai que l'auteur du *Manuel ornithologique* a grand soin de nous prévenir quelques lignes plus loin qu'il « *ne sait presque rien* des mœurs ni des habitudes du Jaseur qui niche dans le Nord, et que ses collègues de cette région *n'en savent guère à ce sujet plus que lui*. » J'admire comme il convient cette modestie touchante, mais n'en trouve pas moins étrange qu'après avoir confessé qu'on ne sait rien d'une bête, on profite de la circonstance pour la nommer Bombycivore. Si jamais occasion fut belle de garder le silence, c'était pourtant celle-là. Je veux bien qu'on appelle le Jaseur *Bombicille*, puisqu'il est *vêtu de soie*, mais je demande instamment qu'on ne confonde plus l'étoffe de sa robe avec sa nourriture.

Le Bombyx, en effet, n'est pas ce que le Jaseur aime,

mais c'est la pomme de reinette ; à telles enseignes qu'il
en mange à en devenir obèse et qu'il s'étrangle quelquefois, en avalant trop goulument un quartier de ce fruit.
Cette passion du Jaseur pour les pommes est si violente que
l'oiseau, blessé d'un coup de feu, oublie sa blessure à la
vue d'une calville et se jette dessus. Une autre preuve de
son peu de penchant pour le Bombyx, c'est qu'il niche
très-tard, vers la mi-juin au plus tôt, ayant besoin d'attendre que les *baies* soient venues pour nourrir sa famille. Il mange bien, si vous voulez, des mouches, et en
grande quantité même, mais seulement en guise de dessert et après son dîner.

Cette manie désolante de distribuer les noms à tort et à
travers m'afflige d'autant plus que l'opinion de M. Temmynck fait loi en matière d'Ornithologie non passionnelle, et que de son vivant même, dix oiseaux qu'il n'a
pas cependant découverts ont été baptisés de son nom peu
harmonieux, honneur qui jusqu'à ce jour n'avait encore
été décerné à personne, pas même à Christophe Colomb,
le découvreur d'un monde. Or, jugez d'après ce seul
exemple de l'étourderie et de la légèreté d'un savant de
Hollande, à quels écarts effrayants de classification et de
nomenclature ont pu se laisser emporter les savants de
contrées moins rassises.

Le Jaseur qui niche dans le Nord, en Pologne, en
Russie, en Styrie, et qui ne fait d'apparition en France
que tous les cinq à six ans, est donc un oiseau peu connu
et dont les modes de nidification et d'éducation sont tout
à fait ignorés. L'analogie passionnelle affirme bien avec
sa hardiesse habituelle et à l'aide de la notice d'Audubon
sur le *Cedar-Bird*, que le Jaseur fait son nid à plat sur les
larges et basses branches des pommiers et des arbres
verts ; que ce nid est un progrès sur celui du Pigeon,

mais seulement un progrès, pas encore un chef-d'œuvre;
qu'il est composé d'un matelas de fines radicules reposant sur une paillasse d'herbes sèches, sans plume ni
crin, ni mousse, et que le Jaseur nourrit ses petits à la
façon de nos Gros-becs et de nos Pinsons. Mais comme
elle n'a pas de procès-verbaux à fournir à l'appui de son
affirmation, l'analogie ne demande pas à être crue sur
parole. Cependant nous ne sommes pas réduits à nous en
tenir aux simples conjectures, quant à ce qui est des habitudes et des goûts de l'espèce. Je me suis fait renseigner à cet égard par M. Florent Prevost du Jardin des
Plantes, le compagnon assidu des grands travaux des
Geoffroy Saint-Hilaire père et fils, des Cuvier, des Blainville, un de ces chercheurs infatigables qui joignent à la
passion de la zoologie la passion de la chasse. M. Florent Prevost, qui m'a appris une foule de détails inédits
sur les espèces les mieux connues de nos climats, est
l'homme de ce temps qui possède le mieux son Jaseur,
ayant eu l'incroyable chance de tuer en une seule chasse
quatorze individus de l'espèce dans les jardins de Versailles. M. Florent Prevost, qui sait la nourriture de tous
les oiseaux de France, mois par mois, jour par jour, ne
m'a pas affirmé que l'estomac du Jaseur fût muni de la
double poche, ce qui m'a vivement contrarié; mais en
me communiquant le procès-verbal des substances trou-
vées dans cet alambic à diverses époques, il m'a confirmé
dans mon opinion que l'oiseau était plus granivore que
gobe-mouche. D'où j'ai conclu, peut-être à tort, que l'oiseau était bien à sa place là où je l'ai mis et que cette
place n'était pas à côté du Rollier et du Coracias.

Ce qui a motivé l'erreur déplorable de Temmynck, et
des autres qui ont colloqué le Jaseur dans ce voisinage
illogique, est la circonstance de la dent qui arme la man-

dibule supérieure du bec de cet oiseau, et qui, rapprochée de la couleur générale du manteau ainsi que du
volume, lui donne un faux air de parenté avec la Pie-
grièche. Les savants qui ont commis cette confusion semblent avoir oublié que les oiseaux qui vivent de semences
coriaces et de noyaux de fruits sont pourvus d'instruments
triturateurs et sécateurs aussi solidement conditionnés
que ceux des espèces qui font leur ordinaire de chair vive
et de gros scarabées. Ainsi les Gros-becs, les Durs-becs,
les Becs-croisés et les Perruches qui sont des Granivores
de premier ordre sont armés de mandibules qui ne le
cèdent ni en dureté ni en puissance à celles des Carnivores. La similitude des becs n'est qu'apparente et cesse
d'être un signe de contiguïté des espèces quand la forme
de l'appareil digestif diffère, et j'ai précédemment débattu cette thèse au chapitre des Considérations générales
du premier volume où j'ai fait voir que l'Aigle, le Goéland et le Coq domestique avaient tous les trois le bec
crochu, sans être pour cela plus cousins. La véritable parenté du Jaseur n'est pas avec la Pie-grièche, qui a la
tête large, plate et unie, mais bien avec le Cardinal et le
Commandeur, qui portent tous les deux la huppe comme
le Jaseur et vivent des mêmes aliments. Dieu a dessiné
les coiffures ou parures du chef pour être les signes
visibles de l'esprit qui est dessous. Mais résumons enfin
ce chapitre en peu de lignes.

Le Jaseur est un élégant oiseau de la taille du Gros-
bec, au bec court et robuste, légèrement arqué. Il nous
vient de temps en temps de l'autre côté du Rhin, pendant les grands hivers, et se rencontre alors fréquemment en Alsace. Le ton général de son plumage soyeux,
plus foncé dessus que dessous, est analogue à celui du
manteau du Gros-bec. Les plumes du vertex se relèvent à

l'arrière pour lui faire une huppe semblable à celle du Cardinal. Il porte une plaque noire sous la gorge et deux brides de même nuance sur les yeux. Une charmante série de taches jaunes contiguës et légèrement ourlées de blanc borde l'extrémité des rémiges et des rectrices qui sont d'un beau noir mat; mais l'accident le plus singulier de cette parure déjà si remarquable est un tout petit appendice cartilagineux de l'écarlate le plus vif qui termine quelques-unes des pennes secondaires et simule à s'y méprendre des filaments de cire à cacheter. Le Jaseur est doué, comme la plupart des Granivores, d'une voracité insatiable, mais qui s'exerce malheureusement l'hiver aux dépens des arbres fruitiers dont il mange les bourgeons. Cette circonstance, rapprochée de sa passion funeste pour les pommes, me l'avait fait classer d'abord à côté des Bouvreuils et des Becs-croisés dans le groupe des Gemmivores; mais comme aucune observation ultérieure n'est venue confirmer le titre de Dégorgeur que je lui avais conféré dans le doute, j'ai cru devoir le retirer de cette place pour le loger auprès du Commandeur. Je serais très-heureux que cette nouvelle position lui convînt, car le Jaseur est une de ces espèces qui ne semblent pas avoir été créées pour l'agrément spécial du classificateur. Il peut, sous ce rapport, donner la main à la Mésange.

Je n'ai jamais entendu babiller de Jaseurs, et personne n'a jamais écrit que dans cette espèce la femelle jasât comme le mâle, et pourtant j'ai besoin d'affirmer ce fait-là.

GENRE PINSON. — Encore un pauvre nom pour une espèce bien richement titrée, bien remarquable surtout par l'énergie de sa dominante caractérielle. Le Pinson est l'emblème de l'artiste jaloux, du chanteur épris de son art, mais jaloux de sa propre gloire, à un point qu'on n'imagine pas, jaloux à se briser la tête du succès d'un rival. Or, qu'y a-t-il de commun entre le caractère de l'oiseau et son nom?

Gai comme pinson est encore un de ces adages menteurs qui contribuent si déplorablement à enraciner les préjugés et les erreurs dans l'esprit des populations. Un oiseau gai, c'est le Tarin, c'est le Sizerin, le Linot, le Serin, un oiseau qui toujours frétille, sautille et babille, qui prend son mal en patience et le temps comme il vient, qui, comme le Chardonneret, mange devant sa glace quand il est seul, pour se faire accroire à lui-même qu'il dîne en société. Or, le Pinson n'a jamais affecté ces allures joviales; au contraire, il s'observe constamment, fait tout avec mesure, réflexion et solennité; il pose, comme on dit, quand il marche, quand il mange, quand il chante. Au lieu de prendre le temps comme il vient, il se laisse aller à des plaintes mélancoliques pour peu que la pluie menace. La captivité le démoralise, le rend aveugle, le tue. Ce ne sont pas là des façons d'oiseau gai.

L'air que le Pinson chante n'est pas une élégie amoureuse, mais un air de bravoure qui attend des bravos. S'il manque son effet, il peste. Si quelque mâle voisin, possesseur d'un organe plus puissant servi par une meilleure méthode, menace de l'éclipser, son cœur s'emplit de rage; sa colère gonfle, éclate. Il se précipite sur l'intrus, la plume hérissée, la voix haute, l'attaque, le déchire, et, s'il est le plus fort, l'expulse du canton. Car trop souvent l'amour est en jeu dans ces luttes, et plus d'une jeune Pinsonne, objet de l'ardeur de nombreux soupirants, attend pour faire son choix que la victoire le lui dicte. Si le sort du combat tourne contre l'agresseur, il s'exile lui-même et va bien loin cacher sa honte. C'est pour cela que les Pinsons qui habitent les forêts et les

endroits déserts ont une si piètre voix. Ces barbares sont
les fils des vaincus des joutes musicales que la défaite a
bannis des vergers plantureux attenant au domicile de
l'homme, séjours exclusivement réservés aux élus du talent. C'est par la même raison que les plus célèbres Pinsons de France appartiennent aux provinces du Nord,
provinces richement peuplées, richement cultivées, où le
goût de la musique est répandu dans le sein de toutes les
classes, où chaque ville un peu importante possède une
société philharmonique, et où mon ami Henry Bruneel de
Lille organisait jadis ces fêtes musicales splendides qui
semblaient un emprunt fait aux jeux Olympiques de la
phase d'Harmonie. Natif de Languedoc ou de Provence
est donc une expression épigrammatique qui équivaut,
parmi les Pinsons, à celle de *pignouf* ou de *pataud*
parmi nous. Aussi l'immense majorité des Pinsons qui
habitent le Midi l'hiver s'empressent-ils de remonter vers
le Nord, pour y prendre domicile d'amour, aussitôt que
les grands froids sont passés.

La Flandre et la Belgique sont aux Pinsons d'Europe
ce que les grands théâtres de Paris et de Londres sont
aux plus illustres gosiers humains de cette partie du
monde. De même que la Diva dont le larynx perlé roule
des notes d'or ne consent à déployer ses talents que sur
ces vastes scènes où la roulade se paye à sa juste valeur :
cent mille francs par an, plus les feux, les congés, les
bravos enthousiastes, les avalanches de fleurs.... Ainsi le
Pinson qui est de force à entonner cent fois de suite et sans
se reposer sa ritournelle triomphale ne donne tous ses
moyens que devant des auditeurs capables d'apprécier
son gosier sans rival et de le payer à son prix.

Car il y a des Pinsons qui chantent en public, qui lut-
tent de la voix comme les chevaux des jambes, et qui

atteignent des prix presque fabuleux sur certaines places de l'Artois et de la Flandre, où le combat des Pinsons est un jeu national aussi couru que la course des taureaux en Espagne et la boxe en Albion.... Il existe dans notre département du Nord une foule de sociétés philharmoniques qui s'occupent exclusivement de l'éducation des Pinsons de combat et qui sont dites des *Pinchonneux*, du nom légèrement altéré de l'objet spécial de leurs études, qu'on prononce *Pinchon* dans le patois flamand. Et ces sociétés florissantes organisent chaque année, pendant la belle saison et dans chacun de leurs chefs-lieux, une série de tournois musicaux et de duels de larynx qui donnent lieu à des scènes plus émouvantes qu'on ne saurait dire et à des paris effrénés.

Trop heureux le Pinson si l'intérêt qu'il inspire, intérêt chauffé au rouge par l'amour-propre et la passion du gain, n'avait pas de fil en aiguille amené l'homme à se faire son bourreau !

En effet, le sort réservé à tous ces premiers prix de chant est d'être inhumainement privés de la lumière du jour. Leurs maîtres les aveuglent, soi-disant pour les guérir de la distraction du regard qui nuit à leurs études, et afin de les abstraire totalement du monde extérieur. Ils prétextent aussi que le Pinson ne consentirait jamais à se montrer et à chanter en public, s'il apercevait le spectateur et les barreaux de sa cage. Et, chose cruelle à dire, c'est tout au plus si la victime a l'air de s'affliger du traitement barbare qu'on lui inflige, tant la preuve qu'on lui donne de la haute estime qu'on fait de son talent en lui brûlant les yeux a de consolation pour son orgueil d'artiste. Que je n'oublie pas de mentionner d'ailleurs cette circonstance intéressante que le Pinson est de sa nature sujet à *s'aveugler*,... comme tant d'autres artistes.

Un malheur bien plus redouté du Pinson que la perte de la vue, ou plutôt le seul malheur qu'il redoute est la perte de la voix. Aussi le rhume de cerveau le plus bénin l'inquiète-t-il beaucoup plus que l'ophthalmie la plus grave.

J'ai assisté quelquefois dans nos cités industrielles du Nord à ces combats de chant dont je parlais tout à l'heure. Aucun spectacle ne m'a plus vivement ému, aucun ne m'a donné autant à réfléchir sur l'incroyable puissance du levier de la dominante passionnelle. Il m'a été impossible depuis lors d'entendre une ariette de Pinson sans éprouver immédiatement le besoin de m'attendrir sur le sort des martyrs de la gloire.

Le jour et le lieu du combat ont été fixés et annoncés par voie d'affiche. L'heure venue, on place les deux rivaux aveugles à six pas l'un de l'autre dans leur cage, et l'assemblée attend dans le plus profond silence le début des hostilités. Bien entendu que les signes d'approbation et d'improbation sont rigoureusement interdits dans ces représentations où il faut laisser croire aux acteurs qu'ils sont là tous deux seul à seul en face de la nature. Un des deux champions ne tarde pas à entonner son chant de guerre qui est aussitôt repris par l'autre, et la réplique de suivre la riposte, seconde pour seconde. A partir de ce premier coup de gosier, la lutte est engagée, et elle tiendra jusqu'à ce que l'un des deux athlètes soit à bout de poumons. Le prix est à celui qui a le dernier mot.

Dois-je dire que trop souvent, hélas ! ce prix si glorieux, objet de tant d'efforts et cause de tant de veilles, est dérobé au plus digne par l'astuce et la fraude, et que la tricherie, qui est essor fatal de Cabaliste en phase Civilisée, déshonore la lice du Chant, comme elle a déshonoré déjà celle de la Course et celle de la Bourse.

Le fait est que le Pinchonneux qui fait chanter ne se montre pas toujours plus délicat que le membre du Jockey-Club qui fait courir, sur le choix des moyens de vaincre. Le procédé de gabegie le plus en vogue auprès des Pinchonneux félons est celui qui consiste à appendre secrètement une cage de Pinsonne dans le voisinage du Pinson ennemi, quelques jours avant la bataille. Le chanteur, qui ne sait pas le besoin qu'il aurait de réserver ses moyens, et tout entier au désir de plaire à la nouvelle venue, s'égosille ; l'amoureux tue en lui le soldat, et l'heure du combat le trouve complétement énervé. Alors tous ceux qui avaient spéculé sur son antique vaillance sont volés comme dans un bois. J'ai besoin de me voiler la face, quand je vois l'homme, mon semblable, exploiter la bonne foi d'un malheureux oiseau par d'aussi ignobles ficelles et dans un pareil but.

Tout le monde connaît cette courte phrase musicale du Pinson composée d'une sorte de prélude fugué suivi d'un trait final légèrement syncopé et que le patois lorrain traduit de cette façon : « *Fi fi les laboureux, j'vivrons ben sans eux.* » Or, il y a de ces Pinsons aveugles qui la répètent huit cents fois d'une haleine ! Mais un virtuose de cette force trouve facilement preneur à cent et cent vingt francs.

Il arrive quelquefois que le vaincu tombe de fatigue sur place et ne se relève plus ; et quelquefois aussi que le vainqueur, qui n'a distancé le vaincu que d'une note, s'affaisse sous son triomphe et périt sous l'effort suprême comme le soldat de Marathon.

On a vu des Pinsons vainqueurs en cent batailles renoncer à l'art pour jamais, à la suite d'un premier échec… d'autres, plus sensibles encore, mourir de douleur et de honte.

Ainsi, l'infortuné Raoul, le chevaleresque amant de l'infortunée Valentine, vainqueur en cent batailles aussi et chargé de couronnes, ne put se faire à l'idée d'abandonner au nouveau favori Arnold le théâtre brillant de sa gloire, pour aller cueillir d'autres palmes sur une scène étrangère et sous un plus beau ciel.... Et ses regrets furent plus forts que son âme et rompirent les liens qui la retenaient à son corps.

L'adage vulgaire a beau dire, l'oiseau qui prend ainsi son art au sérieux n'est pas un oiseau gai.

Mais je m'aperçois que je suis entré sans le vouloir au fond de l'histoire passionnelle et analogique du Pinson, et que j'ai laissé courir ma plume à l'intérêt palpitant du sujet. Achevons cette histoire, puisque nous l'avons commencée.

Le Pinson est un oiseau éminemment cauteleux qui ne saurait se passer de la société ni des applaudissements de l'homme, mais qui sait parfaitement que tout n'est pas profit dans les relations que l'amour de la gloire le force d'entretenir avec lui. De là sa défiance légitime. Aucune femelle d'oiseau ne fabrique son nid avec plus d'art que la Pinsonne, et surtout ne s'entend à le cacher comme elle.

Ce nid est un chef-d'œuvre d'élégance et de dextérité, et à l'examiner de tout près, on comprend que beaucoup de connaisseurs le regardent comme un travail plus achevé et plus merveilleux encore que celui du Chardonneret. Non pas que les deux objets d'art diffèrent quant au fini et à la délicatesse de la main-d'œuvre, en ce qui concerne l'intérieur, où les mêmes éléments précieux, la laine, le crin, la plume ont été façonnés en corbeilles d'amour avec la même supériorité de part et d'autre. La différence est toute dans le mode d'exécution du revêtement extérieur de l'édifice ; et il est certain que la Pinsonne dépense en cette opération plus de talent que la Chardonnerette, étant poussée à mieux faire par son caractère soupçonneux. Celle-ci, en effet, ne lisant rien dans son cœur qui lui fasse douter de l'innocence d'autrui, et ne pouvant jamais comprendre que l'homme lui veuille du mal, ne s'occupe que de la question d'art lorsqu'elle bâtit son nid. Partant, elle ne songe guère à en dérober la vue aux regards du passant ; mais la Pinsonne futée, qui sait que penser de la malice et de la perfidie humaines, se garde bien de pareilles imprudences. Il ne lui suffit pas à celle-là que sa progéniture adorée repose sur la couche la plus molle, dans le berceau le plus splendide ; sa tendresse maternelle a besoin de lui assurer la sécurité avant tout.

Dans ce but, l'ingénieuse femelle commence par choisir pour emplacement de sa bâtisse quelque enfourchure de maîtresse branche, sur un pommier moussu, un poirier ou un chêne. Elle en pose les assises dans la concavité du lieu, et à mesure que la bâtisse s'élève, elle en couvre la muraille extérieure d'un placage de mousse jaunâtre ou de lichen argenté qu'elle détache du tronc même de l'arbre où elle a établi ses pénates. Elle pratique cette soudure de l'écorce du nid et de celle de la tige avec tant d'habileté et elle donne si bien aux deux surfaces par cet ajustement le cachet du même âge, qu'il est presque impossible de ne pas voir dans l'une la continuation de l'autre. On cite l'histoire d'une Pinsonne condamnée par d'impérieuses circonstances à faire son nid sur un platane, et qui réussit à plaquer ce nid en mosaïque composée de fragments d'écorce de cet arbre. J'ai su certainement dans ma vie plus de cent et deux cents nids de Pinsons que je n'ai jamais touchés de l'œil.

J'en découvris un une fois, à l'aide d'une échelle, qu'on avait eu l'impudence de venir me bâtir sous le nez à nu et à plat sur une basse branche de pommier quasi morte et archimoussue, à six pieds de terre tout au plus et à six pas de ma fenêtre, et qui n'était protégé contre la curiosité du public que par un simple rideau de toile d'araignée ou de chenille. Personne cependant ne sut le nid que moi, vérité presque invraisemblable et à laquelle ne voudront jamais croire ceux qui savent combien le secret d'un nid est pénible à porter.

Au lieu de procéder ainsi, la Chardonnerette confiante attache négligemment son nid à l'extrémité des hautes tiges et laisse la laine déborder la mousse extérieure, comme pour mieux attirer les regards du passant. Voyez maintenant comme cette différence caractérielle des deux espèces qui se révèle à l'analogie dans une simple différence d'ornementation d'une façade, va ressortir plus manifestement encore de la comparaison des autres habitudes.

Le temps de l'incubation venu, le Chardonneret ose à peine s'éloigner de sa couveuse, va lui chercher à manger dans le voisinage et choisit pour lui parler d'amour la cime même de l'arbre où son nid est perché. Le Pinson cauteleux se garde bien d'imiter ces exemples; il a plusieurs tribunes et chacune d'elles est un poste d'observation distant de cinquante pas au moins de son mystérieux domicile. Ses roulades dépistent au lieu de renseigner.

Aussitôt que les jeunes Chardonnerets sont éclos, on voit le père et la mère s'empresser autour d'eux avec un grand tapage, heureux d'informer un chacun par leurs cris d'allégresse de la joie qui leur arrive. Survienne au milieu de cette folle ivresse le maraudeur en quête de larcin; qu'il cherche et il trouvera. On est plus réservé et plus discret dans l'autre espèce ; on garde pour soi ses secrets de famille, et le père et la mère prennent de longs détours pour rentrer à leur nid qu'ils abordent en silence. Et à peine les petits sont-ils en âge de comprendre, qu'on leur apprend le sens de certains cris d'alarme qui doivent les prévenir de l'approche de l'ennemi, homme ou Chouette, avec la manière de se conduire en pareille occurrence. Singulier apprentissage d'insouciance et de gaieté !

La saison des amours passée, le Chardonneret, fidèle à ses antécédents, donne en étourdi dans tous les piéges tendus à sa crédulité. Le vieux Pinson, toujours en garde contre son premier mouvement, observe avant de répondre à la voix qui l'appelle, aperçoit la nappe insidieuse et s'esquive au plus vite, engageant vivement ceux de sa bande à faire comme lui. Mais s'il n'accepte pas toujours une invitation à déjeuner à l'automne, en revanche il ne refuse jamais un cartel au printemps. En cette occasion, sa prudence n'a plus voix au conseil ; il est à qui veut le prendre, puisqu'il n'est plus à lui.

Par la richesse de son titre caractériel et par son amour passionné de l'art, le Pinson est encore un des ennemis-nés de l'oiseau de nuit, symbole de la superstition et de l'obscurantisme. C'est dire qu'il répond avec fureur à l'appeau de la Tourte (Chouette) et donne à la pipée. Il est beau à voir en cette passe, l'œil en feu, la crête menaçante, sommant de sa voix terrible l'ennemi de se montrer et le traitant de lâche, d'assassin de ténèbres... Le Pinson adore aussi la vendange en sa qualité de musicien.

Le Pinson est un bel oiseau, surtout dans son costume de noces, car bien qu'il ne mue qu'une fois l'an, vers la fin de septembre, le soleil et l'amour s'unissent pour transfigurer glorieusement son plumage au printemps.

Alors sa poitrine s'empourpre de la rouge couleur du vin ; sa calotte bleu cendré prend une teinte plus sombre, son bec du jaune pâle transite à l'ardoisé.

Le Pinson nourrit ses petits de papillons, de chenilles et de menus scarabées. Les alliances qu'on a quelquefois essayé de lui faire contracter avec la Serine n'ont pas encore réussi, les parents ne pouvant s'entendre sur le genre de nourriture à donner à la jeune famille. On a fait couver des œufs de Pinson à la Serine ; elle les a amenés à éclosion, mais les nouveau-nés n'ont pu vivre faute de nourriture animale.

Les Pinsons se réunissent en troupes assez nombreuses vers l'arrière-saison, et se mettent habituellement en route pour les contrées méridionales à la suite des pluies de l'équinoxe ; mais leurs voyages ont plutôt l'air d'une partie de plaisir que d'une émigration véritable. Ils cheminent à petites journées et stationnent fréquemment dans les vignes, dans les vergers et dans les champs voisins de la demeure de l'homme. Rarement les voit-on dé passer les frontières naturelles du Midi de la France. Les natifs de cette région y sont complétement sédentaires. On dit que les femelles des Pinsons passent avant les mâles, mais j'ai peur que cette opinion, que je sais accréditée parmi les ornithologistes, ne soit encore une erreur, provenant de ce qu'après la mue d'automne le costume des mâles diffère peu de celui des femelles.

A la pipée, quand nous étions petit, les anciens nous laissaient facilement les Pinsons pour notre part, et nous permettaient d'exercer sur ces maigres sujets nos jeunes talents culinaires. Ils tremblaient un peu plus de nous voir gâter les Rouges-gorges... Ce qui ne doit pas être une note très-favorable pour la chair des premiers.

Si l'on avait donné le Pinson à baptiser aux Peaux-

Rouges des grands lacs, probablement qu'ils l'auraient appelé le *Gosier courageux*.

Le Pinson d'Ardenne. — Nom de famille absurde, surchargé d'un mensonge, car cet oiseau vient de la Scandinavie et non pas de la forêt d'Ardenne, et il n'a jamais niché en France où il n'est que de passage deux mois de l'an, de la Toussaint à Noël. Il descend par grands vols dans nos provinces de l'Est, pénètre jusqu'au cœur du Languedoc, y fait un séjour d'une quinzaine et puis tout à coup disparaît sans qu'on sache bien par où il passe. On dit que dans leur pays ces oiseaux chantent des airs de bravoure magnifiques; ceux que j'ai tenus en cage n'ont jamais justifié ce renom de talent que leurs compatriotes leur ont fait. On ajoute que leur nid bâti sur les sapins est, comme celui des nôtres, une merveille d'art, et qu'ils aiment la semence de pin et les bourgeons des arbres comme leurs cousins de France. J'adhère facilement à cette opinion. On ne raconte rien, par malheur, des joutes de larynx de ces chanteurs du Nord, et ce doit être un oubli de l'histoire, attendu qu'il est impossible qu'il ne se passe pas dans le sein de cette famille, au printemps, quelque chose d'analogue à ce qui se voit chez nous dans celle des Pinsons.

Le Pinson du Nord, qui arrive en ligne droite du pays des barbares dont il a conservé la touche dans sa mise et dans son langage, est plus facile à séduire que le nôtre, élevé en plein milieu de Civilisation. On en prend des nuées au filet, on en fait au fusil des abatis terribles. La chair de cette espèce finit par devenir mangeable quand elle s'est corrigée, par un mois de séjour en France, du principe d'amertume qu'elle tenait de la fréquentation de l'arbre vert.

Je connais peu d'oiseaux dont le plumage emploie autant de nuances et varie aussi fréquemment que celui du Pinson du Nord où le roux orangé, le noir luisant, le jaune d'or, le blanc pur s'amalgament et s'embrouillent dans un fâcheux désordre qui n'est pas un effet de l'art. Poitrail roux, ventre blanc, calotte et manteau de velours noir, queue idem sillonnée dans son milieu de filets blancs et bordée d'une frange de même nuance; le bec jaune l'hiver, bleu l'été avec la pointe noire dans l'une et l'autre saison. Au demeurant, un moule d'assez riche prestance.

Le Pinson des neiges. — *Niverolle*, mieux nommé que le précédent, car il habite la région des neiges éternelles, en société du Chamois, de l'Accenteur et du Lagopède, et ses chansons d'amour sont les dernières qui troublent le silence des champs de la mort. Douce voix, humble costume, capuchon gris, le bec et les pieds noirs, le manteau brun, la robe blanche, les pennes secondaires aussi et la queue, hormis les deux rectrices médianes qui sont noires. Le Pinson des neiges réside pendant l'été aux dernières limites du règne végétal; il en descend l'hiver pour chercher sa vie dans les plaines. Sa demeure est en France aux cimes escarpées des monts de l'Isère et des Hautes-Alpes, au voisinage de la Grande-Chartreuse. Il se retrouve au nord des deux continents, en société du Lagopède et aux latitudes dont la température correspond à celle des régions élevées qu'il habite chez nous. Mon pauvre ami Bellot l'avait rencontré sur les bords de la mer de glaces où il a trouvé la mort, et lui avait parlé. Le Niverolle se nourrit là du peu de semences et d'insectes à qui le froid permet de se développer en ces mornes solitudes, papillons, graines alpestres, anfandes d'arbres verts. Il fait son nid dans les crevasses des rocs avec la mousse des arbres et la bourre laineuse dont la robe des chamois se dépouille au printemps.

Le Niverolle est l'oiseau qui se mange à Grenoble sous le titre d'*Alpin*.

GENRE MOINEAU. — Le Moineau Franc; Pierrot, Pierrette. Moineau, du grec *monos*, moine, solitaire..., probablement parce que cette espèce se plaît au sein des cités populeuses et recherche le bruit et la société. J'aimerais mieux l'ancien nom *passereau*, du mot latin *passer*, dérivé de l'infinitif *pati* qui veut dire *subir*, pour indiquer une nature passionnée, ardente, victime de son tempérament orageux.

J'envie sincèrement le talent des ornithologistes de renom qui réussissent à faire tenir en douze lignes, comme Temmynck, l'histoire du Moineau Franc.....

Une histoire qui raconte les causes de la grandeur et de la décadence de cent peuples, qui apporte des solutions inédites à la plupart des grands problèmes politiques et religieux qui ont agité le monde pendant cinquante siècles, qui soulève en passant plus de questions de climatologie, de météorologie, d'économie sociale et agricole, que le Sirocco et le Mistral ne soulèvent de tourbilons de poussière parmi les craus et les steppes fumeux de la Mauritanie et de la Provence altérées!... Je me sers à dessein de cette comparaison ambitieuse et légèrement hyperbolique pour appeler l'attention du lecteur sur deux fléaux atmosphériques qui ne sont pas étrangers au sujet que je traite.

Douze lignes, c'est à peu près la place qu'il me faudrait à moi, rien que pour écrire le sommaire des questions capitales qui se rattachent intimement à celle du Moineau Franc!

Ne pouvant les aborder toutes, pour des raisons qu'il est inutile de déduire, je me bornerai à considérer l'histoire du Moineau Franc dans ses rapports avec celle de la domination arabe et avec l'état actuel des malheureuses contrées d'Asie, d'Afrique, d'Europe et d'Amérique sur lesquelles cette domination a pesé.

Je commence par relever l'oubli si impardonnable commis par tous les historiens modernes, dont pas un n'a jugé à propos de constater scientifiquement l'influence que la peur du Moineau Franc exerça si longtemps sur les conseils des nations de l'ancien continent. Car cette peur fut universelle, et il n'est même pas bien sûr que les peuples les plus avancés de l'Europe en soient, à l'heure qu'il est, complétement guéris. Je lisais naguère encore dans un recueil de statistique fort peu édifiant : Qu'on ne pouvait évaluer à moins de dix millions de francs ou de dix millions d'hectolitres, je ne sais plus lequel, la quantité de froment dont le Moineau faisait tort chaque année à la France. Or je ne mets pas en doute que cette assertion absurde n'ait trouvé de nombreux croyants. Vous avez beau dire au badaud que pour que le chiffre du dommage fût juste, il faudrait posséder d'abord un moyen sûr de calculer le blé que peut manger un moineau dans un jour et ensuite défalquer du total acquis par cette voie la somme des millions d'hectolitres sauvés de la dent du vert blanc et des autres vermines par la garde du Moineau Franc ; le badaud plein de foi dans la statistique brute ne tient compte de vos raisonnements. Rappelons encore que les Économistes, une secte d'origine anglaise, supplièrent un jour le gouvernement de leur pays de mettre à prix la tète du Moineau Franc dans l'intérêt de l'agriculture, et que le gouvernement eut la faiblesse d'accéder à cette proposition dont il ne tarda pas à reconnaître la sottise. Je ne désire voir mettre à prix la tête de personne, mais je ne puis m'empêcher de dire que je connais une secte dont les principes ont été plus funestes au travailleur agricole que tous les Moineaux Francs du monde et dont il eût été beaucoup plus urgent et plus sage de débarrasser le pays.

L'histoire ancienne, c'est justice à lui rendre, comprit mieux la haute portée de la question que la moderne. Diodore de Sicile affirme positivement que c'est le Moineau Franc qui a forcé le Mède à quitter sa patrie... et par conséquent à entreprendre la conquête de l'Assyrie et celle de l'Égypte. C'est moi qui suis l'auteur de ce « par conséquent. »

Mais de toutes les races dont la peur du Moineau a bouleversé la cervelle, aucune n'a apporté dans la persécution qu'elle a fait subir à l'espèce plus d'acharnement, de fanatisme et de ténacité que celle des enfants d'Ismaël.

Elle a déclaré la guerre au Moineau Franc, guerre sainte ! Elle a fait de la question une question d'être ou de n'être pas !...

La haine qu'elle portait au Moineau s'est étendue à l'arbre qui lui servait de domicile, et elle a voué la forêt et la verdure à la destruction. « Si l'arbre avait pu se plaindre, il aurait dit à l'assassin brutal : Pourquoi t'en prendre à moi du mal dont je ne suis pas l'auteur ? » Mais l'arbre ne parle pas et il a laissé faire.

Jetez les yeux sur cette nappe immense de contrées comprises dans la plus riche des zones de l'ancien continent, depuis les rives de l'Indus jusqu'à celles du Tage et de la Durance, en passant par la Perse, la Mésopotamie, l'Arabie, la Syrie, l'Égypte, les États Barbaresques ; partout le même spectacle attristera vos regards : la plaine aride et nue remplaçant les Édens et les jardins des Hespérides, partout la lèpre du désert dévorant l'oasis sur les pas de l'Arabe. Le Dieu de Mahomet a dit à ses fidèles de ne pas laisser au Moineau une branche où reposer sa tête, et les fidèles exécutent à la lettre les ordres de leur Dieu, à l'instar des Huns d'Attila qui se croient aussi commission-

nés d'en haut pour punir les crimes de la terre et qui ne
veulent pas que l'herbe repousse là où leurs chevaux ont
passé.

La tradition orientale avait placé le Paradis terrestre au
lieu où jaillissaient les sources des Quatre Fleuves, en un
coin fortuné quelconque de la Mésopotamie ; l'Arabe a mis
un jour le pied sur ce sol plantureux, et soudain les fleuves
ont tari, les sables vitrifiés qui brûlent le regard ont en-
seveli sous leurs flots la prairie verdoyante et ses tapis de
fleurs ; le souffle empesté du Khamsin a remplacé dans
l'air les brises parfumées des orangers médiques et des
lilas de Perse ; et ces vallées si belles au sortir des mains
de Dieu, si belles et si amies de l'homme qu'elles lui furent assignées pour son premier séjour, ces délices de la
terre sont devenues les champs de l'abomination de la
désolation, les arènes du brigandage, les officines des
exterminateurs, les foyers d'infection permanente et
universelle du globe.

Ainsi en est-il advenu de toutes les terres promises de
la légende antique, du Chanaan, de la Babylonie, de la
Syrie, de l'Arabie Heureuse ; ainsi de l'Égypte des Pha-
raons et des Ptolémées, de la Numidie et de la Mauritanie
de Salluste, où la tradition de l'Occident avait logé aussi
un autre Paradis, certain jardin des Hespérides où crois-
saient des pommes d'or (oranges de Blida) gardées par des
dragons aux langues flamboyantes. L'Arabe qui a peur
du Moineau, l'Arabe au mauvais œil, est venu là, porté
par la conquête, et le Sirocco, le Simoun, la peste et la
misère y ont fait élection de domicile avec lui. Il a jeté le
sort aux forêts et aux sources, et le désert s'est fait aux
lieux où florirent jadis trois cents métropoles populeuses ;
et les greniers du monde romain n'ont pu bientôt suffire
à nourrir chétivement les quelques tribus de bandits no-

mades demeurés les seuls maîtres d'un sol déshonoré.

La preuve que c'est bien la peur du Moineau Franc, cette peur et rien de plus qui a converti en déserts les plus riches contrées de l'ancien monde, des rives de l'Indus aux colonnes d'Hercule, la preuve que le ravage a bien été conduit par les mains de l'Arabe, c'est que les deux seuls pays d'Europe où ce peuple ait mis le pied ont subi la même métamorphose que l'Algérie, l'Égypte et la Mésopotamie. Je parle de l'Espagne et de la France des Maures.

Lisez dans les auteurs anciens et même dans Fénelon les merveilles de la fertilité de la Bétique et les récits authentiques du bonheur paradisiaque dont jouissaient au temps jadis les populations innombrables de la péninsule ibérique, le plus riche de tous les pays d'Europe en forêts et en fleuves. Puis comparez cette Espagne d'autrefois, si humide et si verdoyante, terre de lait et de miel, avec l'Espagne de nos jours, si pauvre, si nue, si dépeuplée, si aride, brûlante l'été, glacée l'hiver ; et demandez à votre raison la cause d'aussi fâcheux changements. Votre raison, si elle ose remonter aux vraies sources, ne vous répondra qu'un seul mot, un seul nom qui dit tout, l'Arabe... l'Arabe et sa peur du Moineau. Attendu que cette peur est une épidémie contagieuse, et que de l'esprit du musulman vainqueur elle a passé dans celui du chrétien vaincu, qui alors n'a plus eu de cesse qu'il n'eût rasé à blanc les monts dont l'épaisse chevelure protégeait les vallées contre les assauts redoublés des vents du Midi et du Nord et y entretenait une perpétuelle fraîcheur. La Sierra une fois achauvie, et le tabac à fumer et l'Amérique aidant, la ressemblance des vallées de la Bétique avec celles de la Médie et de l'Arabie Heureuse n'a pas tardé à s'opérer. Le Sirocco et la Bise se sont partagé fraternellement le règne de l'atmosphère et s'y sont entendus pour faire se succéder aussi régulièrement que possible les deux extrêmes de chaud et de froid; et de si bon accord ont agi tous ces éléments de ruine, que l'infortunée péninsule en est devenue ce qu'elle est, c'est-à-dire la contrée la plus inhospitalière et la plus déchue de sa splendeur native, inhabitable faute d'eau et de moyens d'y faire la cuisine. Les voyageurs assurent qu'aux royaumes de Murcie, de Malaga, d'Alicante, qui passaient autrefois pour la fleur des jardins de la riche Bétique, les jardiniers d'aujourd'hui attendent quelquefois cinq ans qu'il leur tombe du ciel une goutte d'eau pour faire lever leurs choux. Il n'y a pas jusqu'à l'Amérique espagnole elle-même, vierge du Moineau Franc, où l'aridité et le désert n'aient vaincu par la main des vainqueurs. Et je ne vois pas de terme à l'envahissement indéfini de cette misère et de cette sécheresse, puisque l'exécration du Moineau Franc qui les a engendrées n'a fait que croître dans le cœur du peuple espagnol, au fur et à mesure de la dégradation du sol de sa patrie.

On dit qu'au temps du bannissement des Maures, qui suivit de très-près la prise de Grenade, un des derniers bannis, avant de mettre le pied sur le pont du navire qui l'allait transporter aux plages marocaines, prit un Moineau Franc dans sa main et le lança contre l'Espagne, le chargeant du soin de sa vengeance. La vengeance s'est accomplie, hélas! La pauvre Espagne se meurt d'un préjugé arabe, en chantant dans son agonie ses triomphes sur le Maure!

L'Arabe arrêté roide dans son vol vers le Nord par la hache de Charles-Martel, et forcé de rétrograder vers le Midi, eut à peine le temps de fonder quelques établissements éphémères aux bords de la Garonne, du Rhône, de la Durance, etc. Mais si courte cependant qu'ait été sa domination sur ces rives fertiles, elle a suffi pour inculquer le préjugé mortel au crédule indigène de ces contrées naïves. Et la guerre aux forêts et aux sources y est née comme en Espagne de la peur du Moineau Franc, et l'ulcère malin de la crau et de la garrigue y a petit à petit dévoré la prairie, et les cimes des monts frontières, démantelées de leurs fortifications naturelles, ont livré la vallée aux outrages du mistral. Je n'achève pas la description de ces scènes monotones, le gibier disparu, la vigne déshonorée, la culture de l'olivier et de l'oranger réduite à des proportions ridicules, et les anciens Paradis de la Gaule, l'Occitanie et la Province romaine, transformés en pays sauvages comme l'heureuse Bétique et les rives embaumées du Tage. J'ai besoin d'éloigner de mes yeux ce tableau affligeant sur lequel j'ai déjà précédemment versé tant de regrets et de larmes.

Ainsi la grandeur du désert raconte celle de la question du Moineau Franc, et aussi le souffle brûlant du Simoun, et l'haleine glacée du Mistral, et peut-être même la lune rousse, fléau d'origine moderne, et les intempéries outrées... Ainsi la peur du Moineau Franc est caractéristique de phase patriarcale et vice de sang chez la race arabe, race vouée de toute éternité à la routine, à la fainéantise, au brigandage, à la polygamie !

Que vous semble, en présence de ces considérations si larges et si neuves, des prétentions de ces savants d'académies diverses qui vous donnent effrontément pour de vraies histoires du Califat, de la France, de l'Espagne, ou encore pour de vrais traités de climatologie ou d'économie agricole, de gros livres où il n'est pas dit un mot du Moineau Franc?

Il est juste de convenir pourtant que la haine de l'Arabe

pour le Moineau Franc n'est pas tout à fait sans motifs. Seulement ces motifs accusent plus la paresse de l'homme que la voracité de l'oiseau.

Je n'apprends rien de nouveau à personne en rappelant que les Arabes, comme tous les patriarcaux, vivent sous un régime de communauté où la terre n'a point de maître. Là, chaque membre de la tribu reçoit chaque année de la régence communale le droit d'ensemencer une certaine quantité de terrain dont l'étendue est proportionnelle aux besoins de sa famille. Or, l'Arabe, qui considère le travail comme un acte déshonorant et qui aime mieux se laisser mourir de faim que se déshonorer, l'Arabe se borne naturellement à cultiver le moins qu'il peut ; et il résulte de sa paresse que tous les Moineaux du canton, étant forcés de s'abattre sur les minces parcelles cultivées au temps de la moisson, y causent un dommage notable. Le remède à appliquer à ce mal est fort simple. Il consiste à décupler l'étendue des terrains cultivés, et non à raser les forêts. Par le moyen du produit décuple, en effet, le dommage est réduit des neuf dixièmes et devient insensible ; ou plutôt la part de grain que le Moineau dérobe peut être considérée comme celle qui lui revient de droit dans la récolte, à titre de conservateur et de gardien d'icelle.

Du reste, si l'Histoire et la Science ont manqué au Moineau Franc dans les âges modernes et se sont manquées à elles-mêmes, la Poésie, la Science et la Littérature antiques l'ont noblement relevé de ce dédain injuste. Le Moineau de Lesbie, si galamment conquis à la scène française par Barthet, est l'honneur éternel de la littérature du grand siècle de Rome ; la Déesse des amours attelle des Moineaux à son char ; la Mythologie et l'Écriture Sainte requièrent en une foule d'occasions le témoignage de l'espèce.

Pline démontre admirablement, et par des calculs très-savants, que Vénus a bien fait deprendre pour attelage un couple de Moineaux Francs. Seulement le grand naturaliste fit preuve d'ignorance en affirmant que, dans cette espèce, le mâle succombe habituellement avant la fin de l'année qui l'a vu naître, épuisé par les voluptés et les douleurs rhumatismales goutteuses. Je soupçonne également Scaliger et Aldrovande d'avoir exagéré ses prouesses amoureuses. Le Moineau vit quatre ans et plus en liberté, et j'en ai connu personnellement un qui vécut sept ans, moitié libre, moitié captif ; ce qui prouve que cette question de longévité est encore à revoir. Disons d'ailleurs qu'un Moineau qui ne vivrait que quatre ans, aurait pendant ce temps élevé dix à douze familles, et que l'on a toujours suffisamment vécu lorsqu'on arrive au bout d'une carrière aussi honorablement remplie. Considérons, en outre, que le Moineau Franc vit plus vite que la plupart des autres oiseaux, absorbant dans un temps égal une quantité d'oxygène bien plus considérable. Or, l'absorption de l'oxygène est à proprement parler l'acte qui constitue la vie, puisque c'est l'acte qui donne au sang sa chaleur et aux artères leur jeu qui mesure le temps.

Les anciens supposaient que l'Épervier avait découvert l'intensité de la chaleur interne du Moineau Franc et que cet oiseau de proie avait l'habitude de prendre tous les soirs, pendant l'hiver, un Moineau Franc et de le tenir toute la nuit contre sa poitrine en guise de chaufferette, le laissant échapper au matin sans lui faire aucun mal. Les oiseaux de proie de nos jours paraissent moins versés dans la thermométrie.

Si le Moineau Franc a les passions très-vives, ce que je ne conteste pas, du moins est-il juste de reconnaître que jamais l'ardeur de ses sens ne l'entraîne à enfreindre ses

devoirs conjugaux. Il meurt où il s'attache, triple mérite
à lui. La belle gloire aux cœurs froids de demeurer fidèles !

Les livres saints, ai-je dit, rendent justice au Moineau.
Le *Psalmiste* chante sa piété et celle de l'Hirondelle qui
choisit comme lui pour élever ses petits la maison du Seigneur. Le *Lévitique* veut que le lépreux guéri offre à Dieu
une paire de Moineaux Francs, en témoignage de purifica-
tion et de retour à la santé. Le luthérien Holem établit,
entre la dévotion de cet oiseau et celle d'un évêque catholique de ses ennemis, un rapprochement qui n'est pas favorable au prélat, « car le Moineau, dit l'hérétique, se
réveille avant l'aurore pour chanter les louanges du Très-
Haut, tandis que vous, monseigneur, il faut vous arracher
de force au sommeil pour vous faire dire votre messe et
bien longtemps après que le soleil est levé. »

Hérodote, le père de l'histoire profane, fait jouir le
Moineau Franc de l'amitié des Dieux, comme David et
Moïse. Il raconte qu'un industriel qui faisait le commerce
des oiseaux, était occupé un jour à dénicher les Moineaux
Francs d'un temple de Lydie, lorsque soudain une voix
menaçante sortit du fond du sanctuaire et causa un tel
effroi au ravisseur, qu'il descendit de son échelle la tête
la première, et se fit beaucoup de mal. Pline, qui croit
comme moi que le Moineau Franc est l'ami de l'homme,
cite à l'appui de notre opinion le fait de ce Pierrot qui,
poursuivi par un Émerillon, s'insinua vivement dans le
paletot de Xénocrate. Nous avons pour nous encore le fameux jugement de l'aréopage dont je n'abuserai pas.
Mais, de tous les écrivains de l'antiquité, Plutarque est
celui qui a le mieux compris le caractère et la portée d'esprit du Moineau Franc. L'illustre auteur de la *Vie des
hommes célèbres* avoue avec candeur dans la vie de Sylla
que ce fut un Moineau qui prédit le premier la venue de

la guerre civile qui devait inonder Rome de sang. Un jour, raconte-t-il, que les Pères Conscrits délibéraient sur un sujet très-grave dans la chapelle de Bellone, un Pierrot s'offrit tout à coup aux regards de l'assemblée, tenant en son bec une cigale, — de laquelle il fit deux parts, l'une qu'il donna aux Pères Conscrits, l'autre qu'il emporta dans les champs. Ce qui annonçait clairement (c'est l'histoire qui parle) qu'il y aurait prochainement bataille entre les cigales (propriétaires fonciers) et les Moineaux Francs (citadins)... Or, l'événement ne tarda pas à justifier la parabole analogique du prophète emplumé.

Ainsi, dès le temps le plus brillant de la République romaine, et bien avant Plutarque, le Moineau Franc symbolisait l'habitant des cités.

Ils voyaient juste dans les rapports des êtres, ces enfants du jeune monde; le Moineau Franc est, en effet, l'emblème de l'habitant des cités, mais de l'habitant des cités jeune âge, tranchons le mot, du gamin.

Comme tous les gamins, le Moineau se teint facilement de la couleur locale, empruntant son langage, son faire, ses allures, au milieu où il vit. Paris est le séjour favori des flâneurs, des viveurs, des diseurs spirituels, la ville des causeries attrayantes et des plaisirs qui usent. Le gamin de Paris n'a pas son pareil dans le monde; le moineau de Paris non plus.

Le Moineau de Londres est triste, fumeux et convenable, mais froid et empesé comme son pays natal. Celui de Rome et celui de Madrid portent une robe plus chaude de ton, mais ils manquent d'entrain et de spontanéité. C'est à Paris qu'il faut étudier l'espèce.

Querelleur, conteur, godailleur, goguenard, pillard, bavard, effronté, familier, mutin, mauvaise tête et bon cœur : voilà le Moineau de Paris. Courte et bonne est sa devise. J'ai vu le Moineau né en avril prendre femme au mois de juin.

Le Moineau parisien le mieux élevé et le plus sociable est celui du Jardin des Tuileries qui vous mange dans la main; le plus savant et le plus heureux, peut-être, est celui du Jardin des Plantes, qui est à la vraie source pour en apprendre de tous les pays et de toutes les couleurs, et qui prélève une dîme copieuse sur la nourriture des pensionnaires ailés de l'établissement, y compris Martin l'ours. Il y a beaucoup de bien et aussi un peu de mal à dire de l'espèce, qui possède toutes les vertus, mais aussi la plupart des défauts de son emblème, lequel est un des sujets historiques les plus délicats à traiter.

Le Moineau de Paris, qui ne se fait pas prier pour accepter vos dons, vous paye facilement de vos gracieusetés par un bon mot ou une gentillesse. Ainsi du gamin de Paris.

Le langage du Moineau Franc brille peu par l'élégance et la distinction, mais il est expressif. On en peut dire autant de celui du gamin qui tient même à ses fautes. Le piaulement peu harmonieux du Moineau s'appelle pépiement.

Le Moineau est rusé, narquois, futé comme son emblème; il a l'air d'écouter avec un plaisir infini les paroles de l'appelant et du pipeur, comme le gamin le boniment de l'artiste en plein vent; seulement, quand arrive le moment de payer, il s'esquive. Il sait le dessous des ficelles, des nappes et des raquettes, et les nargue en disant quelque chose qui ressemble au fameux mot : *Connu!*

Il s'éloigne peu des lieux où il est né et demeure fidèle à son toit, à sa famille et à ses habitudes. Ce n'est jamais non plus de son propre mouvement que le gamin de Paris quitte son quartier natal; et s'il n'est pas toujours fidèle à sa famille, c'est qu'il a trop souvent de graves raisons pour cela.

Le Moineau Franc a la passion du hanneton, du raisin, des fruits rouges, des gâteaux de Nanterre; le gamin de Paris aussi.

Le Moineau adore la maraude et trouve aux fruits volés une saveur que n'ont pas les autres. Il fait semblant de n'avoir pas connaissance des arrêtés de la police municipale et goûte un malicieux plaisir à prendre domicile sur le chapeau ou sur la manche du mannequin empaillé qu'on place dans les cerisiers en guise d'épouvantail. Le gamin préfère aussi et de beaucoup les chaussons de pommes et les pruneaux non achetés aux autres, et le respect de l'autorité est le moindre de ses défauts. C'est-à-dire que tous deux professent, en matière de propriété et de gouvernement, des doctrines que je ne puis m'empêcher de qualifier d'anarchiques, et qui les mènent trop loin.

En effet, ce besoin de narguer l'autorité, de pénétrer dans les enceintes réservées malgré les défenses de la police, et de mystifier le propriétaire, qui est dans les habitudes de l'espèce emplumée, se retrouve fréquemment dans les faits et gestes de l'autre. Le gamin parisien est enclin aussi à vexer le bourgeois, l'homme posé, établi, et le chapitre de ses démêlés avec cette corporation puissante n'est pas le moins réjouissant de tous ceux de la grande histoire des guerres de pauvre à riche. Mais ce penchant pervers porte rarement bonheur aux deux espèces.

Il est écrit au premier article de la Constitution des Moineaux Francs de Paris que tous se doivent mutuellement secours et assistance. Ils n'ont garde de manquer à cette prescription. Ils s'avertissent diligemment l'un l'autre de la présence de l'oiseau de proie ou du piége caché sous les cerises. Un des leurs est-il pris au trébuchet ou enlevé par un matou, aussitôt tous ses camarades s'empressent d'accourir à son aide et tentent parfois d'incroyables efforts pour le tirer de peine. Exposez sur votre fenêtre un pauvre petit Moineau qui ne mange pas encore seul, et toutes les mères et tous les pères du voisinage, voire des jeunes du mois dernier, se feront un plaisir de lui apporter la becquée. Les grandes dames des villes font bien semblant de s'attendrir aussi sur le sort des nouveau-nés que leurs malheureuses mères exposent sous le porche des églises; mais les grandes dames des villes ne pratiquent la charité qu'à la condition qu'on en parle, et elles ne se disputent jamais, comme les Moineaux Francs, le soin de nourrir elles-mêmes l'orphelin.

Les principes de l'assistance fraternelle sont en honneur aussi parmi les francs gamins, qui ont même un langage à eux pour se signaler mutuellement le sergent de ville ou le garde champêtre, et qui sont capables de traits de dévouement incroyables pour délivrer leurs captifs. La charité, hélas! est de pratique si nécessaire et si habituelle dans la vie du pauvre monde, qu'il n'y a jamais eu que les riches pour en faire une vertu.

Il n'est pas sans exemple que des querelles légères se soient élevées entre Moineaux Francs pour une bouchée de pain, comme parmi les gamins pour un trognon de pomme; mais combien il est moins rare encore de voir ces ennemis généreux s'empresser d'oublier leurs querelles pour se faire part de toute bonne aubaine qui leur tombe du ciel! Eunapius raconte qu'il connaissait un homme qui comprenait parfaitement le langage des oiseaux, comme le visir du sultan Mahmoud. Cet homme avisant un jour sur le toit d'une maison une foule considérable de Moineaux qui causaient chaudement d'une affaire, eut envie de savoir le sujet de la discussion, et, prêtant l'oreille, entendit que le principal orateur invitait l'assemblée à se transporter au plus vite vers l'une des portes de la ville où venait de sombrer une voiture chargée de grains. Or, quelques-unes des personnes qui avaient été mises par l'interprète au courant des débats, s'étant rendues sur le théâtre de l'événement, pour vérifier la justesse de l'interprétation, furent stupéfiées de voir que l'homme et le Moineau avaient dit vrai. Ainsi l'oiseau témoin de l'heureuse catastrophe n'en avait pas voulu garder le secret pour lui seul.

Un des bonheurs du gamin de Paris, essentiellement gobe-mouche et flâneur, est de se réunir aux siens, à certaines heures du jour, en un carrefour quelconque, pour deviser de choses et d'autres. Semblable habitude est entrée dans les mœurs des Moineaux des villes, qui tiennent presque tous les jours, pendant la belle saison, un conciliabule à cinq heures. Comme on n'avait jamais rien pu savoir de ce qui se disait dans ces réunions où tout le monde parle à la fois et répète toujours la même note, l'idée vint naturellement d'y voir une singerie du régime parlementaire et une épigramme mordante de l'oiseau railleur à l'adresse de nos orateurs. Mais cette explication spécieuse a cessé d'être soutenable depuis que de profondes recherches historiques ont amené la preuve que cette institution des clubs de Moineaux Francs était antérieure de plusieurs siècles à la naissance du représentatif. La meilleure explication à donner de cette coutume me semble être : que si les Moineaux Francs aiment à se réunir, c'est pour être beaucoup ensemble.

Le Moineau est un oiseau brave qui meurt et ne se rend

pas, et se défend avec un courage héroïque contre des ennemis dix fois plus forts que lui. J'en ai vu un jour un tout jeune, un du Palais-Royal, qui força un roquet à la retraite en le pinçant violemment aux narines, aux grands applaudissements des polissons de la place et de plusieurs Moineaux perchés sur les arbres voisins. Beaucoup d'écrivains accordent aussi une valeur héroïque aux gamins de Paris.

Les Moineaux sont surtout susceptibles d'attachement et de reconnaissance, comme le trait suivant le démontre. Un soir que je traversais les Tuileries, au retour d'une visite aux Cygnes du grand bassin, mes yeux furent tout à coup tirés en haut par un tumulte étrange. C'étaient des trombes épaisses de Moineaux Francs qui tourbillonnaient dans l'espace au-dessus des grands arbres, comme emportées par des vents de tempête, et qui remplissaient l'air de tapage et de cris. Je reconnus sans peine à l'accent douloureux et plaintif de ces voix, qu'un immense malheur venait d'arriver à l'espèce, et à force d'écouter, je parvins à comprendre la cause du bruyant émoi. C'était Maria Stella qui venait de mourir, Maria Stella qui fut pendant de longues années la providence des Ramiers et des Moineaux Francs des Tuileries; la même qui s'est plainte dans un livre d'avoir été changée en nourrice contre le roi Louis-Philippe. Maria Stella habitait, rue de Rivoli, au quatrième étage, un appartement à balcon où elle avait fondé une table d'hôte pour la société d'élite des Moineaux parisiens qu'elle recevait tous les jours, à heure fixe. Or, il y avait déjà deux jours que les fenêtres hospitalières de la salle à manger ne s'étaient ouvertes, et que les pensionnaires affligés n'avaient aperçu leur hôtesse, et la douleur de son absence était la cause de leurs gémissements. Leur deuil dura huit jours.

On cite encore parmi les traits d'affection et de dévouement du Moineau Franc l'histoire touchante de celui qui suivit son malheureux maître, un pauvre soldat condamné à mort, jusqu'au lieu de l'exécution et demeura courageusement perché sur son épaule pendant la fusillade.

Je dois dire maintenant que le Moineau familier, celui qui entre chez vous et en sort quand il lui convient, a un défaut très-grave, celui d'une ponctualité excessive pour les heures de repas. Il est presque aussi exigeant que Louis XIV et n'aime pas à attendre. Fourier en savait quelque chose. Une fois que le plaisir de la conversation l'avait retenu chez une parente au delà de l'heure prescrite, l'homme de génie se lève tout à coup comme frappé d'un remords, consulte sa montre et s'écrie avec un accent de désespoir non joué : *Dix minutes de retard, je suis perdu.* — Comment cela, perdu? Qu'y a-t-il, répondez un peu? interroge la parente effrayée. — Il y a, il y a... que mes Moineaux sont dans ma chambre qui m'attendent depuis dix grandes minutes, et que je ne vais pas savoir quel mensonge inventer pour excuser un oubli aussi impardonnable. — Ce qui est impardonnable, c'est de faire de pareilles peurs aux gens pour de méchantes petites bêtes comme ça. Envoyez-les promener, vos Moineaux, s'ils ne sont pas contents. — C'est très-facile à dire, reprend l'auteur du *Nouveau Monde*, s'esquivant à la hâte, mais on voit bien que vous ne connaissez pas ceux à qui j'ai affaire. Je ne les avais manqués que d'une minute l'autre jour et j'en ai eu pour une bonne heure de reproches à essuyer.

Il est aussi d'observation quasi universelle que le gamin se montre plus ponctuel pour l'heure des repas que pour celle du travail, ce qui n'a rien de blâmable, puisque les trois quarts des travaux en civilisation sont essentiellement répugnants.

Le gamin n'ayant pas encore endossé la robe virile est en deçà de la série d'amour et en dehors de ce sujet d'étude. Ici finissent en conséquence tous ses rapports avec le Moineau Franc; le reste de cette notice n'a trait qu'à celui-ci.

Le nid du Moineau Franc, celui qu'il bâtit sur les arbres, en haut des peupliers, n'est pas une merveille d'architecture; le travail en est grossier, les matériaux communs, les détails incorrects, les dimensions absurdes. Le Moineau est peut-être de tous les oiseaux du monde celui qui, proportionnellement à sa taille, se construit la plus vaste demeure. Son nid, de forme ronde comme celui de l'écureuil, n'occupe guère moins d'emplacement que ce dernier ou celui de la Pie. Mais l'œuvre ne pèche pas, tant s'en faut, sous le rapport du luxe, si elle laisse beaucoup à désirer du côté de l'art et du goût. Cette espèce de botte de paille défaite, mal peignée, sans lien, qui se découvre facilement d'une distance de deux kilomètres, renferme dans son intérieur une chambrette sphérique, splendidement lambrissée des plus précieuses étoffes, plumes, duvet, soie de lapin; c'est-à-dire que je ne connais pas de berceau plus confortable ni plus chaud que celui-ci, et où les petits soient plus à l'aise. On trouve fréquemment parmi les démolitions de ces bâtisses des fragments de journaux voltairiens et des pièces d'étoffes rouges, affiches non équivoques des dangereux principes dans lesquels le Moineau Franc élève sa famille, et que j'ai déjà dénoncés.

Ces principes, en effet, joints au goût passionné du Moineau Franc pour les appartements chauds et lambrissés de plumes sont les causes qui l'entraînent à faire à l'Hirondelle toutes sortes de misères et d'odieuses chicanes pour l'expulser de son domicile, lequel réunit à tous les avantages du nid du Moineau Franc celui d'être tout bâti. On dit que l'Hirondelle se venge parfois de l'envahisseur de sa propriété en l'y murant et l'y faisant mourir du supplice des Vestales. Je désire pour l'exemple que le conte soit vrai, mais ne l'espère pas.

Le ménage des Moineaux Francs, quoique très-édifiant par l'ardeur mutuelle des époux et par leur tendresse sans bornes pour leur progéniture, n'est pas toujours exempt de ces légers nuages qui troublent le ciel d'azur des unions les mieux assorties. Madame est d'humeur exigeante et de service difficile; elle bouspille fréquemment Monsieur, sous prétexte qu'on la néglige. Mais ces querelles durent peu, et malheur en tout cas à l'officieux voisin qui s'avise de s'interposer entre les parties belligérantes pour mettre le holà; car nos deux amoureux se raccommodent aussitôt et profitent de la circonstance pour tomber à grands coups de bec sur l'intrus de malheur et pour lui apprendre à se mêler de ce qui le regarde. Ainsi procèdent les époux Sganarelle de Molière et les époux Colin de Béranger, mettant en pratique la maxime que vivre en paix c'est vivre en bêtes.

J'ai dit que toutes les Fringilles nourrissaient leurs petits avec des insectes. Ce régime est surtout de rigueur dans les huit premiers jours qui suivent la naissance, et paraît indispensable pour faciliter l'éruption des plumes. Ces insectes sont généralement des papillons, des chenilles, de petits scarabées. Cependant le Moineau Franc ne craint pas de s'attaquer au hanneton, et il en immole de vastes hécatombes. C'est pourquoi j'ai eu raison de dire que l'espèce servait dix fois plus l'agriculture par la grande destruction qu'elle fait des ennemis des arbres et des moissons qu'elle ne lui nuisait par sa passion pour l'orge et le blé tendre. Et attendu que cette passion n'a pour se satisfaire qu'une douzaine de jours par année, les calomniateurs qui ont écrit que le Moineau Franc mangeait deux boisseaux de blé pendant ces douze jours, sans compter ce qu'il en gaspillait, ont dit une sottise grosse comme eux.

Les Moineaux Francs sont richement titrés en familisme, et il n'est pas une âme sensible qui n'ait été émue au doux spectacle des soins affectueux, de la protection et des caresses dont le père et la mère entourent leurs petits longtemps encore après qu'ils sont sortis du nid. La passion des enfants est si universelle et si développée dans l'espèce, que des millions de jeunes en sont annuellement victimes. Mettez à la portée d'un Moineau de deux mois un Moineau de quinze jours enfermé sous une mue et faites que le captif réclame les secours de l'assistance publique, le libre n'hésitera jamais à pénétrer dans l'enceinte perfide pour apporter la becquée à l'autre et faire de la charité maternelle un apprentissage qui lui coûtera la vie ; car le Moineau de grain jeune âge est tout à fait mangeable, et sa capture paye l'oiseleur de ses frais. Ici, comme chez le Pinson, il a fallu attaquer la dominante passionnelle de l'espèce pour triompher de sa défiance naturelle.

Ainsi donc, et à bien prendre, il n'y aurait à articuler contre le Moineau Franc qu'un seul grief sérieux, celui qui est relatif à ses opinions sur le droit de propriété, et à ses démêlés fréquents avec les Hirondelles. Et encore a-t-il à faire valoir de nombreuses circonstances atténuantes à l'encontre de ces deux accusations. Il dit, quant à la seconde, que les méchants procédés dont il use envers l'Hirondelle de fenêtre ne sont que les représailles

légitimes des extorsions, des expropriations et des ava-
nies de tout genre que lui fait subir journellement le
Martinet, la grande Hirondelle des tours, sa bête noire,
qui ne se gêne pas non plus pour expulser le Moineau
Franc de son domicile et pour lui voler ses matelas en
gros et en détail. Quant à la première, il excipe de la
contagion de l'exemple des mœurs civilisées qu'il a constamment sous les yeux et qui lui représentent sans variante aucune l'infortuné travailleur exploité, rançonné,
exproprié par la paresse et le parasitisme. Ce qui m'é-
tonne, moi, en effet, ce n'est pas que le Moineau Franc
des grandes capitales ait emprunté quelques vices à
l'homme, c'est que son cœur soit demeuré aussi pur et
sa fidélité à ses serments aussi inébranlable au sein de
ces bourbiers immondes où se développent avec tant d'é-
nergie tous les genres de putréfaction morale, la soif du
gain, le mépris des sentiments tendres, l'infidélité amoureuse, l'apostasie et la vénalité.

A ceux de mes lecteurs qui seraient tentés de se plaindre de la longueur exagérée de cette notice, je réponds
que l'écrivain consciencieux n'est pas maître de son sujet,
et que j'avais besoin d'acquitter une dette de reconnaissance contractée il y a bien des années envers le Moineau
Franc... Le pauvre Moineau Franc, ce souffre-douleur-né
de l'inexpérience enfantine, qui fut, avec le lapin blanc,
mon unique réconfort, mes uniques amours au collège,
au temps non regretté où le pion ennemi m'enseignait
avec tant de succès à maudire le travail, la grammaire,
la prison et l'autorité.

Le Friquet.—Paisse, Minchot, Cendrille, Moineau des
champs, qu'on aurait dû appeler Moineau de puits, parce
qu'il aime à nicher dans la sombre profondeur de ces
édifices. Un peu plus roux et un peu plus petit que

l'autre, sans tache noire sur la gorge. Son nom de *Paisse*
lui vient de *passer*; celui de *Friquet*, de l'habitude qu'il a
de frétiller sans cesse. Il aime mieux les champs que les
villes, les trous d'arbres que les trous de murs. C'est
l'ennemi le plus terrible de la Cigale qu'il atteint dans
les airs à de grandes hauteurs. Il ne diffère pas plus du
Moineau Franc par les mœurs que par le costume, et ne
vaut pas une histoire à part. En l'empêchant beaucoup
de dormir et en lui répétant tous les soirs deux ou trois
monosyllabes, on le force à les retenir; mais il a la mémoire courte et manque fréquemment de parole.

Les Moineaux qu'on appelle Cisalpins et Espagnols ne
sont pas des espèces distinctes, mais de simples variétés
du Moineau Franc dont le soleil du Midi a *culotté* le
teint.

La Soulcie.— Moineau de bois. Cette espèce, assez rare
et assez insignifiante, est un peu plus grande que le
Moineau domestique; elle habite exclusivement les forêts
où elle niche, comme les Mésanges, dans les trous des
vieux arbres. La Soulcie vit parfaitement et se marie
même en captivité. Ses allures, ses façons d'agir en cage
semblent calquées sur celles du Moineau Franc. Le mâle
monte la garde tout le jour sur le goulot du pot de Moineau cloué à la muraille qu'on lui a assigné pour domicile et où sa femelle couve. Il force tous les autres oiseaux
de la volière à se tenir à distance respectueuse de ses
foyers, et fond avec impétuosité sur quiconque viole sa
consigne. Les blessures qu'il fait sont terribles. J'ai vu
de pauvres Chardonnerets et de pauvres Pinsons se retirer
piteusement de ces batailles, écloppés pour le reste de
leurs jours. Comme la Soulcie ne chante pas et peut se
manger à la rigueur, il y a mieux à faire avec elle que
de la conserver. Sa robe est parfaitement semblable à

celle du Proyer ou de l'Alouette, si ce n'est qu'on y remarque à la partie supérieure de la poitrine un bel écusson de couleur jaune, en signe de la tendresse que l'espèce porte à ses petits. La Soulcie est sédentaire dans tous les pays chauds de l'Europe, et voyageuse ailleurs. Je n'en ai pris que deux ou trois en ma vie, à la pipée ou à la tendue, en huit ans de pratique féroce de cette attrayante industrie.

Groupe des Bruants. Neuf espèces.

Le groupe des Bruants se distingue de celui des Fringilles et de celui des Alouettes qui l'enceignent, par des caractères séparatifs faciles à déterminer. Les Bruants nichent à terre, portent le pouce très-long et sont excellents à la broche pour se distinguer des Fringilles. Ils chantent mal et perchent beaucoup pour se distinguer des Alouettes. Leur palais est en outre orné d'une protubérance osseuse *sui generis*, qui leur sert de signe de reconnaissance certaine parmi toutes les espèces. Le nom de Bruant, qu'on leur a donné, ne vaut guère mieux que celui de Fringilles ou d'Alouettes. S'il est pris du bruit de leur vol, il ne trace pas une ligne de démarcation sensible entre ce groupe et le précédent dont la plupart des espèces, le Friquet notamment, ont le départ bruyant et émotionnant de la Perdrix, du Faisan et de la Bécasse. Les savants ont métamorphosé ce méchant nom français en une dénomination latine tirée du grec, *Emberyza*, qui veut dire je ne sais quoi. Le bec des Bruants, fort et conique comme celui des Moineaux, s'en distingue complétement par la disposition des mandibules qui laissent entre elles une sorte d'hiatus à leur base et dont la supérieure est moins large que l'inférieure. La queue est fourchue comme dans tous les autres groupes de l'ordre.

Le groupe des Bruants de France comprend neuf espèces dont une, l'Ortolan, est célèbre dans les fastes de la gastrosophie.

Les Bruants nourrissent exclusivement leurs petits avec des insectes. Leurs nids sont bâtis, avec assez d'art, de fenasse légère et de crin, et sont parfaitement cachés. Le Proyer et l'Ortolan sont un peu de passage; les autres sont sédentaires; l'illustration de la famille est toute dans la délicatesse de quelques-uns de ses membres qui aiment mieux lutter à qui mangera le plus qu'à qui chantera le mieux. Les Bruants ne sont ni aussi querelleurs et méchants que les Fringilles, ni aussi faciles et confiants que les Alouettes.

Le Bruant de Haie. — La Verdière. Le plus connu et le plus commun de tous les Bruants. C'est l'oiseau à tête jaune que l'on désigne dans une foule de pays sous le nom de Verdier et de Verdière. J'ignore pourquoi on ne l'a pas appelé Tête jaune ou Bruant doré, plutôt que Verdière et Bruant de haie qui ne lui conviennent guère. Le Bruant de haie niche dans les ados des fossés, dans les berges herbeuses de la Seine, sous les buissons des bois aux environs des plaines, quelquefois au milieu des jeunes touffes de charmille et de hêtre dans les forêts. La paillasse de son nid est faite d'herbes sèches et le matelas de crin. Les œufs sont marbrés de veines rougeâtres comme une carte géographique. Le mâle partage les travaux de l'incubation avec la femelle. Le chant de cet oiseau est des plus monotones : *Sol, sol, mi... sol, sol, mi... ut...* Le Bruant de haie donne à la pipée, et sa chair est mangeable. J'ai même idée que les efforts que l'on tenterait pour en faire un rôti de luxe seraient couronnés de succès, car il aime avec passion la graine de millet et supporte la captivité avec résignation. Sédentaire dans tous les pays de France, il pénètre l'hiver jusque dans les cours des fermes et dans les rues des cités.

Le Bruant-Zizi.—Bruant de haie comme le précédent, dont il ne diffère que par la couleur de la tête et de la nuque où dominent le brun et le noir. La gorge et la partie supérieure du cou sont teintes de la même nuance ; le poitrail est décoré d'une plaque d'un beau jaune ; manteau roux marron ; abdomen jaune pâle ; pieds roses. Le vulgaire prend communément tous les individus de cette espèce pour les femelles du Bruant doré. Histoire sans intérêt.

Bruant Fou.—Bruant de pré, Ortolan de Lorraine. Ainsi nommé parce qu'il se jette comme un écervelé dans toutes les embûches qu'on lui dresse. L'espèce est rare en France, et sa classification a donné lieu à de graves discussions entre les ornithologistes sérieux. Manteau roux zébré de noir ; dessus de la tête, cou et poitrine cendré bleuâtre ; l'abdomen, le croupion, les flancs blanchâtres. Le Bruant fou habite les régions froides des montagnes d'où il descend en hiver dans les plaines. Mêmes mœurs, même nourriture, même nidification que les précédentes espèces.

Gavoué et Mitilène.— Deux espèces de Bruants originaires des montagnes du Dauphiné et de la Provence, dont Buffon a parlé pour ne pas en dire grand'chose, et dont il n'y avait, en réalité, que très-peu de chose à dire, si ce n'est que leur chair dépasse en qualité celle de la plupart des gros becs mentionnés en deçà. L'histoire de chaque membre de ce groupe est renfermée dans celle de son pivot. Ce pivot est l'Ortolan, devant le nom duquel tous les hommes de goût doivent incliner la tête, en signe de respect, à l'instar de ce colonel d'une légion étrangère qui fit porter les armes à sa troupe en passant devant le Clos-Vougeot.

L'Ortolan.—Du latin *hortulanus*, habitant des jardins. Dénomination vicieuse, puisque l'oiseau se plaît surtout dans les plaines siliceuses, voisines des vignobles, et ne niche jamais que dans les blés ou dans les vignes. Le nom de *Vigneiroun* qu'on donne à l'Ortolan dans certaines parties du Languedoc eût été préférable.

L'Ortolan se rapproche beaucoup du Bruant-Zizi pour la couleur et la taille. Sa marque la plus distinctive est dans les deux pennes extérieures de sa queue qui sont blanches, tandis que les autres sont noires ; la poitrine, le ventre, l'abdomen sont lavés d'une teinte rouge jaunâtre difficile à définir ; les yeux sont cerclés d'une zone jaune encadrée d'une bordure noire et se prolongeant sur la gorge ; les parties supérieures de la tête et du cou affectent la nuance olivâtre ; le fond en est strié et moucheté de taches noirâtres ; iris brun et pieds rosés ; le doigt de derrière très-long et terminé par un ongle court.

L'Ortolan est un oiseau de passage dont les quartiers d'hiver sont en Italie et en Espagne, et les demeures d'été en France depuis les rives de l'Adour jusqu'à celles de la Durance. L'espèce ne s'élève guère, dans ses pérégrinations annuelles, au delà de nos anciennes provinces du Midi ; le Tarn et la Garonne semblent lui servir de limites dans le pays ouvert. L'Ortolan arrive sur les rives du Tarn vers le 10 ou le 12 avril, et recherche de préférence les plaines sèches plantées de vignes. On dit que la plupart de ces voyageurs reviennent se fixer aux lieux où ils ont reçu le jour. Les mâles arrivent les premiers et choisissent leurs places ; les femelles qui les suivent s'arrêtent où les mâles chantent ; et la possession de chacune d'elles devient le sujet de luttes acharnées qui se terminent par le bannissement du vaincu, lequel est obligé d'aller tenter ailleurs les chances de la fortune.

Chaque couple ayant besoin d'occuper pour sa subsistance un territoire de chasse d'une assez grande étendue, il est rare que les Ortolans établis se logent à moins de 500 mètres de distance les uns des autres. La femelle creuse une légère cavité en terre au pied d'un cep en s'y roulant et en s'y trémoussant à la façon des Moineaux et des Poules. Elle matelasse les parois de cette fossette avec une épaisse couche de feuilles de chiendent desséchées, et garnit l'intérieur d'un doux sommier de crin ou de bourre de vache. Elle y dépose quatre ou cinq œufs très-gros relativement au volume de l'espèce. Les petits éclosent au bout de quatorze jours et s'échappent du nid avant l'heure, ce qui rend leur éducation très-pénible. Cette espèce fait deux pontes par an, souvent trois. Tout le temps que l'incubation dure, le mâle, perché sur quelque branche morte du voisinage, tient fidèle compagnie à la couveuse par les répétitions sans fin de son chant monotone.

Les père et mère nourrissent leurs petits de chenilles, de grillons, de sauterelles, de petits scarabées, et rendent à cette occasion d'immenses services à la vigne en la purgeant de tous les insectes qui la dévorent. Il est plus que probable que les trois quarts des maladies contagieuses qui ravagent périodiquement nos vignobles de France ont pour cause la guerre sans pitié que les vignerons du Midi ont déclarée à l'Ortolan.

Le nid de l'Ortolan est parfaitement caché, et quand la mère entend venir le maraudeur de son côté, elle s'en échappe sans bruit, piétine une douzaine de pas et attend que l'ennemi soit sur elle pour partir dans ses jambes, en feignant une mortelle alarme. Celui-ci cherche alors à la place où il est, perd ses peines, se rebute, pendant que l'heureuse mère a rejoint sa couvée par des chemins de traverse, et s'applaudit tout bas du succès de sa ruse.

Les petits Ortolans, que leurs parents nourrissent longtemps encore après leur sortie du nid, continuent à séjourner dans le canton jusqu'au jour du départ qui varie de
la mi-août à la mi-septembre. Ces oiseaux semblent voyager par familles, car on les voit rarement plus de quatre
ou cinq ensemble. C'est vers cette époque de leur émigration que les oiseleurs en font de vastes captures, car l'Ortolan donne dans la nappe avec une facilité sans égale à
la voix de l'appelant. Mais il s'en faut du tout au tout que
l'Ortolan acquière à l'état libre cet état d'embonpoint dont
nous voyons nantis ceux qui nous arrivent à Paris, enca-
qués par douzaines dans des caisses de millet. L'Ortolan
gras est un produit de l'art, c'est-à-dire de création humaine, et je me hâte de dire que cette industrie lucrative
et que les Romains connaissaient, exige peu de talent, de
dépense et de soin. Il ne s'agit pour donner à l'Ortolan
cette triple ceinture de graisse qui lui confère une si haute
valeur commerciale, que de l'abandonner à ses propres
instincts, en l'enfermant dans une chambre un peu obscure en compagnie d'une lourde pelote de farine de millet et d'un vase rempli d'eau. L'oiseau cherchant naturellement à se distraire dans sa triste prison et ne trouvant
pour cela d'autre moyen que de manger et de boire, s'a-
charne à ce travail avec une telle ardeur qu'il ne tarderait
pas à crever d'embonpoint si on le laissait faire. Quinze
jours de ce régime suffisent généralement pour opérer la
métamorphose de l'Ortolan étique en Ortolan obèse et digne d'être servi sur la table des rois.

Il arrive fréquemment que l'Ortolan parvenu au dernier terme de la saturation et de l'obésité est affligé d'un
débordement d'excroissances charnues à la face et de no-
dosités aux jointures, qui le déshonorent, le dégradent et
le font périr avant l'heure de douleurs suraigues. Emblème

du Mondor qui fait son dieu de son ventre, n'a qu'une ambition, celle de mourir gras, et se trouve arrêté tout à coup dans sa marche ascendante vers cette fin glorieuse par la goutte cruelle qui le cloue sur son lit, le condamne à la diète, lui garrotte les membres, lui fait subir mille morts avant de l'étouffer! Superbe sujet d'enseigne pour une boutique de société de tempérance! Admirable matière à mettre en vers français pour un prix Montyon!

L'Ortolan de roseaux.—C'est-à-dire habitant des jardins qui habite les étangs. Nous voici retombés avec ce nom dans le système des Poules *d'eau de genêts*. Bruant de roseaux vaudrait mieux. Cette espèce très-connue dans tous les pays de marécages, de prairies basses, de tourbières, a quelques rapports de plumage avec le Moineau Franc et d'allures avec le Friquet. L'Ortolan de roseaux a la tête et la gorge noires du premier, le manteau roussâtre et l'animation inquiète et perpétuelle du second. Il grimpe après les roseaux comme certaines Fauvettes, vit des graines et des insectes qu'il trouve sur les plantes aquatiques et se rencontre abondamment vers la fin de l'automne dans toutes les oseraies qui bordent nos grands fleuves. Son chant est triste et monotone ; il le fait quelquefois entendre pendant la nuit.

Quelques ornithologistes croient à l'existence d'une seconde espèce de Bruant de roseaux, qu'ils appellent *Bruant de marais*, et dont quelques rares individus feraient apparition de temps à autre sur les rives de nos grands étangs du Midi. Je n'ai pas vu l'oiseau, mais la description qu'on en donne ne permet guère de séparer cette espèce prétendue nouvelle de celle dont nous venons de parler. La différence qui existe entre elles deux est moins grande, en effet, que celle qu'on remarque entre la Perdrix grise ordinaire et la Roquette, entre le Moineau de

Paris et celui de Madrid, qui sont des types originaires de la même souche, légèrement différenciés par l'influence de la diversité des milieux. Le soleil dore le teint, la nourriture facile développe les muscles, l'éducation polit le verbe chez les bêtes comme chez l'homme ; mais aucune de ces circonstances n'a pouvoir de scinder l'unité typique.

Le Proyer. — La plus forte espèce du groupe et la plus intéressante peut-être ; car sa fécondité est extrême, et je ne vois pas quelle impossibilité s'oppose à ce que l'homme tire de ses penchants à la gourmandise le même bénéfice que de ceux de l'Ortolan. Notez que le Proyer tout frais pris vaut au moins ce dernier avant son entrée en épinette et qu'il est plus gros et plus gras. Ou l'analogie me trompe fort, ou il y a là toute une industrie glorieuse et fructueuse à créer : et ce que je dis du Proyer, qui n'a besoin que d'être poussé par l'homme pour rivaliser d'embonpoint avec l'Ortolan et la Poularde, s'applique à toutes les espèces du groupe des Bruants. Il m'est arrivé bien des fois, dans ma vie de chasseur et de pipeur, d'être réduit à vivre pendant des semaines entières du produit exclusif de mes chasses. Ainsi j'ai vécu, suivant les pays et les saisons, de Lièvres, de Sangliers, de Cailles, de Rouges-gorges, de Grives. En Algérie, où j'ai été obligé d'alterner de la Bécasse au Proyer, j'ai remarqué que la répétition trop fréquente du Proyer était celle qui me rebutait le moins. On faisait autrefois aux environs d'Alger, vers l'époque de la Saint-Martin, de grands abatis de Proyer au fusil. En ce temps-là, tous les arbres des grandes routes et des places publiques des villages en étaient littéralement couverts. Le Proyer dans ce pays s'appelle le Gros-Bec.

Le Proyer est un oiseau tout gris qui tient beaucoup, quant au costume, de la Pierrette et de l'Alouette. Il est très-répandu en France dans tous les pays de plaine, notamment en Champagne. Il y arrive de bonne heure au printemps, fait son nid dans les blés ou dans les prairies et émigre vers le midi dès le commencement de septembre. Une grande partie des émigrants hiverne dans nos provinces méridionales; le reste traverse la Méditerranée et occupe l'Algérie. Le chant du Proyer est monotone, mais plein d'expression, et son vol d'amour est une évolution gracieuse qui annonce l'approche de l'Alouette. L'oiseau, après avoir plusieurs fois répété ses trois notes du haut du grand arbre de la route, s'élance vers la terre les ailes déployées en façon de parachute et les jambes pendantes, et finit par tomber auprès de sa femelle, qui l'écoute et l'admire immobile sur ses œufs.

Le nid du Proyer est fait comme celui du Bruant doré et de l'Ortolan, d'herbes sèches et de crin. Je l'ai trouvé quelquefois élevé d'un demi-pied au-dessus du sol et logé dans un épais massif de luzerne ou de mélilot. Les petits sont nourris exclusivement d'insectes.

Le Proyer est une des espèces auxquelles la femelle du Coucou aime à confier l'éducation de sa progéniture.

Le Bruant de neige.—Les Bruants sont les plus proches voisins des Alouettes. Ils ont comme celles-ci le pouce long et comme elles ils nichent à terre et habitent les grandes plaines; mais l'ongle de ce pouce est généralement arqué et court, tandis que celui des Alouettes est généralement long et plat. Or voici, pour bien marquer la transition entre les deux groupes voisins, une espèce, le Bruant de neige ou le Bruant de montagne, qui porte l'ongle plat. Le Bruant de neige, ainsi que son nom l'indique, habite les régions les plus froides de l'Europe, la Laponie et les hautes vallées des Alpes norvégiennes. Il en descend quelquefois pendant l'hiver dans nos plaines.

Je l'ai pris une ou deux fois en Lorraine sur des touffes de chardons disposées pour faire capture de Chardonnerets, de Tarins et d'autres Granivores. C'est un oiseau fort rare, dont le manteau de voyage est presque semblable à celui du Traîne-buisson ou Fauvette d'hiver. Il a la gorge et la poitrine noires en son costume de noces, les flancs et l'abdomen blanchâtres, la partie supérieure du cou marquée de roux; la queue noire ondée de blanc. Il chante en volant comme le Proyer, en signe de sa proche parenté avec le genre Alouette.

Ici finit le groupe des Bruants dont les dominantes caractérielles sont le familisme et la gourmandise, et que je crois appelé à un glorieux avenir gastrosophique. Je ferme son histoire par une remarque d'une importance extrême et qui ajoute un trait de séparation de plus entre lui et les précédents. C'est que les Bruants sont les premiers Granivores dans le nid desquels le Coucou ponde. On conçoit, en effet, que ce parasite qui est éminemment, sinon exclusivement insectivore, ne s'avise pas de déposer son œuf dans le nid des Seriniens qui nourrissent leurs petits à la bouillie de gruau, nourriture qui ne conviendrait nullement au jeune Coucou; mais on ne voit pas pourquoi la maudite bête ne chargerait pas les Fringilles, qui nourrissent leurs petits d'insectes, du soin d'élever sa famille. Cependant il n'est pas à ma connaissance qu'on ait jamais trouvé un jeune Coucou dans un nid de Pinson, de Soulcie ou de Moineau Franc, tandis que j'en ai pris personnellement maintes fois dans des nids de Proyer.

Groupe des Alouettes. — Six espèces.

Le groupe des Alouettes, qui se trouve placé ici à l'extrémité de la série de la Granivorie, occupe, comme on sait, le rang de groupe pivotal dans la classification naturelle de l'ordre des Chanteurs, qui se moule sur le patron du quatuor vocal. Les Alouettes, qui appartiennent à la série du contralto, brillent au premier rang de tous les oiseaux de la terre par la beauté de leur chant, l'innocence de leurs mœurs et la délicatesse de leur chair. C'est une famille aimée des dieux et digne de l'estime et de la reconnaissance des mortels.

Les Alouettes font leur nid à terre et couvent l'œuf du Coucou à l'instar des Bruants, ce qui démontre qu'elles nourrissent leurs petits avec des insectes. Elles sont beaucoup moins percheuses que toutes les espèces des groupes voisins; quelques-unes même, comme notre espèce commune, ne perchent jamais que dans la saison d'amour. Cette difficulté de percher vient aux Alouettes de la longueur extraordinaire de leur doigt de derrière qui est plat et qui se termine par un ongle de dimension exagérée également rectiligne. Les doigts de devant ne faisant plus crochet avec le pouce, il s'ensuit naturellement que l'oiseau a plus de facilité pour courir sur le sol que pour saisir un rameau et s'en faire un support. Mais la nature a compensé richement cette difficulté de perchement par une plus grande puissance de vol. Les Alouettes sont munies d'ailes longues, vigoureuses et infatigables, qui leur permettent pour ainsi dire de se reposer dans les airs. Elles montent au plus haut des nues et dans une direction quasi verticale avec une facilité extrême et se maintiennent pendant des heures entières dans ces parages vides, remplissant d'harmonie tous les carrefours du ciel. Leur nid est moins artistement construit que celui des Bruants, et leurs petits le quittent de très-bonne heure, ce qui est cause que les choupilles en confisquent souvent.

Les Alouettes se réunissent en vols nombreux à l'automne et vagabondent plutôt qu'elles n'émigrent pendant l'hiver, recherchant particulièrement les pays de plaine

et les bords de la mer, sans distinction de zone. Elles
vivent d'insectes pendant le printemps et l'été, de grains
et de pousses de blé pendant la morte saison, et pou-
droient presque à la façon des Perdrix et des Cailles.
L'Alouette s'engraisse seule et sans le secours de l'homme.
Espèce victime, espèce féconde, vouée à l'extermination,
comme le Rouge-Gorge, le Pigeon et la Bergeronnette.

On a fait dériver le nom d'Alouette, en latin *Alauda*,
des deux mots *à laude, de la louange*, comme qui dirait
l'oiseau chargé de chanter les louanges du Seigneur. Il
est fâcheux que cette dénomination, qui dans ce sens serait fort juste, fasse mieux en latin qu'en français. J'ai lu
je ne sais où que les anciens habitants de la Gaule appelaient l'Alouette *Bardalis*, d'où l'on a tiré le mot *barde*,
nom du rapsode ou trouvère gallois ; c'est-à-dire que pour
nos ancêtres, l'Alouette était l'oiseau chanteur par excellence. J'accepte encore cette qualification glorieuse ; car
le poëme de l'Alouette est pour moi le plus sublime de
tous, et ce qui me fait supposer que mon opinion est la
bonne, c'est qu'elle est partagée par tous les oiseaux
amateurs de musique étrangère, qui aiment mieux répéter les chansons de l'Alouette que celles du Rossignol.
Il faudrait trouver pour l'Alouette un nom de famille qui
voulût dire : celle qui chante en volant. Le nom de *Gi-
role* qu'elle a porté jadis répondait évidemment à cette
indication.

La Calandre.—Cette espèce, particulière à nos provinces
méridionales et presque inconnue dans nos départements
du Milieu et du Nord, est la plus grosse de nos espèces
indigènes. Sa taille approche de celle du Mauvis, la petite
Grive à ailes rouges. Elle se distingue de notre Alouette
commune (Mauviette des restaurants) par sa grandeur
d'abord, puis par la forme de son bec qui est plus haut

que large. Elle porte sur le devant du cou une sorte de plastron noir qui tranche élégamment sur le fond blanc de la gorge. Poitrail jaunâtre, virgulété de taches brunes à la façon des grives, les parties inférieures du corps et de la queue ainsi que les deux rectrices externes blanches. Manteau cendré roux ou plutôt jaune terreux, uniforme obligé des familles qui doivent vivre à terre. Iris brun, pieds roux, vol gracieux, talent musical sans pareil. S'accommode parfaitement de la captivité.

La Calandrelle. — Moule réduit de la précédente ; plus commune également dans le Midi que dans le Nord et le Milieu de la France. La Calandrelle aime les pays vignobles et émigre en Algérie aux approches du froid. Son séjour au delà des mers est de courte durée. Elle a tout le devant et tout le dessous du corps blancs, la queue d'un brun foncé avec les rémiges externes blanches, le manteau cendré isabelle, l'iris brun, les pieds roses. C'est cette petite Alouette aux doigts courts qui file avec tant de rapidité dans les sillons devant le chien, et que les chassereaux tirent souvent à terre pour une caille. Sa voix est mélodieuse, ses thèmes variés, et elle chante comme toutes les Alouettes, en décrivant dans l'air des orbes gracieux.

Le Hausse-Col. — Espèce remarquable et fort rare qui ne niche pas en France et ne s'y fait tuer ou prendre que par une de ces chances extraordinaires qui n'arrivent même pas à tous les tendeurs d'Alouettes une fois en leur vie. Elle doit son nom à une large tache noire en forme de hausse-col qui lui emboîte la gorge. Elle porte également ment sur la tête une petite huppe de même nuance.

Le Cochevis. — L'Alouette huppée des grands chemins, des grèves nues de la Loire, des carrières de Montrouge, l'Alouette qui se perche sur les toits de chaume des villages de la Champagne Pouilleuse, sa patrie d'adoption,

et qui cherche sa subsistance dans le fumier frais de cheval.
Habitante des contrées stériles, cette espèce vit maigre-
ment et sa chair n'atteint pas le degré de délicatesse qui
fait le malheur et la gloire de toutes ses congénères. En
revanche, son chant est des plus délectables, et c'est pour
cela probablement que Dieu l'a attachée aux demeures
des plus pauvres laboureurs, afin qu'aucun des séjours
de l'homme en cette terre ne fût déshérité de la poésie
d'amour. Le Cochevis se conduit parfaitement en cage où
il peut être employé en guise de réveil-matin par les gens
paresseux. Pareil au cantonnier, dans la société duquel il
dépense ses plus douces heures, il tient une portion de
route départementale ou royale dont il s'éloigne peu,
voisinant avec les Pinsons et les Moineaux des alentours et
sachant se contenter d'un petit nombre d'amis.

Le Cujelier. — Alouette des bois, Lulu, Alouette de
Champagne, etc.; noms impropres, sinon absurdes. Le
Cujelier est cette charmante petite Alouette à *queue écour-
tée* qui voyage par petites compagnies à l'arrière-saison,
disant *louli, louli* d'une voix flûtée et douce, qui se lève
à dix pas de vous dans les chaumes très-ras, se rabat à
vingt pas plus loin et semble s'engouffrer dans les entrailles du sol, tant elle disparaît complétement aux regards, si nue que soit la place où elle s'est remisée.

J'ai trouvé quelquefois le nid de cette espèce achevé et
habité dès la fin de mars dans nos provinces du Nord. J'ai
revu la mère couvant encore au commencement de septembre. C'est dire que cette Alouette est du petit nombre
des oiseaux privilégiés, pour qui la saison des amours
dure plus de la moitié de l'an. Aussi est-elle des premières qui saluent le retour du soleil au printemps, et des
dernières qui renoncent à célébrer sa gloire en automne.
Elle chante jusqu'à la venue des grands froids, et son

chant est une des plus suaves et des plus touchantes mélodies qu'on puisse ouïr. Il est presque semblable à celui des Farlouses et s'entend quelquefois la nuit. L'oiseau se perche souvent à la cime d'un orme ou d'un chêne pour défiler ce chapelet de perles musicales. Plus souvent encore il les sème dans l'espace du haut des airs où l'attraction passionnelle le force à décrire une circonférence d'amour dont tous les points sont également éloignés d'un point fixe du sol qui est le nid où dort sa couveuse. Cette jolie petite espèce que je propose de baptiser l'Alouette à queue courte, comme on dit la Mésange ou la Bergeronnette à longue queue, ne supporte pas la prison avec la même philosophie que les autres membres de sa famille. Mais à quoi bon la priver de sa liberté pour avoir le plaisir de l'entendre, puisqu'elle vient d'elle-même nicher près de nos demeures pour nous dire gratis tout ce qu'elle sait? Sa chair est excellente, mais heureusement ne fait l'objet d'aucun commerce. Sédentaire ou vagabonde suivant les accidents de la température; très-commune en Poitou, en Anjou, en Touraine, en Orléanais, en Champagne, provinces chères aux tendeurs.

L'Alouette.—L'Alouette commune, l'Alouette des champs, la grande Voilière, la Mauviette. Un des plus riches dons que Dieu ait faits à l'homme dans sa munificence. Un gibier délicieux qui chante; qui nous charme pendant sa vie, qui nous délecte après sa mort. Peu de bons pâtés en ce monde peuvent se vanter d'égaler ceux de Pithiviers et de Chartres pour la légèreté et la délicatesse; mais aucun gosier à coup sûr n'est capable de lutter avec celui de l'Alouette pour la richesse et la variété du chant, l'ampleur et le velouté du timbre, la tenue et la portée du son, la souplesse et l'infatigabilité des cordes de la voix. L'Alouette chante une heure d'affilée sans s'interrompre d'une demi-seconde, s'élevant verticalement dans les airs jusqu'à des hauteurs de mille mètres et courant des bordées dans la région des nues pour gagner au plus haut, et sans qu'une seule de ses notes se perde dans ce trajet immense. Que tous les Rossignols des forêts d'Allemagne, de Russie et de France, que tous les Merles moqueurs des forêts d'Amérique essayent d'en faire autant !

> La gentille alouette avec son tirelire,
> Tirelire, relire et tirelirant tire
> Vers la voûte du ciel ; puis son vol en ce lieu
> Vire et semble nous dire : Adieu, adieu, adieu.

Je ne connais pas d'exemple d'harmonie imitative plus heureux que celui que renferment ces vers, où le double caractère du chant de l'Alouette et de ses évolutions aéronautiques se trouve si gentiment saisi.

L'Alouette est une des gloires nationales de la France. Ce n'est pas l'analogie qui dit cela, mais un historien éloquent, un poëte, un savant d'une érudition immense et chez lequel le savoir n'a pas tué le sentiment. Écoutez comme Michelet, l'auteur de la meilleure histoire romaine qui existe, a noué indissolublement la gloire de l'Alouette à celle de Jules-César et à celle de la France :

« Il (Jules-César) engagea à tout prix les meilleurs guerriers gaulois dans ses légions ; il en composa une légion tout entière dont les soldats portaient une alouette sur leur casque et qu'on appelait pour cette raison l'*alauda*. Sous cet *emblème tout national* de la vigilance matinale et de la vive gaieté, ces intrépides soldats passèrent les Alpes, en chantant, et jusqu'à Pharsale poursuivirent de leurs défis les taciturnes légions de Pompée. L'*Alouette gauloise*, conduite par l'*Aigle romaine*, prit Rome pour la seconde fois et s'associa aux triomphes de la guerre civile. »

Ainsi l'Alouette de France s'est emparée deux fois de Rome, la maîtresse du monde !

Combien citeriez-vous d'oiseaux, voire de nations illustres, qui possèdent dans leurs archives historiques
beaucoup de pages comme celle-là ?

Je n'essayerai pas, comme on pense, d'affadir la saveur
du morceau qui précède par mes commentaires insipides.

Pour avoir conquis de si puissantes sympathies dans le
cœur des guerriers et des poëtes, il fallait que l'Alouette
possédât une bien haute valeur personnelle. Elle la possède en effet.

C'est la joie des sillons ; c'est le premier oiseau qui
annonce le printemps, et elle l'annonce par un chant de
fête bien autrement triomphant que celui du Rossignol,
chantre des nuits obscures et de l'harmonie solitaire,
dont la mélodie sent la lampe. C'est l'humble Alouette
des champs qui chante le plus haut sous les cieux la
gloire du soleil. Sa dominante passionnelle est l'amour de
l'astre éclatant d'où rayonnent la lumière, la chaleur et
la vie. Elle célèbre son retour dès la fin de janvier dans
nos provinces du Centre. Quand viennent les gelées blanches d'octobre et les matinées sombres où l'astre paresseux fait attendre si longtemps son lever à la terre, l'A-
louette, qui s'ennuie de son immobilité sur le sol froid et
humide et aspire à le quitter, s'élance joyeusement dans
l'espace au-devant du premier rayon qui traverse la
brume, et commence la série de ses évolutions gracieuses, de ses courses au clocher, de ses chutes et de ses
ascensions rapides. C'est le moment que l'oiseleur
choisit pour dresser le miroir perfide ; car aussitôt que le
chatoiement de la glace mobile a frappé sa rétine, l'a-
moureuse du soleil se précipite soudain sur l'appareil,
non pas pour s'y mirer coquettement, comme disent
quelques poëtes, mais bien pour y chercher l'image de
son astre chéri. Quelquefois elle reste immobile dans

l'air au-dessus du miroir, les ailes déployées et les jambes pendantes, dans cette attitude de bonheur extatique particulière à la Colombe, et qui l'a fait prendre dans la religion chrétienne pour l'emblème du Saint-Esprit. C'est l'instant que l'apprenti tireur guette pour la manquer.

On comprend maintenant pourquoi, dans le langage raisonné de l'ornithologie passionnelle, la tribu des Alouettes est dite la tribu des Mireurs ou des Amoureux du soleil. La chasse au miroir n'est que la plus jolie et la plus amusante des chasses à l'Alouette ; c'est la moins fructueuse, hélas !

J'avais écrit dans la première édition de ce livre que l'Alouette ne mirait pas en Afrique où l'absence du soleil est toujours de courte durée ; *une preuve*, disais-je, *que c'est bien l'image de l'astre-roi et non la sienne, que l'oiseau cherche dans la glace*. Or, il paraît que j'avais fort mal observé et que l'Alouette mire en Algérie comme en France, mais au mois de janvier et de février seulement. Je fais amende honorable de mon erreur et remercie M. le commandant Garnier d'avoir bien voulu me la signaler ; mais je le préviens que la lecture de son intéressant opuscule sur la chasse au miroir ne m'a nullement guéri de ma croyance à l'endroit des motifs du ravissement profond que fait éprouver à l'Alouette le jeu de la glace mobile. Si le miroitement de l'objet brillant, qui ne ressemble guère au manteau terne de son espèce, ne faisait que lui représenter l'image d'une autre Alouette, comme l'affirme l'honorable commandant, il serait difficile de s'expliquer comment une fascination aussi puissante et aussi vertigineuse peut s'emparer d'elle à cette vue. Il ne le serait pas moins de dire pour quelle cause cette sensibilité étrange de l'Alouette attend pour

se manifester la venue des brouillards et des gelées blanches de l'automne.

L'enthousiasme amoureux qui déborde au printemps
du cœur de l'Alouette lui apporte un tel surcroît de forces et active si puissamment le jeu de ses ailes, qu'elle
n'a plus à se préoccuper en cette saison des menaces de
l'oiseau de proie. L'Émerillon et le hobereau, qui ne
vivent que d'Alouettes à certaines époques de l'année,
avertis de respecter la trêve de Dieu, se gardent sagement de l'enfreindre et attendent patiemment que
l'obésité qui naît de l'accalmie des sens et qui est un
fruit de l'automne, ait alourdi les ailes de la puissante voilière et rendu sa capture plus facile et plus profitable.

L'Alouette porte le manteau gris, la triste livrée du
travail et du travail des champs, le plus noble, le plus
utile, le moins rétribué, le plus ingrat de tous. La couleur de sa robe est celle de la terre; par les temps gris,
il est à peu près impossible de la distinguer à dix pas.
Dieu l'a vêtue de cette robe comme le lièvre pour la dérober à la vue de ses innombrables ennemis. La vie de
l'Alouette qui sert de point de mire à l'avidité spoliatrice
de tous les exploiteurs, qui donne dans tous les piéges,
qui fournit à la rapacité de l'homme et à celle de l'oiseau
de proie vingt procédés de chasse également fructueux...
la vie de l'Alouette est l'image fidèle de celle du laboureur... dont le travail est en possession de nourrir la paresse des oisifs depuis que le monde est monde, et de
fournir au vautour insatiable de la fiscalité et de l'usure
une pâture sans cesse renaissante. Toute l'histoire du
passé n'est que celle d'une joute sanglante entre ennemis
du travail qui se disputent à qui boira les sueurs du laboureur. Je sais un pays d'Europe, cher à Bacchus, où
l'impôt du vin seul porte seize noms différents.

De même qu'il ne faut à l'Alouette qu'un rayon de soleil pour la remettre en joie, de même il ne faut au laboureur qu'une pluie qui tombe à propos pour lui rendre espoir et courage et le faire se recourber avec une ardeur toute nouvelle sur la bêche ou sur la charrue. Et il est fort heureux que Dieu ait pourvu le cœur de toutes ces pauvres créatures de cette richesse inépuisable de résignation et de gaieté qui les caractérise. Car on ne sait pas trop ce que deviendrait la société civilisée, si le petit monde, se laissant aller à un découragement funeste, s'avisait tout à coup de refuser le travail à ceux qui le lui commandent ou seulement d'en exiger un salaire suffisamment rémunérateur. Qui chante paye, disait en italien un prêtre marié, homme d'État illustre. On croirait que c'est pour l'Alouette que le mot a été dit.

L'Alouette vit donc de peu comme le cultivateur et s'accommode de tout. Elle symbolise spécialement le serf attaché à la glèbe. Son ennemi le plus terrible s'appelle le Hobereau, le Gentillâtre, le Boyard. Or l'abolition des priviléges de la féodalité terrienne est le commencement de l'émancipation du travailleur, et l'Alouette aura sa nuit du 4 août comme les autres. Un jour, en effet, il n'y aura plus d'oiseaux de proie que ceux qui seront absolument nécessaires au service de l'homme, et l'Alouette sera heureuse et le travailleur aussi. Mais quand luiront ces jours?

L'Alouette, quand elle est poursuivie par l'oiseau de proie, cherche son refuge dans le ciel, comme tous les opprimés. C'est un spectacle qui n'est pas rare que celui du vol de l'Alouette par le Hobereau ou par l'Émerillon dans nos pays de plaine vers l'arrière-saison. De même que le chasseur habile, lorsqu'il a à choisir, ne tire que les Cailles grasses qu'il distingue facilement à la pesanteur de leur vol, ainsi l'oiseau de proie s'attaque de préférence à l'Alouette bien nourrie. Il fond d'abord sur elle avec la rapidité de l'éclair au moment où elle vient de se lever de terre et l'enlève comme une plume, si elle n'est prévenue. Cependant, si le *garde à vous* de l'Hirondelle arrive à temps aux oreilles de la pauvrette et lui permet d'apercevoir l'ennemi, elle l'évite aisément par une rapide ascension verticale que celui-ci ne peut suivre, emporté dans la direction horizontale par la vigueur de l'élan qu'il s'est donné. Mais il se retourne aussitôt, reprend champ, calcule la hauteur que l'Alouette qui monte toujours va atteindre, et se lance de nouveau à fond de train. L'Alouette esquive encore par une seconde pointe vers le zénith ; mais comme cette ascension perpétuelle la fatigue ; comme elle sait qu'il faudra toujours finir par regagner la terre, elle profite cette fois du moment où l'Émerillon achève sa lancée, pour se ramasser, se faire lourde et piquer vers le sol une tête désespérée ; et si elle a avisé du haut de la nue un buisson, une touffe d'herbe, elle s'y blottit immobile ; car c'est à peine si elle a distancé la mort d'une seconde, et son persécuteur affamé qui l'a suivie dans sa chute, plus rapide que la Bécassine ou la balle de plomb, est déjà sur son dos qui inspecte avidement la place où elle vient de disparaître à ses yeux. Malheur alors à la pauvre échappée si le vent venait à soulever seulement une plume de ses ailes. J'ai vu dans de semblables passes l'Alouette à bout d'efforts se jeter aux pieds de l'homme pour implorer son aide, et il n'est pas de vieux chasseur des plaines de Picardie, de Champagne, de Lorraine et d'ailleurs, à qui ne soit arrivé cinquante fois comme à moi d'avoir à punir l'imprudence d'un Hobereau ou d'un Émerillon qui, dans sa préoccupation sanguinaire, avait oublié sa présence. Je conserve à mon avoir et comme souvenir de bonnes actions dont il me sera tenu compte un jour, tous les services de même nature que j'ai été assez heureux de pouvoir rendre à une foule d'oiseaux méritants.

La France est un pays favorisé du ciel, qui ne rentrera dans la voie de ses destinées véritables, qu'en renonçant à tous les emblèmes de guerre qui l'ont passionné jusqu'ici pour reprendre celui de la conquête pacifique et du travail glorifié, l'Alouette.

Il y eut en ces dernières années un homme envoyé de Dieu nommé Lamartine... qui était beau, orateur et poëte... et chez qui la noblesse du cœur était à l'avenant de ces dons de nature.

Si bien que le peuple français le choisit un jour pour son chef et lui confia noblement la conduite de ses destinées. Mais le malheur voulut que dès le lendemain de son avénement au pouvoir, le poëte sublime qui avait chanté la *Marseillaise de la Paix*, eut peur d'introduire la poésie dans la politique en décrétant la suppression et l'abolition de la guerre. Un trait de génie et d'audace qui eût sauvé le monde et assuré l'impérissable royauté de ma patrie sur toutes les nations. Car ce jour-là le territoire français, désarmé de toute menace, eût été déclaré terre sainte et inviolable par l'acclamation unanime des peuples dont la gratitude enthousiaste l'eût protégé plus sûrement que tous les engins exterminateurs qu'a inventés depuis le démon du carnage. Et une fois disparue l'armée de France, pas une autre n'aurait pu tenir sur le sol de l'Europe, et mort l'instrument d'oppression, morte l'oppression elle-même, et la haine de l'étranger.... Et les haines nationales éteintes, plus de raisons de se garder chez soi, et plus de moyens de persévérer dans l'injustice... Plus de prétextes à subventions de guerre, plus d'impôts ruineux, plus de misères. Les derniers survivants de la race des gentils, le juif et le douanier, s'enfuyaient sous les ombres. Et au lieu de se ruer de nouveau comme des fous furieux dans l'arène des batailles, les peuples libérés seraient paisiblement occupés, à cette heure, à aimer, à chanter, à boire au Poète libérateur qui eût laissé dans la mémoire des âges le plus resplendissant de tous les noms humains. Et j'aurais pu contempler de mes derniers regards la face radieuse de l'humanité rédimée.

Mais je fus le seul de ce temps à ne pas renier la poésie et à voir et à dire où était le salut de la révolution, de la France et du monde ; et plusieurs parmi les aveugles ne sont pas encore persuadés, même aux jours où nous sommes, de la clairvoyance de mes yeux et de la sanité de mon entendement....

Ici se termine la série des Granivores au bec conique et à la queue fourchue ; une série d'élite qui répète chaque printemps par des myriades de voix suaves l'immortelle formule du Gerfaut.

J'aurais voulu y faire entrer la Huppe, un moule difficile à classer, pour donner à quelques ornithologistes éminents que je révère la mesure de mon respect pour leur autorité. Mais cette autorité m'a semblé s'écarter si visiblement ici des indications de la nature que je n'ai pu l'accepter comme article de foi. Vainement, m'ont-ils affirmé qu'il existait entre la Huppe et l'Alouette huppée des liens de parenté étroits et indéniables, même appareil digestif musculeux, même forme de pied, même disposition de l'ongle postérieur, même régime alimentaire, même habitude de chercher sa vie dans le fumier des routes. La réunion de toutes ces similitudes n'a pu effa-

cer à mes yeux le cachet d'indélébile disparate, empreint
de par la main d'en haut sur la physionomie des deux
espèces, l'une qui niche à terre et qui chante en volant,
l'autre qui niche dans les trous des arbres ou dans des
trous des murs, et n'a pour chant d'amour qu'un gémissement plaintif. Je n'admets pas que des parents aussi
proches s'expriment en des idiomes si divers. Je sais bien
que le casement de la Huppe est une des grandes difficultés de la classification ornithologique, et je ne garantis
aucunement de l'avoir résolue ; je suppose seulement
que la place que j'ai faite en la présente distribution à
l'espèce réfractaire lui convient mieux que la plupart de
celles que lui avaient assignées les savants.

J'avais jadis commis la faute de loger le Jaseur en tête
de la série des Granivores, immédiatement après les Colombiens, trompé que j'avais été par ce perfide renseigne-
ment de Temmynck, le maître de l'ornithologie officielle :
« vit d'insectes, mais particulièrement de toutes sortes de
baies. » J'ai essayé de réparer cette erreur en l'édition actuelle où j'ai colloqué le moule rebelle, le *Cedar-Bird*
d'Audubon, dans le voisinage du Commandeur auquel il
ressemble beaucoup de taille, de figure, de coiffure et de
régime. J'ai même profité de l'occasion pour me rallier à
la sage opinion d'O. des Murs, une de mes grandes autorités, qui a eu le bon esprit d'adjoindre à ce genre Jaseur
le genre Pardalote que de nombreux savants avaient
pris à tort jusqu'ici pour une tribu parente de celle des
Mésanges, cet autre cauchemar de l'ornithologie. Et
que j'annonce à ce propos, à mes lecteurs, une heureuse
nouvelle qui me grandira dans leur estime en même temp-
qu'elle les ravira d'aise... C'est que désormais la classification des espèces ailées n'aura plus à subir scandale ni confusion du fait de la Mésange... Attendu que j'ai fini par

découvrir la vraie place de l'engeance maudite qui est au poste d'ambigu entre la dernière tribu de l'ordre des Grimpeurs et la première de l'ordre des Préhenseurs. Et j'admire naïvement que tant d'illustres maîtres de la science aient pu laisser à l'analogiste obscur tout l'honneur de la découverte, quand il était si facile de voir que la Mésange... *enfouisseuse, mangeuse de cervelle et friande du gras de cadavre...*, était armée en outre de *mains prenantes*, de véritables griffes, comme l'oiseau de rapine, et que ses appétits avicides la rapprochaient de la Pie-Grièche en même temps qu'ils l'éloignaient des espèces innocentes... Et que dès lors le devoir et la prudence commandaient impérieusement au classificateur sérieux de la tenir à distance respectueuse des Alouettes et des Pardalotes, et même des Rémiz qui n'ont rien de sa férocité.

Si facile à classer, hélas! l'analogiste n'ose pas convenir qu'il a pâli quarante ans sur l'énigme, avant de la deviner!

CHAPITRE XIII

Deuxième série de la Déodactylie, dite des Baccivores.—139 genres (?) —
1040 espèces (?)—53 françaises.

Caractères généraux.

Je résume en quelques lignes l'histoire de la série qui
précède pour la mettre une fois de plus en regard de la
série des Baccivores, et pour faciliter l'étude de celle-ci par
la comparaison.

Les substances végétales sont le fond principal, quelquefois le fond exclusif du régime des espèces granivores;
l'insecte, généralement, n'entre en leur nourriture que
comme aliment de luxe ou de nécessité temporaire, comme
dessert ou hors-d'œuvre. Elles sont pourvues en conséquence d'un bec conique à mandibules tranchantes, et
munies d'un estomac musculeux plus ou moins développé.
Elles ont la queue fourchue, le vol bruyant et court;
leurs mœurs sont éminemment innocentes et sociables,
comme celles de toutes les espèces végétivores de tous les
règnes, lamentins, ruminants, etc. Beaucoup sont sédentaires ou simplement vagabondes, et pour cette cause sup-
portent avec résignation la perte de leur liberté. L'homme
les recherche pour l'agrément de leur compagnie, la frugalité de leurs appétits, la beauté de leur robe et le charme
de leur voix. Cette voix module habituellement dans le
registre le plus élevé de l'échelle vocale. Le dernier terme
de la série est l'Alouette, une espèce peu percheuse, mais
une grande voilière que la nature a douée d'un gosier de
contralto superbe et qui chante en volant.

L'estomac musculeux est le caractère distinctif et le
certificat de nationalité de la série. Aucune espèce n'a
droit d'y figurer, si elle n'est pourvue de cette pièce;
et je suis le premier à demander qu'on retire de son sein

tous les intrus illégitimes que j'y ai logés sans savoir.

Enfin, les 822 espèces de la Granivorie se résument dans les quatre types connus du Serin de Canarie, du Moineau Franc, de la Verdière et de l'Alouette.

Les Baccivores, au contraire, mangent plus d'insectes que de fruits. L'Alouette, qui est le dernier moule de la série des Granivores, consomme trois portions de mil ou de verdure pour une de vermisseau. Le Becfigue qui tient la tête de la série des Baccivores, consomme trois fois plus d'insectes que de graines ou de baies. Et cependant, les deux familles se ressemblent si complétement de langage, de plumage, de physionomie et d'allures, que les classifications les plus sages les ont jusqu'à ce jour confondues en une seule. C'est, en effet, la même conformation de pieds, le même timbre de voix et la même façon de chanter en volant. La forme de la queue, la contexture du bec et celle de l'estomac diffèrent seules; mais ces différences ont suffi pour introduire une proportionnalité inverse dans les éléments du régime alimentaire.

La prédominance de la nourriture animale dans le régime alimentaire de la série, constitue donc le premier de ses caractères généraux. Il implique une plus grande difficulté de vivre des ressources du pays et la nécessité d'émigrer pendant l'hiver dans les contrées méridionales. Aussi la série ne fournit-elle pas une seule espèce réellement sédentaire, et compte-t-elle au contraire dans ses rangs nombre de voyageurs au long cours. Si nous voulons juger des habitudes de toutes les familles de la terre par celles des espèces françaises, nous trouvons que quelques-uns de ces voyageurs, tels que le Loriot et le Rouge-queue traversent la mer; que d'autres, comme les Grives, hivernent dans le Midi de l'Espagne, de l'Italie, en Grèce et dans les grandes îles de la Méditerranée ; que d'autres, enfin, comme le Rouge-gorge et l'Accenteur, passent à peine les frontières et hivernent d'habitude en deçà des Alpes et des Pyrénées.

La différence du régime alimentaire entraîne naturellement une différence de constitution organique, de tempérament et d'humeur. Du moment que la résistance de l'aliment diminue et que cet aliment passe de la graine féculente recouverte d'une enveloppe solide au fruit mou recouvert d'une pellicule inconsistante et à l'insecte, le bec conique fort et pointu aux mandibules tranchantes, organe sécateur et triturateur à la fois, est devenu inutile, et la nature, qui sait proportionner les moyens, à la fin amincit les mandibules de ce bec et les termine par un crochet léger qui facilite la préhension de la proie, en même temps qu'il aide à la retenir. De là une transition insensible et graduée du bec de l'Alouette, la dernière des Granivores, à celui du Merle et du Loriot, types supérieurs de la série des Baccivores.

Mais la transformation du bec détermine à son tour, comme il a déjà été dit, une modification analogue de l'appareil digestif. Il est évident que la puissance caléfactrice de l'estomac et sa force musculaire doivent aller toujours diminuant aussi en proportion de la digestibilité de l'aliment. Ainsi déjà nous étions arrivés du Pigeon ruminant, qui a trois estomacs (le jabot, le succenturier et le gésier), à l'Alouette, chez laquelle avait complétement disparu le jabot. Cependant l'estomac simplifié de l'Alouette présentait encore le gésier aux parois musculeuses, lequel s'aidait au besoin de gravier en guise de dents molaires pour triturer le grain récalcitrant. Ces moyens de digestion puissants étant devenus de luxe avec le fruit mou et l'insecte, la nature a dû les refuser aux espèces baccivores.

Voici venir maintenant une conséquence fâcheuse de cette transformation.

Nous avons vu précédemment que toutes les espèces animales essentiellement végétivores et ruminantes, à quelque règne qu'elles appartinssent, vaches, brebis ou Pigeons, se distinguaient entre toutes par la douceur de leur caractère, leur sociabilité, leur domesticabilité. L'esprit de charité et de fraternité est en elles, parce qu'elles sentent comme tous les faibles le besoin de s'unir contre les nombreux ennemis dont elles sont entourées ; et comme la nourriture herbacée est plus facile à trouver que toute autre, elles n'ont pas à se jalouser ni à se quereller sur le terrain du problème de Malthus.

Mais cet esprit de fraternité ne saurait persister chez les espèces éminemment insectivores, dont chaque couple a besoin d'exercer son droit exclusif de chasse sur un terrain d'une certaine étendue. La chasse pousse à la guerre chez les oiseaux comme chez les Peaux-Rouges ; et déjà nous avons vu apparaître ces symptômes de division intestine dans la tribu du Pinson et dans celle de l'Ortolan qui nourrissent leurs petits avec des insectes. Ces symptômes fâcheux, qui n'étaient que des exceptions dans la série des Granivores, vont devenir la règle générale dans celle des Baccivores.

La chose est triste à dire, mais il faut nous défier des mœurs de ces becsfins à l'organe velouté, suave et mélancolique, amants de la nuit et de la solitude, tant chantés par les poëtes ; car leur innocence n'est qu'au dehors et leur physionomie est trompeuse. C'est la haine qu'ils ont pour les leurs qui les fait vivre seuls et non le mépris de la foule profane, comme on voudrait le croire. Ils aiment avec passion leur art, mais ils veulent l'exercer seuls et sans concurrents ; ils adorent la chasse, mais ils en sont jaloux comme des boutiquiers parvenus. Cet esprit de rivalité omnimode qui ronge le cœur des espèces baccivores les plus sentimentales de langage et d'aspect, explique les drames fréquents qui ensanglantent les volières où l'on a l'imprudence de réunir plusieurs individus de la même famille. Le Rouge-gorge, le Rossignol, la Fauvette, le Roitelet, dont il y a de si jolies choses à dire sous tant d'autres rapports, sont de tous les oiseaux peut-être les plus difficiles à élever, à nourrir, à conduire. Qui se douterait de l'insociabilité de ces espèces, à ne les juger que sur la mine?

Ainsi j'ai dit que la plupart des Baccivores étaient des oiseaux de passage. Or presque tous ces oiseaux de passage voyagent isolément. Rouges-gorges, Rouges-queues, Fauvettes, etc., partent du même lieu, pour les mêmes contrées, passent par la même nuit et par la même lune, mais passent un par un. Il est facile de conclure de cette insociabilité caractéristique des espèces de la série, que la chasse à l'appelant a moins de succès auprès d'elles qu'auprès de celles de la série précédente. N'oublions pas de signaler cette différence remarquable d'habitudes entre les Granivores bons camarades et les Baccivores mauvais coucheurs, à savoir que les premiers passent de jour et les seconds de nuit. Bien entendu que cette règle est la règle générale et souffre de nombreuses exceptions.

Cependant cette insociabilité caractéristique de la série passe avec la saison des amours, et la gourmandise, passion égoïste de l'âge mûr, prend à époque fixe la place du dévouement familial et des préoccupations artistiques qui aigrissent le sang. Cette transformation morale qui est contemporaine de la mue, s'opère ordinairement vers le milieu d'août. C'est à dater de cette époque que l'oiseau, forcé de s'occuper de ses préparatifs de voyage, commence à se lester de la provision d'embonpoint dont il a besoin pour sa route; et comme alors

toutes les baies sont mûres et les insectes abondants, il lui
devient facile d'emplir ses magasins de réserve. Hélas !
c'est à ce moment-là aussi que l'homme et l'oiseau de proie
l'attendent pour lui faire la guerre ; une guerre trop
pleine d'attraits et que la gourmandise légitime en quelque sorte, autant du moins qu'un crime peut se légitimer par un péché capital. Car c'est au sein de la Baccivorie que se rencontrent les gibiers les plus exquis de
cette vallée de larmes.... Et les espèces les plus dodues
de la série n'ont pas même besoin, comme l'Ortolan et la
Poularde, de passer par la main de l'homme pour acquérir
ce dernier degré de rotondité, de blancheur et de finesse
dont la vue seule inspire tant de désirs coupables et livre
chaque année tant d'âmes à Satan. Je ferai remarquer encore à ce propos que la chair de l'insecte semble communiquer à celle des oiseaux qui en vivent un certain arome
montant qui ne se retrouve plus chez les oiseaux en-
graissés à la farine pure. Un Ortolan est fade auprès
d'un Becfigue de vigne, une Poularde auprès d'un Faisan.
Le régime alterné paraît être celui qui produit les plus
merveilleux résultats.

On sait que la plupart des espèces de la Baccivorie possèdent un gosier d'une souplesse ou d'une sonorité remarquable, et que l'opinion quasi unanime des amateurs
a de tout temps décerné le premier prix du chant au
Rossignol, prix qu'Audubon revendique pour le Merle
Moqueur d'Amérique. Le Rossignol et le Merle Moqueur
appartiennent à la série dont nous écrivons l'histoire,
ainsi que la Farlouse, la Grive, le Rouge-gorge, la Fauvette à tête noire, etc.

Et l'illustrissime série n'est pas moins riche en talents de
premier ordre, comme architectes ou comme musiciens,
et qui se distinguent généralement par la simplicité et la

modestie de leur costume. Cette simplicité de tenue, jointe à la supériorité de la valeur artistique et gastrosophique, caractérise surtout les Baccivores indigènes de la zone tempérée de l'hémisphère boréal, de qui les dons sont en contraste parfait avec ceux de leurs congénères de la zone équatoriale qui affichent pour la plupart un luxe de costume éblouissant, mais remplacent le chant par les cris. Ainsi se conduisent, par exemple, tous les Oiseaux de Paradis des Moluques et de la Nouvelle-Guinée, plus une foule de Merles, de Loriots et d'Étourneaux des mêmes latitudes, qui pourraient sans désavantage lutter avec le Paon, le Couroucou et l'Oiseau-Mouche pour la richesse de l'étoffe du manteau, la distinction de la fraise, la moire du velours et la prodigalité abusive des pierreries.

Donc toutes les tribus de la noble série ne sont pas musiciennes, et beaucoup dans le nombre tiennent plus encore à éblouir les yeux qu'à charmer les oreilles, et follement dépensent leur avoir en falbalas ruineux dont le premier effet est d'attirer sur elles la convoitise et les traits des larrons. Je serais fort tenté de déplorer ces goûts barbares, si l'histoire de la pipée n'était pas là pour nous apprendre que le culte passionné de l'art musical n'est pas non plus toute la sagesse, et que l'intempérance est un vice qui ternit bien des qualités.

De même, en effet, que les espèces granivores sont tout naturellement amies du laboureur qui fait venir les grains, ainsi les espèces baccivores sont généralement amies du vigneron qui fait venir la vigne. Et malheureusement il en est des tribus artistiques du monde des oiseaux, comme de celles du genre Homme, où la joyeuse corporation des basses-tailles fut de tout temps en possession de fournir les plus illustres buveurs, les gosiers les plus secs et les plus altérés. Les basses-tailles du monde emplumé sont la Grive et le Merle. Or, lisez attentivement l'histoire des tribulations de ces deux espèces succulentes, et vous reconnaîtrez dès la première ligne, que ce récit n'est que la copie fidèle de celui des ravages exercés sur l'espèce humaine par l'abus pernicieux de la purée septembrale....., une preuve de plus que toutes les histoires sont la même, malgré la différence apparente de leurs titres.

Il est de fait que j'ai comparé dans le cours de ma vie, bien des moules hétérogènes des trois règnes à la fois, pour tâcher de surprendre le sens des affinités caractérielles qui relient par le terme commun de l'homme tous les êtres créés, et que jamais je n'ai rencontré d'analogie passionnelle plus éclatante et plus complète que celle qui est entre le Musicien ivre et la Grive attardée dans les vignes du Seigneur.

Le premier, une créature faite, à ce qu'on dit, à l'image de Dieu, mais momentanément descendue au-dessous du niveau de la brute, n'y voyant pas à se conduire en plein midi, et livrée à tous les pillages.

L'autre, une pauvre bête, alourdie également par l'abus de la liqueur traîtresse et complétement incapable de se soustraire à la puissance du jongleur qui doit si cruellement exploiter sa crédulité et la faire tomber dans ses pièges.

Et penser que les pauvres volatiles se sont bornés à nous emprunter notre vice et n'ont pas eu le bon esprit de nous emprunter en même temps l'institution rafraîchissante qui en est le correctif ! Je veux parler de la sage institution des sociétés de tempérance qui préviennent chez nous tant de chutes ; bien qu'au dire des mauvaises langues, elles n'aient pu empêcher la consommation de l'absinthe de s'accroître en Europe, ainsi qu'en Algérie, dans des proportions colossales, depuis un quart de siècle.

Un autre inconvénient douloureux des effets du poison moral sur le tempérament des virtuoses ailés est de convertir pour eux en autant d'instruments de perdition et de ruine leurs plus purs essors animiques. Car la dominante passionnelle de tous les artistes, amis des festins et des fêtes, est l'amour du progrès qui implique la croyance aux destinées heureuses. Or, cette passion fanatique a pour conséquence fatale la haine de l'obscurantisme que symbolise l'Oiseau de nuit, l'ennemi du soleil, l'odieux assassin des ténèbres. Et il suffit qu'une gorgée de raisin de trop passe sur cette haine pour y produire le même effet que l'alcool sur l'incendie, que l'allumette chimique sur le tonneau de poudre. Tout l'art de la pipée consiste, comme on sait, à exploiter fructueusement cette haine générale des oiseaux de jour pour les oiseaux de nuit.

A cette passion désordonnée du doux jus de la treille ajoutez, pour une foule d'espèces, celle des fruits rouges, merises, alizes, sorbes et celle des olives; encore une passion innocente, mais également funeste, et qui grossit d'un chiffre incommensurable le tribut de victimes que l'indigne industrie du colleteur et du tendeur de raquettes prélève annuellement sur l'illustre série. Et maintenant, vous comprenez pourquoi cette série auguste, si féconde en espèces protectrices de l'agriculture, est celle qui réclame le plus énergiquement la protection et la sollicitude éclairée de la loi.

De nombreuses tribus baccivores se plaisent aussi à accompagner les troupeaux dans les pâturages, et quelques espèces ne craignent pas de se percher pittoresquement sur le dos du bétail pour le débarrasser des insectes parasites qui dévorent ses chairs. D'autres s'amusent à faire cortége à la charrue qui retourne le sol et rejette à sa surface des myriades de larves endormies du long sommeil d'hiver.

Une seule espèce de l'Amérique déshonore la série par le scandale de ses mœurs adultères. Elle a nom le *Cowbird* (prononcez Caoubeude), mot à mot l'Oiseau de la vache. Le Cow-bird, qui est une espèce grégarienne ou amie des troupeaux comme son nom l'indique, se fait gloire de marcher sur les traces du Coucou et de pondre dans le nid d'autrui pour s'épargner les soins et les peines de l'éducation familiale. Du moment que de semblables procédés étaient en honneur chez les humains du nouveau monde, comme chez ceux de l'ancien, il était impossible que l'original ne trouvât pas sa copie dans le règne volatile de là-bas, comme il l'avait dans le nôtre. Aucun lien de parenté physique ne rattache, du reste, le Cow-bird au Coucou.

J'ajoute enfin à la louange de la série des Baccivores, que pas une autre grande coupe du règne volatile n'apporte aux ressources alimentaires de l'homme un aussi riche contingent de rôtis de premier ordre. Elle débute par le Becfigue, et passe par le Motteux, le Rouge-gorge, le Merle de Corse et la Grive, et je ne sache pas une seule de ses espèces qui, convenablement préparée par un artiste habile, ne soit susceptible d'acquérir de respectables titres à l'estime et à la gratitude de tous les gens de goût.

De même que tout le personnel de la Granivorie se résumai tassez fidèlement dans les quatre types connus du Serin, du Moineau Franc, du Bruant et de l'Alouette, ainsi le personnel musical de la Baccivorie se fond volontiers dans les trois types de la Fauvette, de la Grive et de l'Étourneau. Quant à la corporation des Raffinés, souverains contempteurs du chant, mais partisans effrénés du velours et des riches étoffes, elle s'exprime par un moule splendide, l'Oiseau de Paradis.

TABLEAU DE LA BACCIVORIE.

40 groupes, 139 genres, 1040 espèces, 53 françaises.

GROUPES.	GENRES.	Espèces.
ANTHIDÉS	Farlouse,	39
	Centrite?	1
	Suiriri?	10
	Pepoaza?	9
	Clignot?	1
	Muscisaxicola?	7
MOTACILLIDÉS	Bergeronnette	10
	Lavandière,	10
	Enicure,	7
	Gralline,	1
	Motteux,	33
	Tamnobie,	8
	Orygme,	1
	Glandale?	1
	Myomèse?	1
	Séricornis?	1
	Traquet,	10
SYLVIDÉS	Accenteur,	12
	Pitchou,	2
	Babillarde,	9
	Fauvette,	6
	Figuier,	60
	Trichas,	10
	Virion,	10
	Hippolaïs,	6
ROBÉCULIDÉS	Némure,	4
	Sialis,	3
	Argye?	1
	Rouge-gorge,	4
	Gorge-bleue,	2
	Rouge-queue,	14
	Rossignol,	2
MÉRULIDÉS ?	Copsique,	21
	Bessonornis,	13
	Pétrocincle,	11
	Cincle,	7
	Calandrie,	2
	Merle,	40
	Ictérie,	3
	Esclave,	1
	Lanion,	5

GROUPES.	GENRES.	Espèces.
MÉRULIDÉS	Pyrrote,	2
	Grive,	40
	Alcope,	4
	Phillestrèphe,	3
	Hypsipète,	7
	Microscèle,	5
	Turdoïde,	45
	Crimon,	45
	Andropade,	3
	Piauhaus,	8
	Irène,	3
	Cochoa,	3
DRIMOPHILIDÉS	Fournier,	7
	Hénicornis,	2
	Picerthie,	1
	Upucerthie,	6
	Cinclocerthie,	1
	Batara,	50
	Dasycéphale,	9
	Formicivore,	21
	Drimophile,	11
	Brève,	30
	Zoothère,	4
	Myophone,	4
	Tésia,	5
	Oligure,	5
	Brachyptérix,	8
	Atélornis,	2
	Brachyptérolle,	1
	Macrone,	14
	Mégalure,	7
	Cratérope,	14
	Cincloramphe,	4
	Donacobie,	2
	Timalie,	16
	Mixornis,	6
	Cinclosome,	4
	Sphénostome,	2
STURNIDÉS	Stournelle,	3
	Stournoïde,	1
	Stourne,	12
	Onycognathe,	1

GROUPES.	GENRES.	Espèces.
	Scissirostre,	1
	Juida,	20
	Ipréo,	1
	Roupenne,	4
	Aplonis,	3
	Saraglosse,	1
	Tamaombé,	1
	Portelambeaux,	1
	Martin,	10
	Acridophage,	7
	Gracupie,	5
	Étourneau,	4
	Quiscale,	11
STURNIDÉS.	Scolécophage,	2
	Scaphydure,	6
	Chopi,	7
	Bruantin,	5
	Cyrtote,	1
	Loyca,	3
	Ambliramphe,	1
	Troupiale,	10
	Guiaburo,	3
	Coiffejaune,	3
	Carouge,	10
	Culjaune,	25
	Baltimore,	5
	Gymnomystax,	4
	Cassique,	5
	Oeyale,	2

GROUPES.	GENRES.	Espèces.
	Loriot,	16
	Psarophole,	1
	Tachyphone,	15
	Cordelline,	1
ORIOLIDÉS	Tanagrelle,	3
	Granatelle,	1
	Hémosie,	9
	Phœnicophile,	2
	Oriolie,	4
	Sériciule,	3
	Paradigalle,	1
	Astrapie,	1
	Paradisier,	3
	Sifilets,	1
	Lophorine,	1
PARADISÉIDÉS	Manucode,	1
	Dyphilode,	2
	Falcinelle,	1
	Ptiloris?	3
	Épimaque,	1
	Canelliphage,	1
	Falculie,	1
	Promérops,	2
FALCULIDÉS	Arachnothère,	10
	Moqueur,	6
	Rhinopomaste,	3
	Huppe,	3

J'ai hâte de déclarer, avant de passer outre, que la présente distribution des espèces baccivores n'est encore qu'un moins mal et un mieux provisoire, et que je ne la donne pas pour le dernier mot de la classification pédiforme. Je tiens naturellement pour bien placées là où je les ai mises toutes les tribus que je fais figurer dans la populeuse série. Je ne voudrais pas déprécier mon œuvre en disant le contraire. Cependant, comme d'une part, les titres authentiques me manquaient pour établir rigoureusement la nationalité de plusieurs; comme de l'autre, je n'avais pas qualité d'arbitre souverain en la matière, j'ai pensé qu'il serait sage à moi d'attendre, avant de prononcer en dernier ressort sur ces graves questions d'état, d'y être solennellement autorisé par la science officielle, de qui c'est le métier de savoir. Et j'ai sommé, en conséquence, les plus illustres notabilités de tous les Muséums de Paris, de Londres et de Leyde d'avoir à me renseigner, à fond et à bref délai, sur le régime alimentaire et la structure de l'appareil digestif des espèces douteuses. Et j'attends leurs communiqués pour imprimer à ce travail provisoire le cachet du définitif.

Misères du métier, que voulez-vous? C'est le destin commun de tous les perceurs de voies nouvelles de demeurer accrochés plus longtemps qu'il n'est dans leurs vœux à des places maudites où les défenses du sol sont plus féroces qu'ailleurs, les cailloux plus pointus, les ronciers plus revêches, et où l'énergie de l'attaque, qui croît naturellement avec celle de la résistance, exalte jusqu'à la colère l'ardeur du pionnier valeureux et fleurit son langage de termes imagés. La chance qui nous menace tous ne pouvait donc me faillir plus qu'aux autres, et elle m'est advenue; et je confesse sans détour que les chemins sont pleins de loups au pays où nous sommes. Ces énormes totaux de série qui, depuis deux chapitres, accusent des huit cents et des mille, annoncent clairement, du reste, que nous traversons à cette heure les parages les plus épineux de la classification pédiforme.

Il tombe, en effet, sous le sens que l'ordre qui renferme près de quatre mille espèces doit être plus long à classer que celui qui n'en tient que trois à quatre cents. Or, la Déodactylie absorbe à elle seule un peu plus de moitié de tout le personnel du monde volatile.

On doit comprendre également sans de grands efforts d'intellect que des obscurités créées par l'art humain, qui viennent s'adjoindre aux difficultés provenant du chef de la nature dans une question quelconque, sont plus faites pour embrouiller cette question que pour l'éclaircir. Or, vous savez que la Déodactylie occupe désormais, dans notre méthode rectificatrice, la majeure partie de l'emplacement que tenait naguère l'ordre barbare et illégitime des Passereaux de Linnæus, ce triste monument des erreurs du génie. Même nous aimons à penser que le lecteur, sympathique à notre œuvre et mémoratif de nos peines, n'aura pas oublié encore, à si peu de pages de distance, que c'est sur ce champ-là qu'ils avaient tous versé, et que nous avons combattu notre grande bataille et jeté bas toutes les Babels de la confusion antique, et converti en allées droites et sûres les sentiers tortueux et perfides de ses dédales, afin de rendre à la liberté et à la lumière du jour les sept ordres naturels qui languissaient inédits dans les fers... Une grande lutte, croyez-le bien, et, de notre part, une entreprise aussi désintéressée que courageuse, et dont le progrès ultérieur des études zoologiques proclamera un jour l'importance.

Et pourtant, je vous le dis, les nombreuses entraves apportées au libre jeu de la classification pédiforme par la double cause ci-dessus, par les maléfices combinés de l'art et de la nature, ne sont encore que les moindres empêchements de cette œuvre. Et les pires difficultés de la situation ne dérivent pas du chiffre exorbitant, mais bien de la constitution intime des espèces Déodactyles. Elles ne sont pas dans les circonstances accessoires, mais dans les entrailles même du sujet. *Entrailles* n'est pas ici pris au sens figuré.

Ce n'est pas, en effet, chose très-difficile que de deviner *a priori* le secret de la distribution harmonique des êtres dans tous les règnes, quand on sait que la loi qui a présidé à cette distribution est une, inflexible et immuable; car il n'y a qu'à savoir comment cette loi se comporte en un seul ordre de faits pour être certain de la façon dont elle agit dans tous.

Or, l'espèce humaine avait connaissance parfaite et depuis des temps infinis de la composition de la série naturelle des sons, qui s'appelle la gamme musicale, et dès lors l'analogiste judicieux, qui puise ses conclusions au principe d'unité, se trouvait armé par cette seule connaissance du droit de formuler la loi de composition de toutes les autres séries connues et inconnues, ce qu'il n'a pas manqué de faire.

Et d'abord, comme la gamme des sons n'est autre chose que la série des impressions perçues par le nerf acoustique, il a affirmé carrément que la loi qui réglait les rapports des termes constitutifs de toutes les autres séries de sensations était la même, fatalement la même que celle qui régissait la succession des nœuds de la gamme diatonique ;... étant inadmissible que des filets nerveux composés de la même substance, chargés des mêmes fonctions, partant du même centre et y revenant, pussent obéir à des impulsions diverses ou contraires. Et il a doté les gammes des couleurs, des saveurs, des odeurs, du tact, du même nombre de notes que la gamme des sons.

Puis, après que le nombre des intervalles de la gamme diatonique eut posé triomphalement le chiffre *douze* comme pivot de sériation distributive d'harmonie, l'analogiste conséquent a été amené à conclure à la nécessité d'admettre douze voyelles dans l'alphabet, comme douze caractères dans la numération ; et il a dû condamner comme barbares toutes les langues parlées aujourd'hui sur la terre, et notre écriture musicale, et surtout notre système de numération décimal qui est une des grandes erreurs de la grande révolution. Il est de fait que la langue qu'ils parlent en Harmonie comprend douze voyelles, comme leur système de numération douze chiffres, et que leur musique est écrite en couleur, un procédé bien simple et qui abrége les difficultés de la lecture dans des proportions incroyables. Chaque note de la gamme des sons est représentée par la note parallèle de la gamme des couleurs et correspond en même temps à une voyelle et à un chiffre qui l'expriment au besoin. Les pauvres Civilisés, de qui le rhume de cerveau, le tabac et la misère tiennent les facultés sensitives à l'état complet d'occlusion, ne peuvent pas même avoir idée des effets merveilleux que produisent les combinaisons mélodiques de ces homologies, et naturellement ils sont tentés de considérer les récits qu'on leur en apporte comme des imaginations de la folle du logis. En Harmonie, un simple bouquet de fleurs est un poëme adorable, écrit pour le ravissement de l'odorat et des yeux; un dîner bien servi, une symphonie sublime qui plonge l'assistance au sein d'un océan de délices composées. Mais revenons à notre analyse des embarras et des facilités de la classification pédiforme.

Du moment qu'il était connu que la gamme des sons se décomposait en douze notes, comme le rayon solaire en douze rayons colorés, le secret de la classification des bêtes, des minéraux, des fleurs, était tout découvert, puisque ces divers règnes sont des séries ordonnées et mesurées à l'instar des premières. Et comme rien n'active à chercher et à trouver un nid comme de savoir qu'il est là, quelque part dans votre voisinage; quand l'analogiste eût compris que le règne des oiseaux se divisait en *douze* ordres primordiaux, il a cherché les nœuds de cette division et il les a trouvés. Si Linnæus, Cuvier, Charles Bonaparte et les autres n'ont pas fait la même trouvaille, c'est peut-être qu'ils *n'y* ont pas cherché.

Maintenant, une fois la division *ordinale* du règne

parfaitement établie, comme elle l'est dans la méthode
pédiforme, il est clair que ce n'est pas encore la mer à
boire que de déterminer, à première vue et à la simple
inspection du pied, l'ordre auquel appartient une espèce
emplumée quelconque..., puisqu'il n'y a plus, pour se
décider à cet égard, qu'à choisir entre les douze types séparatifs dont les dissemblances, énergiquement accusées,
ne laissent pas de prise à la confusion. Je sais bien cependant que ce ne serait pas encore tout le monde qui
pourrait, à cette simple inspection de la forme du pied,
distinguer un Zygodactyle percheur (Coucou) d'un Zygodactyle grimpeur (Pivert), ou d'un Zygodactyle à mains
prenantes (Perroquet); et j'avoue, pour mon compte, que
si l'examinateur m'adressait la question à brûle-pour-
point, je demanderais à consulter les becs avant que d'y
répondre. Mais, hors ce cas de la Zygodactylie, je répète
et j'affirme que l'élève interrogé répondrait juste, dans
ma méthode, onze fois au moins sur douze. J'ajoute mé-
chamment que je ne lui garantirais pas pareille chance
avec le système officiel où la même étiquette sert de commun dénominateur à sept pieds différents : pieds de Pigeon, de Colibri, de Perroquet, de Corbeau, de Martin-
Pêcheur, de Coucou, de Pivert.

Enfin, je déclare encore que la difficulté n'est pas
immense de placer à son rang de série ou de groupe l'espèce à qui l'on vient d'assigner son rang d'ordre, lorsque
les caractères générateurs de ces deux modes de subdivision sont pris de disparités externes de l'organisme, facilement saisissables à la première vue, telles que différence dans le nombre des rames ou des doigts, différence
dans l'armature ou la proportion des tarses, différence
tranchée d'habitat, de mœurs et de régime ou de physionomie, comme nous avons pu en juger par l'exemple

des ordres qui précèdent, et comme nous en jugerons par celui des ordres qui vont suivre.

Où la place maudite s'annonce, où commencent les embarras sérieux de la classification pédiforme, c'est quand les disparités externes de l'organisme s'effacent et refusent de fournir, comme par le passé, les points indicateurs des coupes de la subdivision naturelle de l'ordre, et laissent au classificateur la rude tâche de distinguer, par d'autres signes, entre quatre mille espèces qui toutes ont le pied coulé dans le même moule et s'en servent à peu près de même, et vivent à peu près de même, dans un milieu à peu près identique. Distinguez donc par la diversité des modes de la locomotion pédestre, quand tous les supports se ressemblent... ; ou par la différence des tailles, quand la plus forte de ces quatre mille espèces ne dépasse pas notre Grive en grosseur! Autant vaudrait chercher à distinguer parmi les tiges de blé qui s'élèvent toutes à la même hauteur sur le sol uni de la Beauce, ou parmi les vagues argentées qui vont se succédant mollement l'une à l'autre à la surface d'un océan paisible.

Il est clair que cette succession d'à peu près doit constituer pour le classificateur une série de rébus plus difficiles à deviner que ceux des journaux illustrés, et bien faits pour soumettre à de rudes épreuves la patience du chercheur. Il est également clair que quand tous les pieds sont les mêmes, ce n'est pas là qu'il faut chercher les types générateurs des diverses catégories de l'ordre, et que la logique prescrit impérieusement alors de demander aux disparités de l'organisme *interne* les guidons de série que lui refusent les disparités de l'*externe*.

Mais où la dureté du tirage s'accroît dans des proportions formidables, où le classificateur aux abois serait presque excusable de jeter sa langue aux chiens, c'est quand, après avoir scrupuleusement obéi aux prescriptions impérieuses de la logique, il se trouve forcé de reconnaître que la science n'est pas en mesure de lui fournir les moyens de la comparaison nouvelle.

Ceci est l'exposé de la situation. J'ai démontré clairement, au chapitre de la Sédipédie, que le sous-ordre des Déodactyles, qui se prête si admirablement à l'application des procédés de la classification passionnelle, se montrait, en revanche, plein de dispositions hostiles à l'endroit de la méthode pédiforme. Je n'ai donc point à revenir sur cette thèse ingrate; je rappelle seulement, pour les besoins présents de la discussion, qu'il a été établi positivement, dans ce précédent travail, que la comparaison des régimes alimentaires était le seul élément sérieux de subdivision par série qu'offrît l'ordre rebelle.

Or, tout le monde comprend qu'une semblable comparaison ne peut sérieusement s'établir que sur la connaissance approfondie des mœurs et coutumes des espèces à classer, ou, à défaut de cette étude parfaite, sur un nombre de procès-verbaux d'autopsies stomacales suffisant pour produire les mêmes convictions.

Donc, pour poser les assises de mon système, j'ai demandé humblement à la Science de me dire tout ce qu'elle savait de toutes les tribus de la Déodactylie, de quelle nourriture elles vivaient et de quelle façon elles abecquaient leurs petits. Et la Science s'est généreusement exécutée quant à l'immense majorité des espèces; seulement, comme elle ne pouvait m'apprendre que ce qu'elle savait, et me donner que ce qu'elle avait, elle s'est trouvée impuissante à me répondre sur près de trois cents d'icelles, n'ayant rien à m'en dire... Un grand malheur pour moi que cette réponse qui n'en était pas une; car le silence des Muséums n'est pas la leçon des classificateurs, comme le silence des peuples est la leçon des rois ; au contraire. Il arrive même quelquefois que ce silence est cause que les meilleures classifications sont muettes, et que les classificateurs les plus conscieneieux, pour avoir été trompés par les maîtres sur lesquels ils comptaient, trahissent involontairement, à leur tour, la confiance du lecteur qui comptait sur eux. On comprend que je parle ici d'un accident dont j'ai été personnellement victime et qui m'a retardé dans ma route, et qui ne manquera pas de donner naissance à une foule de rumeurs fâcheuses sur les prétendus vices de la classification pédiforme. Heureusement que Dieu qui est au ciel, où il nous jugera tous, saura bien distinguer l'innocent du coupable, et j'attends sa sentence avec sérénité, ne craignant pas que le souverain Juge puisse jamais imputer à crime au pauvre analogiste, cloué par la rigueur du sort au sol de sa contrée natale, de n'avoir pas eu sur les mœurs des bêtes étrangères des détails qu'ignoraient les sages payés pour les savoir.

Il est d'ailleurs une circonstance atténuante des torts de la Science à mon égard et que je m'empresse d'accueillir : c'est à savoir que les difficultés qui m'arrêtent en ce moment sur le terrain de la Déodactylie ne m'arrêteraient pas, et que la présente classification marcherait en tout lieu comme sur des roulettes si tous les voyageurs, expédiés par les Muséums à la conquête des espèces inédites, eussent mieux compris leur mission ; si par exemple, ils avaient tous modelé leurs procédés de recherches sur ceux des Audubon, des Jules Verreaux, des Florent Prévost, etc., ces illustres maîtres de l'art, qui rendent si facile la tâche des classificateurs, par le grand soin qu'ils ont de ne jamais enregistrer sur leur catalogue une espèce avant d'avoir interrogé ses mœurs pendant sa vie, ses entrailles après sa mort. Saisissons avidement toute occasion qui s'offre de glorifier les forts; c'est le meilleur moyen de stimuler les faibles à marcher dans leur voie.

Je viens de signaler en termes courtois et clairs le double écueil de la situation : d'une part, impossibilité absolue de subdiviser l'ordre de la Déodactylie autrement que par la comparaison des régimes alimentaires; de l'autre, impossibilité non moins radicale d'arriver à cette comparaison sans savoir ce que les espèces mangent. Et tous ceux qui me lisent doivent être à présent convaincus que cette incertitude de nationalité qui plane sur une vingtaine de genres est un empêchement bien plus grave que tous ceux provenant de l'exubérance de population des séries ou des erreurs des maîtres. Car, aussi longtemps qu'il n'aura pas été procédé à l'abornement cadastral des divisions de l'ordre, en vertu d'un arrêt de la cour scientifique suprême, nos regards seront condamnés à voir se prolonger le spectacle désolant des extorsions de ces deux séries voraces qui crèvent de pléthore et ne s'en arrachent pas moins, avec un acharnement scandaleux, les quelques espèces innommées qui flottent indécises entre leurs deux abîmes...

C'est-à-dire que la passe infernale de la Granivorie et de la Baccivorie où nous sommes en ce moment engagés rappelle à s'y méprendre ce détroit fabuleux de la mer de Sicile, jadis si propice aux naufrages, où la voie de salut était si difficile à tenir entre ces deux Poulpes-géants ayant nom Charybde et Scylla, qui, de leurs longs bras ventousés, accrochaient, aspiraient, attiraient dans leur double gouffre, pour les avaler et les tordre, les malheureux esquifs avec leurs équipages errants à la dérive....
Il se peut que la comparaison paraisse ambitieuse et cher-

chée à plusieurs, mais je la certifie exacte, étant trop payé pour savoir que pas une autre position calamiteuse de ce bas monde ne ressemble plus à celle du nautonnier perplexe, dont la barque fragile talonne sur un écueil, que celle du classificateur éperdu, qui, marchant plein de confiance dans les lumières des maîtres, sent tout à coup l'obscurité envahir sa rétine et le sol manquer à ses pieds.

Heureusement que l'analogiste n'est pas de ceux que le sang-froid déserte aux heures de péril, et que le verre grossissant de la peur, qui transforme les grains de sable en montagnes et les lézards en crocodiles, ne va pas à ses yeux. L'analogiste ne s'est donc pas exagéré à plaisir le nombre et le volume des obstacles entassés sur sa voie. Il a parfaitement reconnu que la situation était grave et tendue à l'excès, mais il a souri de songer que cette situation, si tendue qu'elle pût être, n'attendait cependant, pour se détendre, que la réponse catégorique des espèces douteuses à cette question si simple : Dis-moi ce que tu manges, et je te dirai qui tu es. Et comme il a la certitude que cette réponse catégorique se fera tôt ou tard, demain, dans deux ans, dans dix ans, il n'a pas voulu voir, dans le fâcheux contre-temps qui arrêtait l'essor de son travail, autre chose que ce qui y était, c'est-à-dire un retard, une lacune attristante, mais dont sa méthode d'ailleurs n'avait aucunement à répondre, n'en étant pas fautive. Il a fait plus, et, pour démontrer que ladite lacune n'était pas incomblable, il a essayé de la combler. Il a réfléchi, à part lui, que s'il était, pour le moment même, impossible d'assigner leur vraie place aux espèces incertaines, faute de titres authentiques, ce n'était pas une raison pour ne pas leur en assigner une provisoire, où elles pussent attendre, sans trop souffrir, qu'une occasion favorable se présentât de les rapatrier. Il lui a même semblé que les grands intérêts de l'ordre réclamaient impérieusement et d'urgence la création de cette distribution provisoire, et il a consacré, en conséquence, à l'édification de cette œuvre le faible capital intellectuel dont la Nature, la Logique et l'Étude l'avaient mis en possession... Que l'analogiste laborieux ait dépensé, à la construction de cette bâtisse qui ne doit pas durer dix ans, plus de calculs, de rapprochements et d'efforts que ne lui en eût coûté l'érection de l'ordre définitif, la chose est très-probable. Seulement, pour s'encourager, il s'est dit que ce serait pour lui une grande gloire si les conquêtes ultérieures de l'observation et les *a posteriori* de l'expérience venaient par hasard à confirmer la rectitude de ses déductions et les hardiesses de ses *a priori*. Et la noble ambition de conquérir cette sanction glorieuse a prêté à ses muscles la vigueur de l'acier. Que pour toutes ces causes donc, le lecteur généreux et ami du progrès accompagne de ses sympathies toutes mes réussites et soit indulgent à mes fautes.

Et d'abord, que j'explique pourquoi j'ai l'air de vouloir reporter quasi exclusivement au compte des deux premières séries les vices de lacune que présente la classification de l'ordre entier, et qui si amèrement reprochent à la science d'être mal informée. Il m'est plus douloureux que je ne saurais dire de ne pouvoir accepter la responsabilité de torts graves dont je suis innocent; mais le respect des principes et l'honneur du drapeau de la méthode me défendent de céder aux imprudentes impulsions de ma générosité native, me forcent d'étouffer mes remords et de dire toute la vérité.

Cette condamnation exclusive de la Granivorie et de la Baccivorie, pour les fautes d'indiscipline commises par l'ordre entier, semble l'arrêt de la Nature elle-même, car elle-même semble avoir armé les séries de la Mellivorie et de l'Insectivorie de caractères isolateurs assez puissants pour les assurer toutes deux contre tout sinistre de confusion et d'erreur.

Les Mellivores qui vivent du suc des fleurs ont été pourvus, en effet, d'un organe tout à fait spécial et qui ne permet pas qu'on les confonde avec leurs voisins de la Baccivorie et de l'Insectivorie. Cet organe est une langue *extensible, tubulée* ou *pénicillée,* faisant office de pompe aspirante ou de pinceau apte à recueillir la substance miellée dans laquelle gisent les insectes minuscules qui servent de pâture aux oiseaux suce-fleurs. Or, ce signe particulier est évidemment assez remarquable et assez caractéristique pour servir de titre de nationalité authentique et incontestable aux espèces de la série. Et voilà nos chances d'erreur déjà réduites, par conséquent, d'une sur quatre : c'est beaucoup.

Quant à l'isolement de la quatrième série, celle de l'Insectivorie pure, la Nature nous offre de même un terme de ralliement et de séparation qui, pour être moins parfait et moins facile à appliquer que le précédent, ne laisse pas que de présenter d'amples garanties de certitude. Ce moyen est celui qui se tire de la comparaison de *l'ensemble des caractères naturels* propres aux espèces insectivores pures avec celui des caractères propres aux espèces baccivores.

Je veux dire que les espèces insectivores pures, qui vivent presque exclusivement d'insectes ailés (Gobe-mouches), sont plus ou moins taillées sur le patron de l'Hirondelle et doivent se distinguer des espèces baccivores, dont le Merle est le type supérieur, par un corps plus élancé, plus svelte, par des ailes plus allongées et des tarses plus courts, et enfin par un bec qui s'élargit et s'amollit à mesure qu'il perd de sa longueur, et dont les mandibules minuscules, réduites à leur plus simple expression, finissent par ne plus servir d'instrument de préhension, mais seulement à remplir l'office de fermoir. Cette dégénérescence curieuse des fonctions du bec est surtout remarquable chez le Martinet et l'Engoulevent, deux espèces insectivores douées d'une puissance incomparable de vol, mais presque privées, en compensation, de la faculté de saisir avec le bec et de se mouvoir avec les pieds. Le Martinet et l'Engoulevent chassent la *gueule* ouverte, et cette dernière expression ne sera point considérée comme inconvenante, je suppose, s'appliquant à une espèce qui est dite *engouler* le vent et que le peuple a baptisée du nom caractéristique de *Crapaud-volant*, précisément en raison de la monstrueuse largeur de son orifice buccal.

Ajoutons encore deux traits pour achever le portrait fidèle de cet ensemble. La tête suit, chez les Insectivores, le mouvement d'aplatissement et d'élargissement du bec, et ce bec est garni, vers son origine, d'un bouquet de plumes rigides semblables à des poils, disposées en forme de filets, comme les fanons chez la Baleine, pour empêcher de s'évader les insectes capturés.

Or voici : j'ai cru agir conformément aux instructions de la Nature en retirant des rangs de l'Insectivorie, pour les reporter en ceux de la Baccivorie, toutes les espèces *douteuses*, dénuées des caractères ci-dessus mentionnés : longues ailes, tarses courts, etc. Et j'ai pris sur moi de renvoyer dans la société des Merles, fouilleurs de fourrés par excellence, toutes les espèces *fouilleuses*, portées sur de hauts tarses et armées de becs solides, que beaucoup de naturalistes ont prises jusqu'ici pour des espèces purement insectivores. Je veux parler des Brèves et des Fourmiliers, et de quelques autres tribus indisciplinables qui font le désespoir du classificateur.

Ainsi, déjà le lecteur anxieux doit être complétement rassuré sur le sort de la Mellivorie, et un peu moins inquiet sur celui de l'Insectivorie. Je dirai même que, pour peu qu'il ait suivi avec quelque intérêt le cours de cette discussion, il doit s'être fait cette conviction, qu'en somme toutes les difficultés de la subdivision de l'ordre des Déodactyles portent uniquement sur la série de la Baccivorie. Car le malentendu ne peut pas durer bien longtemps entre les Granivores et les Baccivores, du moment qu'il est convenu que les Granivores ont l'estomac musculeux, les autres pas. Il n'y a pas évidemment de procès à craindre en une espèce où l'on n'attend que la simple production des pièces pour juger en dernier ressort. (Renvoyé, pour conclure, à l'arbitrage suzerain de MM. les préparateurs et aides naturalistes du Jardin des Plantes de Paris.)

Il va sans dire maintenant que, puisque toute la difficulté portait sur la série des Baccivores, c'est sur elle que j'ai multiplié mes audaces et mes coups d'État... dont voici le récit fidèle :

J'ai commencé par diviser la série en dix groupes, d'après les affinités de mœurs et de visages les mieux établies par l'étude et la comparaison des sujets, et j'ai fait défiler ces dix groupes dans l'ordre suivant : Farlouses, Hochequeues, Fauvettes, Rossignols, Merles et Grives, Brèves et Fourmiliers, Étourneaux, Loriots, Paradis, Falculies. Puis, pour me rapprocher quelque peu des auteurs dont cette division contrariait les divers systèmes, j'ai songé à donner à ces groupes des noms acceptés par la science. J'ai appelé le groupe des Farlouses le groupe des *Anthidés*, je dirai des *Anthinés*, si l'on veut, ne tenant pas à la désinence, surtout pour une œuvre

provisoire, et j'ai ainsi successivement baptisé les Hoche-
queues *Motacillidés*; les Fauvettes, *Sylvidés*; les Rossignols, Rouges-queues et Rouges-gorges, *Rubéculidés*; les
Merles, *Mérulidés*; les Étourneaux, *Sturnidés*; les Loriots, *Oriolidés*; les Paradis, *Paradisidés*; les Falculies,
Falculidés. Et, comme il n'y avait pas d'étiquette pour la
classe des Brèves, par moi instituée, j'ai changé le nom
de l'un de ses genres, qui voulait dire *ami du fourré*
(Drimophile), en nom de groupe, et j'ai enrichi la série du
groupe des *Drimophilidés*. Cette création a été le plus
andacieux de tous mes coups d'État. Dieu veuille que
cette substitution m'ait servi à détrôner l'anarchie comme
celle de l'ordre des Percheurs à l'ordre des Passereaux.

Si j'avais aujourd'hui la preuve que les mille quarante
espèces contenues en la série vécussent des deux régimes,
je déclare que je n'hésiterais point à donner comme définitive la présente subdivision par groupes; car il serait
difficile, je crois, de trouver, dans aucun des vingt systèmes de classification ornithologique fabriqués jusqu'à
ce jour, une transition plus naturelle, partant plus harmonique de groupe à groupe, de groupe à genre et de
genre à espèce, que celle qui s'observe en la distribution
nouvelle. J'avoue même que je ne serais pas embarrassé
d'appliquer à cette série ainsi distribuée la coupe dichotomique que je sais, comme j'ai fait pour la série des
Granivores, que j'ai divisée à l'avance en deux grandes
classes de pareille importance : Dégorgeurs et Non-Dégorgeurs. Malheureusement, il ne suffit pas à mon ambition, pas plus qu'à ma délicatesse, que ma classification des
Baccivores soit la meilleure; il faut encore qu'elle soit la
bonne, c'est-à-dire la vraie et la seule acceptable. Or, il
ne me convient nullement de m'attribuer un tel honneur
en l'absence d'observations multiples établissant d'une

façon positive que la grande famille des Brèves et des Fourmiliers appartient bien à la série où je l'ai fait entrer de mon autorité privée, et sur une simple présomption tirée de la ressemblance de ses longs tarses et de ses habitudes fouilleuses avec les tarses et les habitudes de la famille des Merles. Et j'ai d'autant plus de motifs de garder une prudente réserve et de m'abstenir dans le doute, que la question de la Brève n'est pas la seule qui tienne ici mon esprit en suspens. Dans le voisinage de la terrible énigme des espèces fouilleuses de l'Inde et de l'Amazone s'en posent, en effet, trois ou quatre autres qui s'appellent la question du Cincle, et celle du Pique-bœuf, et celle de la Huppe, et qui ne lui cèdent guère en malice et en puissance de torturer l'esprit du pauvre classificateur.

Mais je demande à clôturer ici cet exposé sommaire des épreuves qui me sont reservées, puisqu'aussi bien chacune d'elles doit revenir à son tour d'ordre dans le débat qui va suivre, et m'offrir le sujet d'une discussion spéciale... et dès lors il est inutile de chercher à devancer la bataille par des paroles oiseuses et de faire le loup plus noir qu'il n'est, pour verser le découragement dans l'âme du lecteur anxieux.

J'ai à prendre cependant une dernière réserve et à décliner une dernière responsabilité avant de passer à la discussion de mes groupes et à l'histoire des espèces baccivores de France et de Navarre.

Cette responsabilité que je veux décliner est celle des noms barbares empruntés aux auteurs, dont j'ai été obligé d'affubler mes espèces, et surtout mes genres et mes groupes. Il est bien clair que je n'aurais pas eu la faiblesse d'accepter ces noms-là si j'en avais eu d'autres et de meilleurs à offrir. Mais pour en avoir de meilleurs, ce qui n'était pas difficile, il eût fallu les faire, et les nomenclatures, depuis Adam, ne se font plus en un jour, pas plus que les classifications, attendu que, pour baptiser convenablement les bêtes, il est indispensable de connaître à fond les idiomes, les mœurs, les coutumes de toutes et de chacune. Or, tout le monde comprend parfaitement qu'une pareille connaissance ne pourrait jamais tenir dans le cerveau d'un homme seul et que par conséquent l'œuvre de la nomenclature ne peut être menée à bonne fin que par la voie de l'association toute-puissante et qui ne connaît pas d'obstacles. Je n'ai donc pas à me justifier personnellement de n'avoir pas entrepris ce travail herculéen et d'avoir accepté tels quels les noms que j'ai ramassés n'importe où. Mais je n'en éprouve pas moins l'ardent besoin de protester contre la tyrannie qui m'est imposée par un état de choses humiliant pour la France et pour moi; et c'est pour ne pas subir plus longtemps cette humiliation que je demande et propose sérieusement qu'il soit créé, dans le plus bref délai, une académie de jeunes personnes avec mission spéciale d'attribuer aux bêtes et aux fleurs de jolis noms euphoniques, concordants et mélodieux... Les jeunes candidates devraient faire preuve de profondes connaissances en botanique et en zoologie passionnelles, et leurs décisions feraient loi pour les poëtes et les amoureux. Les vieux qui n'adopteraient pas la réforme resteraient seuls avec leur déshonneur.

Groupe des Anthidés ou des Farlouses : cinq espèces.

Les Farlouses sont des oiseaux si voisins des Alouettes par le costume et les allures, que beaucoup d'ornithologistes ont confondu, avons-nous dit, les deux familles dans le même groupe. Elles ont, en effet, la voix mélodieuse de contralto des Alouettes et chantent comme celles-ci en

volant, avec cette seule différence que l'Alouette chante
en montant et la Farlouse en descendant. Elles ont de
même encore le pouce plus long que les autres doigts du
pied, sont généralement plus coureuses que percheuses
et préfèrent les champs aux couverts. Elles portent enfin
sur le poitrail les mêmes grivolures. Nous savons maintenant qu'elles s'éloignent beaucoup de leurs modèles sous
le rapport du régime alimentaire, et plusieurs ornithologistes distingués, Temmynck entre autres, vont jusqu'à
dire que les Farlouses sont exclusivement insectivores.
Mais je m'insurge contre cette affirmation au nom des
principes sacrés de la loi divine : *Natura non facit sal-
tus* (la nature a horreur des sauts brusques). Si, en effet,
l'affirmation de Temmynck et des autres était fondée,
si les Farlouses étaient exclusivement insectivores, il faudrait reconnaître l'existence d'une lacune ou d'un saut
brusque entre cette tribu et celle des Alouettes granivores. Or ces tribus sont sœurs par tant de caractères
principaux qu'il est absolument impossible d'admettre
qu'une incompatibilité quelconque d'humeur ou de régime les sépare, et j'aime mieux croire à l'erreur de Temmynck et consorts, qu'à celle de la nature. Je dis donc
que les Farlouses sont baccivores et même granivores à
leurs heures. J'ajoute que j'ai pour garants de cette double vérité une foule d'autorités respectables et l'opinion
de Florent Prévost notamment, qui vaut pour moi plus
que la loi et les prophètes, puisque cette opinion est toujours appuyée par une centaine de procès-verbaux d'autopsie stomacale, constatant l'ingestion de telle ou telle
substance, à tel jour de tel mois. Je pourrais même invoquer à l'appui de mon assertion la notoriété de ce nom
même de Becfigue de vigne, que possède de toute antiquité la plus célèbre des espèces du groupe des Farlouses,

car les Romains désignaient aussi cette espèce sous le
nom de *ficedula* (Mange-figue), et Martial, se mettant à la
place de l'oiseau, lui fait dire :

Cum me ficus alit, cum pascor dulcibus uvis,
Cur potius nomen non dedit uva mihi?

Puisque je me nourris de raisins comme de figues, pour-
quoi n'est-ce pas plutôt le raisin qui m'a donné mon nom?

C'est-à-dire que suivant Martial, le Becfigue n'aurait
pas été fâché de s'appeler *Raisinette*. La voix du peuple
de certaines contrées viticoles de France a été au-devant
de ces vœux du Becfigue en le nommant *Vinette*.

Ainsi, d'après la tradition antique comme d'après la
moderne, une espèce de Farlouse adorerait le fruit mou
du figuier comme celui de la vigne, qui est dans tous les
temps son séjour favori. Je ne sais pas si le Becfigue se
nourrit de figues, mais je garantis qu'il se nourrit de graine
de mercuriale, pour lui en avoir trouvé dans l'estomac où
je n'ai jamais rencontré de pepin de raisin.

Faisons donc comme si les Farlouses n'étaient pas exclusivement insectivores et méritaient d'occuper dans la
présente classification la place que je leur ai donnée et
qui leur appartient.

Les Farlouses sont des Alouettes par toutes les habitudes de l'esprit et du corps, et elles se rapprochent de la
Grive par la grivolure de leur poitrail et leur amour de la
vigne. C'est-à-dire qu'elles sont ambiguës par la toilette
et les mœurs entre les Alouettes et les Grives, comme
le Râle de genêts est ambigu entre les Échassiers et
les Coureurs. Or, rappelez-vous les promesses de toute
sorte que renferme ce nom d'ambigu et le fumet particulier qu'il exhale. Et si les Alouettes et les Grives ont été

classées de tout temps parmi les premiers sujets de la cuisine et du chant, figurez-vous ce que peut être sous le double rapport musical et gastrosophique la tribu destinée à rallier ces deux groupes!

Un sot gourmandait Dieu de n'avoir pas fait le Becfigue aussi gros que le Dinde; un homme d'esprit lui répondit que Dieu avait très-bien fait ce qu'il avait fait, attendu que si le Becfigue possédait la taille du Dinde, personne au monde ne serait assez riche pour le payer. L'auteur de la *Physiologie du Goût* qui rapporte l'anecdote a en outre grand soin de faire entrer le Becfigue comme pièce pivotale dans la composition de sa fameuse éprouvette gastrosophique réservée aux heureux du siècle, et dans laquelle figure un rôti de Bécasse fourrée de Becfigues hachés…, à côté d'un plat d'épinards à la graisse de Caille. Le Becfigue est une Farlouse. Ce qui vient d'être rapporté donne une idée suffisante du mérite de la tribu comme gibier.

Quant à son mérite comme chanteuse, la Farlouse est du petit nombre des virtuoses qui ont puissance de passionner les masses et de les enthousiasmer au point que tout autre talent leur paraisse insipide. La Farlouse des bois (Becfigue) a ses fanatiques forcenés comme le Rossignol, le Rouge-gorge et la Fauvette à tête noire; et je comprends d'autant mieux cette passion que les Canaris la partagent. Un Canari qui chante la Farlouse est aussi honoré dans son monde que dans le sien l'Arabe qui peut lire le Coran. (On sait que le Coran est écrit en arabe sacré et ne peut être traduit.) L'opinion que le gosier de la Farlouse dépasse en suavité tous les autres compte, dans le sein de la nation anglaise, de chauds et nombreux partisans. Il est certain que jamais l'amour n'inspira un langage plus mélodieux, plus passionné, plus suave que l'épithalame du Becfigue; et que si rien n'est plus doux à entendre que cette mélodie céleste, rien n'est plus gracieux à voir que l'évolution aérienne dont l'exécutant l'accompagne. J'ai déjà dit que les Farlouses étaient après les Alouettes les oiseaux qui portaient le plus haut vers le ciel le verbe de vie et d'amour. Or, il paraît que dans l'opinion de ce monde d'artistes, la sublimité du chant se mesure à la hauteur du poste d'où le chanteur vocalise; car les Merles et les Grives, qui sont aussi des virtuoses de premier ordre, choisissent invariablement pour exprimer leur flamme la plus haute cime des arbres; et le Merle moqueur, qui est le prince des poëtes de cette famille, monte dans les airs pour chanter. De même le Becfigue, après s'être élevé légèrement dans les airs, y plane quelque temps au-dessus de ses amours, puis tout à coup se laisse aller à terre les ailes grandes ouvertes pour ralentir sa chute et verser plus longtemps sur la tête de la couveuse ses torrents d'harmonie.

Maintenant, pour donner à mes lecteurs une idée de la façon dont on écrit l'histoire, il faut que je leur dise que cette tribu éminente des Farlouses, qui renferme en son sein des espèces si précieuses et si recommandables, n'a pas encore eu d'historien. M. de Buffon, un gentilhomme de Bourgogne, un grand propriétaire de la contrée où se plaisent le plus les Becfigues de France, M. de Buffon n'a pas le moindre détail à nous offrir sur les mœurs et coutumes de ses illustres compatriotes. M. de Buffon n'a pas eu de relations personnelles avec le Becfigue.... On ne le lui a pas présenté, et ce défaut de formalité a été cause que le grand naturaliste l'a pris pour le Gobe-Mouche de Lorraine, une espèce purement insectivore, et qui ne quitte pas le couvert des forêts. Triste et funeste fruit de l'étude par trop exclusive des mœurs et des coutumes des oiseaux empaillés!

Et Temmynck, qui a écrit deux gros livres sur les oiseaux d'Europe, ne sait pas même le nom du Becfigue, car il ne le cite pas. Et notez que ce même savant hollandais, que cet illustre ingrat, qui n'a su trouver dans son cœur ni dans son estomac la moindre parole d'admiration ou de reconnaissance pour l'intéressant volatile, va cependant tout à l'heure et à la première occasion le réclamer comme *sien*. « Mon Pipit des buissons, » ose-t-il écrire, parlant du Becfigue à propos d'Alouette. Son Pipit des buissons! L'ambitieux qui n'en a pas encore assez de son Bombycivore! Son Pipit des buissons, parce qu'il lui a plu de donner ce sobriquet ridicule à l'oiseau, en place de celui de Farlouse qui ne lui allait pas!

Et M. Crespon, de Nismes, qui a rédigé comme moi un traité spécial sur les oiseaux de France, sous prétexte d'ornithologie du Gard et des pays voisins, M. Crespon, de Nismes, qui habite une localité où existe certainement une corporation de chasseurs de Becfigues, dont lui-même peut-être fait partie, M. Crespon, de Nismes, arrivé à l'histoire du moule glorieux, passe aussi par-dessus son nom et écrit froidement : *le Pipit des buissons* de Temmynck. Concession déplorable, acte d'obséquieuse déférence que je blâme et que j'ai raison de blâmer, car l'orgueilleux étranger n'en tiendra pas même compte à son humble disciple. Écoutez-le, en effet, page 284 de son premier volume, qui continue de se plaindre de l'indocilité des ornithologistes qui ne *veulent pas profiter* de ses observations, écrit-il, *ce qui est cause que les erreurs vont se perpétuant...* Ce passage est à l'adresse de l'ornithologiste nîmois.

D'où il serait à inférer que la science ornithologique aurait eu un intérêt extrême à ce que le nom de Farlouse, qui ne signifie pas grand'chose, fût métamorphosé au plus vite en celui de Pipit qui ne signifie rien du tout. Or, comme il m'a été jusqu'à ce jour impossible de comprendre la gravité des motifs de la distinction, je demande la permission de conserver l'ancien terme pour unique raison de supériorité d'euphonie.

On compte en France cinq espèces de Farlouses qui toutes y aiment et y naissent, y compris le Becfigue. Les Farlouses se distinguent sensiblement des Alouettes par la forme de leur bec qui n'est plus droit, fort et conique, mais grêle, cylindrique et légèrement arqué avec une petite échancrure à la mandibule supérieure. La plupart nichent à terre, la plupart ont l'ongle du doigt postérieur plat. Toutes sont voyageuses, mais rarement dépassent-elles en leurs émigrations automnales les plages européennes de la Méditerranée. On en rencontre fréquemment sur cette mer, dans les eaux du golfe du Lion et du golfe de Gênes, qui prennent passage à bord des bâtiments en route pour l'Algérie; mais presque toutes ces passagères s'arrêtent dans les grandes îles de Corse, de Sardaigne, de Sicile.

Les Farlouses sont des oiseaux éminemment diurnes, qui voyagent de jour. J'ai dit qu'elles poursuivaient d'une haine implacable les oiseaux des ténèbres. Elles donnent au miroir ainsi qu'à la Chouette.

Ces divers caractères généraux s'appliquent si exactement à toutes les espèces du groupe qu'il est à peu près inutile d'entrer dans les détails de l'histoire de chacune. Deux de ces espèces seulement méritent une mention spéciale en raison de l'importance de la chasse dont elles sont l'objet.

L'une d'elles est le Becfigue de vigne, connu chez les auteurs sous les noms de Vinette, d'Alouette-Pipi, d'Alouette des bois, de Pipit des buissons, de Farlouse des buissons, de Farlouse des bois, de Pivote-Ortolane, etc. Le Becfigue de vigne, chanteur hors ligne et rôti sans égal, niche dans les forêts et sur la lisière des plaines où il construit son nid à terre. Je prétends avoir trouvé ce nid dans la couronne de feuilles qui entoure le tronc des jeunes chênes conservés comme baliveaux, mais on me le conteste, et je n'ose insister. Le Becfigue est plus percheur en tous cas que les autres Farlouses, il a l'ongle du pouce plus court et plus crochu, et vit sous le couvert. Il commence à émigrer vers le Midi dès la fin du mois d'août et voyage à petites journées, s'arrêtant de préférence sur la route dans les jeunes taillis et dans les vignes. Il passe seul de très-grand matin, se pose alors sur la cime des hauts arbres en plaine où il est facile de l'attirer au moyen de ce petit sifflet de plomb qui sert de joujou aux enfants. On le chasse au fusil et au miroir comme l'Alouette. La couche de graisse dont ses muscles sont alors couverts est si considérable que le plomb qui le tue ne fait pas sang. Il se tient tapi sous la vigne pendant la grande chaleur du jour, mais surtout sous la vigne herbue et garnie de mercuriale, où il attend pour se lever que le tireur ou son chien soit sur lui, puis, fatigué de l'effort, se relaisse au sein du feuillage de l'arbre le plus voisin. Il hiverne dans les contrées les plus méridionales de l'Europe. Je l'ai pris à la pipée en Lorraine où j'en ai trouvé quelques nids. Les chasseurs le confondent souvent avec l'espèce suivante qu'on appelle aussi du nom de Becfigue et qui lui ressemble beaucoup par le plumage, mais qui n'a ni ses habitudes, ni sa taille, ni son embonpoint.

C'est le Becfigue vulgaire de Paris, le Fifi, l'Aspi de Mâcon, le Becfigue des prés de Lyon, celui dont on fait une si grande consommation dans les hôtels de tous les pays riverains de la Saône et du Rhône. Les naturalistes le désignent sous le nom de Farlouse des prés. Temmynck l'appelle le Pipit-Farlouse ; Roux, le Pipit des buissons. C'est ce petit oiseau verdâtre à poitrail grivolé qui voyage par bandes de quinze à vingt individus, se rencontre partout à l'arrière-saison, mais surtout dans les luzernes, qui se balance sur votre tête pendant quelques minutes avant de se remiser quand vous l'avez fait partir, et qui donne sur le miroir avec entraînement. Je crois qu'il est difficile de ne pas le reconnaître à ces signes. Il passe de très-grand matin dans les plaines et se prend par masses à l'appelant. Sa chair est délicate, mais se tient encore sous ce rapport à une distance respectueuse de celle du précédent. Le Becfigue de pré ou de luzerne n'a que très-peu de rapport avec le fruit mou du figuier, mais il adore aussi la graine de mercuriale. Il est plus petit que le Becfigue de vigne, et le prix d'un seul individu de la dernière espèce égale généralement celui d'une douzaine de l'autre.

Les trois autres espèces de Farlouses indigènes sont dites : le Pipit Richard, ainsi nommé par M. Vieillot, du nom d'un bon bourgeois de Lunéville qui l'aurait inventé ; le Pipit Spioncelle ou Spipolette qui est un petit oiseau gris qu'on rencontre l'hiver, même par les plus grands froids, sur le bord des ruisseaux, des étangs, des rivières où il circule sous les glaçons ; enfin, le Pipit Rousseline, ex-Alouette de marais, qui est très-commun en Lorraine et plus roussâtre de ton que les espèces précédentes. C'est peut-être bien une de ces trois espèces-là, que j'aurai dénichée sur les jeunes chênes de Lorraine ; car je suis sûr, aussi sûr qu'on peut l'être, d'avoir connu dans mon enfance une Alouette de bois qui nichait sur les arbres et à laquelle par parenthèse le Coucou aimait à confier l'éducation de sa progéniture.

De sincères amis m'ont sérieusement prié, dans l'intérêt de ma gloire, de ne pas persister à confondre la Farlouse des bois avec le Becfigue de vigne des restaurants lyonnais ; m'alléguant que les deux espèces étaient parfaitement distinctes de patrie et de costumes ; mais l'objection n'est pas sérieuse. L'oiseau de restaurant est toujours en tenue de voyage et cette tenue de l'arrière-saison est habituellement plus humble que sa tenue de noces. Il a la graisse en plus et l'ordre d'amour en moins sur la poitrine, mais il est toujours le même, bien qu'il ne se ressemble plus.

J'ai rencontré mille fois dans la banlieue de Paris, vers le commencement de septembre, des chasseurs à casquette de loutre et à redingote jaune qui se rendaient de très-grand matin sur les grandes routes pour y tirer le Becfigue de vigne sur les arbres, et qui m'ont dit gagner honorablement leur vie à ce métier.

L'ancienne médecine attribuait à la chair des Becfigues des propriétés nutritives et exhilarantes toutes particulières, et la prescrivait contre la débilité d'estomac, l'humeur noire et le spleen. Le Becfigue de vigne de Bourgogne est, sans comparaison aucune, le plus glorieux de tous les rôtis du tourbillon solaire.

De même que tous les petits oiseaux à gros bec, y compris le Chardonneret et le Moineau Franc, sont réputés Ortolans à Marseille, passé la mi-août ; ainsi tous les becs fins sont dits en Italie Becfigues, à partir de la même époque. Je soupçonne également le *Mûrier* de Bordeaux d'être un terme générique et collectif, un nom de circonstance qui s'appliquerait sur les rives de la Garonne aux mêmes espèces que celui de Becfigue sur les rives du Pô.

Résumons donc mon opinion sur les Farlouses. J'affirme courageusement de nouveau que toutes les espèces de cette tribu sont baccivores et granivores, en même temps qu'insectivores, et que tous les ornithologistes qui ont écrit le contraire ont écrit la chose qui n'est pas.

Les Farlouses, qui sont des contralti de premier ordre, symbolisent la partie la plus blanche, la plus exquise et la plus délicate de la plus belle moitié du genre humain, la tribu des héroïnes de roman, de tragédie et de mélodrame, la tribu de toutes les victimes innocentes, malheureuses et persécutées.

Groupe des Motacillidés : quatre genres, quinze espèces.

J'ai vécu plus de quarante ans dans la société intime des Motteux, des Traquets, des Bergeronnettes, et dans la pleine conviction que ces espèces ne mangeaient que des insectes et méprisaient souverainement la verdure et les graines. Je ne suis pas même encore bien sûr d'être parfaitement guéri de cette prévention. Mais, du moment que des maîtres autorisés m'affirment avoir constaté plus d'une fois la présence de menues grenailles dans l'estomac de divers membres de la famille, je ne demande pas mieux que de m'exécuter et de la porter tout entière au compte de la Baccivorie. Seulement, je confesse que je ne serais aucunement surpris qu'un ordre ultérieur m'arrivât quelque jour d'en haut, m'enjoignant de retirer ces espèces douteuses de leur place nouvelle pour leur faire réintégrer le domicile de l'Insectivorie. Et c'est même la prévision de la possibilité d'un semblable retour qui m'a retenu d'affecter un titre spécial de *Saxicolidé* quelconque à ce groupe éminent des Motteux et des Traquets, où figure la fameuse tribu des *Pieds-noirs*, si célèbre dans les fastes de la gastrosophie française. On comprend, en effet, que le classificateur amoureux de l'ordre définitif ne porte qu'un intérêt très-faible aux choses de l'ordre provisoire, et se montre à ce dernier endroit ménager de ses peines. Maintenant, je dois convenir et conviens de bonne grâce, que la famille des Bergeronnettes est, après celle des Alouettes, abstraction faite du talent musical, celle qui se rapproche le plus de la famille des Farlouses par toutes ces similitudes de l'esprit et du corps qui constituent les liens de parenté naturels. Ainsi je reconnais que le bec et le pied de la Bergeronnette ont été coulés dans le même moule que ceux de la Farlouse, et que les deux familles préfèrent également le séjour des prés et des champs à celui des forêts, et qu'elles courent plus qu'elles ne perchent. Je constate de même qu'il n'y a pas très-loin des Bergeronnettes et des Alouettes aux Motteux, qui arpentent les hautes plaines et semblent trouver leur plaisir à compter les mètres de cailloux disposés au long des grandes routes par les cantonniers. Or, je ne vois pas bien, *a priori*, pourquoi des espèces si voisines et munies d'appareils de locomotion, de préhension et de digestion tout semblables, et fonctionnant dans le même milieu, ne seraient pas incitées quelquefois par cette similitude d'organes, à tâter du double régime. D'où cette conclusion rassurante qu'il n'y a pas péril en la demeure à laisser les Motteux et le Traquet où ils sont.

Genre Bergeronnette. — Quatre espèces.

Tribu charmante, douce, inoffensive et jolie comme le nom qu'elle porte, élégante de formes, de tenue et d'allures, délicate d'esprit comme de chair. Espèces amies de l'homme, imbues au degré le plus haut du sentiment de la solidarité fraternelle et investies par la Providence d'une sainte mission de charité sociale.

Les Bergeronnettes, que toutes les nomenclatures placent immédiatement à côté des Farlouses, ont, en effet, comme je viens de le dire, plusieurs caractères communs avec cette famille, notamment le tarse haut et dégagé, le pouce long et à peine arqué; elles courent avec rapidité et sont peu percheuses; elles se plaisent, comme certaines Farlouses, à chasser sur la grève, sur les rives des ruisseaux, des étangs et des fleuves. Cependant la famille dont les Bergeronnettes se rapprochent le plus par les habitudes et les mœurs, sinon par les traits du visage et la forme du pied, est celle des Étourneaux. Les Bergeronnettes sont, après les Étourneaux, les oiseaux qui ont le plus besoin de la société du bétail; elles se posent sur le dos des moutons comme ceux-ci, et, comme ceux-ci, parité d'habitudes extrêmement remarquable, s'en vont demander chaque soir aux roseaux des étangs un gîte pour la couchée. Il faut bien qu'on se ressemble un peu pour se rassembler si souvent. Ajoutons, pour compléter le tableau de cette similitude de pratiques et de goûts, que la Bergeronnette suit, comme l'Étourneau, la charrue dans les champs, s'aventure comme lui, sans crainte, jusqu'au cœur des cités, niche comme lui sous le toit de l'homme, et même dans les trous d'arbre.

Une autre parenté encore plus honorable pour les Bergeronnettes est celle qui les lie à la tribu des Hirondelles, à titre d'oiseaux du bon Dieu. Car il y a les oiseaux du bon Dieu, comme les oiseaux du Diable, ainsi que je l'ai dit tant de fois. Il y a les espèces gardiennes de la sécurité sociale, comme il y a les espèces ennemies de la prospérité publique. La Bergeronnette appartient à la première des deux catégories avec l'Hirondelle de fenêtre d'Europe, l'Hirondelle domestique et le Roi des Gobe-mouches des États-Unis d'Amérique. Elle a mission de protéger les espèces victimes contre la cruauté de leurs bourreaux et de déjouer les attentats des animaux de rapine à quatre et à deux pieds.

C'est pour veiller à la sécurité de la volaille, incessamment menacée par le Faucon, le Milan et l'Autour, qu'elle se rapproche si fréquemment de l'habitation de l'homme, sur le faîte de laquelle elle monte des factions si longues, poussant de minute en minute ses petits cris flûtés, attendris, sympathiques, pour dire à tout ce qui peut l'entendre qu'elle est là, qu'elle a l'œil au guet, qu'on peut aimer, dormir et chanter sous sa garde. La volaille rassurée, elle revole aux champs pour réconforter à leur tour les Alouettes et les Perdrix de la plaine, les Linots et les Bruants des haies, les Fauvettes du bocage. Sentinelle non moins hardie que vigilante, elle choisit toujours un poste à découvert pour inspecter tous les points de l'horizon à la fois; elle s'élève dans les airs, s'y balance, et, si elle n'aperçoit aucune menace dans le ciel, répète que tout va bien. Mais que soudain l'Épervier apparaisse, du plus loin que la Bergeronnette l'avise, elle jette son cri d'alarme, à l'expression duquel aucun être vivant ne se méprend, pousse droit à l'ennemi, appelant à l'aide toutes ses sœurs et aussi l'Hirondelle; et vous voyez soudain toutes ces dévouées créatures, s'unissant, assaillir le forban dans le sein de la nue, l'enfermer dans un cercle de malédictions enflammées, le provoquer, le huer, le harceler, et finalement le réduire à fuir honteusement... les mains vides. A moins que tout à coup l'éconduit, furieux, tournant toute sa rage contre l'une des héroïnes, ne lui fasse expier par une mort cruelle son noble dévouement. Heureusement que Dieu a pourvu en partie à la sécurité de la Bergeronnette et lui a facilité les moyens de remplir sa mission charitable en lui donnant un vol plongeant et saccadé dont les courbes profondes déroutent le calcul des lancées rectilignes de l'oiseau de proie ; mais combien il s'en faut que la pauvre sentinelle perdue soit tout à fait à l'abri du péril ! La puissante voilure de l'Hirondelle elle-même ne la sauve pas toujours des serres du Hobereau.

Je n'ai appris qu'en ces derniers temps et de la bouche d'un vieux berger, que la Bergeronnette signalait la présence du loup avec la même vaillance que celle de l'oiseau de proie. Bergeronnette alors pourrait bien vouloir dire : Petite bergère qui veille à la garde du troupeau.

Vous avez deviné le sort de la Bergeronnette, vous toutes, âmes sympathiques et tendres, qui savez où conduisent le dévouement à la chose publique et l'esprit de charité sociale dans les milieux maudits où le juste est voué à la croix.

Quand l'homme eut reconnu que la douce créature ne pouvait voir une de ses sœurs en peine sans voler soudain à son aide, il attacha des Bergeronnettes par les pieds en des places garnies de filets et il les fit se débattre violemment et pousser des cris douloureux au moment où des vols de Bergeronnettes passaient en l'air au-dessus du lieu du supplice ;... alors les voyageuses s'abattirent et le bourreau les prit par milliers et les tua pour les vendre.

Mais la vengeance de Dieu ne s'est pas fait attendre, et ç'a été naturellement, comme toujours, sur les pauvres travailleurs qu'est retombée la peine du crime du fainéant. Que voulez-vous, il faut bien les faire passer par l'école du malheur, ces travailleurs stupides, puisque les leçons de cette école sont les seules qui leur profitent et qui puissent leur apprendre les devoirs de la solidarité.

Il faut bien que le choléra du Gange s'établisse à demeure fixe dans les États d'Europe et ravage périodiquement leurs plus riches cités, pour apprendre aux Civilisés de l'Europe que la superstition indienne, qui livre chaque année aux eaux du fleuve sacré des milliers de cadavres, est le foyer de cette infection universelle du globe, et que tous les habitants du globe sont solidaires de la superstition, quelle qu'elle soit et en quelques lieux qu'elle trône!

Donc, à mesure que l'extermination sévissait sur les Bergeronnettes et que l'espèce s'éteignait, tous les petits Insectivores et les petits Granivores, qui se virent privés de la tutelle de l'oiseau du bon Dieu, dont la disparition les livrait sans défense aux attaques de l'Épervier, de la Corneille et de la Pie-grièche, désertèrent peu à peu les contrées inhospitalières où la tuerie avait lieu sur la plus vaste échelle... Et leur fuite laissant la place libre aux insectes dévorants, de nouveaux fléaux inconnus s'abattirent de toutes parts sur les cultures de l'homme, frappèrent ses moissons, ses pommes de terre, ses vignes... Aux rives plantureuses de la Saône, autrefois si peuplées d'oiseaux, mais où s'est fait le vide, les poëtes chantent encore, mais non plus les buissons; le printemps est sans voix et la vigne rend moins.

Les Bergerettes ou les Bergeronnettes ont reçu ces deux noms de l'affectueuse sympathie qu'elles ont pour les troupeaux qu'elles accompagnent aux pâturages et qu'elles protégent contre la persécution des taons et des tiques et de tous les autres insectes avides du sang des quadrupèdes. On les appelle encore Hoche-queues et Gligne-queues de l'habitude où elles sont de multiplier les salutations de la queue à chacun de leurs pas; et aussi Lavandières, parce qu'on a imaginé qu'elles se plaisaient infiniment dans la société des laveuses de lessive, et que

leur façon de battre l'eau de leur queue, quand elles
se promenaient sur les feuilles des nénufars, était une
parodie du mouvement des battoirs. Dans le chef-lieu du
département de Saône-et-Loire, où les Râles d'eau s'appellent Gérardines, les Bergeronnettes, par la même raison, s'appellent Jacobines.

Les Bergeronnettes se rapprochent aussi des Traquets
pour leur manière de chasser et de vivre. Elle se nourrissent principalement d'insectes de terre qu'elles poursuivent dans les sillons à la façon des Motteux et avec une
prestesse et une agilité sans égales. Elles sont amies des
prairies et des vallées fertiles, et souvent on les voit se
promener sur les herbes qui flottent à la surface des eaux
pour y cueillir leur proie. Par cette habitude et par la
forme du bec, qui est plus grêle et plus effilé que celui
des Traquets, elles se rapprochent aussi des Jaseuses de
roseaux (Fauvettes riveraines des savants), qui cherchent
leur vie sur les plantes aquatiques. Les Bergeronnettes
sont peut-être, de tous les oiseaux de nos climats, ceux
qui déploient le plus de grâces dans leurs évolutions
omnimodes et qui sont les plus jolis à regarder marcher.
Elles ont, dans le milieu des airs, des poses de temps
d'arrêt pleines de charmants caprices, et à terre, une
démarche et des salutations de queue d'une distinction
adorable. Elles ont aussi des façons de dire adieu aux
gens comme les Hirondelles et de se rappeler et de se
réunir en grandes masses sur les toits.

Les Bergeronnettes sont des oiseaux de passage qui
voyagent de jour et de très-grand matin, comme les
Bizets et les Ramiers, pour éviter l'oiseau de proie. Leur
passage commence dès les premiers jours de septembre
et dure environ six semaines. C'est pendant ce temps, qui
est aussi celui des grands labours d'automne, qu'on voit

ces petits oiseaux se répandre dans les terres nouvellement labourées. Beaucoup de Bergeronnettes passent l'hiver en France et cherchent un refuge au sein des grandes villes, sous les berges des quais.

Leur chant, qui ressemble assez à celui du Proyer, n'a qu'une phrase de deux ou trois notes; mais le timbre de leur voix est doux et sympathique et fait plaisir à entendre. Leur chair, quoique beaucoup moins fine que celle de leurs voisins les Pieds-noirs, est préférable à leur chant.

Les Bergeronnettes nichent par terre, sous les cavernes des mottes, dans les arbres creux, dans les fissures des murailles des quais, des ponts, des digues. M. Crespon de Nîmes raconte que, dans l'année 1837, une Bergeronnette jaune fit son nid entre les chapiteaux des colonnes des bains d'Auguste. Le nid de la Bergeronnette est très-artistement travaillé, et aucune espèce ne dépense plus de crin pour la confection de ses matelas. Le Coucou prend souvent chez les Bergeronnettes des nourrices pour ses rejetons.

Les Bergeronnettes muent deux fois chaque année, au printemps et à l'automne, et, après la seconde mue, il devient très-difficile de distinguer les mâles des femelles. La contexture des ailes offre, dans les espèces de ce genre, une particularité fort remarquable ; les grandes couvertures couvrent presque entièrement les rémiges.

On connaît quatre espèces de Bergeronnettes en France, dont trois fort communes et l'autre rare.

La Bergeronnette Grise. — L'espèce la plus commune. Toute la partie supérieure du corps, gorge, poitrine, calotte, teinte de noir profond; le dos gris ardoisé comme les flancs; l'abdomen et les rectrices externes d'un blanc pur; un bandeau de couleur blanche à travers le front et les joues. Le noir de la gorge et du poitrail disparaît à

la mue d'automne. J'ai grand'peur que la Bergeronnette
Lugubre de Temmynck, qui, au dire de cet auteur, se
marie volontiers avec la Bergeronnette grise, quand elle
ne trouve pas à s'établir dans sa propre famille, ne soit
une Bergeronnette grise en costume d'amour, ce qui ex-
pliquerait sans peine la singularité de l'alliance morgana-
tique qui intrigue notre savant. Je crois que c'est cette
espèce-là que les savants appellent la Lavandière.

La Bergeronnette Jaune. — Même taille que la précédente; un peu plus amie des eaux et des digues de
moulins. C'est celle-là qui se promène le plus fréquemment sur les herbes flottantes des rivières. Poitrail, abdomen et rectrices inférieures de la queue d'une brillante
couleur jaune dans la tenue d'amour, avec une magnifique plaque noire sur la gorge, dos cendré. La plaque
noire de la gorge disparaît avec la mue d'automne, et le
brillant de la couleur jaune s'éteint.

La Bergeronnette Printanière. — Nom absurde et inac-
ceptable, attendu que cette espèce n'est pas plus printanière qu'une autre, et que ce qualificatif de Printanière
ne la qualifie aucunement. Il eût été plus simple de continuer pour elle la séparation introduite dans le genre
par la diversité des couleurs et de l'appeler la Bergeronnette verte, puisqu'elle a tout le dessus du corps ou le
manteau vert olive. Robe jaune, rectrices externes
blanches. Taille un peu inférieure à celle des espèces
précédentes.

La Bergeronnette Flavéole. — Espèce dont on a attribué la récente découverte au naturaliste anglais Gould,
mais que je crois fermement être la même que la précédente, avec laquelle on l'avait très-sagement confondue
jusqu'à ce jour. La Flavéole m'a tout l'air d'être à la
Printanière ce que la Lugubre est à la Grise.

GENRES TRAQUETS OU MOTTEUX. — Six espèces (?)

Je commence par dire que ce sont deux fort mauvais noms de famille que ces noms de Traquet et de Motteux dont la Science a baptisé les six espèces qui suivent; car les Traquets et les Motteux sont considérés par une foule de naturalistes éminents comme les plus proches voisins des Merles, qui adorent les fourrés humides et les retraites sombres. Or, ces mêmes naturalistes ont grand soin de vous avertir que les Traquets sont de petits oiseaux à pieds noirs qui adorent les pays découverts, les friches, les collines nues et pierreuses, etc. Et je voudrais voir la Science éviter ces contradictions dans l'intérêt de sa gloire.

J'ai d'abord à faire observer à la Science que ce n'est pas le Merle ami des retraites sombres, mais bien le Sansonnet ami des troupeaux et des pâturages qui est le plus proche parent du Traquet par ses habitudes. J'ajoute maintenant que ce nom de Traquet ne convient qu'à deux espèces, tout au plus, sur les six qu'il rallie illégitimement dans la nomenclature officielle.

Attendu que ce nom est une onomatopée, c'est-à-dire une sorte de traduction du mot de passe d'une espèce auquel on a trouvé une certaine ressemblance avec le bruit du traquet d'un moulin, et que, s'il est permis de l'appliquer au Traquet vulgaire et au Tarier, qui n'ont pas le droit de s'en formaliser, l'usage en doit être interdit à l'égard des quatre autres espèces qui ne *traquettent* pas. J'adresse le même reproche à l'étiquette de Motteux, qui peut parfaitement convenir aux espèces saxicoles qui aiment à se poser sur les mottes et les pierres pointues, mais qui ne va pas aussi bien aux espèces buissonnières qui perchent constamment sur les arbres ou sur les piquets.

Admirez ici avec moi cet étrange penchant qui porte certains naturalistes à toujours contrarier la nature. Voici des espèces à rallier, des fractions de famille à réduire au même dénominateur. Ces espèces, ces fractions n'ont qu'un seul caractère commun qui puisse leur servir de trait d'union légitime. Ce caractère est aussi apparent que possible, peut-être plus saillant que le nez au milieu du visage: car c'est un croupion blanc, une queue blanche qui vous sautent d'emblée aux regards. Eh bien! au lieu d'opérer la fusion sur ce caractère de ralliement unique, au lieu de créer une famille de *Leucouriens* (queues blanches) quelconque, et de la subdiviser ensuite en autant de genres qu'en eût exigé la diversité d'habitudes des espèces, ces naturalistes contrariants ont trouvé moyen de nous bâtir sur ce terme commun de queue blanche une tribu de Traquets ou de Motteux au choix...! car, pour eux, Motteux et Traquet sont des expressions synonymes.

Mieux que cela encore : il y avait, dans la patrie du Merle bleu et du Merle de roche, un Saxicole non classé qui avait à peu près les allures et les goûts de ces deux derniers moules, et qui méritait, par conséquent, d'être classé parmi les Merles, où Cuvier l'avait mis. Or, attendu que le Saxicole en question était décoré de la queue blanche, ils l'ont revendiqué et inventorié comme Traquet! Il est vrai de dire qu'en donnant à ce Traquet de contrebande le nom de Traquet *rieur*, ils ont avoué implicitement que ce nom n'était pas sérieux. Mais l'intrus de malheur n'en figure pas moins parmi les six Traquets de la nomenclature de Temmynck; et moi-même, intimidé par l'aplomb du classificateur hollandais, j'ai lâchement enregistré en la présente série des Baccivores ce moule qui m'était inconnu.

Et voilà les conséquences fâcheuses où aboutissent fatalement les moindres déviations de principes. On avait cru pouvoir se permettre d'infliger l'épithète de Traquet au Motteux parce qu'il avait la queue blanche. Tout le monde ayant laissé faire, et le silence général ayant pour ainsi dire sanctionné l'extension abusive du nouveau terme générique, on a fini par l'attribuer à un Merle. Je crois qu'il n'est que temps de protester contre l'abus, pour empêcher une foule de Chevaliers à croupion blanc de venir grossir à leur tour la liste des Traquets, trop nombreuse déjà...

Je propose de faire ce que les naturalistes patentés n'ont pas fait, c'est-à-dire de diviser en deux genres pour le moins, et d'après la diversité d'habitat, la famille officielle des Saxicoles, dont je voudrais remplacer le nom par celui de Mangeurs d'insectes du sol. On laisserait au premier genre, composé des espèces Saxicoles, le nom acceptable de Motteux, et celui de Traquets à l'autre renfermant les espèces véritablement buissonnières. On attendrait sagement ensuite, pour se prononcer sur la qualification définitive à attribuer au Traquet Rieur, que son histoire fût un peu mieux connue.

Genre Motteux. — Trois espèces.

Les Motteux, s'ils mangent de la graine, n'en sont pas moins de véritables Insectivores Saxicoles, c'est-à-dire des Insectivores qui préfèrent les craus nues et arides de la Provence aux humides vallées de la Normandie et d'ailleurs. Ils perchent rarement, par la raison que les arbres se plaisent peu dans les séjours qu'ils affectionnent, et ils traversent des étendues de terrain incommensurables en rasant la surface du sol, volant de roche en roche, de sillon en sillon. Leurs patries, je veux dire les contrées où ils nichent, sont les contrées les plus sauvages et les collines émaillées de rochers en saillie où la charrue n'a jamais passé. Les grès de Fontainebleau, s'ils étaient dénudés de leur magnifique entourage de verdure, seraient certainement pour cette race une demeure de prédilection. Les Motteux, qui passent le printemps et l'été dans les lieux aérés et secs, se répandent à l'automne dans les guérets nouveaux, où ils se prennent volontiers aux collets tendus pour l'Alouette. Malheureusement pour cette espèce, la pauvreté de sa contrée natale ne se trahit pas, comme chez les Perdrix, par la sécheresse de sa chair, et les chasseurs gastrosophes lui font une guerre acharnée. Le chasseur provençal surtout la tient en haute estime et déclare le Motteux préférable de cent piques à tout autre gibier-plume, ce qui dépend peut-être de ce que la riante Provence est une des étapes principales de la grande route du Motteux, qui s'achemine volontiers vers l'Afrique par la Champagne, la Sologne et certains autres pays de plaines chéris de l'Œdicnème, de la Canepetière et du Ganga-Canta.

Les Motteux amis des hautes terres se rapprochent des Farlouses et des Alouettes par la hauteur des tarses, ainsi que par la longueur du pouce, et sont, comme les espèces de ces deux tribus, très-agiles à la course.

Tous les Motteux nichent sous la pierre, font un nid d'herbes sèches garni à l'intérieur d'un léger sommier de crin, et pondent des œufs bleus.

Leur chant est un ramage à bâtons rompus sans liaison ni suite ; ils le débitent souvent en l'air. On les accuse d'imiter le chant des autres oiseaux.

Bien que la mue soit simple dans toutes les espèces et n'ait lieu qu'une fois par an, il est cependant peu d'oiseaux dont le costume varie plus que celui des Motteux.

Comme chez un grand nombre d'oiseaux d'eau et d'oiseaux de rivage, le mâle, en sa tenue d'amour du printemps, ne se reconnaît plus dans le voyageur de l'automne. Le costume de noces se dessine par l'opposition des couleurs blanche et noire qui se substituent de toutes parts sur le manteau et sur la robe au brun roussâtre de la petite tenue. Le blanc pur s'empare de la gorge et de l'abdomen, du croupion et d'une grande partie de la queue. Le noir couvre le dessus du corps, la calotte, les ailes, le reste de la queue; le roussâtre ne persiste plus qu'au poitrail, pour envahir de nouveau l'uniforme vers le temps du départ. Il y a la même différence, quant à la richesse des habits, entre le mâle et la femelle, que chez les oiseaux nageurs.

Le Grand Motteux. — Le Traquet Motteux des auteurs, le Cul-blanc vulgaire des plaines. Commun dans tous les mauvais pays de France. Niche dans les tas de pierres et sous les douves des fossés qui séparent les bois de la plaine. Mi-partie noir et blanc au printemps; ni blanc ni noir à l'automne.

Le Motteux Stapazin. — Espèce plus petite que la précédente; très-rare dans le Nord et dans le Centre de la France; plus commune dans les départements du Midi. Costume semblable à celui du Motteux ordinaire; changement de tenue analogue. Origine de nom inconnue.

Le Motteux Roux. — Le même que l'Oreillard. Ainsi nommé parce que tout son plumage passe au roux vif par l'effet de la mue. Cette teinte vive s'efface par l'usure du voyage, passe peu à peu au jaune nankin et finit par virer au blanc au mois de mai. Les ailes noires, ainsi que les rectrices médianes.

Ces trois espèces se confondent dans le langage habituel des chasseurs et des tendeurs sous le nom générique de Culs-blancs des champs.

Genre Traquet. — Trois espèces.

Les Traquets sont ces petits oiseaux si vifs, si remuants, si communs autour des pâtures et sur toutes les lisières des landes, des champs, des prés, qui remuent constamment la queue comme les Rossignols, et qu'on aperçoit toujours perchés à la cime des buissons, des échalas, des piquets, des poteaux, des ronces, des chardons, de tous les postes élevés, en un mot, d'où ils s'élancent de temps à autre vers le sol pour saisir une proie, et où ils remontent aussitôt par une courbe élégante. On les voit quelquefois encore se balancer sur leurs ailes avant de se poser, et leurs allures de vol ont beaucoup d'analogie avec celles de la Pie-grièche, qui recherche aussi les observatoires élevés pour inspecter la plaine, qui décrit le même genre de courbe pour passer d'une cime à une autre, et semble adorer également l'exercice de la balançoire. Les Traquets paraissent tourmentés, comme la Pie-grièche, d'une agitation perpétuelle. Ils sont à l'affût de tout ce qui se passe et témoignent leur inquiétude par un petit cri de *ouistratra* légèrement empreint de l'accent d'Auvergne, et qui leur a valu le nom qu'ils portent, plus une foule d'autres appellations onomatopiques, Vitrec, Vitrac, Ouitrac, Bistratra, etc. Ce sont des oiseaux cougeux qui donnent sur la Chouette.

Les Traquets vivent de mouches, de vermisseaux et de petits scarabées qu'ils ramassent le plus généralement à terre ou qu'ils happent quelquefois au vol. J'ignore la graine qu'ils préfèrent. Ils se tiennent de préférence sur les haies avoisinant les champs ensemencés et bordant les pâturages; la société du bétail leur est chère. Les deux espèces qui composent ce genre étaient d'une familiarité charmante avant l'invention de la poudre. Non-seulement ils suivaient la charrue, ce qu'ils font quelquefois encore pour s'emparer des vermisseaux que le soc amène à la surface du sol, mais ils venaient prendre leur repas jusque sous la bêche du laboureur. Dans le temps que j'habitais l'Algérie, il y a une vingtaine d'années, les Traquets avaient conservé l'habitude de se poser pittoresquement sur la bêche du travailleur, aussitôt que celui-ci avait le dos tourné. Ces habitudes familières ne sont ni dans le caractère des Étourneaux ni dans celui des Motteux, et servent à les distinguer de ces deux genres.

Les Traquets, que j'ai considérés longtemps comme Insectivores purs, s'éloignent encore des genres précédents par la conformation de leurs mandibules qui vont se rétrécissant dans le sens de la longueur et s'élargissant par la base. Ces mandibules sont assez dures pour avoir raison de la résistance des cuirasses des petites coléoptères dont cette tribu détruit une quantité notable.

Le Traquet et le Tarier nichent à terre, dans les blés, dans les prés et sous les arcades des mottes. Leur nid est fait d'une paillasse d'herbes sèches doublée d'un léger matelas de crin. Ils y pondent des œufs bleus.

Le chant de ces deux espèces, qui est à peu près le même, est une simple répétition de deux ou trois notes joyeuses et vivement accentuées que le mâle lance quelquefois du haut de l'air, à l'instar de la Fauvette Babillarde. Les Traquets sont des jaseurs, non des chanteurs, et leur chair est généralement plus estimée que leur chant. Ils composent, avec les Motteux, cette fameuse tribu des *Pieds-noirs*, si prisée des chasseurs gastrosophes qui ne craignent pas de lui faire la guerre au fusil, en témoignage de la haute considération dont ils honorent tous ses membres.

Ces deux espèces, que le vulgaire et le chasseur confondent volontiers, sont très-faciles à distinguer l'une de l'autre. Le Traquet est le joli petit oiseau noir qui a la poitrine roux orangé, comme le Rossignol de muraille, et le croupion blanc, comme le Bouvreuil. Le Tarier est le Traquet déteint, chez lequel le brun remplace le noir, et le roussâtre le roux vif orangé. Le Tarier est aussi plus ami des solitudes et des landes que le Traquet.

On n'a jamais pu savoir pourquoi ces malheureux savants avaient surnommé le Traquet *Rubicole*, mot à mot : buissonnier... Je ne serais pas moins embarrassé de dire pourquoi ils l'ont appelé en latin *Saxicola Rubicola*, mot à mot : habitant des cailloux qui habite les buissons... Mais ce qui m'intrigue plus encore que l'étrangeté de ces dénominations, c'est l'étrange bonhomie de ces braves nomenclateurs hollandais, français et autres, qui commencent par vous inscrire vaillamment au sommaire de leur chapitre un Saxicole Rubicole, et qui partent de là pour vous tracer l'histoire d'un oiseau qui habite *exclusivement*, d'après leur récit même, les bois ou les buissons.

De tous les surnoms donnés au Traquet, celui de Pâtre est le seul que j'approuve, le Traquet se plaisant, ainsi que je l'ai dit deux fois déjà, dans la société des troupeaux.

Le Traquet Rieur. — Si le Traquet Rieur est un Merle à queue blanche, comme le croyait Cuvier; s'il a *le chant éclatant et composé de sons très-doux*, et si sa nourriture *consiste en insectes et en baies sauvages*, comme l'affirme l'auteur de l'*Ornithologie du Gard*, qui en a trouvé le nid dans un vieil édifice; s'il a tant de rapports, en un mot, avec le Merle Solitaire, il est évident que le Merle à queue blanche doit être distrait des Insectivores pour être reporté aux Baccivores. Malheureusement, le sage a dit : « Dans l'ignorance, abstiens-toi. » Or, j'avoue modestement qu'aucun hasard heureux ne m'a jamais mis en rapport avec cette espèce, et que je n'ai trouvé personne encore, du pays ni d'ailleurs, en état de me renseigner sur le sujet d'une façon satisfaisante, et alors je me tais.

Groupe des Sylvidés : cinq genres, quinze espèces.

Aucune incertitude ne plane sur la nature du régime diététique du groupe des Sylvidés, et les preuves abondent à l'appui de l'assertion du classificateur qui affirme que tous les membres de cette famille se nourrissent également d'insectes et de fruits. Seulement, j'ai besoin de déclarer, dès ces premières lignes, qu'il y a Fauvettes et Fauvettes, et que les miennes n'ont rien de commun avec beaucoup d'espèces qui se parent de ce nom.

Toutes mes Fauvettes sont des premiers sujets du chant; voix jeunes et sympathiques, ardentes et veloutées. Toutes habitent les bocages, lieux discrets où se plaisent à errer les amants. Toutes adorent le fruit mou du même appétit que l'insecte. Toutes sont voyageuses, et se font remarquer par la qualité de leur chair blanche, dodue, parfumée.

Pour les hommes de goût, ce premier aperçu distinguera suffisamment la famille et ses genres. Il n'est personne, en effet, qui à l'examen des conditions de talent, de fumet et d'embonpoint exigées pour l'admission en cette tribu, puisse songer à y faire entrer ces espèces maudites que Temmynck et les autres appellent Riveraines ou Fauvettes de roseaux; exécrables bavardes qui vous font prendre en grippe le métier de pêcheur à la ligne, et de qui les larynx discordants et les notes toujours enrhumées trahissent d'une façon visible la funeste influence d'un milieu trop humide peuplé de reptiles croassants.

Mes Fauvettes s'appellent l'Accenteur, la Babillarde, la Fauvette à Tête-Noire, l'Orphée, etc., etc., et non la Rousserolle et le Tirlibara, etc. J'insiste sur cette distinction essentielle, parce que je considère l'idée d'apparenter les Fauvettes des bocages avec les Jaseuses des roseaux, qui est une des marottes de la classification officielle, comme une de ses inspirations les plus bizarres et les plus malheureuses. Bizarres, en ce qu'il est assez drôle de voir ranger sous la même étiquette familiale des genres si différents de ton, d'habitat, de régime. Malheureuses, en ce que cette alliance illégitime a horriblement contribué à augmenter l'épaisseur du gâchis dans lequel tous les auteurs sont plongés à l'heure qu'il est, à cet endroit de la classification du Merle et des Fauvettes. J'en entends beaucoup, en effet, se plaindre de l'indisciplinabilité de ces espèces, et se récrier à l'unisson sur la prétendue impossibilité d'assigner au genre Merle une place convenable, à égale distance des Traquets, des Fauvettes, des Jaseuses, des Corbeaux et des Pies-grièches; car le Merle cousine avec toutes ces familles-là dans les nomenclatures autorisées par le gouvernement. J'en sais même une où l'on va jusqu'à en faire un oiseau de proie. Temmynck, qui voit partout des Merles, fait un jour de la Rousserolle *son Merle de roseaux*, mais la raison lui revient le lendemain, et alors il s'amende et demande noblement pardon de son erreur. D'autres, plus endurcis, persévèrent dans la confusion. La masse jette sa langue aux chiens.

Or, la plupart de ces embarras, je le répète, proviennent du principe de désordre introduit dans la classification par une homonymie déplorable qui a poussé à confondre les vraies Fauvettes qui charment les oreilles, avec les fausses qui les écorchent. Imaginez qu'on eût remis à un habile chef d'orchestre le soin de distribuer l'harmonie dans cet ordre des Chanteurs ; la classification aussitôt eût marché comme sur des roulettes, par la raison qu'il n'est pas plus difficile d'assigner sa partie dans un concert à une basse qu'à un ténor. Le malheur est que ce ne sont pas les chefs d'orchestre, mais les savants en *us* qui sont presque toujours chargés de distribuer l'harmonie dans les mondes à rebours. Quoi qu'il en soit, je suppose que j'aurai rendu à la Science un service notable en lui donnant la solution tant cherchée du problème épineux de la séparation du Merle d'avec la Fauvette et les autres..., en lui apprenant que le Merle, ce moule si difficile à classer, est tout simplement une basse, *un' basso cantante*, qui adore le jus de la treille et qui ne peut pas, par conséquent, ressembler au Traquet ni à la Jaseuse, espèces passionnées pour l'insecte...; encore moins au Corbeau et à l'oiseau de proie. J'ai besoin de réhabiliter ici la méthode de classement qui pivote sur l'élément de nourriture, et de mentionner à sa gloire qu'elle marche en cette circonstance parfaitement d'accord avec la méthode musicale naturelle, prouvant aussi de son côté que la chair la plus délicate est celle qui se fait de l'alternance des deux régimes, et le larynx le plus limpide celui qui se gargarise, à l'occasion, de sirop végétal.

On sait tout le charme et tout le prix de la voix des ténors. C'est la voix de la jeunesse, c'est celle qui peint le mieux les angoisses de la passion d'amour, de la passion échevelée, jalouse, impérieuse. C'est la voix de la sérénade qui retentit dans l'ombre à l'heure où la terre fait silence et où il n'y a plus d'éveillés que les seuls amoureux, les voleurs et les sergents de ville. Le chant de

l'Alouette est plus religieux, plus sonore et plus rempli
de bonheur et de bénédictions que celui du Rossignol, et
pourtant le dernier nous est plus sympathique, parce
qu'il est plus mouillé de larmes, plus entrecoupé de
soupirs, parce qu'il est en un mot de notre essence animique de nous intéresser plus aux souffrants qu'aux
heureux. J'entends qu'on me répond que le chant du
Rossignol et celui de la Fauvette font deux ; c'est juste,
et les deux font la paire : la Fauvette est le ténor léger
qui chante gracieusement le vaudeville ; l'autre, un ténor
sérieux qui réussit mieux dans le drame.

Philomélie, Philédonie, noms doux et harmonieux
comme la voix des Fauvettes, et qui veulent dire tous deux
la passion des accords, étaient les seuls qui pussent convenablement désigner la famille. Il est fâcheux que le
peuple ait préféré celui de Fauvette et les savants celui de
Sylvia, *forestière*. C'est un charmant vocable sans doute
que celui de Sylvia, et qu'il faut conserver pour cause
d'euphonie ; mais il a le tort de n'avoir qu'une signification indécise ; car forestière ne veut pas dire assez
virtuose de premier ordre et fanatique de l'art ; et puis
les Fauvettes ne sont pas les amies exclusives des forêts.
Elles sont aussi amies de l'homme et elles recherchent
le voisinage de sa demeure pour y bâtir leur domicile,
et elles sont heureuses de le voir et de chanter pour lui.

Les Fauvettes ne sont pas non plus de simples artistes
de nature sur lesquelles la mélodie pousse comme la
pomme sur le pommier. Elles étudient sans cesse pour se
perfectionner ; elles ont des traditions, un art, des modèles qu'elles s'efforcent perpétuellement d'atteindre. Il
n'y a peut-être pas parmi elles deux talents de même ordre, et les supériorités reconnues y sont d'une morgue
et d'une cruauté impitoyable à l'égard des infériorités

qu'elles accablent d'épigrammes et qui osent à peine élever la voix en leur présence. Et comme elles ont des traditions, elles ont des écoles et des principes admis en matière de méthode, ainsi qu'en acoustique. C'est ainsi que les Rossignols et les Fauvettes à tête noire des rives de la Seine l'emportent encore de cent coudées par la puissance et le charme de l'organe, et par l'excellence de la méthode sur leurs tristes congénères du Borysthène, malgré la diffusion des études musicales. Le Rossignol aime à chanter la nuit, parce qu'il tient de ses professeurs que l'air est plus sonore pendant la nuit que pendant le jour. Si en cage il renonce à ses chants vers le solstice d'été pour les reprendre vers le solstice d'hiver (Noël), c'est qu'il sait parfaitement encore et pour l'avoir appris que le froid est meilleur conducteur de la voix que le chaud. Le Pinson, le Merle, l'Alouette, la Grive et tous les grands artistes qui travaillent pour le public, savent ces petits détails de rendement de son aussi bien que le Rossignol, et comme ils n'entendent pas dépenser leur talent en pure perte, ils choisissent, pour chanter, les heures les plus résonnantes du jour, celles du matin et du soir, voisines de la nuit. Ils se taisent à mesure que le soleil, qui fond leur voix, s'élève sur l'horizon.

Puisque les Fauvettes sont amies de l'homme, elles ne doivent pas supposer que l'homme soit leur ennemi; et comme elles ne sont pas moins curieuses que confiantes, il en résulte qu'elles donnent dans tous les piéges avec un entrain désastreux. Heureusement qu'elles passent de bonne heure, et dès la mi-août, et que beaucoup échappent à la mort pour cette cause, dans les pays où la loi n'autorise la destruction qu'à partir du 1er septembre.

Les Fauvettes ne donnent guère à la pipée non plus, étant généralement absentes des pays où l'on pipe, au temps des grandes matinées de la touite et du sifflotin.

Toutes les Fauvettes de France portent la livrée du travail, en vertu du principe de justice distributive qui interdit sévèrement le cumul des dons supérieurs de l'esprit et du corps, et qui ne tolère d'exception qu'en faveur de quelques créatures privilégiées de ce monde comme la femme et le Chardonneret, etc. La perfection est femme, a écrit un jour George Sand.

Le groupe des Fauvettes de France renferme cinq genres et quinze espèces : Accenteur, Babillarde, Fauvette proprement dite, Hippolaïs, Pitchou.

Genre Accenteur. — Deux espèces : le Pégot ou l'Accenteur des Alpes; le Mouchet, vulgairement nommé le Traîne-buisson ou la Fauvette d'hiver.

Humble famille, amie du pauvre, partant presque inconnue du poëte et du vulgaire, et qui cependant, si la gloire se décernait au vrai mérite, aurait fatigué depuis des siècles les trompettes de la renommée. Si j'étais Alfred de Musset seulement pendant vingt-quatre heures, j'en profiterais pour tirer l'Accenteur de son obscurité illégitime, par quelque invocation sublime dans le genre de celle au Tyrol :

> Mouchet, nul barde encor n'a célébré ta gloire,
> Car tu n'as de chansons que pour les affligés,...

Les Accenteurs, dont la taille est voisine de celle du Rossignol, portent un manteau plus brun que celui des Farlouses. Ils ont le bec grêle, effilé et cylindrique de celles-ci et vivent, comme elles, d'insectes pendant le printemps et l'été, de menues semences et de baies pendant l'autre moitié de l'an. Leur voix mélancolique et suave est douée d'un grand charme.

L'Accenteur des Alpes est un peu plus gros que le

Traîne-buisson. Il habite la patrie du Lagopède et du
Pinson des neiges, et son existence semble attachée,
comme celle de ces espèces, au sombre voisinage des
glaciers. Ami des cimes sourcilleuses et des pentes dé-
clives où se joue l'avalanche, il niche sous le toit des cabanes collées aux flancs des abruptes ravines. Il est l'hôte
des chalets, des hospices, des monastères perdus dans
les hautes solitudes. C'est le chantre le plus harmonieux
des Thébaïdes de glace, et le dernier consolateur des plus
déshérités, les bannis du monde des vivants, les détenus
de la prison du froid, les reclus de la Grande-Chartreuse
et du Mont-Saint-Bernard. Il y a commerce d'amitié entre l'Accenteur et le chien de ce dernier asile. Dieu a mis
au cœur de l'oiseau une si vive affection pour sa triste patrie, qu'il ne l'abandonne jamais que contraint et chassé
par la rigueur du froid, et que le mal du pays le prend
pour peu que son séjour se prolonge dans les riches
vallées où l'air est trop pesant pour lui. C'est un noble et
touchant emblème de l'artiste généreux à qui son cœur
révèle la mission de l'art ici-bas.

Ainsi la souveraine des fêtes, la diva inspirée, garde
pour ses seuls pauvres les trésors de sa voix, et met au
ban de l'art l'acheteur de plaisir, chantant gratis pour
toutes les infortunes, mais refusant de charmer pour de
l'or les soirées des heureux.

Une grande honte pour notre espèce est que tous les
grands artistes ne comprennent pas comme l'Accenteur
des Alpes leur mission sublime, et qu'il y ait des peintres pour toutes les batailles, des poëtes pour tous les
accouchements ! *Laudatores, servum pecus...*

Le Mouchet.—Le Mouchet ou Traîne-buisson, bien
nommé, est cette petite Fauvette à manteau couleur de
muraille, comme le Moineau franc, qui traîne dans toutes

les haies sèches et dans toutes les piles de fagots vers l'arrière-saison, où elle quitte les contrées du Nord pour celles du Midi et les monts pour les plaines. Elle prend ses quartiers d'hiver dans nos bûcheries, sous nos hangars, et y attend avec philosophie le retour du printemps. Le Traîne-buisson est un des familiers de la maison du pauvre, comme le Roitelet et le Rouge-gorge, et qui chante, comme ceux-ci, pour la moindre bouffée d'air tiède, pour la moindre promesse du soleil. Sa voix est douce et tendre, plutôt mélancolique que joyeuse, et peu retentissante; car le Traîne-buisson ne chante pas pour passionner la foule, mais uniquement pour consoler quelque humble ménage de travailleurs, confiné en quelque mesure solitaire au coin de la forêt. Il aime à chercher sa vie parmi les joubarbes, les flambes et les autres pariétaires qui pavoisent les toits de chaume. Une autre de ses demeures de choix est l'avenue de petits pois ou de haricots montants qui sèchent sur les ramures.

Le Traîne-buisson niche dans les haies de nos jardins, dans les bois en montagne, sous le tronc des arbres tombés et dans les piles de bois de moule rangées par cordes dans les coupes. Ce nid est construit avec art; il ressemble beaucoup à celui du Rouge-gorge et contient quatre œufs bleus. Il est tapissé à l'extérieur d'un revêtement de mousse fine qui repose sur une première assise de menues racines d'herbes; il est matelassé à l'intérieur d'un épais sommier de crin, non feutré, mais tissé avec une habileté extrême et présentant à l'intérieur la forme d'une charmante coupe. L'adroite tisseuse qui a mené à fin cette œuvre remarquable a pris le double soin d'enduire son étoffe rebelle d'un parement de sa composition qui l'a rendue docile, et de faire rentrer dans l'épaisseur des parois ambiantes tous les bouts des crins employés. Mais que de talent et de peine dépensés, hélas! en pure perte, quand la malheureuse mère n'a pu réussir à dérober la connaissance de sa demeure à ce terrible chercheur de nids qui s'appelle le Coucou, et qui est le prototype odieux du parasite ingrat, du glouton fratricide. Le misérable qui sait le confort de l'établissement et l'hospitalité des nobles cœurs qui l'habitent, le choisit de préférence en effet pour y placer son œuf. Et alors adieu tous les profits de la tendresse et de l'industrie maternelle pour les pauvres enfants légitimes. Dieu a voulu qu'ils périssent tous, et que leur ruine assurât la fortune du bâtard, du fils de l'étrangère.

Le sort de la Fauvette d'hiver est l'image saisissante de celui de ces pauvres mères que la misère oblige à refuser aux fruits de leurs entrailles le lait de leurs mamelles pour le vendre aux enfants des pâles citadines!

Genres Babillarde et Fauvette. Neuf espèces.

J'ai bien pu accepter par esprit d'obéissance la division des deux genres Babillarde et Fauvette, officiellement reconnue par les auteurs. Mais comme la division ne se justifie pas par l'histoire, je ferai comme si les neuf espèces appartenaient à un seul et même genre des Fauvettes proprement dites.

Les Fauvettes proprement dites, qui chantent et qui mangent des baies ainsi que des insectes, forment tout au plus la troisième ou la quatrième partie de la tribu populeuse à laquelle les savants ont attribué cette dénomination générique, et qu'ils ont divisée en deux sections principales, celle des Riverains (aquatiques) et celle des Sylvains (forestiers). Pour ma part, je ne connais en France que neuf Fauvettes proprement dites, et encore n'oserais-je pas garantir l'authenticité de ce chiffre,

tant les nomenclateurs ont été ingénieux à introduire le
trouble et la confusion dans la désignation des espèces.
Il est difficile, en effet, d'imaginer des étiquettes génériques plus propices à l'erreur que celles dont les savants
se sont servis pour distinguer entre les espèces de cette

L'Orphée.

grande famille des Fauvettes. C'est ainsi qu'on rencontre
dans la classification de Temmynck (réputée la meilleure)
des titres de *Mélanocéphale* et de *Tête noire*, c'est-à-dire
des noms qui signifient absolument la même chose, et
qui sont cependant destinés à baptiser des genres différents. Je ne comprends pas bien la logique d'une mé

thode qui vous fait prendre pour séparer des espèces le trait qui les unit. Je concevrais encore la création du genre Babillarde, si toutes les Fauvettes n'étaient pas babillardes, et le nom de Grisette donné à une espèce, si toutes les Fauvettes n'étaient pas plus ou moins grises; et celui de Fauvette des jardins, s'il n'y avait pas trois ou quatre Fauvettes de jardins. Il ne m'est pas prouvé que si l'ornithologie officielle eût visé à embrouiller l'écheveau de cette histoire, elle y eût mieux réussi qu'elle n'a fait en cherchant à le dévider. Mais nous avons promis de jeter un voile sur ses fautes, soyons fidèle à nos engagements.

Les neuf Fauvettes de ma connaissance s'appellent l'Orphée, la Mélanocéphale ou la Grande Fauvette à tête noire, la Fauvette à tête noire ordinaire, la Bretonne, qui est probablement la même que la Grisette, ou que la Fauvette des jardins, ou peut-être la Fauvette tout court, la Babillarde, la Fauvette à lunettes, la Passerinette, l'Epervière, la Sarde. L'histoire de toutes ces espèces est à peu près la même et ne demande pas pour chacune d'elles une notice spéciale développée. Elles habitent les bois, les haies et les jardins; elles nichent pour la plupart dans les buissons, quelques-unes sur les arbres, d'autres au milieu des hautes tiges des genêts, du blé et des luzernes. Leur nid plus gracieux que solide consiste habituellement en une jolie corbeille à claire-voie dont la muraille est faite de brins d'herbes et dont l'intérieur est garni d'un semblant de matelas de crin où apparaissent de ci de là quelques rares flocons de laine. Le caille-lait, dont la tige velue adhère fortement aux corps contre lesquels on l'applique, sert ordinairement d'assises à cet édifice trop léger. Cette négligence dans la tenue du domicile des Fauvettes s'explique par la raison que leur in-

cubation dure peu, une dizaine de jours au plus, et que
les petits sortent du nid avant l'heure. A quoi bon faire
des frais pour l'embellissement et le confort d'une demeure qu'on doit occuper si peu de temps?

Aucune de ces espèces n'est sédentaire dans les départements du Nord. Quelques-unes seulement s'arrêtent en
leurs émigrations dans quelques localités privilégiées du
Midi de la France et de la Corse dont la température est
la même que celle des îles de l'Archipel et de la côte septentrionale d'Afrique. Toutes passent isolément et de
très-bonne heure comme le Rossignol. La chair de quelques-unes vaut celle du Becfigue.

La Babillarde. — L'espèce la plus commune et la plus
répandue en France où on la trouve partout dans les bois,
dans les plaines, dans les vergers et les jardins. C'est
cette petite Fauvette à gorge blanche, à manteau marron
clair, à la queue brune avec les rémiges extérieures mar-
quées de blanc comme chez l'Alouette, qui se plaît comme
le Traîne-buisson dans les ramures des petits pois des
jardins, qui niche dans les seringas, les groseilliers, les
chèvrefeuilles, qui monte en l'air à quatre ou cinq mètres pour débiter son ariette joyeuse et retombe aussitôt sur la tête feuillue des pommiers; qui chante dans
les blés, dans les bois, dans les haies, qui adore les baies
de sureau, les cerises et les mirabelles. Je propose de faire
à cette espèce un joli petit nom poétique d'une seule
pièce qui voudrait dire *fusée chantante* et qui la désigne-
rait beaucoup mieux que le sobriquet déplaisant qu'on
lui a infligé.

Remarque. Le portrait qui vient d'être tracé est celui
de la Babillarde du marché Saint-Germain; mais il est
d'une ressemblance parfaite avec celui de la Grisette de
Temmynck.

La Bretonne. — La Fauvette qui se vend à Paris sous le nom de Bretonne est-elle la même que la Grisette des auteurs, ou la Fauvette tout court, ou la Fauvette des jardins de Temmynck? Je me suis posé cette question-là bien des fois sans pouvoir la résoudre. Je crois pour mon compte néanmoins que la Bretonne est cette charmante musicienne à laquelle je ne sais plus quel auteur a donné le nom grec d'*Œdonia*, c'est-à-dire qui chante, comme si toutes les vraies Fauvettes n'étaient pas des oiseaux chanteurs ; mais j'attends pour affirmer cette identité d'une façon plus positive que l'autorité ait fait dresser juridiquement l'état civil de ces trois ou quatre moules, opération urgente et vivement réclamée par l'incertitude publique. En tout cas, la Bretonne du marché Saint-Germain, comme elle s'appelle ailleurs, est cette petite Fauvette très-commune qui porte un manteau gris verdâtre plus clair que celui de la Fauvette à tête noire et moins nuancé de marron clair que celui de la Babillarde. La Bretonne chante beaucoup mieux que celle-ci et presque aussi bien que celle-là. Elle se distingue en outre de toutes ses congénères par deux caractères fort remarquables dont les historiens parlent peu. Elle subit deux mues chaque année et préfère la nourriture végétale à l'animale, à ce point qu'elle ne peut se passer de fruit pendant l'hiver, à l'instar des autres Fauvettes, du Rouge-gorge et du Rossignol. Les oiseliers qui la gardent d'une année à l'autre sont donc obligés de la mettre au régime de la pomme de Calville ou du cœur de choux mélangé avec la pâte de chènevis, quand les baies sont passées ; mais ce régime exclusivement végétal a l'inconvénient de nourrir ses penchants à l'obésité, maladie incurable à laquelle la Bretonne est trop sujette et qui la conduit à la mort par l'hébétement, la somnolence et la perte du chant. Les périls et les difficultés de tout genre dont l'entretien de la Bretonne est semé expliquent la rareté des éducations qu'on en fait et le peu de popularité de l'espèce, malgré la beauté de sa voix, que quelques amateurs distingués ne craignent pas de mettre au-dessus de celle de la Fauvette à tête noire.

Je demande la permission de n'en pas écrire plus long sur la Grisette, la Fauvette et la Fauvette des Jardins de Temmynck, ne connaissant ces espèces que par ouï-dire et non personnellement. Je désire seulement qu'on sache bien que si je ne les connais pas, la faute n'en est pas à moi, mais aux nomenclateurs patentés qui leur ont si drôlement barbouillé la figure qu'il m'a été tout à fait impossible de reconnaître leurs traits.

La Fauvette à lunettes. — Un des plus petits oiseaux de France et des plus charmants gazouilleurs ; ainsi nommé d'une sorte de bandeau circulaire qui lui entoure les yeux et semble s'enchâsser dans son bec. Espèce très-rare sur le continent et presque exclusive à la Corse, contrée très-propice aux Becs-fins. La Fauvette à lunettes chante en volant comme la Babillarde, mais sa chanson a deux phrases de plus que celle de cette dernière, sa voix est plus solennelle, plus veloutée et plus grave.

La Passerinette. — Autre petite espèce méridionale, délicate et fluette, commune en Corse et dans toute l'Italie, mais rare sur le continent français. Elle habite les grands bois et se tient cachée dans le plus épais du feuillage des ormes et des chênes, d'où elle ne cesse de faire entendre ses joyeux gazouillements. Manteau cendré bleuâtre, devant du corps roux vineux, moustaches blanches, etc.

La Fauvette Épervière et la Fauvette Sarde sont deux espèces fort rares et peu intéressantes. La dernière n'habite guère d'autre pays que la Corse ; et comme aucune particularité ne la caractérise, je passe sur elle brièvement. Elle a le tour des yeux nu et coloré d'un rouge vif comme les Perdrix.

L'Épervière n'a pas acquis ce nom redoutable de l'habitude qu'elle aurait contractée de manger des petits oiseaux ; au contraire. Elle le tient de la vague ressemblance qui existe entre les rayures transversales de sa robe et celles qui strient la devanture de la robe de l'Épervier. Originaire du Nord du continent.

Un cachet de distinction tout particulier, dans la voix comme dans le costume, semble caractériser et unir les trois espèces de Fauvettes dont l'histoire nous reste à écrire, et qui ont l'air de constituer une petite famille dans la grande. Le costume de ces trois espèces est le même : manteau gris de fer, calotte noire. Leur gosier a une qualité de son enchanteresse. La Fauvette à tête noire tient dans le concert vocal aérien l'emploi de baryton. On sait le charme de cette voix, intermédiaire entre celles de ténor et de basse, pénétrante comme la première, veloutée comme la seconde. De nos trois Fauvettes à tête noire, la plus intéressante et la plus illustre est celle des environs de Paris, celle d'Auteuil nommément.

La Fauvette à tête noire. — Tout le monde connaît et admire cette espèce, familière des parterres, des rosiers, des lilas ; qui adore les habitations de l'homme, et qui vient chanter et faire son nid dans tous les jardins de Paris, où j'en sais chaque printemps vingt ou trente, rue du Bac, rue Laffitte, rue du Faubourg-Saint-Denis ou du Faubourg-Saint-Martin, dans le voisinage de l'Opéra comme dans celui de la barrière. Peu de personnes sont d'avis de décerner le premier prix de vocalisation à la Fauvette à tête noire, mais presque tout le monde est d'accord pour lui attribuer le second, et elle a, comme le

Rossignol et le Rouge-gorge, ses admirateurs fanatiques. Je sais une multitude de bons bourgeois de la rue Saint-Honoré et de plus loin, qui s'en vont tous les matins à pied de leur demeure à la place de la Bastille pour y entendre une Fauvette à tête noire, virtuose de premier mérite, qui donne des séances à cette heure-là chez un marchand de vin. Je sais même des traits de dévouement et de générosité inspirés par la passion de la Fauvette à tête noire, qui ne dépareraient pas les pages du traité de la Morale en action. Entre autres celui-ci, qui n'a pas deux ans de date et dont le héros fut un brave épicier. Où la générosité va-t-elle se nicher? ne manquera pas de s'écrier le sceptique sur cette simple annonce. Et moi je lui réponds que la générosité se niche dans tous les cœurs susceptibles de nourrir une passion honorable, laquelle est un parfum ou un feu qui purifie tout.

Cet épicier, qui est à la tête d'un établissement florissant et non encore condamné, des environs du boulevard Poissonnière, avait donc, il y a deux ans, une Fauvette à tête noire; une Fauvette qu'il avait prise de son propre filet dans le bois de Boulogne; une Fauvette qui faisait le désespoir et l'admiration de tous les connaisseurs et n'avait plus de prix. Il jouissait de son bonheur avec cette ivresse que connaissent seuls les propriétaires des trésors universellement enviés. Tous les matins, dans la belle saison, une foule compacte accourait pour entendre les chants de l'oiseau sans pareil, et le sergent de ville dut même intervenir plus d'une fois pour rétablir, aux abords du théâtre, la circulation compromise par les rassemblements. Le hasard de la flânerie me favorisa un jour d'être témoin de l'une de ces émeutes dont le motif était de nature à m'intéresser spécialement. Le lendemain, j'étais de très-bonne heure de retour sur la place où je pus satisfaire mes oreilles et juger par moi-même de la légitimité de l'engouement populaire. Jamais je n'avais ouï encore sortir d'un gosier de Fauvette des accords aussi ravissants. Mais l'édifice de toutes les félicités humaines est fondé sur le sable. La troisième ou quatrième fois que je revins pour l'entendre, la Fauvette ne chantait plus, et la solitude s'était faite autour du magasin, au fond duquel un homme seul, un homme à la barbe inculte et à la physionomie dévastée, se pressait le front de la main. Un instinct sympathique et qui ne devait pas me tromper me révéla soudain que le silence de la Fauvette était pour beaucoup dans les causes d'une si grande affliction ; et marchant droit vers la cage vitrée du comptoir où l'infortuné stationnait, j'osai m'enquérir auprès de lui de la santé de son élève et lui demander pourquoi ses chants avaient cessé. Le ton de sollicitude sincère dont mes paroles étaient empreintes dut faire impression sur son cœur ; car sa face contractée se détendit subitement, son œil sombre et fatal où le suicide errait s'éclaira d'une lueur de tristesse attendrie, et il me répondit d'une voix qui aurait voulu être plus ferme : « Elle ne chante plus, parce qu'elle ne chantera plus ; parce que… elle ne peut plus chanter… parce que… il y a des gens à qui le bonheur des autres fait mal. » Il appuya sur les derniers mots de cette phrase largement syncopée, et en les prononçant il dirigea son regard en même temps que sa parole du côté de l'arrière-boutique, vers ses Lares. A l'expression rancuneuse de ce regard et à l'accent de rébellion qui perçait dans cette plainte, je compris que de noirs soupçons domestiques assiégeaient l'âme du malheureux. J'en savais plus sur l'accident que je n'en désirais savoir ; je pris congé de l'épicier trop sensible, après m'être associé de cœur aux regrets de sa perte. Quelques jours après, je lui envoyais mes livres sur les bêtes, en témoignage d'estime et de fraternité de sympathie, et il ripostait à cette galanterie par l'envoi de plusieurs pots de confiture.

A onze ou douze mois de là environ, je reçus un matin par un commissionnaire un bout de lettre avec la suscription *très-pressée*, où je lus :

« Elle est retrouvée et l'on ne me l'ôtera plus. Venez tout de suite, je vous en prie.

« X..., l'épicier à la Fauvette. »

J'étais arrivé au rendez-vous avant le retour du commissionnaire. Du plus loin que l'heureux mortel m'aperçut, il courut au-devant de moi, et s'élançant dans le milord à la volée et sans faire arrêter le cheval : « Cocher, cinquante centimes de pourboire et en avant vivement, » s'écria-t-il, lançant en l'air une adresse du faubourg Saint-Antoine. Et après m'avoir brisé les mains, à force de me les serrer, il me raconta comme quoi, passant en recouvrement la veille par une rue impossible, et toujours accablé par le souvenir de sa perte, il avait entendu tout à coup résonner une voix, plus douce à son ouïe que celle d'un ange du ciel, la voix de sa Fauvette, crue morte et tant pleurée ; car il n'y avait pas à se méprendre sur son identité, la Terre n'aurait pas pu nourrir deux Fauvettes de cet ordre-là... Et qu'alors il s'était dirigé vers le lieu d'où partaient ces sons, qui était une mansarde au quatrième étage, habitée par un cordonnier... où il avait retrouvé sa pensionnaire chérie, embellie par un an de plus, laquelle l'avait reconnu et lui avait fait fête... Il l'avait rachetée, elle était à lui, et il se promettait de cette retrouvaille un long avenir de joies, et il bénissait presque le sort de lui avoir fait subir une épreuve cruelle pour décupler le prix de sa félicité. Il me confia encore, mais sous le sceau du secret, que c'était sa moitié qui, dans un accès de jalousie furieuse, avait enjoint à sa femme de ménage de donner la clef des champs à l'oiseau ou de lui tordre le cou, et que celle-ci, pour se conformer aux ordres de sa maîtresse, avait pris la pauvre petite bête et l'avait emportée bien loin pour qu'elle ne revînt pas, et en avait fait don à un sien cousin, cordonnier, qu'elle supposait, à ce dernier titre, devoir être ami des *moineaux*. La brave femme heureusement avait deviné juste. Le digne négociant, du reste, n'accusait de ses malheurs passés personne que lui-même, attendu, disait-il, que le premier devoir d'un honnète homme qui aime les Fauvettes à tête noire et qui désire être heureux en ménage, est de s'informer avant le mariage si sa femme partage ses goûts.

Ce n'est pas l'épicier généreux, c'est le cordonnier reconnaissant qui m'apprit la fin de cette histoire. A sa première entrée dans le bouge de l'industriel, à la première vue de sa Fauvette, le négociant avait été pris comme d'une suffocation subite et d'un éblouissement de joie. Revenu à lui, il avait réussi à faire comprendre à l'habitant de l'humble mansarde les motifs de son irruption dans son appartement, et il avait fini par offrir au nouveau possesseur de la Fauvette des sommes fabuleuses pour rentrer dans la possession de son bien. Ici il y avait eu un assaut de grandeur d'âme entre les deux amateurs. Le nouveau possesseur prétendait devoir restituer purement et simplement l'oiseau qui n'était pas à lui ; l'autre n'entendait pas de cette oreille et parlait d'une indemnité légitime proportionnée à la valeur de l'objet en litige. « Hélas ! dit le cordonnier, je suis bien malheureux ; je suis en arrière de mon terme de janvier ; celui d'avril va échoir dans huit jours, et je n'ai pas le premier sou des cinquante francs qu'il me faudrait pour boucher ces deux trous; mais il ne sera pas dit que j'aurai vendu ma seule joie, ma seule amitié, ma seule consolation dans ma misère, pour conserver un mobilier indigne. Emportez la Fauvette, monsieur, puisqu'elle vous appartient; je ne vous demande qu'un délai de huit jours pour m'habituer à la séparation, et puis encore de temps en temps, la permission d'aller l'entendre et de lui apporter quelques mouches. — Mon noble ami, avait répondu l'épicier, je sais trop les douleurs d'une telle séparation pour les faire souffrir à mon semblable; vous ne vous séparerez pas de la Fauvette; au contraire. Seulement, elle sera *nôtre* au lieu d'être *mienne* ou *vôtre*. Prenez ces cinquante francs que je vous offre à titre de prêt, si vous ne voulez pas les accepter à titre de récompense pour le service que vous m'avez rendu, et gardez l'oiseau chez vous. C'est moi qui vous demande la permission de venir, quand bon me semblera, l'entendre et m'enivrer de ses chants. »

Le marché s'était conclu sur ces bases. Inutile d'ajouter que les deux parties contractantes en ont exécuté fidèlement toutes les clauses. Leur bonheur était intéressé à leur fidélité.

Comme le spectacle de semblables actions rafraîchit l'âme, après celui des condamnations quotidiennes et des crimes de l'épicerie!

Je connais peu d'oiseaux qui méritent au même degré que la Fauvette à tête noire l'estime et les égards de l'homme. Elle ne se borne pas, en effet, à égayer nos parterres du charme de sa voix pendant toute la durée de la belle saison; elle joint l'utile à l'agréable et nous sert en mode composé; car c'est l'ennemie la plus infatigable des pucerons qui dévorent nos rosiers, et des petites chenilles rases qui déshonorent la verdure de nos

plates-bandes. On la dirait préposée à la garde de nos plus
jolies plantes et de nos plus jolis arbustes, à voir l'activité
avec laquelle elle inspecte la tige et le dessous et le dessus
de chaque feuille pour les débarrasser de la vermine dont
elles sont infestées. La Fauvette à tête noire a de plus,
ainsi que le Rouge-gorge et le Rossignol, la mémoire et
l'affection des lieux, et l'attachement pour les personnes.
Tout le monde a pu vérifier qu'elle avait du sentiment,
comme l'affirmait la nièce de Descartes. J'en ai connu une
qui attacha son nid pendant six années de suite à l'extrémité d'une ronce qui pendait d'un rocher au-dessus d'une
table de gazon dans un jardin public. Le mâle semblait
prendre plaisir à mêler ses chansons aux refrains joyeux
des buveurs. La femelle était faite au bruit et continuait
de couver avec une admirable tranquillité d'esprit au milieu du vacarme. Les petits éclos, le père et la mère ne
se gênaient nullement pour leur apporter la pâture en
présence d'une foule de témoins. Pourquoi se gêner entre
amis? Une fois que je repassais par la localité, après une
absence de dix ans, la curiosité me prit d'aller revoir la
place où nichait autrefois le couple familier. Le couple
familier était mort; mais, avant de mourir, il avait dû
léguer l'héritage de la ronce à quelques rejetons de la
famille, car la place était occupée.

La Fauvette à tête noire s'apprivoise comme le Rossignol et le Rouge-gorge, suit la personne qu'elle affectionne parmi les allées du parterre et vient prendre des
mouches dans sa main. Il arriva, l'an dernier (1854), à
une femelle de cette espèce qui était détenue à Belle-
Isle, de tuer son mâle dans un accès de monomanie avicide. L'orgueilleuse croyait pouvoir se passer du concours
d'un mari pour amener à bien une couvée. Elle fit son
nid *après* le pied du lit de son maître, y pondit quatre

œufs qu'elle couva, mais sans succès, hélas! et elle fut
très-chagrine de cette déception, qui la punit par où
elle avait péché.

Il faut de graves motifs pour porter des femelles à
ces actes regrettables. Celle-ci se défit de son mâle et
repoussa ses caresses parce qu'il avait perdu sa queue
et parce qu'il était trop souvent enrhumé. Elle craignait
naturellement que ses petits ne vinssent au monde privés
de queue ou parlant du nez comme leur père. Nous appelons ces traits-là des actes de barbarie, nous autres Civilisés, qui permettons à tous les rachitiques, phthisiques,
scrofuleux, lépreux, etc., de prendre femme et de déshonorer l'espèce humaine en procréant des races de malheureux voués à la souffrance. Mais les oiseaux, qui tiennent à conserver dans toute leur pureté primitive les
types de beauté de leur race, sont plus Spartiates à cet
endroit que nous. Et il faut bien que je le déclare, puisque
l'occasion s'en présente, et si douloureuse que puisse être
la sensation universelle que ma révélation produira...
Mais il est inutile que l'Humanité se flatte d'entrer en
Harmonie dans l'état où elle est. L'entrée en Harmonie
exige l'extirpation préalable de toutes les maladies et de
tous les vices qui affligent l'Humanité et sa planète. Or,
cette extirpation ne peut se faire qu'au moyen de l'application du double système d'assainissement intégral du
globe et de *Quarantaines générales*, dont l'auteur du
Nouveau Monde a donné les détails.

Hélas! que ces idées grandioses, si sensées et si simples, sont encore loin d'avoir germé dans le cerveau des
gouvernements les plus sages et les plus avancés! Et que
cette pauvre humanité est aveugle, qui parle de se ra-
cheter de sa chute et n'a pas même l'esprit de s'appliquer
à elle-même le système d'amélioration qu'elle applique

à ses bêtes de somme, à ses bœufs et à ses pourceaux!

La Mélanocéphale. — Seconde espèce de Fauvette à tête noire, qu'on a oublié de baptiser, puisque le nom de Mélanocéphale, qu'on lui a attribué, n'est pas autre que celui de la précédente. La Mélanocéphale des auteurs habite exclusivement les contrées du Midi de l'Europe, Espagne, Sicile, Sardaigne, Grèce. La Corse, la Provence et le Languedoc sont à peu près ses seules patries en France. Elle se distingue de la Fauvette à tête noire des jardins par ses orbites nus et colorés de rouge, caractère qui la rapproche de la Fauvette Sarde, et qui pouvait servir à lui donner un nom.

L'Orphée. — La plus grosse du genre, plus commune en Italie qu'en France, où on ne la rencontre fréquemment que dans les départements du Midi et de l'Est, presque totalement inconnue dans les provinces du Nord, du milieu et de l'Ouest.

L'Orphée et la Mélanocéphale se rapprochent considérablement par la voix et un peu par la taille de la famille des Grives. L'Orphée a presque le volume du Mauvis, et sa voix rappelle celle de la Draine en quelques occasions. Ces deux espèces habitent aussi de préférence les forêts et chantent sur les grands arbres. Elles aiment à se cacher au fond des fourrés comme les Merles, dont elles ont les allures et le naturel méfiant. Les personnes qui ne se tiendraient pas pour satisfaites de ces renseignements pourront consulter avec avantage le *Manuel d'Ornithologie* de Temmynck, et le traité de l'*Ornithologie du Gard*, de M. Crespon, de Nîmes, quoique ces deux auteurs, qui s'entendent très-bien d'habitude, ne soient pas tout à fait d'accord sur les mœurs et coutumes des espèces ci-dessus.

Ainsi la Fauvette Mélanocéphale de Temmynck « habite exclusivement le *Midi de l'Espagne, la Sardaigne et les Deux-Siciles;* elle niche dans les petits buissons *loin des habitations,* et pond quatre ou cinq œufs d'un blanc *jaunâtre,* marqués, presque sur toute la surface de l'œuf, par de très-petits points d'un *jaunâtre* plus foncé, » tandis que celle de M. Crespon, de Nîmes, « *est très-commune dans le département du Gard,* niche dans les buissons écartés, et quelquefois aussi dans ceux *voisins des habitations rurales,* et pond des œufs *blancs* marqués de points *noirâtres,* » etc.

Le même défaut d'entente cordiale se retrouve dans la description de l'Orphée. L'Orphée de Temmynck « *niche dans les buissons,* souvent plusieurs en un même lieu; souvent aussi *dans les fentes des masures, dans les trous de murailles et sous les toits des habitations isolées.* » L'Orphée de M. Crespon, de Nîmes, est, au contraire, un oiseau sauvage « qui habite les bois et les champs d'oliviers situés sur des élévations, et qui *niche sur les arbres épais, le plus ordinairement entre les branches des oliviers, souvent à côté de la Pie-grièche à tête rousse.* »

Décide si tu peux, et choisis si tu l'oses.

Moi, j'adopte la version de l'ornithologiste nîmois pour deux raisons : la première, parce que c'est la vraie; la seconde, parce que le duc de Grammont, appelé un jour à décider d'un coup d'échecs douteux entre le grand roi et l'un de ses courtisans, condamna le roi sans l'entendre. « Cependant, objecta, non sans une certaine apparence de raison, la Majesté condamnée, il me semble qu'il serait au moins nécessaire de regarder le coup avant de se prononcer. —Mais, Sire, Votre Majesté ne voit donc pas, répliqua le duc, que pour peu que le coup eût été douteux, tout le monde, y compris son adversaire, lui eût donné raison. » Pareillement, si l'auteur du traité de *l'Ornithologie du Gard*, qui pousse la déférence pour les opinions du naturaliste hollandais jusqu'à les reproduire presque toujours textuellement dans son livre; si, dis-je, M. Crespon, de Nîmes, se brouille avec son souverain, c'est que le tort de celui-ci ne peut être douteux.

J'ai vu, il y a trente ans, chez M. de Lamartine à Mâcon, un Bulbul d'Orient, tout frais débarqué de Syrie, qui était une grosse Fauvette à tête noire, semblable de tout point à la Fauvette Orphée. On sait que le Bulbul tient, dans la poésie orientale, le même rang que le Rossignol dans celle de l'Occident, et que ses amours avec la Rose ont inspiré plus d'une suave élégie aux poëtes du pays des contes. Il n'en a coûté que deux lignes à l'auteur du *Voyage en Orient* pour importer le Bulbul dans la poésie française et l'y acclimater à jamais. Vous vous souvenez... dans cette réponse improvisée à la belle fille de Syrie qui lui demandait des vers :

> Qui, toi, me demander l'encens de poésie.
> Toi, fille d'Orient, née aux vents du désert,
> Fleur des jardins d'Alep, que Bulbul eût choisie,
> Pour languir et chanter sur son calice ouvert!

GENRE HIPPOLAÏS. — Deux espèces.

Le genre Hippolaïs est le genre ambigu entre la famille des Gobe-mouches et celle des Fauvettes. Ces deux espèces vivent de baies comme celles-ci, d'insectes ailés comme ceux-là. Elles se rapprochent des Insectivores par la forme de leur bec large à la base et par leurs habitudes de stationnement sur les branches élevées des arbres. Tous les auteurs s'accordent à leur attribuer un caractère hargneux et querelleur.

Ces deux espèces sont assez répandues dans le Nord de la France, mais surtout en Belgique.

Le Pitchou. — Moule réduit du Traîne-buisson, commun dans le Midi, rare dans tout le Nord, le Centre et l'Est, mais assez répandu dans les landes buissonneuses, les genêts et les forêts de la Bretagne. Tout le dessus du corps brun cendré, le poitrail rouge vineux, la queue longue et étagée. Ce petit oiseau marque parfaitement la transition entre les Rubiettes et les Fauvettes proprement dites. Il court à terre et fait de fréquentes salutations de la queue comme le Rossignol, s'essaye quelquefois à chanter en volant comme la Babillarde, et demeure volontiers l'hiver aux lieux où il est né. Je serais fort embarrassé de dire quelle raison m'a retenu d'enlever le Pitchou à la tribu des Fauvettes pour le classer dans celle des Rubiettes. — Niche dans les genêts.

Groupe des Rubéculidés, disons des Rubiettes. — Quatre genres, sept espèces.

Ce terme générique de Rubiettes, qui ressemble à *rubis* et veut dire Rougettes, bien plutôt que buissonnières, ne s'appliquait jadis qu'à deux espèces, le Rouge-gorge et la Gorge-bleue ; mais je me suis cru autorisé par la nature et par le sens commun à étendre cette appellation aux Rouges-queues et aux Rossignols, qui ressemblent si fort aux deux premières espèces par la physionomie et les mœurs, qu'il est absolument interdit à l'homme sage de les séparer. Je fais remarquer seulement que le nom de Rubiettes, qui conviendrait admirablement au Bouvreuil et au Cardinal qui sont des oiseaux rouges, ne va pas tout à fait aussi bien aux Becs-fins dont nous écrivons l'histoire et qui sont des oiseaux gris. Il est très-certain, en effet, que le rouge dont le Rouge-gorge se décore la poitrine est du jaune orangé, et que celui dont le Rossignol se teint la queue est du roux vineux ou sang de bœuf. Mais Rubiette est un nom joli et pour ainsi dire ressemblant, et je ne lui en ai pas demandé davantage pour l'admettre. L'ornithologie passionnelle est l'art de raisonner droit sur des noms de travers.

Toutes les espèces de la tribu des Rubiettes traînent dans les buissons et nichent à terre ou dans les fentes des vieux murs comme les Accenteurs. Elles courent avec facilité sur le sol où elles cherchent de préférence leur nourriture. Ces habitudes les séparent de la famille des Fauvettes qui toutes nichent en l'air et cherchent exclusivement leur vie sur les buissons et les arbustes. Les Rubiettes sont plus vermivores, les Fauvettes plus muscivores; et l'écartement qui est entre les deux familles s'ouvre encore plus au moral qu'au physique; car les Fauvettes sont des oiseaux d'humeur enjouée et de mœurs pacifiques qui ne se déplaisent pas trop dans la société de leurs semblables, ni en liberté ni en cage; tandis que les Rubiettes sont des races de frères ennemis, de frères féroces que le démon de la vendetta et celui de la jalousie artistique tiennent constamment armés les uns contre les autres, en prison comme ailleurs; ce qui les condamne à vivre par couples isolés dans des cantonnements rigoureusement circonscrits et conquis à la force du bec. Il semble que les malheureuses petites bêtes aient dépensé pour l'homme toute leur puissance d'aimer.

Les espèces de cette tribu sont peut-être de toutes les créatures ailées les plus confiantes, les plus crédules, les plus faciles à duper. Elles recherchent bien plus qu'elles ne redoutent la présence de l'homme, et leur curiosité de ses faits et gestes est égale à leur familiarité. Ce sont elles qui ne veulent pas attendre que le tendeur ait achevé de poser son piége pour mettre le pied dessus. Ce besoin de voir fonctionner les machines nouvelles qui est instinctif chez tous les amis du progrès, est un penchant d'autant plus désastreux pour les Rubiettes que leur réputation va de pair avec celle du Becfigue, comme matière à brochette et n'est aucunement usurpée...; ce qui veut dire que cette tribu d'élite qui fournit les premiers ténors, abonde aussi, hélas! en sublimes rôtis!

Les Rubiettes habitent les buissons sur la rive des bois. Telle espèce se plaît au bord des frais ruisseaux dans les bocages sombres, telle autre aux versants des collines parmi les ronces échevelées qui garnissent les ravins et les chemins creux. Leur vol est bas et peu soutenu, elles ne font que sautiller de branche en branche, d'où elles se précipitent vivement et fréquemment à terre pour ramasser l'insecte qu'elles ont aperçu. Si quelques mâles montent quelquefois très-haut dans le branchage des chênes et gravissent même jusqu'au faîte de la vieille tour féodale, c'est pour parler d'amour et non pour autre chose, et ces tours de force-là ne se font qu'au printemps. Les Rubiettes ont encore un tic de famille, s'il est permis de s'exprimer ainsi; elles accompagnent chaque mouvement du corps, soit en marchant, soit en se posant, d'un certain frétillement ou redressement de la queue bizarre et caractéristique. Toutes les Rubiettes sont des oiseaux de passage, puisqu'elles sont fines grasses à l'automne, mais toutes ne suivent pas la même route dans leurs migrations périodiques. Elles passent isolément et voyagent à petites étapes, le matin pendant le jour, la nuit par les beaux clairs de lune. Toutes adorent la fraise, la mûre et la baie de sureau. Bec droit et effilé, légèrement échancré à la mandibule supérieure.

Le Rouge-gorge. — Encore un des consolateurs du pauvre; encore un oiseau du bon Dieu, une espèce victime... Et la plus noble et la plus héroïque de toutes les créatures ailées, la plus amie de l'homme, la plus inébranlable dans sa foi au progrès! Le Rouge-gorge est l'oiseau fort et valeureux par essence qui poursuit de sa haine implacable l'Usure et la Superstition, les deux sources les plus fécondes de toutes les oppressions et de toutes les misères de l'esprit et du corps. (On sait que l'usure est symbolisée par l'araignée immonde, l'*infâme* par l'oiseau de nuit.) Le Rouge-gorge est plus vaillant et plus généreux que le Faucon; car il combat sans armes et ne combat pas pour lui, mais pour la cause de la justice et du droit. Ses notes d'harmonica, douces, suaves, pénétrantes, expressives, son chant triste et mélancolique, qu'il vous dit pour vous seul, vont plus rapidement à l'âme que les stances du Rossignol, plus sonores mais plus savantes et plus étudiées. Le Rouge-gorge est le plus curieux, le plus brave et le plus sensible de tous les oiseaux du ciel; c'est celui que je chéris le plus.

La légende catholique a illustré le Rouge-gorge; les poëtes l'ont oublié, excepté George Sand.

La légende bretonne rapporte que le Rouge-gorge accompagna le Christ sur le Calvaire et détacha une épine de la couronne du divin Rédempteur, et que Dieu, en récompense de cette manifestation courageuse, l'anima de l'Esprit Saint. A dater de ce jour, l'oiseau pieux aurait eu mission de conjurer les sortiléges et de déjouer les entreprises du Malin. Et comme dans la contrée naïve où régna le roi Arthus, la croyance à l'intervention des enchanteurs et des fées, des bons et des mauvais génies dans les affaires des hommes, se mêla de tout temps à la foi aux miracles de notre religion sainte, il arriva bientôt que le Rouge-gorge, qu'on rencontre toujours dans la voie du pauvre travailleur, passa dans l'opinion du monde des campagnes pour être l'agent mystérieux des puissances surnaturelles et le porteur de messages des génies bienfaisants.

Je ne suis pas Breton, et ma foi éclairée en la justice de Dieu, personnification de l'ordre suprême, infini, universel, indifférent, immuable, n'admet pas le miracle, qui est le renversement des lois de Dieu et la négation de sa toute-sagesse; mais je crois fermement, comme la légende armoricaine, à l'existence des rapports secrets qui sont entre la bête et l'homme. Seulement l'explication de la sympathie du Rouge-gorge pour le travailleur se déduit tout simplement pour moi de la loi d'Unité traduite et commentée par l'analogie passionnelle, qui, pour m'intéresser à l'étude des lois de la nature, n'a nullement besoin de l'aide du merveilleux humain. L'analogie passionnelle, d'accord sur une foule de points avec la légende ci-dessus, trouve, en effet, dans le Rouge-gorge l'emblème du martyr de la foi.

Le Rouge-gorge a le tour du bec ceint d'une zone auréolée qui descend sur la gorge et s'épanouit sur la poitrine où elle forme un large plastron. La couleur orangée de l'auréole est celle de l'enthousiasme qui pousse en avant les chercheurs de vérités nouvelles. Le réseau de la nuance sainte enveloppe la région du cerveau comme celle du cœur, pour exprimer que la passion de l'enthousiasme ou de la composite exige double essor de l'esprit et des sens. Le reste du costume du Rouge-gorge est du gris le plus humble, livrée du travailleur.

Le Rouge-gorge est le premier oiseau qui s'éveille à l'aurore et salue la venue du jour. Il *petille* avant que le Merle n'ait sonné la diane. Petiller est un verbe trop faible qu'ont fabriqué les gamins de Lorraine pour essayer de rendre le cliquetis métallique des notes précipitées que fait entendre, à l'heure du matin et à l'heure du soir, le Rouge-gorge appelant son monde au travail

ou le conviant au repos. La sonnerie argentine du Rouge-
gorge, qui retentit dès l'aube, vous remémore involontairement la fanfare des Petites-Hordes sonnant la charge
du travail à la pique du jour.

Quand, par les premières brumes d'octobre, un peu
avant l'hiver, le pauvre prolétaire s'en vient chercher
dans la forêt sa chétive provision de bois mort, un petit
oiseau s'approche de lui, attiré par le bruit de la cognée;
il circule à ses côtés et s'ingénie à lui faire fête en lui
chantant tout bas ses plus douces chansonnettes. C'est le
Rouge-gorge qu'une fée charitable a député vers le travailleur solitaire pour lui dire qu'il y a encore quelqu'un
dans la nature qui s'intéresse à lui.

Quand le bûcheron a rapproché l'un de l'autre les
tisons de la veille engourdis dans la cendre; quand le
copeau et la branche sèche petillent dans la flamme, le
Rouge-gorge accourt en chantant pour prendre sa part
du feu et des joies du bûcheron.

Quand la nature s'endort enveloppée dans son manteau de neige, et n'a plus d'autre voix que celle de la
bise qui mugit et s'engouffre au chaume des cabanes, un
petit chant flûté, modulé à voix basse, vient protester
encore, au nom du travail créateur, contre l'atonie universelle, le deuil et le chômage. C'est toujours le chant
du Rouge-gorge, disant qu'il n'est pas de saison morte
pour l'ouvrier laborieux, et que le travail attrayant se rit
des rigueurs des frimas. Et l'oiseau frappe de son bec
aux vitraux de la pauvre masure pour y demander asile,
comme la fée des contes, et rappeler à l'homme les devoirs de l'hospitalité.

Emblème de dévouement et de charité sociale, le Rouge-
gorge semble invinciblement attiré par les penchants de
sa nature vers les lieux où l'on souffre. L'un des plus

nobles confesseurs de la foi républicaine m'écrivait de Belle-Isle, il y a quelques mois (1855) :

« J'ai à vous raconter une histoire de Rouge-gorge qui vous intéressera peut-être, à raison de l'affection toute spéciale que vous semblez porter à cette espèce.

« L'année dernière, vers la fin de l'automne, un Rouge-gorge, chassé sans doute du continent par le froid et la neige, chercha un refuge dans notre île. Chaque matin il apparaissait dans la cour de notre prison et se tenait quelque temps aux alentours de ma cellule, où il voyait des frères captifs. Je le pris bien vite en affection; sa visite me faisait besoin et sa ponctualité à me la rendre me causait le plus grand plaisir. Comme j'avais soin de lui jeter, à chaque rencontre, un ver de terre, de farine ou de bois, il ne tarda pas, de son côté, à éprouver pour moi une vive sympathie. Bientôt il s'attacha à mes pas et ne voulait plus me quitter. Il me suivait quand je sortais dans la cour et accourait à portée de ma main aussitôt qu'il me voyait fouiller la terre de mon petit jardin. Chaque soir, avant de partir, il nous disait adieu de son petit chant d'hiver, qui ressemble au murmure du ruisseau parmi les cailloux et les herbes. Mes compagnons m'engageaient à le prendre, mais jamais je ne pus me résoudre à trahir sa confiance pour le priver de sa liberté. Voilà pourtant qu'un beau matin, fatigué de mes dédains sans doute, et trouvant la porte ouverte, l'oiseau profite de l'occasion pour s'introduire dans ma cage et s'y installe sans façon et presque malgré moi. Le lendemain, il avait fait connaissance avec mes autres oiseaux, il jouait avec eux et mangeait et chantait, comme s'il eût été enchanté de sa position nouvelle. Depuis lors, je l'ai conservé comme souvenir vivant d'un âge regretté. Il furette maintenant partout autour de moi, se promène sur

mon lit, se mire dans mon miroir, se place près de mon
chevet pour dormir, et, quand je lui adresse la parole, il
me répond par son plus doux langage, ce chant que vous
savez, si limpide, si pur et si mélancolique. Je savais
bien le Rouge-gorge familier, curieux, confiant et crédule; je l'avais vu, autrefois, suivre le long des haies les
petits pâtres pour ramasser les rares miettes de pain
noir, débris de leur repas frugal, ou encore rôder autour
des travailleurs des champs pour s'emparer des menus
vermisseaux mis au jour par la bêche, la pioche ou la
charrue. Je l'avais vu, à l'entrée de l'hiver, entrer dans
la cour de la ferme et pénétrer jusque dans le logement
des gens de la campagne; mais je ne le croyais pas capable d'un pareil dévouement pour l'homme, d'un dévouement qui va jusqu'à lui faire sacrifier sa liberté pour
prendre sa part des douleurs de la captivité d'un ami.
Du moins je n'abuserai pas de l'attachement de la pauvre
créature. Elle m'a donné sa liberté et ses chansons pendant l'hiver, au printemps je lui rendrai son air libre, sa
verdure, ses amours; car j'ai pour principe de ne tenir
en cage que des oiseaux qui puissent y aimer, et je ne
garde par conséquent que des couples. Ce n'est pas moi
qui ai rédigé les lois barbares qui n'ont pas honte de
priver le détenu de la société de sa femme, de sa mère
ou de son enfant.

« *P. S.*—Je n'ai pas osé tout vous dire; mais la preuve
d'affection touchante que m'a donnée mon Rouge-gorge
de Belle-Isle, rapprochée d'une autre circonstance de ma
vie, fait quelquefois passer par mon cerveau une idée fugitive, un rêve, que vous appellerez du nom que vous
voudrez. Une fois déjà, il y a bien des années, j'ai eu la
visite d'un Rouge-gorge. C'était, bien loin d'ici, au milieu des souffrances d'une maladie longue et cruelle qui

faillit m'enlever. Le pauvre petit oiseau ne manquait pas de venir deux fois par jour, matin et soir, chanter sur ma fenêtre, comme pour m'encourager à souffrir en silence et à espérer de meilleurs jours. Et souvent il me semble reconnaître dans le compagnon volontaire de ma captivité d'aujourd'hui le consolateur de mes peines et de ma maladie d'autrefois. »

Consolateur des affligés, doux messager d'espoir, sympathique à tous les martyrs, héros de tous les dévouements, tel est, en effet, le Rouge-gorge, le vrai Rouge-gorge de la légende populaire et de l'ornithologie passionnelle, l'oiseau qui me rappelle aussi le plus de jours regrettés, celui qui m'initia au charme de la vie des forêts, bonheur de mes jeunes ans, refuge de mon âge mûr.

Consolateur de tous les affligés, héros de tous les dévouements, c'est bien cela...

Quand le pipeur a tendu sa pipée et qu'il a tiré de son appeau de guerre le houloulement lugubre, le Rouge-gorge intrépide est le premier qui réponde à la provocation de l'oiseau des ténèbres. Il se rue avec rage sur la loge où se cache l'assassin et tombe sur les gluaux perfides. Il est déjà pris que les autres, les Grives et les Merles, sont encore à se consulter pour savoir s'il est opportun de marcher. Alors le pipeur se saisit de sa victime et lui brise les ailes pour le faire crier; car le cri de détresse du Rouge-gorge attire à la bataille tous les oiseaux de cœur qui s'imaginent que le généreux champion de la bonne cause est aux prises avec le Hibou, et ils volent à sa défense.

Quand je vous disais que ce monde des oiseaux n'était qu'une copie fidèle du monde des humains!

C'est aussi le pauvre ouvrier, le pauvre laboureur, le

pauvre bûcheron qui vole le premier à la défense du sol
de la patrie, qui le premier expose sa poitrine aux balles
de la coalition. C'est lui qui, s'armant de la sape, renverse dans la poudre les gouvernements oppresseurs.
C'est lui que les grands souverains dépensent si généreusement plutôt que de reculer d'une semelle, pour
prouver leur grande âme. Malheureux prolétaire, c'est
toujours son cadavre qui, dans les ruelles noires des cités
comme sur les champs de bataille, sert de piédestal à la
fortune des assassins en grand et des ambitieux.

Enthousiasme, candeur et bravoure... hélas! ces nobles dons du ciel s'expient aussi cher parmi nous que
parmi les oiseaux, et les traverses innombrables qui
troublent la vie du Rouge-gorge ne sont que l'image de
celles dont la carrière du prolétaire industrieux est
semée.

Le jeune ouvrier qui arrive de ses champs dans la ville
porte un vêtement modeste comme le manteau du Rouge-
gorge, la livrée du travail. Il est vif, ennemi du repos et
désireux d'apprendre. Comme son emblème, son cœur
déborde d'enthousiasme (plastron orangé de l'oiseau).
Comme le Rouge-gorge, il est simple, confiant et naïf, ne
soupçonnant pas chez autrui les méchantes pensées qui
ne sont pas dans son âme. Comme le Rouge-gorge, il
donne dans tous les piéges tendus à sa bonne foi et à sa
curiosité. Et de même que le Rouge-gorge est la proie de
la vipère qui le fascine et le contraint par une puissance
invincible et surnaturelle à descendre de branche en
branche jusqu'à la portée de sa gueule... Ainsi le jeune
ouvrier qui s'est laissé entraîner aux suggestions de l'Envie et de la Paresse, symbolisées par le Serpent, fait tous
les jours un pas de plus vers l'abîme du déshonneur qui
finit par le dévorer.

Le Coucou, qui est trop grand seigneur pour faire son nid lui-même, trouve plus commode de pondre dans le nid du Rouge-gorge. L'analogie du Traîne-buisson a donné tout à l'heure l'explication de ce parasitisme. La Mésange Charbonnière, qui n'est pas plus grosse que le Rouge-gorge, l'attaque de préférence et avec un acharnement tout spécial. On a vu l'affreuse petite cannibale l'assassiner, le scalper et lui manger la cervelle, moins d'une heure après son entrée dans la cage commune. Le Rouge-gorge est de la famille de ces prédestinés de la souffrance à qui le mal arrive de tous les points du ciel et qui ont reçu en partage mesure comble de tribulations.

Un seul vice dépare cette longue nomenclature des vertus et des qualités du Rouge-gorge; il est jaloux du chant, jaloux de la chasse, duelliste, querelleur et ennemi des siens. Deux Rouges-gorges ne sauraient vivre pacifiquement côte à côte dans le même canton, ni sous les mêmes barreaux; il faut que le plus fort tue le plus faible ou l'expulse. Triste tableau des querelles et des rivalités qui arment les uns contre les autres tous les serfs du salaire dont la concurrence anarchique, qui tend constamment à réduire le prix de la main-d'œuvre, fait fatalement des frères ennemis. Le Rouge-gorge si doux, si sociable, si charmant avec l'homme et avec une foule d'oiseaux, repousse invinciblement tous ceux de son espèce; quoique cependant il vole courageusement à leur secours contre l'ennemi commun. Je ne sais plus si j'écris l'histoire des bipèdes emplumés ou celle des bipèdes sans plumes, tant les deux se ressemblent. Tous les oiseaux voleurs, le Corbeau, l'Oie sauvage, la Grue, etc., comprennent parfaitement les avantages de l'association et s'entendent comme *larrons en foire*. Ils ne tentent jamais un coup de bec sur les récoltes de l'homme, avant d'avoir disposé préalablement des sentinelles chargées de les avertir du péril. Mais les oiseaux honnêtes et parmi eux tous les Chanteurs à bec fin, qui portent la livrée du travail, Rouges-gorges, Rossignols, Roitelets, répugnent systématiquement à l'emploi du procédé d'association qui est l'unique voie de salut pour les travailleurs exploités. Ils vivent autour de nous isolés et en état de guerre civile, et alors rien ne peut les soustraire à la barbarie de l'homme sinon le charme de leur voix. Là-haut comme ici-bas, il n'y a que les méchants qui sachent se coaliser et s'armer.

De grands malheurs pleuvent pour le Rouge-gorge de cet état d'antagonisme et d'insolidarité. Car l'homme ingrat ne s'est pas contenté d'abuser odieusement de la crédulité et de la curiosité du Rouge-gorge pour l'attirer dans tous ses piéges. Après avoir exploité l'affection que lui portait l'oiseau, il a exploité la haine que l'infortuné portait à ceux de son espèce; il a forcé ces frères ennemis de se détruire et de se livrer l'un l'autre. Placez un Rouge-gorge dans sa cage à filet, à portée du Rouge-gorge libre dont vous saurez la demeure, et vous ne tarderez pas à compter un prisonnier de plus; car le libre ne manquera pas de se ruer sur le nouveau venu. C'est le même piége qu'on tend au Pinson et au Roitelet domestique. Il est simple, mais infaillible, pour tous les artistes jaloux et puissamment titrés en Cabaliste.

J'ai entendu d'indignes moralistes exciper de ce naturel batailleur et insociable du Rouge-gorge pour justifier toutes les turpitudes de la conduite de l'homme à son égard, et pour traiter l'oiseau chevaleresque de cerveau brûlé, d'anarchiste, d'espèce indisciplinable et tournée vers les idées nouvelles, d'ennemi de la famille et du repos public. J'ai honte d'être obligé de répondre à tant d'hypocrisie.

Batailleur, insociable... Comme si le progrès pouvait se faire tout seul, et les abus se déraciner d'eux-mêmes, et sans qu'on y aide un peu par les proclamations de guerres saintes, les levées de boucliers et les révolutions !

Comme si Minerve elle-même, Déesse de la Sagesse, n'était pas sortie du cerveau de Jupiter, le casque en tête et la lance à la main, pour dire que la sagesse a besoin d'être armée pour combattre l'erreur !

Mais pourquoi chercherais-je à défendre le Rouge-gorge contre les attaques des tartuffes, quand il m'est si facile de prouver que tous les défauts qu'on lui reproche valent mieux que ses qualités mêmes, quand je n'ai, pour donner cette preuve, qu'à ouvrir le premier traité venu de l'histoire du peuple français, à ses pages les plus glorieuses, aux jours d'il y a soixante ans ?... (1855)

Où la passion de la bataille et du duel était encore dans le sang de notre nation, comme dans celui du Rouge-gorge, avec le même mépris du vil trafic (araignée) et la même horreur de l'infâme (oiseau de nuit) et l'ardent besoin de jeter bas toutes les tyrannies pour élever sur leurs ruines un temple à la Concorde et à la Liberté...

Où la Grande Nation, fille aînée du Progrès, consciente de sa mission et subitement illuminée de l'Esprit-Saint, comme le Rouge-gorge, renonçait pour la première fois à ses vieilles idées de suprématie et de conquêtes territoriales, et, dans la sublime effusion des sentiments de justice et d'amour qui débordaient de son cœur, se proclamait l'amie de tous les peuples opprimés...

En ce temps-là, en effet, le peuple français fut un jour ce que le Rouge-gorge était depuis des siècles, le défenseur des faibles, le redresseur universel des torts, le champion de l'unité. Il tendit la main à l'esclave et le secoua rudement pour le forcer de relever son regard vers le ciel, et le monde actuel est encore sous le coup de cet ébranlement. La France s'est-elle diminuée le jour où elle posa l'intérêt de l'humanité au-dessus de son intérêt national? — Au contraire, puisque c'est pour cela qu'on la décora du nom de Grande.

Pourquoi alors imputer à crime au Rouge-gorge d'avoir fait toute sa vie comme la France un seul jour, de s'être séparé des siens pour se rallier à l'homme! Le Sauveur n'a-t-il pas dit que celui qui voulait le suivre devait commencer par se dépêtrer de toutes les entraves qui l'attachaient au monde, famille, propriétés, trésors!

Ainsi, là où l'ornithologiste vulgaire n'aperçoit qu'un texte d'accusation frivole contre un oiseau plein de mérites, l'analogiste découvre un motif d'apologie sérieux.

Les poltrons et les insulteurs à la ligne ont aussi l'habitude de déclamer à perte de vue contre les funestes effets de l'exagération du point d'honneur, et de déplorer la manie sanguinaire du duel, qui a peu arrêté en somme les progrès de la population. Mais les poltrons n'empêcheront pas que cette prétendue monomanie furieuse n'ait fait mille fois plus pour l'illustration et le charme de la société française que toutes les leçons des moralistes. Mettons-nous bien dans la tête que la peur du duel est le commencement de la sagesse ou du respect à la femme, ce qui est la même chose, et que sans ce vernis de bravoure chevaleresque, de galanterie et d'insoucieuse gaieté qui brillantait jadis la surface de nos mœurs, jamais l'esprit français n'eût été ce qu'il fut et n'eût conquis le monde.

Conquis le monde, hélas! ce propos me rappelle de nouveau l'ingratitude des écrivains de ma patrie envers le Rouge-gorge, si digne à tant d'égards d'inspirer les chants de la muse, et que pas un d'eux n'a chanté. L'Alouette a été plus heureuse et le Rossignol aussi, et l'Hirondelle, et beaucoup d'autres qui le méritaient moins. L'Alouette *a vaincu à Pharsale et pris Rome deux fois;* mais qui vous dit que le Rouge-gorge n'a pas vaincu plus loin encore que l'Alouette, et suivi l'Aigle victorieuse en plus de capitales? Car il semble que tous les historiens de la Révolution française se soient donné le mot pour oublier de signaler l'influence du Rouge-gorge sur le résultat des campagnes d'Italie, de Russie et d'Égypte. Et cependant cette influence n'a jamais été contestable, puisque la plus grande part de gloire acquise à nos drapeaux en ces campagnes immortelles revient aux héros de Lorraine... et que tous les héros de cette province si boisée et si calomniée avaient été élevés à l'école du Rouge-gorge.

Réparons en passant l'inexcusable oubli des historiens de la Révolution française, et protestons, par la même occasion, contre une affirmation téméraire de Michelet. Michelet est un admirable historien que je porte dans mon cœur, et que j'aime encore plus pour la noblesse et l'élévation de ses sentiments que je ne l'admire pour son immense savoir et sa haute éloquence. Je pense néanmoins qu'il a eu tort d'écrire « *que le peuple normand était le peuple héroïque de l'Europe.* »

Ce n'est pas parce que je suis originaire des rives de la Meuse, mais je crois qu'il aurait mieux fait de décerner la palme de l'héroïsme au Lorrain qu'au Normand.

Le Normand a conquis la France, l'Angleterre, la Sicile et une foule d'empires si longs et si éloignés les uns des autres, que jamais le soleil ne se couche sur ses rapines. Il a forcé les portes de la Chine et créé plusieurs nouveaux mondes où il a implanté ses machines et des populations prospères. Il a fondé enfin la plus vaste puissance industrielle et commerciale qui ait jamais été. Donc bien loin de moi la pensée de méconnaître ces hauts faits et de nier les innombrables services rendus par le Normand à la cause du progrès. Je suis prêt à crier *Rule Britannia!* et à vociférer aussi haut que quiconque en l'honneur des pionniers valeureux de l'Australie et de l'Amérique du Nord. Seulement, mon admiration pour les gigantesques efforts du génie britannique ne va pas jusqu'à me faire oublier le sens naturel des mots et à me faire confondre l'héroïsme avec le génie commercial, qui n'est pas la même chose.

Le vrai héros, en effet, d'après le langage reçu, est un être essentiellement désintéressé et enthousiaste, dominé par la sainte passion de l'Unitéisme et qui combat vaillamment pour sa foi sans jamais marchander sa vie. Assurer par sa mort le triomphe de sa cause, de sa patrie ou de sa religion, est un sort qu'il envie; il vire facilement au martyr... Tandis que le vrai trafiquant est, au contraire, un être essentiellement rassis et calme, qui calcule froidement les profits et pertes d'une affaire avant de s'y lancer; qui comprend faiblement les joies du sacrifice et ne s'enivre pas des vaines fumées de la gloire. Héroïsme, en un mot, implique, selon moi, *grandeur du but collectif* en même temps que déploiement d'un courage surhumain pour l'atteindre.... et Régulus et d'Assas, qui n'ont eu que la mort pour prix de leur dévouement, me semblent mieux répondre au beau nom de héros que les soldats marchands qui forcent à coups de canon les portes du Céleste-Empire pour vendre beaucoup d'opium ou de bonnets de coton à ses malheureux habitants.

Les poëtes sont d'accord avec moi sur cette question délicate; les poëtes, qui sont les vrais historiens des âges

héroïques. Ils se sont emparés du héros de Lorraine et
n'ont pas voulu du Normand. Les âges héroïques de
l'Europe portent quatre noms principaux : Invasion des
Barbares, Croisades, Guerre de Cent ans, Guerres de la
Révolution. Or, le premier nom qui se présente sur la
liste des héros de chacune de ces époques mémorables est
celui d'un héros lorrain.

C'est un Lorrain, un Austrasien pur sang, du nom de
Charles-Martel, qui broie de sa masse d'armes l'armée
des Sarrasins, refoule par delà les Pyrénées l'ouragan
des cavaliers arabes, soustrait l'Europe à l'Islamisme et
la femme au Harem! Pépin le Bref, le tueur de lions, et
Charlemagne, la plus grande figure du vieux monde
après Jules César, Pépin et Karl étaient Lorrains, comme
Charles-Martel.

C'est encore un chevalier lorrain, Godefroy de Bouillon,
qui commande la première croisade et qui plante le premier son étendard sur les murs de la ville sainte. Or, les
Croisades sont au moyen âge ce que fut à l'antiquité
grecque l'expédition des Argonautes. C'est le fait héroïque par excellence pour les nations chrétiennes. Voilà
près de mille ans que la poésie et la légende vivent de la
Jérusalem délivrée; mais je défie bien qu'on me taille un
semblant de poeme quelconque dans l'étoffe du casque à
mèche, qui constitue, au dire du Normand, le cinquième
élément.

Les Anglais tenaient la France, ses ports, sa capitale...,
et leur domination, qui durait depuis cent ans déjà, semblait impérissable; quand une vierge de Lorraine, âgée
de dix-huit printemps, prit en pitié les maux de la nation opprimée, arma son bras du glaive, fondit sur les
phalanges de l'insulaire comme l'ange exterminateur,
les rompit et les écrasa et les rejeta pour jamais du sol

du continent. Jeanne d'Arc était du pays des Rouges-gorges, et les historiens de son enfance rapportent qu'elle était en relation d'amitié et de sympathie avec ces petits oiseaux qui la suivaient aux champs. Elle paya son dévouement de sa vie, comme le Rouge-gorge, et subit, comme lui, le supplice du feu. N'en déplaise à Michelet, qui, lui-même, a trouvé de si éloquentes paroles pour raconter la gloire et le martyre de la vierge inspirée, je ne connais dans aucune autre histoire de figure d'héroïne plus resplendissante que celle-là.

Et les Guise et Marie Stuart! sont aussi dans un autre genre de grandes et poétiques figures, toutes taillées pour le drame, la peinture' et la statuaire. « Auprès de ces messieurs de Lorraine, dit Catherine de Médicis, tous ces grands seigneurs semblent peuple. »

En 1792, lors de la grande levée, tous les mâles de Lorraine en état de porter les armes s'enrôlèrent. Ils m'ont dit dans ma petite ville que, sur une population de près de 6,000 âmes, il ne resta au pays que trois garçons, à qui l'on donna des noms de femme. Ces volontaires furent les premiers et les derniers qui combattirent pour la défense du sol de la patrie. Un jour, en 1814, trois cents paysans de la Meurthe formèrent le projet d'enlever ou de tuer d'un seul coup l'empereur de Russie, l'empereur d'Autriche et le roi de Prusse, en s'embusquant dans une gorge étroite où les souverains devaient passer. Le coup faillit réussir et ne manqua que par l'indiscrétion de l'un des conjurés. En temps de guerre, tous les mâles de Lorraine naissent plus ou moins soldats. Le gamin de cette contrée est la matière première du grognard d'Austerlitz. Autrement dit, c'est de la graine de héros qui, semée en bon terrain et en saison convenable, produit abondamment le maréchal de France.

La preuve, c'est qu'au plus fort des batailles de la grande guerre, les quatre départements de la Lorraine étaient en possession de fournir à eux seuls la moitié environ des maréchaux de France; les cent autres s'arrangeaient ensemble pour le reste. Sous le règne du dernier roi encore, cinq maréchaux sur neuf étaient Austrasiens : deux de la Meuse, Oudinot, Gérard; deux de la Meurthe, Lobau, Molitor; un des Vosges, Victor. Ceux de la Moselle étaient morts. Les Fabert, les Chevert et la plupart des officiers de fortune de l'ancien régime étaient de ces pays-là.

La maison de Lorraine a pris l'Empire qu'elle tient encore, et avec l'Empire une portion de l'Italie, la Toscane, Modène, Venise, etc. Elle a la Hongrie et la Transylvanie; elle faillit prendre le royaume de France sous les Guise, ces héros de si haute taille, qui débutèrent comme Jeanne d'Arc, par chasser l'Anglais de France. J'ai toujours supposé que les trois merlettes de l'écusson de Lorraine étaient des Rouges-gorges. Pourquoi les aurait-on appelées des merlettes sans cela?

Maintenant, désire-t-on savoir qui donne au gamin de Lorraine cette incontestable supériorité de vaillance sur tous les autres gamins de France? C'est l'éducation de la pipée, c'est la passion du Rouge-gorge.

Dès l'âge de douze ans, la constitution du gamin de Lorraine est faite à la vie du bivouac; attendu que la chasse aux petits oiseaux des bois, la tendue et la pipée, exigent qu'on passe les nuits à la belle étoile pendant six semaines environ, du 1ᵉʳ septembre au 15 octobre, si l'on tient à bien faire. Et le voyage et la couchée dans les bois noirs, la nuit, quand on a dix ans, qu'on est seul et que les Hiboux huent, et que les grands loups hurlent, sont de fières préparations pour la vie de héros. A l'âge de quinze ans, cet élève de la nature et de la solitude déchiffre à première ouïe dans l'air tous les cris de voyage que jettent en passant les oiseaux. Il sait le canton, l'arbre, le buisson qu'affectionne chaque espèce, et les papillons de chaque plante, et la mouche du jour pour la traite. Il s'oriente par les étoiles dans l'obscurité des forêts et dit l'heure de jour et de nuit, sans montre ni soleil, et la collection d'œufs d'oiseaux qu'il a conquise de ses propres mains et au grand détriment de ses hardes à travers les épines, les rochers, les roseaux, dépasse deux cents noms...

A cette vie de Mohican, le gamin de Lorraine n'apprend pas seulement à s'aguerrir contre la peur et à mépriser le hurlement des loups; il y gagne de savoir se servir de ses mains pour fabriquer et inventer des piéges de toutes sortes, collets, rejets, raquettes. Il grimpe comme l'écureuil et nage comme la loutre. La préparation de la glu, qui est une opération savante et de longue durée, l'initie aux procédés de la chimie; la faim, aux secrets de la cuisine; le besoin de se chauffer et de se préserver de la pluie, aux arts du bûcheron, du charbonnier, du charpentier. J'ai peu connu de parfaits tendeurs qui ne fussent en même temps de parfaits rôtisseurs.

Or l'étude de toutes ces professions rentre essentiellement dans le programme de l'éducation du héros.

Aussi n'y a-t-il pas de danger que les privations de la guerre et l'accablement de la nostalgie prennent jamais sur le gamin de Lorraine, passé à l'état de surnuméraire-maréchal. La conscience qu'il a de sa haute valeur le soutient dans les mauvaises passes. Plein d'estime pour la vendange et pour le gigot de mouton, il possède assez de philosophie pour mépriser le luxe de la table, lorsque les temps sont durs, mais il n'en médit pas. Dix années de pipée vous cuirassent hermétiquement le tempérament d'un homme contre le mal du pays, la misère et le rhume de cerveau. C'est en Lorraine que l'on a retrouvé long-temps le plus de *revenus* de Russie. J'en ai connu qui avaient enseigné la raquette et le réjet aux Kirguis et ravi les oiseaux du gouvernement d'Orenbourg par des airs inédits. C'est un gamin de Lorraine, nommé Jacque-minot, le même qui rend aujourd'hui le pain béni à Meudon, qui passa le premier la Bérésina à la nage. Il a fallu un boulet pour mettre à bas Duroc, et les simples biscaïens ne purent jamais mordre à fond sur le maréchal Oudinot… J'ai consulté la chronique locale sur les com-mencements de ces illustres mangeurs de fer ; tous avaient sept à huit campagnes de pipée sur le corps, quand ils s'enrôlèrent comme soldats.

Ainsi la passion du Rouge-gorge est celle des vaillants et des forts. Elle survit chez eux au jeune âge. Après 1815, qui amena en Europe une grève générale de héros, et fit rentrer chez eux ceux qui n'étaient pas morts, beau-coup de petites villes de Lorraine en furent littéralement engorgées ; la mienne fut de ce nombre. Sa population se composait de vrais décorés pour un sixième, et je me sou-viens que les trois quarts des pipées et des tendues d'alors s'appelaient de noms de capitaines ou de commandants en demi-solde. J'ai bivouaqué cent fois aux foyers hospita-liers de ces braves qui aimaient à se consoler de leur bon-heur présent par le récit de leurs misères passées. C'est là que j'appris comment tel régiment de hussards, de dragons ou de cuirassiers, suivant que le narrateur ap-partenait à l'un ou à l'autre de ces corps, avait gagné la bataille d'Austerlitz, d'Iéna ou de Wagram. Une chose seulement dont il m'était très-difficile de me rendre compte en ce temps-là était que la race des Kinzerliques eût pu continuer à croître et à multiplier, après les boucheries épouvantables que j'en avais oui faire. Et je crois, Dieu me pardonne, qu'ils avaient fini par me brûler l'imagination avec leurs récits de victoires, et que s'il y eût eu chance de se distinguer dans la lice guerrière, quelques années plus tard, je m'y serais lancé après eux.

Ainsi la passion du Rouge-gorge métamorphose en héros d'intention... même les moins portés vers la tuerie humaine et les pousse malgré eux dans les champs de Bellone!

Étais-je en droit de réclamer pour le Rouge-gorge une place au Panthéon des illustres oiseaux de France, auprès de l'Alouette de Michelet?

Le Rouge-gorge est, de tous les membres de sa famille, le seul qui donne à la pipée et qui montre un si grand courage contre l'ennemi commun (la Chouette). Les autres se contentent de se battre et de se persécuter entre eux, ce qui dénote un caractère de titre inférieur. Le Rouge-gorge ne nous quitte pas complétement non plus à l'automne comme les Rouges-queues et les Fauvettes proprement dites. Beaucoup séjournent l'hiver autour des demeures de l'homme, où j'en ai ramassé souvent que le froid avait tués.

Le chant du Rouge-gorge est de ceux qui font fanatisme. Je n'ose pas dire que je partage l'hérésie des admirateurs exclusifs de ce chant et qui ne voient rien au-dessus; mais il est certain que le langage d'amour du Rouge-gorge m'est plus sympathique qu'aucun autre. C'est chose fort rare du reste qu'un beau chanteur de cette espèce, attendu que les malheureux virtuoses n'ont presque jamais le temps de vieillir et de se perfectionner. Il y en a qui d'eux-mêmes chantent le Rossignol et valent des prix fous.

Le Rouge-gorge niche dans les bois au fond des petites cavités souterraines pratiquées par les rats, les taupes, etc., ou bien dans quelque trou d'arbre ou de muraille près de terre, ou encore sous les voûtes obscures des souches excavées. Il ne fait qu'une couvée par an comme le Rossignol; les jeunes changent de plumage vers la fin d'août. L'unique couvée du Rouge-gorge est du reste plantureuse et elle équivaut presque à trois couvées de Fauvettes. Son nid est admirablement travaillé et ressemble à celui du Traîne-buisson pour la disposition et l'ordonnance des matériaux, ainsi que pour la souplesse et l'épaisseur du sommier de crin dont l'intérieur est garni.

On a vu, en Angleterre, un couple de Rouges-gorges à qui l'on avait donné durant l'hiver une hospitalité confortable dans une vaste serre chaude, y faire leur nid avec un plein succès au milieu de janvier; et nul doute que le fait ne se soit produit ailleurs et ne puisse se produire partout, moyennant un peu de soin. Or, jugez de ce qu'il pourrait advenir un jour pour l'embellissement de nos demeures, de l'application en grand d'un procédé d'éducation de fleurs et de Rouges-gorges, qui permettrait à l'homme de savourer en plein cœur des frimas les délices les plus raffinées de la saison d'amour; à savoir le parfum des roses et le chant des oiseaux. Retenez bien que ce sera encore le Rouge-gorge qui, pour encourager les autres chanteurs à se prêter à l'expérience et à renoncer à leurs voyages d'outre-mer, consentira le premier à se claquemurer entre quatre murailles pendant toute la rude saison. Puis le Roitelet et le Traîne-buisson imiteront son exemple; puis enfin viendront le Rossignol et la Fauvette à tête noire, etc. Je dois avoir déjà dit une fois que le ralliement spontané de toutes les jolies bêtes à l'homme était un des plus sûrs symptômes de la proche venue d'Harmonie.

Quand je quitterai ma patrie pour aller chercher une tombe sur la terre étrangère, le Rouge-gorge sera un des amis de cœur que je regretterai le plus, avec Alphonse Karr, à qui Dieu fit une si large part d'humour, de bon sens et d'esprit, et à qui je dédie les sept cents lignes qui précèdent, en manière d'adieu.

La Gorge-bleue. — La plus jolie de toutes les Bubiettes et l'un des plus beaux oiseaux de France, où la couleur d'azur est aussi rare sur les manteaux de plumes que sur le satin des corolles.

Le nom de la Gorge-bleue lui vient d'un magnifique écusson bleu clair qui lui couvre tout le poitrail et qui est marqué en son milieu d'un pois ou miroir d'un blanc pur. Cet élégant plastron repose sur une légère zone noire qui est bordée à son tour d'une ceinture blanche à franges orangé roux. La queue est bicolore et remarquable par la disposition de ses deux nuances. La première moitié est rousse, la seconde noire. Manteau uniforme cendré brun.

Le plumage de cet oiseau subit de grandes modifications avec l'âge. Le miroir blanc de l'écusson semble être d'abord un attribut spécial de la jeunesse qui disparaît chez les vieux ; puis la bordure roux orangé de la poitrine empiète à chaque mue, sur la blanche et la noire et finit par les absorber. Quelques auteurs parlent bien d'une seconde espèce de Gorge-bleue, qui serait particulière à la Suède et qui se distinguerait de la nôtre par la couleur de son miroir orangé roux ; mais rien n'empêche de croire jusqu'à plus ample informé que cette Gorge-bleue à miroir jaune ne soit la Gorge-bleue à miroir blanc, parvenue à un âge très-avancé, et chez laquelle l'empiètement de la couleur fauve aurait continué ses progrès.

La Gorge-bleue, par la mobilité et par la couleur de sa queue, par ses allures et par ses habitudes, se rapproche beaucoup plus du genre Rouge-queue que du genre Rouge-gorge. Elle est plus riveraine et plus buissonnière que cette dernière espèce; elle se plaît dans les oseraies, les saules et les tamarix, et fréquente presque exclusivement les buissons des plaines basses, les bordures boisées des étangs et des petites rivières. Ce qui n'a pas empêché quelques nomenclateurs illustres, mais aveugles, de faire de la Gorge-bleue un Rouge-gorge, et même de l'appeler le *Rouge-gorge gorge-bleue*, pour le distinguer de l'autre... tant l'amour du chaos est puissant sur certaine classe humaine! Je crois avoir agi d'une manière plus rationnelle et plus conforme aux vœux de la nature en faisant de la Gorge-bleue un Rouge-queue, parce qu'elle a la queue rouge. Dites Rouge-queue à gorge bleue, si bon vous semble, le sens commun ne s'y oppose pas; mais pour l'amour du ciel, n'appelez pas Rouge-gorge l'oiseau qui a la gorge bleue.

La Gorge-bleue niche dans le creux des saules et sous les racines, comme le Rouge-gorge, et aussi dans les piles de bois entassées près des berges des rivières. Elle passe isolément et fait peu parler d'elle. Elle adore les mûres de ronces; je l'ai prise quelquefois à la raquette dans les avenues de pois des jardins. C'est un rôti parfait.

Son chant est doux et suave; seulement elle a peu de voix et ne chante que pour un petit cercle d'intimes. Les couples se cantonnent comme les Rouges-gorges et les Rossignols et se font des misères sans fin. C'est une espèce assez rare et très-belle, mais qui en captivité a le double inconvénient de ne rien dire et d'être privée de sa queue la moitié de l'année.

Le Rouge-queue. — Beaucoup mieux dit *Queue-rousse*, qui est son nom populaire dans une foule de localités de France, et particulièrement dans les environs de Paris. Espèce que l'on confond toujours avec le Rossignol de muraille qu'on prend et qu'on vend avec elle, et qui ne lui est pas inférieur sous le rapport de l'embonpoint, de la blancheur et de la délicatesse de la chair.

Le Rouge-queue est celui qui a la gorge, la poitrine, les joues et le tour du bec très-noirs, le croupion et la queue d'un roux vif. On pourrait l'appeler le Rouge-queue à plastron noir, pour le distinguer du Rouge-queue précédent, qui a le plastron bleu, et du suivant qui a le plastron orangé. Ce dernier, qui est connu sous le nom de Rossignol de muraille, a, en effet, le poitrail et tout le devant du corps jusque sous les ailes orangé roux, la gorge noire, la queue un peu moins rouge, le front et les sourcils blancs. Il existe une quatrième espèce de Rouge-queue, découverte il y a peu d'années par l'abbé Caire, et qui vit dans la région des neiges, aux environs de Barcelonnette. Cette quatrième espèce, dont le costume diffère peu de celui du Rouge-queue à plastron orangé, a reçu le nom de son parrain. Je ne la connaissais pas lors de la publication de la première édition de ce livre, ce qui explique l'omission dont je m'étais rendu coupable et que je m'empresse aujourd'hui de réparer. M. l'abbé Caire est un des ornithologistes les plus éclairés et les plus dévoués à la science, et personne ne méritait mieux que lui l'honneur que lui ont fait ses collègues, de baptiser de son nom l'espèce dont il a enrichi la faune de sa patrie.

Les femelles de toutes ces espèces sont un peu plus difficiles à distinguer que les mâles. Le pied noir, qui est presque toujours pour les oiseaux gris un certificat de délicatesse exquise, est un attribut commun aux quatre espèces. Leur manière de vivre et d'aimer est aussi la même, et je connais peu d'espèces voisines qui se r essem blent plus et par plus de côtés.

Le Rouge-queue, le Rossignol de muraille et le Rouge-queue des neiges nichent dans les trous de murs à toutes les hauteurs. J'ai vu des nids des deux premières espèces dans cinquante vieilles tours de châteaux et de cathédrales à trente mètres de terre, c'est-à-dire à des élévations qui donneraient le vertige au Moineau Franc et à l'Hirondelle, et où se plaisent seulement le Sansonnet, le Choucas, le Martinet et la Chouette. Tous deux nichent aussi à terre, dans la mousse verte qui enveloppe le pied des souches, sous les racines creuses, à travers les piles de bois, sous les tuiles. Ils s'attachent volontiers à la place qu'ils ont choisie pour domicile dans une habitation et y reviennent chaque année. On connaît l'histoire de cette famille de Rouges-queues qui demeura pendant une vingtaine d'années dans la même boîte de corps de pompe, se transmettant l'héritage de cette propriété de mère en fille. Une fois que la machine ne jouait plus, et que le maître avait été forcé de faire venir des ouvriers pour la remettre en état de service, les Rouges-queues contrariés émigrèrent et furent trois ans sans revenir, après quoi leur bouderie cessa. Il faut croire que le bruit et le tremblement qui accompagnent chaque descente et chaque montée du piston dans son tube ont pour cette espèce-là un charme tout spécial. Je connais intimement à l'heure qu'il est une famille de Rossignols de muraille que j'ai rencontrée chez un de mes amis, à Maisons, et qui habite depuis une dizaine d'années l'intérieur d'une fontaine en terre cuite placée au milieu du jardin. Ces deux espèces ne font qu'une couvée par an, mais une couvée plantureuse.

Le Rossignol de muraille hante plus volontiers les hautes tours que le Rouge-queue. Ses œufs sont d'un beau bleu d'azur sans taches, tandis que ceux du Rouge-queue sont blancs, comme ceux du Rouge-queue des Alpes.

M. l'abbé Caire affirme que son espèce est plus féconde et pond deux fois par an ; la première fois au mois d'avril dans les régions habitées par l'homme, la seconde fois en juillet vers la limite des neiges éternelles.

Les chants des Rouges-queues sont modestes comme celui de la Gorge-bleue. Ils les font entendre de très-grand matin ou très-tard, et ne chantent guère que deux mois de l'an. Ils se détestent du reste cordialement entre eux comme les Rouges-gorges, et passent isolément. Mais les Rouges-queues sont de vrais voyageurs qui franchissent hardiment la Méditerranée et abordent par grandes masses les collines boisées des Sahels de toute la côte africaine, où les Arabes leur tendent des piéges si primitifs et si patriarcaux que je n'ai jamais compris qu'un oiseau sensé pût s'y prendre. C'est, par exemple, un trébuchet formé d'une simple feuille de cactus, suspendue par une bûchette au-dessus d'une petite fossette creusée dans le sable avec le bout du pied et dans laquelle il faut que le Rouge-queue descende pour déplacer l'étançon et faire tomber la trappe. Il n'y avait dans la nature entière qu'un Rouge-queue ou qu'un Rossignol de muraille qui pût avoir besoin de faire aller cette machine-là.

L'invention de ce piége, qui doit remonter à Jacob, prouve que l'innocence et la curiosité de la famille des Rubiettes furent connues de toute antiquité des peuples du désert et exploitées par eux. Mais il faut que la leçon des malheurs passés de leur race n'ait guère profité aux Rouges-queues, puisque les pauvres oiseaux sont encore aujourd'hui, sur tous les points du globe qu'ils parcourent, l'objet d'une persécution atroce. La terre de France est surtout celle qui leur est la plus inhospitalière et la plus ennemie. Le Rouge-queue et le Rossignol de muraille constituent, avec le Rouge-gorge, le Gobe-mouche et la Grive, les principaux éléments de la tendue aux raquettes, qui se fait en Lorraine sur la plus vaste échelle, et qu'il faut bien se garder de confondre avec la pipée qui est une chasse à la glu. J'ai vu en ce pays-là, dans mon enfance, tous les sentiers et toutes les lisières des bois, tous les mangeoirs et tous les abreuvoirs quelconques des forêts garnis, pendant des vingtaines de lieues de suite, de piéges si serrés et si drus, qu'il était à peu près impossible aux malheureuses espèces obligées de passer par cette voie scélérate de mettre pied à terre sans donner dans un guet-apens. J'ignore si la loi de mai 1844 a calmé un peu cette rage de tuerie, et si les préfets de Lorraine ont osé rappeler le garde forestier de cette contrée à son devoir et à la pudeur; mais j'affirme que la chose est à faire, si elle n'a pas été faite, et qu'il est urgent d'imposer un frein à la cupidité et à la barbarie des tendeurs de raquettes, dans le triple intérêt de la moralité, de la salubrité et de la prospérité publiques. Car il est inutile de nous abuser plus longtemps sur les périls de la situation actuelle. La fortune territoriale de la France est totalement compromise en ce moment par ces débordements scandaleux d'insectes dévorants qui envahissent toutes les cultures l'une après l'autre, et qui ne tarderont pas à demeurer les seuls maîtres du sol si l'administration n'y met ordre. Or, la première mesure à prendre pour arrêter le fléau de la contagion dévastatrice n'est pas de consulter les savants sur la question de savoir si c'est par un champignon ou par un ver que les vignes et les pommes de terre sont mangées, mais d'empêcher ces plantes de périr, en plaçant au plus vite sous la sauvegarde de la loi les petits oiseaux insectivores à qui Dieu a commis le soin de sauvegarder les récoltes de l'homme. Et il n'est que temps, je le répète, d'appliquer au mal le remède que la nature prévoyante a mis elle-même auprès de lui, et qui consiste, par exemple, à interdire absolument la chasse aux petits oiseaux pendant un certain nombre d'années.

Il y avait bien des années et aussi bien des lustres que j'avais signalé ces périls, sans que mes plaintes fussent parvenues aux oreilles du pouvoir, quand heureusement quelques sociétés agricoles, sans le savoir peut-être, s'en sont faites les échos, et ont eu assez de puissance pour provoquer des mesures administratives sagement conservatrices et appeler l'attention de la législature sur ce grave sujet. Une grande et éternelle reconnaissance sera due par la nation tout entière aux comices agricoles de Nancy et de Toulon, et à M. le sénateur Bonjean, de qui l'initiative éclairée a fini par placer sous la protection de la loi les espèces ailées utiles à l'agriculture.

Hélas! si je demande à la loi de se mettre en travers des jouissances des libres tendeurs, c'est que je sais mieux que personne l'attrait pernicieux de ces amusements barbares, ayant été moi-même bourreau de Rouges-gorges en mon enfance, à l'âge où l'on est sans pitié. C'est parce que je veux épargner à mes complices le chagrin futur de mes remords, que je réclame formellement la prohibition absolue de la raquette et du collet comme engins de chasse aux petites bêtes. Le collet est un piége odieux où tout gibier qui se prend souffre et se détériore par suite des violents efforts qu'il fait pour se débarrasser. Aussi le nom de colleteur désigne-t-il spécialement, dans la langue de chasse, les braconniers de la plus vile espèce. Quant à la raquette, c'est un abominable instrument de torture qui ne peut servir qu'à dresser l'enfance à la pratique du métier de bourreau. La raquette porte témoignage de cruauté contre la législation qui la tolère. Les oiseaux qui s'y prennent commencent par s'y briser horriblement les pattes et meurent dans d'atroces souffrances, pendus la tête en bas, après de longues heures d'agonie. Je suppose que ces Athéniens si justes qui condamnèrent Xénocrate à l'amende pour n'avoir pas écouté la pitié en faveur du petit oiseau qui s'était réfugié dans son sein, auraient au moins banni du territoire de leur république les tendeurs de raquettes. Je ne requiers pas un châtiment aussi dur contre les tortureurs de Rouges-gorges, et me contenterais pour la première fois d'une amende ruineuse avec la privation du droit de chasse et l'interdiction de toute fonction publique; mais je serais impitoyable pour la récidive, surtout à l'égard des parents, estimant que la loi ne peut punir trop sévèrement le père qui apprend à son fils, ou bien lui laisse apprendre la dureté de cœur et l'insensibilité aux souffrances d'autrui. Quand les hommes, convaincus par une longue et cruelle expérience de leur inaptitude suprême à régir les choses de ce monde, auront à la fin abdiqué en faveur de l'autre sexe, un des premiers actes du gouvernement nouveau sera de supprimer sur-le-champ, pour tous les êtres, tous les genres d'oppression, tous les instruments de torture, et d'envoyer la raquette, le knout et la férule rejoindre le rudiment de Lhomond dans la nuit éternelle. Mais que de tribulations, de couleuvres et de pensums avaleront encore les pauvres bêtes et les pauvres enfants jusque-là !

Le Rouge-queue, le Rossignol de muraille, le Rouge-gorge et le Gobe-mouche, qui sont à peu près de la même taille et possèdent les mêmes qualités de chair, sont les quatre espèces célèbres qui se vendent sur tous les marchés des villes de Lorraine en septembre et octobre, sous le nom collectif de *petites bêtes*, et s'expédient de là sur toutes les capitales. La Grive est dite *grosse bête*, comme le Merle. Le commerce de l'exportation des petites bêtes s'opère sur des myriades de douzaines, mais son chiffre n'approche pas de celui de la consommation locale. Il y a dans ces pays-là une époque de l'année qui dure six semaines, et pendant laquelle on peut voir tous les jours, à certaines heures, les ménagères des petites villes gravement occupées sur le seuil de leurs portes à plumer les oiseaux capturés de la veille. En ce temps-là l'air du pays ne voiture que des émanations savoureuses et des parfums de brochette, et le passant ne peut faire un pas sans fouler aux pieds les dépouilles des Rouges-gorges et des Rossignols de muraille dont le manteau orangé se détache harmonieusement du manteau noir des Merles sur le pavé des rues.

Le Rossignol. — Du latin *Luscinia*, par l'italien *Uscinia*, *Usciniola*, *Rossignol*. Nom absurde et déshonoré par une foule d'homonymes honteux; nom antiscientifique et que se sont bien gardés d'adopter les Allemands, qui ont appelé l'oiseau de son véritable nom *Nachtigall*, c'est-à-dire *chantre de la nuit*. Les Anglais écrivent *Nightingale* et prononcent *Naïtine*... Je ne vais pas plus loin de peur de me compromettre. On ne saurait trop hésiter à traduire la prononciation d'une langue dans laquelle le mot *colonel* est le seul où l'*r* s'accentue.

Le Rossignol n'a pas à se plaindre, comme le Rouge-gorge et le Becfigue, que la poésie et l'histoire aient été ingrates à ses mérites. On l'a chanté dans toutes les langues des pays qu'il habite. On a écrit sur lui cent traités spéciaux. Toutes les littératures du Midi, de l'Orient, de l'Occident et du Nord retentissent de ses apologies. Je ne sache pas de grand poëte, à commencer par Euripide et par Virgile chez les anciens, et à finir par Lamartine chez les modernes, qui ne se soit cru obligé de lui consacrer une strophe mélodieuse. Pour tous les écrivains inspirés, sacrés comme profanes, Philomèle est la personnification de l'éloquence suprême.

Euripide, pour donner une idée du charme de la parole d'Ulysse, la compare au chant du Rossignol. Saint Grégoire de Nazianze retrouve dans les écrits de l'école d'Athènes le style harmonieux et sonore du prince des chanteurs ailés. Les farouches sectateurs de Luther reconnaissent la mission divine de PHILippe MÉLanchton et la supériorité de son éloquence sans seconde, à ce que les deux syllabes initiales de ses noms reproduisent quasiment le nom de Philomèle.

Or, comme il est dans les dons de l'analogie passionnelle d'inspirer heureusement les esprits qu'elle éclaire, il est constamment advenu que le succès a couronné l'allégorie et la comparaison tirées du Rossignol. Ainsi aucune Muse n'a probablement modulé dans aucune autre langue de plus mélancoliques et plus suaves accents que celle de Virgile comparant les regrets d'Orphée qui pleure son Eurydice à ceux de Philomèle qui pleure ses petits : *Qualis populeâ mœrens...* L'inspiration d'amour qui parfume le texte latin est si pénétrante et si vive qu'elle a réussi à passer par la traduction de Delille :

> Telle, sur un rameau, durant la nuit obscure,
> Philomèle plaintive attendrit la nature,
> Accuse en gémissant l'oiseleur inhumain,
> Qui, glissant dans son nid une furtive main,
> Ravit ces tendres fruits que l'amour fit éclore
> Et qu'un léger duvet ne couvrait pas encore.

Le chantre des *Harmonies*, dont la harpe aussi mélodieuse que celle de Virgile, vibre plus puissamment sous le souffle d'amour, Lamartine se surpasse lui-même dans la peinture du chant du Rossignol. Relisez *Jocelyn*, une histoire touchante qui retrouve toujours le chemin de vos larmes, l'histoire de deux pauvres enfants perdus dans un désert de glace et qui s'aiment et s'ignorent sous le regard de Dieu. Ouvrez le livre à cette page orageuse de la matinée de mai, où l'haleine fiévreuse du printemps verse au cœur des deux innocents des troubles inconnus, où le besoin d'aimer fait explosion dans la poitrine de Laurence qui cherche en son extase... *Une langue de feu — Pour crier de bonheur vers la nature et Dieu.* Écoutez, écoutez:

LAURENCE.

> Vois dans son nid la muette femelle
> Du rossignol qui couve ses doux œufs,
> Comme l'amour lui fait enfler son aile
> Pour que le froid ne tombe pas sur eux !
>
> Son cou, que dresse un peu d'inquiétude,
> Surmonte seul la conque où dort son fruit,
> Et son bel œil éteint de lassitude,
> Clos de sommeil, se rouvre au moindre bruit.
>
> Pour ses petits son souci la consume;
> Son blond duvet à ma voix a frémi;
> On voit son cœur palpiter sous sa plume
> Et le nid tremble à son souffle endormi.
>
> A ce doux soin quelle force l'enchaîne?
> Ah ! c'est le chant du mâle dans les bois,

> Qui, suspendu sur la cime du chêne,
> Fait ruisseler les ondes de sa voix !
>
> Oh ! l'entends-tu distiller goutte à goutte
> Ses lents soupirs après ses vifs transports,
> Puis de son arbre étourdissant la voûte,
> Faire écumer ses cascades d'accords ?
>
> A ce rameau qui l'attache lui-même ?
> Et qui le fait s'épuiser de langueur ?
> C'est que sa voix vibre dans ce qu'il aime
> Et que son chant y tombe dans un cœur !
>
> Dans ses accents sa femelle ravie
> Veille attentive en oubliant le jour ;
> La saison fuit, l'œuf éclot, et la vie
> N'est que printemps, que musique et qu'amour !
>
> Bien de bonheur ! que cette vie est belle !
> Ah ! dans mon sein je me sens aujourd'hui
> Assez d'amour pour reposer comme elle
> Et de transports pour chanter comme lui.

N'est-ce pas que jamais la passion n'a parlé par une bouche humaine un langage plus sublime et plus incendiaire, et que l'infortunée Didon est bien pâle auprès de Laurence, et même Roméo, qui veut trop s'en aller ? N'est-ce pas que le pauvre historien des bêtes qui a commis l'imprudence d'illustrer son récit de tels vers, est tenu de demander pardon à ses lecteurs d'oser encore leur servir sa vile prose après ?

Aucune gloire, aucune chance heureuse n'a donc manqué au Rossignol. Comme il a des panégyristes qui s'appellent Virgile, Ovide, Lamartine, etc., il a des historiens nommés Pline, Buffon, etc., etc. Jean-Jacques déclare, en ses *Confessions*, qu'il n'a jamais entendu le chant du Rossignol sans être vivement ému. Le naturaliste latin savait les mœurs de l'oiseau, il y a dix-sept siècles, comme nous les savons aujourd'hui ; mais la mythologie grecque a erré sur son compte.

La tradition mythologique s'est trompée, pour avoir fait de Philomèle le type d'une princesse athénienne célèbre par sa beauté, à qui son beau-frère luxurieux aurait infligé un outrage et puis coupé la langue pour l'empêcher de divulguer son crime. Ce signalement de princesse de sang royal, belle et muette, ne reproduit aucunement les traits du Rossignol, qui n'est ni beau ni muet, et qui d'ailleurs serait parfaitement incapable d'égorger un neveu pour le faire manger à son père, comme le fit, dit l'histoire, la princesse outragée. Donc je crains fort que ceux qui ont cru, d'après la fable, que la romance du Rossignol était une complainte sur les malheurs de Philomèle et sur la perversité de Térée, n'aient été dupes de leur crédulité. La romance ou plutôt le nocturne du Rossignol n'est pas une complainte, mais bien une élégie amoureuse écrite pour une voix seule par un maëstro passionné. Et la passion brûlante qui respire en ce poëme et empêche de dormir l'infortuné *inamorato*, est la double jalousie de l'art et de l'amour.

Le Rossignol, en effet, ne chante pas seulement pour attendrir le cœur de sa maîtresse et charmer ses ennuis; il chante aussi et surtout pour qu'on l'admire et pour qu'on l'applaudisse; il chante pour faire taire ses rivaux, pour les écraser sous le poids de sa supériorité, pour les tenir à distance du canton qu'il s'est adjugé. S'il n'atteint pas ce dernier but par la force de ses poumons, il a recours au combat ordinaire, au combat corps à corps; car il faut, d'une manière ou de l'autre, qu'on lui fasse place nette. S'il est vaincu dans cette nouvelle rencontre, il s'expatrie comme le Pinson et va bien loin cacher sa honte. Beaucoup meurent, sur le terrain, du dépit de la défaite et des blessures reçues. On ne comprend pas, à première vue, qu'une épée aussi peu offensive qu'un bec

de Rossignol ou de Rouge-gorge puisse donner la mort ;
mais le fait se reproduit si fréquemment qu'il n'est pas
même contestable. L'habitude des duels à outrance se
retrouve jusque chez les Fauvettes proprement dites, qui
ont l'esprit moins batailleur que les Rossignols, et chez
les Roitelets, qui ont le bec encore plus mou et encore
plus inoffensif que les Fauvettes.

La quinzaine qui suit l'arrivée des Rossignols parmi
nous est l'époque habituelle de ces joûtes terribles. Les
mâles, dans ces espèces, précèdent les femelles d'une semaine ou deux, afin d'avoir terminé leurs querelles pour
le jour où celles-ci arrivent, et pour être en mesure d'offrir un établissement convenable aux belles voyageuses
en quête de maris. Ainsi procèdent les Ortolans et
quelques milliers d'autres. Cette précession des mâles,
dont la cause était demeurée jusqu'ici un mystère
pour la science, n'intriguera plus personne désormais.

L'avenir des Rossignols dépendant du triomphe obtenu
dans ces concours de musique vocale, on conçoit toute
l'importance que les pères de famille et les enfants mâles
de cette espèce attachent à l'étude du chant. Il n'y a peut-
être pas un seul département de France où l'ardeur immodérée qu'apportent à cette étude les jeunes Rossignols, ne fasse chaque année des victimes. Ainsi dans
nos colléges, des centaines de malheureux enfants s'a-
brutissent l'intelligence en des travaux ingrats pour acquérir le titre glorieux d'élève de l'École Polytechnique,
et payent quelquefois de leur santé ou de leur vie cette
noble ambition.

Il résulte de cette tension perpétuelle de l'esprit des
Rossignols vers le progrès et la perfectibilité, que quelques-uns des mieux doués acquièrent des talents supérieurs qui leur assurent le monopole des honneurs et des

places. Heureux sont les fils de tels pères, car ceux-ci,
naturellement jaloux de perpétuer l'illustration de leur
nom et de faire souche de virtuoses, s'imposent comme
un devoir de pousser leurs héritiers dans la voie du succès, en les initiant à tous les secrets de la méthode et à
toutes les rubriques du métier. De là l'illustration sécu-
laire de telles ou telles familles, de tel ou tel canton, de
la famille des Rossignols de Romainville, par exemple,
ou de celle des Fauvettes à tête noire d'Auteuil. Mais,
de même qu'il est pour les Rossignols des contrées privilégiées où semble s'être réfugié l'atticisme du beau langage, il est des Béoties, par contre, où fleurit le patois et
dont les malheureux indigènes n'émettent pas une note
qui ne devienne aussitôt le texte de mauvais quolibets.
Les Fauvettes du bel air sont peut-être plus impitoyables
encore pour le purisme de la phrase que les jolies par-
leuses des salons de Paris.

Bechstein, naturaliste allemand qui a fait sur l'histoire
des Rossignols de profondes études, va jusqu'à affirmer
que le chant nocturne est un privilége aristocratique,
appartenant à certaines familles de cette espèce, mais non
à toutes, et se transmettant par le sang.

Le chant d'un Rossignol parfait renferme habituellement vingt-quatre strophes, sans compter les ornements
et les fioritures dont l'artiste brode ses finales. On a calculé aussi que la portée de la voix du Rossignol égalait
celle de la voix de l'homme et s'entendait de plus d'un
kilomètre.

Retenons bien que tout ce que je viens de dire, à propos du Rossignol, espèce pivotale du groupe des Ténors,
s'applique à tous ses membres et peut même s'étendre à
l'immense majorité des Chanteurs des trois autres séries.
Faisons encore cette observation importante : que les

grands talents ne s'acquièrent qu'en pleine liberté, et qu'aucune serinette quelconque ne saurait suppléer, pour les oiseaux chanteurs, les maîtres que leur a donnés la nature. Un Merle, un Rossignol, un Rouge-gorge pris dans les bois, à l'époque de la maturité de leur talent, chantent bien plus souvent en cage qu'en liberté, parce qu'étant débarrassés du soin de chercher leur nourriture, ils ont plus de temps à consacrer à l'art; mais il leur manque toujours, pour accentuer leur voix, ce mobile tout-puissant de l'émulation et du génie, l'amour, la passion sainte qui ne se remplace pas. Il y a de l'oiseau chanteur *pris de filet*, au chanteur *de brochette* (élevé en cage) une différence de valeur qui ne se calcule pas. J'ai connu, rue de la Victoire, chez un riche portier amateur, un Rossignol de Romainville, pris de filet, dont on offrait cinquante écus; mais je ne sache pas que jamais Rossignol de brochette ait été payé 25 francs.

Or, sachez que tout ce qui précède a été dit par Pline, il y a dix-sept cents ans et plus, et dans un excellent langage. Le grand naturaliste romain a assisté en personne aux leçons de chant données par le Rossignol à ses fils; il a admiré l'attention soutenue et le respect avec lequel les jeunes élèves écoutaient la parole de leur professeur et accueillaient ses remontrances. Il affirme qu'il est impossible de rencontrer deux Rossignols de mérite égal, ce qui est vrai. Il trouve enfin une hyperbole sublime pour peindre la frénésie de cabaliste qui pousse au combat les rivaux : « *Victa morte sœpè finit vitam, spiritu prius deficiente quam cantu.* » (Plus d'une fois le vaincu finit sa vie par la mort, le souffle lui manquant avant le chant.)

Il modulait encor, qu'il n'était déjà plus...

Les oiseliers de l'antiquité savaient aussi bien que nos

oiseliers modernes que le Rossignol *mis au trou* perdait incontinent le désir et la faculté de chanter. La mise au trou est un procédé par lequel on arrête une Fauvette ou un Rossignol au milieu de son chant d'amour au printemps, pour le lui faire reprendre plus tard, vers la fin de l'été, au temps où les oiseaux ne chantent plus. Il consiste tout simplement à emprisonner l'oiseau pendant soixante jours dans une armoire sombre. Le captif, tout joyeux de revoir la lumière, entonne incontinent une hymne d'allégresse en l'honneur du soleil. Et voilà ses chants retrouvés.

On sait par les poésies d'Horace quel grand cas les gourmands de Rome faisaient de la chair du Rossignol, qui se servait rôti sur un lit de confitures (au miel). La brochette de Rossignols était en ce temps-là une éprouvette gastrosophique pour les amphitryons de première classe, les Ésope et les Lucullus. La valeur de l'oiseau chanteur atteignait des chiffres encore plus fabuleux que celle de l'oiseau mort. Dans les beaux jours de la grandeur romaine, disent les écrivains de cette époque, les Rossignols bien appris se vendaient plus cher que les esclaves. On en donna un blanc à l'impératrice Agrippine qui avait coûté 6,000 sesterces (quinze cents francs de notre monnaie). Ce prix exorbitant ne serait encore, assure-t-on, que la moitié de la valeur courante des bons Rossignols au Japon.

Les mêmes historiens qui nous ont transmis ces détails rapportent que la passion des Rossignols était endémique dans la famille des Césars, et que Drusus et Britannicus, fils de Claude, possédaient plusieurs de ces oiseaux qui savaient plusieurs langues et parlaient indifféremment le latin et le grec. Conrad Gessner a raconté sérieusement aussi l'histoire de deux Rossignols de Ratisbonne qui

avaient l'habitude de causer *en allemand* la nuit, sur tout
ce qu'ils avaient entendu dire autour d'eux durant le
jour. J'ai grande peine à admettre que tout soit vrai
dans ces récits.

On a cru longtemps encore que les Rossignols s'en-
gourdissaient pendant l'hiver et passaient la rude saison ensevelis dans des troncs d'arbres d'où il ressusci-
taient au printemps; mais on sait aujourd'hui que cette
version n'est pas plus exacte que celle qui attribuait aux
Sizerins la singulière habitude de se métamorphoser en
mulots à l'approche du froid pour chercher un asile dans
le sein de la terre.

Les Rossignols quittent la France de très-bonne heure,
dès les premiers jours d'août, et leur passage est presque
complétement effectué vers le 5 septembre. Ils ne traversent pas la mer en ligne directe, mais se dirigent vers
l'Est et se rendent en Égypte par la Hongrie, la Dalma-
tie, l'Épire et les îles de l'Archipel. Ils ne donnent pas à
la pipée et sont presque tous partis à l'époque de l'ouverture de la tendue, c'est-à-dire au 1er septembre, ce
qui est cause qu'il en échappe beaucoup aux oiseleurs.

On a vu, par le chiffre des hauts et des bas prix que
j'ai donnés ci-dessus, que les oiseaux se vendent moins
cher au marché Saint-Germain du Paris moderne qu'ils
ne se vendaient au marché de l'ancienne Rome. La ville
de Troyes en Champagne, si célèbre déjà par son commerce d'andouilles et de bonnets de coton, est, de toutes
les cités de France, celle qui se livre avec le plus de succès à l'élève du Rossignol. Le monopole de cette industrie intéressante y est entre les mains des cordonniers,
comme à Paris l'élève des Canaris et à Strasbourg l'engraissement des Oies.

Le Rossignol recherche les voûtes des frais ombrages,

le voisinage des ruisseaux, des prairies et des habitations isolées. Il préfère à toute autre demeure l'allée ombreuse et solitaire du parc, propice aux promenades sentimentales et à la rêverie et d'où il peut être entendu de la compagnie du château; car il a conscience de la supériorité de ses chants et il a besoin qu'on l'écoute. Il niche à terre, au sein des tapis de pervenches, de lierre ou de mousse verte qui couvrent les ados de fossés, ou encore au milieu d'une touffe de houx, de hêtre ou de charmille. Son nid, assez mal fait, repose sur un lit de feuilles mortes pressées, agglutinées, stratifiées par couches épaisses. Ce nid n'ayant jamais été bâti que pour être placé dans d'autres tas de feuilles sèches, je m'étonne que Temmynck, et après lui l'auteur de l'*Ornithologie du Gard*, se soient avisés de *le placer sur les arbustes adossés contre un mur ou dans de gros buissons*, etc. Quelque chose me dit que ce savant hollandais, qui connaît mieux que personne les oiseaux empaillés, est moins fort que moi sur les nids, et qu'il a moins souvent affligé ses parents que moi les miens dans son bas âge, par le piteux spectacle de ses hardes dévastées. La femelle pond, dans ce nid de feuillage, cinq œufs d'un vert olive foncé, marqués au gros bout d'une tache blanche. Les petits quittent le nid de trop bonne heure, comme toutes les Fauvettes. Le Rossignol n'élève qu'une couvée par an.

Puisque les savants d'autrefois ont tout dit sur le Rossignol, la beauté et la variété de ses chants, la délicatesse de sa chair, ses batailles et sa jalousie, sa curiosité excessive qui le porte à vouloir essayer tous les piéges, etc., puisqu'il n'y a pas à le défendre d'un déni de justice, je ne vois pas la nécessité de prolonger une notice qui n'apprendrait rien à personne.

Le Rossignol est l'emblème de l'harmonie solitaire et de la poésie élégiaque qui aime à gémir sur les tombes et à conter ses peines aux échos de la nuit.

La Philomèle.—Une autre espèce de Rossignol, un peu plus grosse et un peu plus roussâtre de ton que la précédente, plus solitaire aussi et plus amie des eaux. La voix de la Philomèle a plus de portée et plus d'éclat encore que celle du Rossignol ordinaire, et son chant a plus de durée; mais ce chant est loin de valoir l'autre pour la variété, la souplesse et le liant des modulations. Il est haché, heurté et dénué de ces prolongements solennels et de ces finales harmoniques qui donnent tant d'expression et de charme au langage du Rossignol vulgaire. La Philomèle a, en outre, le défaut de parler trop haut pour le tête-à-tête de la chambre; et comme elle chante toute la nuit, quand elle est de bonne humeur, elle indispose facilement le voisinage par la sonorité de son verbe. Il y a beaucoup de gens qui ne peuvent pas souffrir le Rossignol et qui se lèvent la nuit pour le faire taire. De ce nombre était sans doute l'agronome Mathieu de Dombasle, qui écrivit de si déplorables dédicaces au Dauphin et de si fâcheuses diatribes contre le Rossignol.

Rare en France et d'assez grand prix.

Les immenses progrès qu'a faits depuis vingt-cinq ans en Europe l'art d'élever les oiseaux donnent lieu d'espérer que l'homme se sera rendu maître avant peu de tous les grands chanteurs, et qu'il les fera nicher dans sa demeure. Et comme il lui sera facile de choisir les types reproducteurs, il arrivera qu'au bout d'un certain temps, de plusieurs siècles peut-être, les plus excellentes méthodes de chant auront prévalu parmi l'universalité des espèces chanteuses, et vulgarisé le talent dans des proportions indicibles. Les jeunes oiseaux de cette catégorie sont, en effet, si désireux de s'instruire et naturellement si pleins de goût, qu'il suffit de mettre à leur portée un exemple du mieux pour qu'ils cherchent à l'imiter sur-le-champ. Et le progrès gagnera jusqu'aux tribus primitives des Fauvettes et des Rossignols de Russie, si barbares encore, si incultes et si illettrées.

Groupe des Mérulidés (Merles et Grives).—24 genres; 244 espèces. Neuf espèces françaises.

Le groupe des Mérulidés de France se divise en deux familles; l'une dite des Merles, l'autre des Grives.

C'est le groupe le plus important de la série naturelle de la Basse. La plupart des oiseaux qui le composent sont des chanteurs, des architectes et des tisseurs du plus haut titre. Leur voix est veloutée et grave, leur ramage varié, élégant et susceptible de perfectionnement par l'étude. En leur qualité de basses, les Grives et les Merles sont les plus gros de tous les oiseaux chanteurs et ils adorent comme on sait, la vendange. *Altéré comme une basse*, dit-on généralement.

Toutes les espèces du groupe vivent d'insectes et de mollusques pendant le printemps et une partie de l'été, de fruits rouges et de toutes sortes de baies pendant le reste de l'année. Les vers de terre et les escargots sont les principaux éléments de leur nourriture animale. On sait leur passion pour les cerises, les raisins, les alizes, les senelles, les baies du sorbier et du genévrier. Les Merles de Corse se nourrissent principalement de baies de myrte. Le Merle d'eau vit d'insectes aquatiques qu'il cueille au fond des ondes, dans le lit des torrents. Il n'y a peut-être pas une seule de ces espèces qui n'ait contribué à l'illustration gastrosophique du groupe dans une proportion estimable; presque toutes donnent à la pipée.

Tous ces oiseaux sont voyageurs. Quelques Merles cependant, et ceux de Paris dans le nombre, ne quittent pas leur patrie l'hiver, mais l'exception n'infirme pas la règle générale; les Merles sont, comme les Grives, des oiseaux de passage. Telle espèce voyage de jour et par escadrons serrés, telle autre isolément et de nuit. Aucune ne dépasse, dans ses expéditions les plus aventureuses, les limites extrêmes de l'Europe méridionale, Andalousie, Sicile, Grèce.

Tous les Merles et toutes les Grives, à de rares exceptions près, établissent leurs nids sur les arbres, et de préférence dans les massifs d'arbustes épineux. Quelques-uns de ces nids sont des merveilles d'art.

Les Grives qui sautillent pour se mouvoir à terre et qui n'ont pas de mouvement convulsif dans la queue, ressemblent plus aux Fauvettes. Les Merles qui courent très-rapidement sur le sol et saluent de la queue comme le Rossignol, se rapprochent plus des Rubiettes.

Famille des Merles. — Cinq espèces françaises.

LE MERLE.— Merle à bec jaune, Merle commun.

L'oiseau le plus défiant de nos forêts était peut-être le Merle, après le Ramier et les oiseaux de proie; c'est un de ceux dont Paris a fait le plus aisément la conquête, preuve que l'homme peut tout ce qu'il veut sur les bêtes.

Le Merle est, après la Fauvette à tête noire, le chanteur le plus harmonieux du printemps pour les jardins de Paris. L'insulaire de l'Océanie qui retrouve l'arbre de son pays au jardin botanique d'une capitale européenne n'éprouve pas un ravissement plus joyeux que le gamin de Lorraine qui, débarqué pour la première fois à Paris, à la mi-avril, et rentrant trop tard à son hôtel de la rue du Bac ou de la rue de Sèvres, entend résonner de toutes parts le chant d'amour des Merles, qu'il croyait jusqu'alors l'exclusif privilège de ses forêts natales.

Le Merle est l'emblème du sonneur de cloches. C'est le muezzin des bois qui se charge de chanter matin et soir l'heure du travail et celle du repos aux hôtes des forêts. On lui reproche, comme au sonneur, de trop aimer le jus de raisin et celui de la cerise (kirschwasser). Le manteau noir, que le Merle affectionne, dénote l'égoïsme et la dévotion. Le Merle s'enivre seul pour symboliser les personnes dévotes, qui ont aussi le tort de s'occuper trop exclusivement de leur salut personnel. La couleur de la robe de la femelle, qui est le brun, indique aussi des tendances à la pruderie et à la bigoterie. Le bec jaune de l'espèce veut dire enfin que les affections de l'oiseau ne sortent guère du cercle de la famille et que son industrie n'a d'autre stimulant que le besoin de fournir à la subsistance d'icelle.

Le Merle vit donc solitaire, et c'est son goût pour la solitude qui l'a fait habitant des allées silencieuses et sombres de ces jardins aristocratiques de Paris où survit l'esprit de famille. Son véritable quartier, dans cette capitale, est le faubourg Saint-Germain; sa demeure de prédilection le couvent, où il sonne les Matines, Complies et l'Angelus. Il est presque inconnu dans les régions industrielles de la vaste cité.

Cependant, le sonneur public ne borne pas son rôle à rappeler aux fidèles les heures des offices religieux. Il est tenu aussi d'avertir les populations de tous les périls qui menacent le pays. C'est pour cela qu'il signale avec tant d'énergie le passage du renard et de l'oiseau de proie dans la forêt, et qu'il donne sur la Chouette. Il est juste de remarquer, toutefois, qu'il hésite longtemps à se ruer sur l'ennemi commun, et qu'on ne le prend guère à la pipée qu'à la suite de quelque orgie copieuse et lorsque le jus du raisin ou celui de l'alize égare sa raison et l'empêche de se conduire. Et encore faut-il dans ce cas-là, pour le pousser à l'action, que le Rouge-gorge et la Grive lui donnent l'exemple du courage. Généralement, il aime mieux exciter les autres au combat que d'y prendre part pour son compte. C'est une fine bête, soupçonneuse et rusée, comme la gent dévote, mais, comme elle, accessible par un certain côté. Il était naturel que l'oiseau qui pleure tous les jours la splendeur éclipsée des ordres religieux qui firent tant pour la gloire des vignobles français, partageât les chaudes sympathies des moines de Cîteaux, d'Hautvillers et d'ailleurs pour le fruit de la plante dont « la culture enivre comme la liqueur qu'elle produit. » Paroles de M. Mathieu de Dombasle, un ennemi fanatique de la Vigne et du Rossignol, mais ami des chenilles.

Le Merle est un chanteur de haut mérite qui peut acquérir par l'étude, et sous les leçons des grands maîtres, des talents prodigieux, mais de qui l'homme semble se complaire à pervertir les facultés brillantes. Le Civilisé, qui dresse le bouledogue à sauter à la gorge du premier venu et le Merle à siffler des airs de corps de garde, se trahit dans ses œuvres. Il est impossible d'exprimer tout le dégoût qu'éprouve un Merle de noble famille, instruit à haute école, à entendre quelque fils dégénéré de sa race siffler un chant ignoble comme « *J'ai du bon tabac.* »

Le Merle chante exclusivement pour les siens, et adieu ses mélodies, comme celles du Rossignol, quand ses petits sont éclos. Ce n'est pas ainsi que procèdent le Rougegorge, le Roitelet, le Traîne-buisson, l'Alouette, à qui le moindre rayon de soleil, même au milieu de la froide saison, met soudain l'âme en joie. Il est regrettable que toutes les vertus et toutes les facultés du Merle se renferment, comme je l'ai dit plus haut, dans l'enceinte du cercle familial, car elles sont de haut titre. Audubon, qui a déjà décerné au Merle Moqueur des États-Unis le premier prix de chant, est presque d'avis de lui décerner aussi celui du courage maternel. La planche consacrée à l'illustration de cet oiseau dans son ouvrage magnifique représente une famille de Moqueurs attaquée par un énorme serpent à sonnettes. Le reptile odieux, qui s'est hissé dans le branchage jusqu'à la hauteur du nid, ouvre une gueule démesurée et capable d'engloutir d'un seul coup l'édifice aérien et tous ceux qui l'habitent. Mais le père et la mère soutiennent l'attaque avec une énergie déséspérée, et, loin de songer à fuir, se précipitent sur l'agresseur pour lui crever les yeux, pendant que les amis du voisinage accourent de tous côtés pour prêter secours aux assiégés.

Le Merle de France n'atteint jamais l'embonpoint de la Grive, d'où le proverbe de tendue qui, de temps immémorial, signala son infériorité : *Faute de Grives, on prend des Merles.* Mais, en revanche, il y a des pays comme la Corse où la chair du Merle atteint un si haut degré de finesse, que le chasseur de ces pays-là aurait presque le droit de retourner l'adage du tendeur de Lorraine. Mais l'histoire ajoute, circonstance fort étrange, que, dans ces mêmes contrées, le Merle a complétement changé de caractère, que sa sauvagerie est devenue de la férocité, que ses mœurs, en un mot, se rapprochent considérablement de celles de l'oiseau de proie !

Cela voudrait-il dire que la droiture et l'innocence ne conduisent pas à grand'chose dans le monde où nous sommes... et que toutes les chances de fortune y sont pour les méchants !

Le Merle blanc n'est pas une espèce particulière du genre Merle, mais une simple variété accidentelle, un

simple cas d'albinosisme du Merle noir; ce qui est cause
que je ne l'ai point rangé dans la catégorie des espèces.
Le Merle à bec jaune ayant été considéré longtemps
comme le type le plus parfait de l'oiseau noir dont il
porte le nom en anglais (*Black bird*), il était rationnel
que le Merle blanc semblât le parangon du merveilleux
et du phénoménal, digne d'être promis en récompense
aux tentateurs de l'impossible. Mais, aujourd'hui que
chacun sait que le blanc est la couleur de l'Unitéisme,
et que, par conséquent, toute espèce domesticable est
susceptible d'en être affectée; aujourd'hui, dis-je, le
Merle blanc a dû passer de l'état de mythe ou d'anomalie
à celui d'anneau de transition indiquant une tendance
vers certain ralliement au même titre que la Poule blanche, le Faisan blanc, le Moineau blanc, la Grive ou
l'Hirondelle blanche, etc. La couleur du ralliement universel se trouve à l'état latent sous toutes les autres
nuances, chez les bêtes comme chez les fleurs; elle se
trouve chez l'homme lui-même dans ses races diverses et
sous ses cheveux rouges ou noirs. L'existence du Merle
blanc, loin de contrarier la nature, entrait donc de toute
éternité dans les nécessités de la logique. Comme tout
changement radical de couleur, dans les espèces animales
et végétales, débute par le panachement, le Merle qui
veut virer au blanc commence par se panacher les ailes,
par porter une queue blanche. Peu à peu, la nuance nouvelle empiète sur la primitive et, de progrès en progrès,
la métamorphose s'accomplit, et l'iris passe au rose
trouble, comme chez les lapins blancs, pour achever de
caractériser l'albinosisme. Puis, comme il est naturel que
les oiseaux qui se ressemblent se rassemblent, il arrive
que des unions se contractent entre Merles blancs qui
transmettent leur uniforme à leur progéniture et se can-

tonnent dans des résidences spéciales. C'est ainsi que j'ai su et que j'ai déniché des Merles blancs dans une localité qui n'est pas éloignée de Paris de plus de quarante lieues, et où ces oiseaux doivent se propager depuis un temps immémorial; puisque j'ai retrouvé dans un vieux titre féodal du pays la mention d'une obligation imposée au seigneur de ladite localité, d'avoir à offrir chaque année à son suzerain du bourg voisin un Merle blanc, à titre d'hommage de respect et de vassalité.

Le Merle à plastron. — Espèce un peu plus forte que la précédente et incomparablement plus rare, exclusive aux districts forestiers des montagnes. Ainsi nommée du superbe plastron blanc qui lui couvre la poitrine, et qui se détache hardiment du fond noir et moiré de sa robe de manière à produire une parfaite opposition de nuances. Le nom de Merle à collier, qu'on donne aussi à cette espèce, lui convient moins que l'autre, par la raison que l'ornement qu'il porte sur la poitrine est une plaque d'ordre et non pas un collier, c'est-à-dire un colifichet faisant le tour du cou. Le Merle à plastron qui, malgré sa rareté, paraît habiter toutes les montagnes de hauteur moyenne de l'Europe, depuis les Alpes Scandinaves jusqu'aux chaînes de l'Apennin et des Alpujarras, émigre en même temps que la Grive et s'attarde avec elle dans nos vignes, où tous les chasseurs en ont tué. C'est un gibier d'une délicatesse exquise et dont l'embonpoint le cède à peine à celui de la Caille.

Il m'est arrivé de tirer jusqu'à une dizaine de Merles à plastron, en une seule matinée, dans les Vignes de Tourain, en octobre 1863. On sait que cette année-là a été la plus féconde de toutes les années de ce siècle, en produits de tout genre.

Cette espèce est de celles qui hivernent en Corse et qui

contribuent à l'illustration culinaire du Merle de cette île, dont le nom s'étend à plusieurs genres voisins. Elle est aussi voisine que possible de l'espèce vulgaire dont elle se rapproche par la parenté universelle des goûts, des habitudes et des mœurs, s'habillant des mêmes couleurs, vivant de la même nourriture et suivant les mêmes méthodes de bâtisse et de chant. Le costume du Merle à plastron est, en effet, tout pareil à celui du Merle à bec jaune, à la réserve du plastron qui est blanc et du bec qui est noir. Son manteau semble fait aussi d'une étoffe plus moirée, plus précieuse et plus riche. Quatre ou cinq cantons montagneux du Puy-de-Dôme, du Cantal, des Cévennes et des Vosges sont en France les principales demeures d'amour de cette superbe espèce qui semble, partout ailleurs, peut-être aussi rare que le Merle blanc. Je n'en ai jamais trouvé qu'un seul nid dans les bois de la Meuse.

Le Merle solitaire. — Merle de roche; jolie espèce, douée d'un gosier mélodieux et amie de ces vieilles tours féodales dont les ruines sont vêtues de noirs manteaux de lierre. Taille du Mauvis; manteau bleu cendré tendre; tout le devant du corps plaqué d'un beau roux orangé, ainsi que l'abdomen et les pennes de la queue. Il fut un temps où tous les vieux édifices de l'Est et du Midi de la France, castels des monts ou églises des cités, nourrissaient une famille au moins de ces hôtes charmants, qui revenaient fidèlement chaque année à leur gîte natal comme les Hirondelles.

La voix du Merle solitaire a beaucoup de rapport avec celle de la Fauvette à tête noire. L'oiseau monte pour chanter, suivant l'usage invariable de ceux de sa famille, sur le point le plus culminant de la tour ou du rocher qu'il habite. Le Merle solitaire était l'oiseau favori du roi

François Ier; il est encore en grande estime chez les musulmans de la Roumélie et de l'Asie Mineure. Un écrivain d'il y a deux siècles affirmait que, de son temps, le prix des bons Merles de cette espèce variait de 200 à 500 livres sur le marché de Constantinople. Le Merle solitaire est devenu très-rare en France. Je ne répondrais pas qu'on pût trouver un seul échantillon de l'espèce dans un rayon de cinquante lieues tout autour de Paris.

Le Merle bleu. — Espèce quasi exclusive aux montagnes rocheuses du Sud-Est de la France, commune en Savoie, en Piémont, où elle niche, comme le Solitaire, dans les fissures des hautes roches, et quelquefois aussi dans celles des anciens édifices isolés et inhabités. Le mâle adulte de cette espèce est un des plus beaux oiseaux de nos climats. Manteau bleu foncé, robe idem, les ailes et la queue noires, toutes les plumes du dessous du corps frangées d'une élégante bordure noire en forme de croissant. Il y a entre le Merle bleu et le Merle solitaire, indigènes de la même zone et amis des mêmes solitudes, la même parenté de mœurs, de talent et d'habitudes, qu'entre le Merle à bec jaune et le Merle à plastron.

Le Merle bleu, très-rare en France, et qui porte un manteau de turquoise trop riche pour nos climats, engrène avec distinction dans la série des Merles à manteaux fulgurants que produisent en grand nombre les îles de l'archipel indien. C'est à l'endroit de cette classification où nous sommes que demandent à se rattacher les groupes des Merles mirifiques de Java, voisins des Paradis de Waïgiou.

Le Merle d'eau. — Cincle plongeur; Merle plongeur. Espèce plus remarquable par l'excentricité de ses habitudes que par la beauté de sa robe ou le charme de sa voix. Cet oiseau, qui est un véritable Merle par toutes ses allures, par son chant, par sa forme et par son nom grec (*Kiklos*, Grive); ce Cincle, qui a une jolie voix et de jolis doigts de pieds libres et non cousus ensemble, caractères complétement incompatibles en apparence avec la profession d'oiseau d'eau, n'en est pas moins à ses heures un plongeur fort habile et qui cherche sa vie avec succès au fond de l'eau, comme un Grèbe ou une Macreuse; phénomène qui a fort intrigué jusqu'ici les savants.

Les uns affirment que le Cincle se promène au fond de l'eau et qu'il y marche avec la même aisance que sur la terre un autre Merle; que là, il passe l'inspection des cailloux pour se saisir des chevrettes et des larves de demoiselles qui stationnent volontiers dans les interstices d'iceux et leur servent de cale. Les autres prennent à témoin la raison que l'oiseau n'a d'autre organe de locomotion et de propulsion au fond de l'onde que le jeu de ses ailes, et qu'il vole entre deux eaux, à la façon des Harles et des Grèbes. Cette dernière version a toutes mes sympathies, et je ne la crois pas tout à fait inconciliable avec la première; parce que d'abord il est déjà excessivement difficile de se trouver à portée d'examiner les évolutions d'une bête au fond de l'eau, et qu'ensuite, à qui a cette chance, il faut des rétines douées d'une sensibilité microscopique pour distinguer clairement, à une certaine profondeur, le jeu des ailes mi-ouvertes. Cependant Vieillot assure avoir vu le Cincle marcher avec une facilité extrême sous le poids d'une colonne liquide de soixante centimètres de hauteur, et il a même observé que, pendant ce travail, toute la surface de son corps était enveloppée d'une couche ou d'un réseau de petites perles, comme un grain de raisin qui se promène dans un verre de champagne, lesdites perles formées par les bulles d'air qui s'échappent des réservoirs pneumatiques de l'oiseau et s'accrochent à ses plumes. M. Crespon de Nîmes qui a vu, en 1843, un Merle d'eau se réfugier dans les souterrains de la fameuse fontaine romaine de cette cité, où il passa une grande partie de la froide saison, était admirablement posé pour étudier le problème et le résoudre. Mais il se contente de dire qu'il a vu l'oiseau marcher dans les rigoles des bains d'Auguste, où il n'a pas été témoin du brillant phénomène de la couche des bulles d'air signalé par Vieillot. Or, de telles indications ne suffisent pas pour éclairer les profondeurs d'une semblable question, et j'ai tout lieu de croire qu'elle attend encore sa solution définitive, d'après les tristes paroles que j'ai entendu prononcer à ce sujet à M. Isidore Geoffroy-Saint-Hilaire, dans une de ses leçons publiques des dernières années.

Je dois dire cependant à ma louange, que si la question est encore à l'état de problème, la faute n'en est pas à moi, qui tentai vaillamment, mais vainement, de la trancher pendant deux étés consécutifs. Le premier sujet de mes études fut le Merle d'eau qui habitait, en 1839, le petit ruisseau qui coule contre le Clos Vougeot lui-même et y fait mouvoir un moulin. Si celui-là ne m'a pas révélé le secret de ses évolutions sous-ondiennes, c'est qu'apparemment la disposition des lieux n'était pas favorable à l'observation; car je vis bien des fois l'oiseau s'immerger à la façon des Martins-Pêcheurs et gagner le fond à la façon des Poules d'eau, mais jamais je n'eus la chance de l'y voir s'y promener debout et dressé sur ses jambes. Le second fut un habitant d'un ruisseau à cascade des Vosges. S'il ne m'apprit pas mieux que le premier les mystères de l'ambulation sous-marine, il m'enseigna au moins un fait assez curieux, à savoir que le Merle d'eau fait quelquefois son nid aux anfractuosités de la voûte surplombée qui est sous la cascade, de sorte qu'il est forcé de percer la nappe verticale pour apporter la pâture à ses petits. Cette manière de dérober son nid aux regards du public est à coup sûr des mieux imaginées. Ce nid est une sphère de mousse.

J'ai donc la certitude que l'oiseau plonge quelquefois comme le Martin-Pêcheur, mais les observations d'Hébert, confirmées par celle de Gerbes, ne permettent pas de révoquer en doute qu'il n'ait la faculté de s'immerger lentement et de descendre au fond de l'eau, la tête haute, sans le secours de ses ailes. Je m'explique en ce cas la marche lente de l'oiseau, par le besoin qu'il a d'inspecter les monticules de gravier où sont cachées les larves des insectes dont il fait sa pâture, et les petites fossettes où la Truite et le Saumon ont déposé leurs œufs. Je comprends encore qu'il ait recours à l'office de ses ailes, quand il lui faut lutter contre la force du courant ou poursuivre une proie fugitive. Quant à la couche brillante, composée de bulles d'air, dont l'oiseau se couvrirait pour *demeurer à fond*, je ne m'en rends pas compte aussi facilement. Je vois bien, par l'expérience du grain de raisin dans le verre de champagne, qu'une enveloppe de bulles de gaz peut alléger le corps plongé dans le liquide et le faire remonter à la surface, mais ce n'est pas évidemment d'un scaphandre ni d'un aérostat que le Cincle a besoin pour se maintenir au fond de l'eau. Le phénomène a donc été mal observé ou mal compris.

Il est bien difficile, je le répète, de ne pas ranger, à première vue, le Cincle parmi les Merles, quoi qu'en ait pu dire Buffon. Le Cincle est le Merle des cascades qui complète admirablement la série des types variés que nous offre la famille des Merles de France, Merles des tours, Merles des rochers. De roc à cascade, la distance n'est guère plus grande que d'escargot à chevrette ou à frai de saumon. Et je ne comprends pas sur quels principes la pauvre science des hommes s'appuierait pour interdire à la nature le droit de se mouvoir de toute sa fantaisie dans le cercle de ses créations. Le point embarrassant du litige n'est donc point pour moi de savoir si le Cincle, qui est un vrai Merle par les pieds, par le chant et la physionomie, se promène au fond de l'eau de la même façon que sur terre, ou s'il vole entre deux ondes en déployant ses ailes, à l'instar des Grèbes et des Harles. Tout ce qui m'intrigue est de savoir s'il aime à varier son ordinaire d'insectes aquatiques par l'addition de friandises de saison, telles que fraises, mûres, alizes. Et les deux raisons principales qui me font croire qu'il en doit être ainsi sont, d'une part, l'excessif embonpoint qu'acquiert le Cincle au temps de la maturité des mûres; de l'autre, son caractère de sédentarité; car j'ai remarqué que les oiseaux de sa famille, les Grives et les Merles, n'étaient guère sédentaires que dans les cantons pourvus de genièvres et d'aubépines, c'est-à-dire d'arbustes qui gardent leurs baies tout l'hiver.

En tout cas, les auteurs qui n'osent pas loger le Merle des cascades près du Merle des rochers, et qui le colloquent entre les Bergeronnettes et les Fourmiliers, sont certainement encore plus éloignés de la vérité que moi; car le Cincle au corps ramassé, à la queue courte, aux ongles presque crochus, n'a pas un trait de physionomie qui l'apparente avec cette charmante tribu des Bergeronnettes que Linnæus, qui était poëte, avait ralliée à celle des Fauvettes, pour cause de similitude d'élégance, de sveltesse, d'allures gracieuses et de mœurs innocentes. On ne voit pas davantage par quoi un oiseau qui habite les cascades des hautes montagnes *du nord*, où il vit dans le sein des ondes, se rapprocherait si fort des espèces confinées dans la zone tropicale où elles vivent de fourmis.

Cependant, comme il était prudent de prévoir le cas où l'observation conclurait contre moi et classerait définitivement le Cincle parmi les Insectivores purs, je dois dire que je lui ai retenu à l'avance sa place entre l'Anumbi et les Jaseuses de roseaux, dans ma quatrième série.

Le Merle d'eau est le plus petit des Merles et l'un des plus petits oiseaux d'eau. Il est moins gros que le Merle solitaire et semble avoir emprunté au Martin-Pêcheur quelques-unes de ses allures, rasant droit comme lui la surface de l'onde et poussant un cri en partant. On le rencontre en France dans tous les pays de montagnes, Vosges, Côte-d'Or, Jura, Cévennes, Alpes et Pyrénées, où il occupe les moyennes régions arrosées par ces petits courants d'eau vive où la truite se plaît. Il est très-commun sur les rives de la jolie rivière de Plombières, où je l'ai tué plus d'une fois. L'espèce est sédentaire. Manteau brun d'étoffe moirée, gorge et poitrine blanches, ventre roux, bec finement dentelé à l'instar de celui des oiseaux d'eau, iris gris clair, pieds jaunes.

Voici donc terminée l'histoire de la famille des Merles, famille si immaniable, au dire des savants, qu'il n'y a pas de raison pour n'en pas faire une branche du groupe des Fauvettes, tout aussi bien qu'une branche du groupe des Corbeaux. Halte-là, s'il vous plaît, mes maîtres. J'accorde bien qu'il n'y ait pas d'inconvénient grave à placer la famille des Merles, oiseaux chanteurs, à côté de celle des Fauvettes, et la preuve, c'est que j'ai reconnu moi-même la parenté des deux groupes en les avoisinant. Mais je vois, au contraire, un immense danger à loger l'innocente famille aussi près de celle des Corbeaux. C'est que les Geais, les Pies, les Casse-noix, les Corneilles raffolent des œufs du Merle , et que la Pie-grièche le croque lui-même bel et bien. Or, j'admire toujours que les périls et les anomalies d'une alliance aussi monstrueuse n'aient pas encore frappé votre esprit ni vos yeux. Car enfin, vous n'avez pas osé encore apparenter, dans vos classifications de Mammifères, le Lapin et le Renard, bien que tous deux aient quatre pattes et logent dans des terriers... Pourquoi auriez-vous plus le droit dans le cas des oiseaux que dans celui des quadrupèdes, d'unir ce que partout la nature sépare : la victime et le bourreau?

Une dernière question : Pourquoi le Merle d'eau? Car il est certain que le besoin de cette création ne se faisait pas vivement sentir dans la série des Merles. C'est ici que le savant ordinaire a beau jeu pour se retrancher derrière l'impénétrabilité des voiles de la nature, sa fin de non-recevoir habituelle; mais l'ornithologiste passionnel, qui sait parfaitement que Dieu ne présente jamais à l'homme de rébus indéchiffrable, ne jette pas sa langue aux chiens aussi vite, et il voit, dans la création du Merle d'eau, une des conséquences les plus logiques du grand principe d'Unité qui régit tous les règnes.

Dieu a créé un Merle plongeur pour qu'il y eût un oiseau d'eau qui chantât et un oiseau chanteur qui plongeât, et pour prouver, par un exemple de plus, que tout se tient dans la nature, à tous les degrés de l'échelle, même les êtres qui semblent, au premier abord, les plus antipodiques. Puis, tous les autres Merles aimaient le vin et les liqueurs fortes (raisin, groseille, kirsch); c'était bien le moins qu'il y en eût un dans la famille qui fît profession d'aimer l'eau et jeunât pour les autres. Grive de vin, Merle d'eau, l'oiseau est bien nommé.

Je regrette vivement de ne pas connaître assez à fond

l'oiseau mystérieux que Georges Cuvier appelle le Merle à queue blanche et Temmynck le Traquet rieur, pour oser me permettre de lui marquer ici sa place; mais je suis sûr, cependant, que j'aurais bien fait d'oser et que je me repentirai plus tard de ma timidité.

Famille des Grives. — Quatre espèces françaises.

Le régime alimentaire des Grives est le même que celui des Merles. Les deux familles hantent volontiers les mêmes lieux, dans la saison d'amour et dans celle de chasse. Elles donnent dans les mêmes piéges, chantent au même pupitre, rôtissent à la même broche. Elles sont sœurs, en un mot, autant par la destinée que par les habitudes générales de l'esprit et du corps; et c'est avec raison que tous les ornithologistes les ont apparentées dans leurs classifications. Cependant la différence qui se fait remarquer entre elles, quant à la couleur du manteau et à la disposition des nuances, a toujours paru assez forte pour motiver la division du groupe en deux sections. Les Romains, qui s'occupaient beaucoup de ces espèces, avaient, dès le principe, établi la séparation normale. Ils donnaient à la Grive le nom de *Turdus*, que nos Méridionaux ont conservé, et celui de *Merula* au Merle.

Le costume des Grives est caractérisé par une moucheture particulière, à laquelle les oiseleurs ont donné le nom de *Grivolure*, et qui consiste en une émaillure de taches brunes de forme ovoïde qui occupe tout le devant du corps, comme chez les Alonettes et les Becfigues. La couleur du manteau, qui est d'une teinte uniforme, est le cendré olivâtre, plus ou moins obscur; le ventre est blanc, le dessous des ailes jaune, virant à l'orangé. Chez les Merles, au contraire, la moucheture disparaît pour faire place au moiré ou à la pommelure. La robe et le manteau sont souvent monochromes, ou bien quand ces deux parties du costume affectent des nuances diverses, l'opposition des couleurs se distribue par larges zones.

La famille des Grives françaises renferme quatre espèces : le Mauvis, la Grive de vigne, la Draine et la Litorne. Deux de ces espèces, la Grive de vigne et la Draine, sont indigènes de France; les deux autres, le Mauvis et la Litorne, n'y aiment pas et n'y viennent que pour se refaire pendant la rude saison et lorsque le froid les chasse du Nord de l'Europe, leur patrie.

Le Mauvis. — Rouge-aile, Sapinette de Lorraine. La plus petite et la plus délicate peut-être de toutes les Grives. Tout le monde connaît cette espèce, qui n'apparaît dans les environs de Paris que vers la fin d'octobre, et dont l'arrivée coïncide avec celle des Bécasses. Le Mauvis a le manteau plus foncé que la Grive, et le dessous des ailes teint d'un jaune orangé qui lui a fait donner un des noms qu'il porte en Lorraine. Il passe par grands vols et de jour, tandis que la Grive dite de vigne passe isolément et de nuit. Il donne avec enthousiasme sur la Chouette, sur la vigne et sur l'alizier. On en prend de grandes masses aux environs de la Toussaint, avec des collets volants amorcés de fruits rouges. Cette chasse fructueuse et exterminatrice se fait surtout dans nos départements de l'Est et du Nord, dans le pays de Luxembourg, dans les Ardennes, la Meuse, les Vosges, le Haut-Rhin. Le Mauvis est une des espèces qui ont porté le plus haut la gloire culinaire de la famille. Je sais de fines bouches qui préfèrent le Mauvis de vendange à la Caille et à la Bécasse, à tous les autres gibiers, en un mot, excepté pourtant au Becfigue; et les gourmands de l'ancienne Rome ont formulé leur opinion à ce sujet, il y a près de deux mille ans, par la bouche de Martial : *Inter aves turdus, gloria prima...* Traduisez : La Grive de vigne est le plus parfait de tous les rôtis de gibier-plume. Horace avait dit avant Martial : *Nil melius turdo,* rien de supérieur à la Grive. Il est vrai que ce nom de Turdus désigne plus spécialement la Grive proprement dite que le Mauvis; mais comme celui-ci est encore supérieur à celle-là, et qu'il a dû être d'ailleurs compris dans cette dénomination quasi générique de Turdus, ce n'est faire aucun tort à la vérité que d'étendre au Mauvis le jugement de Martial.

Le Mauvis, qui a toujours un retard d'une quinzaine de jours sur la Grive à l'arrivée, la précède quelquefois d'un mois pour le retour. Elle descend du Nord et y remonte avec la Bécasse, et quoiqu'elle ne niche pas en France, elle y chante cependant et dès la fin de février, et sa chanson joyeuse est une des premières qui annoncent le printemps.

La Grive. —Grive de vigne, Tourde du Midi. Emblème du franc buveur, délices de l'ouïe et du goût, de l'enfance et de l'âge mûr.

La Grive tient une place immense dans la vie de plaisir de l'ami des forêts, du tendeur à la glu, du tendeur au collet, du pipeur, du chasseur. Ses chants d'amour qui descendent le matin et le soir de la cime de tous les grands arbres, dès les premiers soleils, sont la vraie harmonie printanière des forêts. La Grive chante un mois avant le Rossignol, et n'attend pas, comme lui, pour célébrer le réveil de la nature, que la terre ait repris sa parure de fête et que l'aubépine soit en fleur. Elle chante dès que pointe la verdure aux tiges aventureuses du chèvrefeuille et bien avant que la tige perfide du bois-gentil n'ait revêtu son fourreau de fleurs roses. J'ai souvenance aujourd'hui, comme des heures les plus riantes et les mieux employées de ma première jeunesse, de celles que j'ai passées à entendre jaser la Grive dans les grands bois de la Meuse, par ces douces soirées de mars si propices à la croulle; où le deuil est encore aux rameaux dépouillés des hêtres, mais où déjà la séve d'amour circule activement dans les veines de tout ce qui a vie; où de larges bouffées d'un air tiède saturé des senteurs mielleuses du marsaule s'exhalent tout à coup du sol et trahissent le travail souterrain du printemps. J'ai gardé bien longtemps aussi parmi mes dates heureuses celle de la matinée de septembre où je pris ma première Grive, bonheur si vaste et si inespéré que je ne pus m'empêcher de le considérer tout d'abord comme une marque éclatante de la faveur du ciel, et plus tard de le mettre en vers, en vers latins s'entend, car jamais je n'ai su *rimer* qu'en cette langue. Comme la situation d'une Grive qui fond sur la pipée à l'appel de la Chouette n'est pas sans une certaine analogie avec celle de Laocoon, prêtre du dieu des mers, qui s'apprête à percer de sa lance les flancs du cheval de bois, j'avais tiré pour la circonstance un parti très-avantageux du fameux récit de l'*Énéide*.

La Grive est donc un des fruits les plus doux et les plus précieux du beau pays de France, et cette métaphore n'est que juste s'il est vrai que la bête doive se définir un *végétal organisé puissanciellement*. La Grive est la joie du printemps et la joie de l'automne. Elle sert d'élément pivotal à dix chasses au moins, dont deux ou trois charmantes, la pipée et la chasse aux vignes. Les autres constituent pour certaines contrées une industrie fructueuse mais criminelle. De même qu'elle donne dans tous les piéges, raquettes, gluaux, collets, pantières, la Grive se met à toutes les sauces et pourvoit à des rôtis du plus haut titre, ainsi qu'à des salmis et à des pâtés délectables. Cependant nul poète indigène n'a songé à chanter la Grive ; bien que chaque jour j'entende quelqu'un de ces nourrissons des Muses se plaindre en vers menteurs que tous les sujets soient usés. Tous les sujets usés parce qu'ils ont fait des odes à la Peste et à la Guerre, et rimé tant de plates adulations à la Richesse et à la Force, que les riches n'en veulent plus. Pauvre Poésie ! pauvre Grive !

La Grive.

Pauvre Grive, en effet, car à défaut de poète elle n'a pas même encore rencontré d'historien. M. de Buffon en fait un oiseau sombre, taciturne et mélancolique, quoique ami des vendanges. Contradiction bizarre et que j'ai déjà relevée. Comme si l'amour de la vendange avait jamais engendré la mélancolie ou tenu la langue captive ! Égosillez-vous donc à chanter à tue-tête, depuis le matin jusqu'au soir, pendant cinq mois de suite, pour être ainsi jugé par les plus compétents !

J'ignore, en vérité, de quels instruments d'optique et d'acoustique, longue-vue ou cornet, ces naturalistes-là font usage pour observer leur nature ; mais moi, qui ai beaucoup entendu de chants de Grives, je les ai toujours trouvés à peu près aussi tristes que les meilleurs refrains de nos chansons à boire :

Vive le vin,
Vive ce jus divin,
Je veux jusqu'à la fin
Qu'il égaye ma vie, etc., etc.

Je comprends encore jusqu'à un certain point que le penchant à la boisson, qui est trop prononcé chez la Grive, ait tenu éloignés d'elle les poëtes rêveurs au teint pâle, et que l'adage *soûl comme une Grive* ait effarouché la pudeur des muses sensitives. Mais raison de plus, alors, pour tous les gais chansonniers qui chantent sous la treille, de venger leur emblème des injustes dédains de la poésie éthérée et valétudinaire. Et si le devoir de la réparation de l'injustice incombait à quelqu'une des il-lustrations de la pléiade anacréontique de l'époque plus spécialement qu'à aucune autre, c'était assurément à celle qui avait fait valoir avec tant de succès et de verve les droits de Jean-Raisin. Mais attendez un peu qu'en ce monde à rebours la logique parle au cœur des plus intelligents ! Voici que, au lieu de nous chanter la Grive, amie des gais refrains et du jus de la treille, l'emblème du bon vivant qui boit sec et souvent et s'attarde parfois dans les vignes du Seigneur, voilà que le poëte, renonçant aux pipeaux pour emboucher la trompette héroïque, va dépenser son souffle à glorifier le Coq. Le Coq, mon ennemi intime, une brute féroce, un matamore ignoble qui trône sur le fumier, une machine à tuer qui se rue sur les siens au sifflet de son maître. Pardon, pardon, poète, mais à tant faire que de travailler à l'illustration des tueurs, j'aimerais mieux encore, si je savais chanter, chanter l'Aigle que le Coq. Oui, l'Aigle aux serres tranchantes, qui trône dans la nue et tient en main la foudre et s'enivre de sang dans les champs du carnage...; car l'Aigle est dans son rôle, quand il tue et dévore ; la boucherie lui profite, tandis qu'à l'autre, pas... Mais si je savais chanter, je chanterais la Grive, la Grive et le Rouge-gorge, mes premières amours, et non le Coq ni l'Aigle.

Si j'étais riche, je mettrais, dès demain, l'éloge de la Grive au concours. Le prix consisterait en un pâté de Grives monstre, orné de cent bouteilles de Haut-Brion-Larrieux de 1848. Si j'étais un membre influent d'une société bachique quelconque, j'intriguerais vivement dans son sein pour lui faire adopter la bannière symbolique de la série des gourmets d'Harmonie, qui est un magnifique drapeau blanc (couleur d'Unitéisme), sur le champ duquel se détache une immense grappe de raisin pourpre en proie à trois Grives d'or. Car ils ont repris là-haut les fêtes de Bacchus, mais sans l'orgie et les Bacchantes, c'est-à-dire sans les Bacchanales. La fête des vendanges d'Harmonie est d'abord celle de la clôture des travaux de l'année. C'est aussi la fête de l'âge mûr et de l'amitié dont le vin est l'emblème. Elle est principalement consacrée aux repas de corps, où l'on toaste plus qu'on ne danse et où la jeunesse s'ennuierait, ce qui fait qu'on ne l'y invite pas. C'est, pour tout dire enfin, la fête du Jubilé de l'amitié revenant tous les ans, à l'époque du passage des Grives. J'ai besoin de faire remarquer que le mot *gourmet*, dont je me suis servi tout à l'heure, n'a jamais voulu dire *gourmand,* mais bien dégustateur de liquides. Cette distinction est essentielle. La fonction de gourmet est entourée, en Harmonie, d'une considération égale à son importance, et c'est toujours le Haut Gourmet qui préside ces grands tournois de fourchette où l'honneur culinaire du canton est en jeu.

Alors, puisque la poésie et l'histoire universelle ont fait défaut à la Grive en même temps, discutons la sentence dont l'a frappée la justice du peuple : *soûl comme une Grive.*

Le peuple, il faut bien le confesser, a plus approché de la vérité dans sa condamnation brutale que certains maladroits avocats de la Grive, qui l'ont voulu défendre de l'accusation d'ivrognerie pour en faire une simple gourmande, alléguant que manger n'était pas boire... Comme si la gourmandise, qui figure sur la liste des péchés capitaux, était un moindre vice que l'ivrognerie qui n'y figure pas. Mais l'argumentation n'est pas même spécieuse et tombe devant le fait. Linnæus eut une Grive qui tant aimait à boire qu'elle se grisait une fois tous les jours, dont elle était devenue chauve, infirmité qui disparut après que le grand naturaliste eut soumis la buveuse pendant une saison au régime de l'eau pure.

Voici donc qui est démontré : la Grive aime le vin; mais, attendons un peu, tous les honnêtes gens aussi aiment le vin. Jean-Jacques prouve même très-bien que cette passion-là est l'indice des cœurs francs et droits et des âmes sensibles. Or, d'aimer le vin à en boire jusqu'à perdre la raison et l'usage de ses jambes, la distance est très-grande et la Grive ne la franchit pas. Elle en prend quelquefois plus qu'elle n'en peut porter; je ne dis pas le contraire; mais c'est pour se refaire de longs jeûnes, et mille fois je l'ai rencontrée *pompette,* ivre-morte jamais.

Et l'eussé-je rencontrée en cet état, hélas! que mon âme charitable eût plus penché probablement encore à la plaindre qu'à la blâmer. Car il faut bien nous persuader que l'ivrognerie porte presque toujours son excuse avec elle, et que l'homme ne se résout pas volontairement et sans de graves motifs à abdiquer sa raison, qui est son plus bel attribut, et à se dégrader. Grattez l'ivrogne, vous trouverez l'affligé, et souvent l'affligé de peines de cœur mortelles, et qui ne cherche pas dans l'ivresse le retour d'une illusion perdue, mais l'effacement d'une figure aimée, d'un souvenir fatal. Puisque l'oubli n'est qu'au fond de la bouteille, il faut bien que tous les malheureux descendent le chercher jusque-là; et le misérable serf de la machine ou de la glèbe, qui a besoin d'oublier son présent, comme le pauvre père de famille qui a besoin d'oublier l'avenir. Pour cette masse d'infortunés-là l'ivresse est donc une façon de suicide intellectuel qui supprime la pensée et empêche de souffrir. Pour le petit nombre seulement elle est le mirage de l'idéal. L'ivresse facilite quelquefois à l'artiste ses tentatives d'évasion du réel.

Nul ne s'enivre en Harmonie où les vins fins pourtant sont à discrétion, parce qu'il n'y a ni passé, ni avenir à oublier en cette phase de délices. Tout le monde se soûle, au contraire, dans l'Irlande catholique, comme dans la Pologne catholique, parce que la Pologne catholique et l'Irlande catholique, enserrées l'une et l'autre aux griffes de l'aigle orthodoxe ou du léopard anglican, et sans relâche tordues, déchirées, dévorées par ces dominateurs avides, sont les deux États de l'Europe où l'on souffre le plus. Consultez à ce sujet toutes les statistiques de l'ivrognerie en cette partie du monde, et toutes seront d'accord pour vous répondre que l'intensité des ravages de l'épidémie honteuse est proportionnelle aux misères des populations et à la pesanteur du joug qui les écrase. Or la Grive, qui donne à la vigne, est parmi les oiseaux ce que sont les Irlandais et les Polonais catholiques parmi les peuples d'Europe, c'est-à-dire les races qui ont le plus à se plaindre de la barbarie et de l'avidité de leurs persécuteurs.

Il faut considérer encore que si le premier orateur venu d'une société de vertu ou de tempérance quelconque d'un pays où ne croît pas la vigne, a le droit de médire du vin, pareille liberté est interdite à l'analogiste passionnel né de parents français, qui sait que la vigne est le plus pur produit des amours du Soleil et de la Terre, et la plus précieuse de toutes les richesses naturelles de sa patrie. La France ne s'appellera la reine des nations que lorsqu'elle aura amené toutes les autres à se prosterner devant la supériorité de ses vins.

Et puis encore, la pauvre Grive paye si cher sa passion pour le fruit de la plante sainte, qu'il y aurait plus que de la barbarie et de l'ingratitude à la lui reprocher.

C'est ce fruit, en effet, qui attire tous les ans sur notre territoire ces légions innombrables de Grives qui fournissent à nos joies tant d'éléments divers. C'est lui qui communique à la chair de l'oiseau ses qualités exquises; qui lui monte l'esprit au diapason de la bataille, lui ôte sa prudence et le fait se précipiter tête baissée dans tous les piéges. C'est le raisin qui, alourdissant ses allures, le livre sans défense aux attaques du Hobereau et de l'Émerillon.

Beaucoup de gourmands connaissent la Grive pour en avoir mangé, mais non pour avoir ouï ses chants mélodieux, par la raison que la Grive n'a guère d'autres patries en France que les grandes forêts de l'Est, et qu'elle niche très-rarement dans l'Ouest et dans le Centre, presque jamais dans le Midi. Et encore le nombre des Grives qui reçoivent le jour dans les districts boisés de la Lorraine, de l'Alsace et de la Franche-Comté ne compose-t-il qu'une fraction très-minime du chiffre total de celles qui s'abattent, vers le temps des vendanges, sur tous les vignobles français. La masse descend en ligne droite des Alpes norwégiennes et lieux circonvoisins, et s'ébranle vers le commencement de l'équinoxe d'automne. Les premières Grives de saison apparaissent le 10 octobre, jour de la Saint-Denis (Dionysius, Bacchus) vers la zone de Paris. Le passage dure trois semaines au plus et se termine généralement le 28. Le gros de l'armée émigrante suit les vallées du Rhin, de la Meuse, de la Saône. Mais de nombreuses divisions s'en détachent pour gagner l'Espagne par les vignobles du Poitou, de la Saintonge et de la Guienne, et prendre leurs quartiers d'hiver sur les rives plus ou moins boisées du Tage, de la Guadiana et du Guadalquivir. Le reste se dissémine dans les autres péninsules de l'Europe méridionale et aussi dans les archipels. Quelques faibles partis se hasardent à franchir la mer, mais le chiffre de ces voyageurs aventureux est toujours fort restreint. Après avoir payé un large tribut de chair à toutes les contrées où elles ont fait séjour, les Grives de vigne reprennent le chemin du Nord aux environs de l'équinoxe de mars. Elles voyagent isolément et de nuit, comme les Merles. Les trois autres espèces de Grives passent par compagnies.

Il n'est pas rare de rencontrer, l'hiver, dans nos départements de l'Est et du Centre, surtout dans le voisinage des sources et des ruisseaux couverts, des Grives attardées qui y vivent de petits mollusques ou des baies de l'aubépine, du genévrier, du lierre ou du gui. Même il m'est arrivé dans cette saison-là d'en tirer dans les chaumes, au beau milieu de la plaine, à l'arrêt de mon chien.

Les Grives vivent principalement, comme il a été dit, de vers et de mollusques; elles avalent les petits escargots et cassent les gros contre les pierres avec une adresse remarquable. Elles se mettent au régime des baies dès la venue des merises.

Le nid de cette espèce est un des plus merveilleux spécimens de l'art architectural des oiseaux. Il est habituellement placé dans les embranchements des poiriers ou des pommiers sauvages et des arbres à épines. Ce nid est assez semblable à celui du Merle quant à l'apparence extérieure, étant, comme celui-ci, revêtu d'une large ceinture de mousse verte; mais il en diffère complétement quant au système de la bâtisse intérieure. La conque du nid du Merle est tout simplement bâtie en pisé humide, déposé en couches fort épaisses au dedans de la muraille de mousse, et l'oiseau, pour garantir ses œufs de l'humidité de ce lit, est obligé de le couvrir d'une forte paillasse d'herbes sèches, ce qui en réduit considérablement la profondeur et nuit à son élégance. La conque du nid de la Grive, au contraire, a la forme d'un verre à boire d'une profondeur convenable et d'une élégance parfaite, dont les parois intérieures sont nettes et polies comme si on les avait taillées au ciseau dans un cylindre de buis. Les œufs reposent à nu sur cette surface polie et sans interposition de matelas d'aucun genre. La matière de cette paroi intérieure est une simple couche de stuc ou de carton-pâte faite de bois mort pétri avec la salive de l'oiseau et plaquée avec économie et adresse sur une muraille de fumier de vache suffisamment consistante et qui relie solidement les trois parties de la bâtisse. Il n'y a pas de nid qui puisse rivaliser avec celui de la Grive pour la distinction de la forme intérieure et pour l'originalité du travail. Cinq œufs charmants d'un bleu d'azur profond et tiquetés de points noirs, occupent dignement leur place au fond de cette coupe antique, qui est assurément une des plus charmantes productions de la céramique oiseli… (Il n'y a point d'adjectif dans notre langue pour dire ce qui est des oiseaux, comme l'on dit *humain* pour ce qui est de l'homme.)

Il est digne de remarque que les modernes, qui ont donné une si grande attention au nid de la Pie et à celui de tant d'autres oiseaux, n'aient jamais songé à admirer le nid de la Grive, qui est unique en son espèce, et dont la construction savante avait frappé jadis Aristote, Pline, Aldrovande. Temmynck a oublié d'en parler, et l'auteur de l'*Ornithologie du Gard* a oublié d'imiter le silence de son modèle, ce qui eût été, de sa part, plus prudent que d'affirmer que ce nid était « *garni, à l'intérieur, de quelques brins de paille liés ensemble avec de la terre glaise.* » Je proteste, au nom de la vérité, contre cette assertion et aussi contre celle qui la suit et que je trouve peut-être plus téméraire encore, à savoir que, dans cette espèce, « *le mâle partage la ponte avec la femelle.* » Le partage des travaux de l'incubation et de la bâtisse, d'accord; mais celui de la ponte, jamais!

On sait que l'engraissement de la Grive était l'objet d'une haute et lucrative industrie, du temps de la Rome des Césars, et que les grivières étaient alors en si grand nombre aux alentours de la cité reine, que le guano provenant de ces établissements avait fini par devenir à son tour l'élément d'un commerce actif. Le procédé que les gourmands de Rome employaient pour engraisser la Grive était absolument semblable à celui qu'emploient de nos jours les riverains de la Garonne et du Tarn pour engraisser l'Ortolan, et même les habitants du Maine et de la Bresse pour engraisser la volaille. Il consistait à tenir ces oiseaux confinés dans une chambre obscure, loin de tout sujet de distraction et au sein d'une nourriture copieuse. Cette nourriture était aussi la même, à peu de chose près, que celle qu'on sert à nos Ortolans du Midi, une mixture de farine de millet et de baies de diverses espèces, notamment de baies de myrte, qui ont la propriété de communiquer leur parfum aux Grives qui s'en repaissent. On dit que l'industrie des engraisseurs de Grives s'est continuée sans interruption depuis l'époque de Lucullus et de Tibère jusqu'à nos jours, dans quelques localités de l'île de Corse et de la Provence. Seulement, dans l'île de Corse on n'aurait rien changé à la méthode ancienne, ce qui ferait du *Merle* de cette île un gibier supérieur, tandis que les nourrisseurs de Provence auraient adopté la funeste pratique de substituer, dans leur pâte, la baie du genévrier à celle du myrte. Or, tous les gens de palais délicat doivent savoir que le goût résineux de la baie de genévrier n'est guère plus agréable que celui de l'huile de ricin, si prisée des Chinois comme élément pivotal de friture. Je comprendrais mieux qu'on instituât des grivières pour enlever le goût de genièvre ou de térébenthine aux Grives qui en sont naturellement affectées, que pour l'inoculer à celles qui ne l'ont pas. Mais gardons-nous de jeter entre Paris et Marseille une nouvelle pomme de discorde, à propos de cette question venimeuse de la supériorité du goût en matière gastrosophique, et bornons-nous à donner comme nôtre et non comme celle du public éclairé l'opinion que nous venons d'émettre.

Un guéridon de province, consulté sur la maladie de la vigne, répondit d'abord par cette phrase en douze mots : *Maladie contagieuse. Sol épuisé de la vieille Europe. Transporter dans l'Amérique Nord.*

Puis, comme on insistait pour savoir le remède au mal actuel : *Griveline*, ajouta-t-il.

La griveline est le guano de Grive dont il a été question tout à l'heure. Le guéridon insinuait par là que l'abondance de fumier qu'on donne de nos jours à la vigne était la première cause de sa dégénérescence, et qu'il fallait, pour la guérir, retourner à la pratique des créateurs des plus fins vignobles de France, ces pieux enfants de Saint-Benoît, « de Cîteaux, de Saint-Maur, heureux propriétaires » qui laissaient systématiquement aux oiseaux du ciel, aux Grives, aux Becfigues, aux Alouettes, le soin de féconder leurs cultures. Quelle merveille de voir, à tant d'années de distance, la sagesse et l'expérience des vénérables Pères, en matière œnologique, confirmées par le dire d'un simple guéridon !

La Draine.—Nom excellent, parce qu'il a été pris du mot de passe de l'oiseau, et presque généralement adopté en France. *Haute Grive* de Lorraine, Merle *mangeur de gui (Merula viscivora)* des savants.

Cette espèce, un peu plus grosse que la précédente et plus pâle de ton, est également indigène de France, où elle habite peut-être soixante départements. Elle niche de bonne heure au printemps, et place volontiers son nid dans les maîtresses enfourchures des pommiers des jardins, des vergers et des avenues, ou encore dans les chevelures touffues des têtards de saules, d'ormes et de chênes qui entourent les champs; elle niche aussi dans les bois. Son nid, qu'elle ne sait pas cacher, est construit avec beaucoup d'art. La conque extérieure est bâtie de cette mousse grisâtre des arbres, qu'emploient les Pinsons et les Chardonnerets pour confectionner leurs chefs-d'œuvre. Ce revêtement couvre une muraille solide en maçonnerie ou en stuc fait de bois mort et de salive, et qui supporte à son tour un fin matelas de menus brins d'herbes sèches ou de menues racines. Le mâle et la femelle travaillent à cette bâtisse avec la même ardeur et la même habileté. La femelle y pond cinq œufs gris, tiquetés de points rougeâtres. Elle ne fait qu'une ponte par an.

La déplorable habitude qu'a contractée cette espèce de confier son nid à la bonne foi publique et de le montrer à tout venant, est pour elle une source féconde de conflits et de tribulations. Elle a surtout fort à souffrir des entreprises des Pies, des Geais et des Corneilles, races maudites et ennemies de la famille, qui aiment à faire des collections d'œufs d'oiseaux, pour les avaler ou les faire humer à leurs jeunes. Je n'ai jamais su un nid de Draine que les Pies du voisinage n'eussent connu avant moi, et le plus souvent ce sont elles qui me l'ont indiqué. Les méchantes bêtes bloquent l'établissement, et, tapies dans le branchage ou le feuillage des ormes d'alentour, attendent patiemment que les propriétaires s'en absentent pour fondre dessus et faire maison nette. L'enlèvement de tout ce qui s'y trouve, œufs ou jeunes, est l'affaire d'un tour de main. C'est pour se soustraire aux périls de ce blocus permanent, dont elle se sait menacée, que la Draine vient se réfugier, pour nicher, sous le regard de l'homme, plaçant la sécurité de sa famille sous l'égide de la peur que le Roi de la Terre inspire généralement aux espèces malfaisantes. Triste calcul, confiance généreuse mais funeste; car, de tous les ravageurs de nids, l'homme des champs est le pire; le gardien de bêtes surtout, berger ou pâtre, dont la principale fonction, pendant trois mois de l'an, consiste à chercher pour ses maîtres des sujets d'omelette ou de fricassée d'innocents. Il est bien rare que la malheureuse Draine qui s'est fiée au Civilisé une seule fois ne s'en repente pas toute sa vie.

Il résulte pourtant de ses déceptions amères que la noble créature, revenue de sa foi dans l'homme et ne sachant plus à quel saint se vouer, se prend résolûment à ne plus compter que sur elle-même; et on la voit alors déployer un courage admirable pour se défendre elle et les siens. C'est-à-dire qu'on voit tous les jours des couples de Draines bien décidées à se battre, non-seulement tenir tête à des coalitions de Pies et de Geais redoutables par le nombre et l'audace, mais les enfoncer, mais les rompre, et faire passer, pour quelque temps, à ces lâches forbans le goût de la rapine. Le triomphe de l'insurrection est bien autrement éclatant, quand des meneurs habiles ont réussi à rallier toutes les Draines d'un canton en une vaste société d'assurance mutuelle, et à leur faire signer un traité d'alliance offensive et défensive. La première mesure qui suit la conclusion de ce traité est, en effet, l'organisation d'un service de surveillance spéciale, dont les agents ont pour consigne de signaler, avec un grand tapage et avec redoublement de crécelles, l'apparition de l'ennemi, de si loin qu'il se montre. A ce signal, toute la république est en armes et fond, comme une seule Draine, sur le ravisseur dévoilé, qui, froissé d'un semblable accueil, décampe et ne reparaît plus. Je sais de véritables oiseaux de proie, des Rapaces à mandibules crochues et à serres prenantes, qui ont été forcés de déguerpir de leurs propres domaines héréditaires par suite des tracasseries et des contrariétés que leur suscitait cette police, et qui avouaient franchement que le métier de fort n'était plus tenable quand les faibles s'entendaient.

Cet épisode intéressant de l'histoire de la Draine, joint

à l'exemple de l'affranchissement de la Suisse par Guillaume Tell et à d'autres, prouve que l'oppression a toujours beaucoup de peine à se maintenir là où on n'en veut pas, et que l'insolence des tyrans n'est jamais que l'expression de la lâcheté des esclaves.

La Draine, qui fait preuve d'un si grand courage en certaines rencontres, et qui sait si bien mettre en pratique le principe tutélaire de la solidarité, ancre de salut des faibles; la Draine, qui est un oiseau plein d'intelligence et de cœur, devait, à ce double titre, se prononcer fortement contre l'oiseau des ténèbres, emblème de l'obscurantisme. Elle donne à la pipée, en effet, mais avec beaucoup moins de résolution cependant que le Mauvis, la Grive, et même que son cousin le Merle. Car il est très-remarquable que la Draine, qui se montre si insoucieuse de sa sécurité dans l'affaire du choix d'un domicile d'amour, fait preuve, au contraire, d'une prudence excessive dans toutes les autres circonstances de sa vie.

Le chant d'amour de la Draine ressemble beaucoup à celui de la Grive; il est moins mélodieux seulement et vire tant soit peu à la mélancolie. Elle le fait entendre sans interruption depuis la fin de février jusqu'à la fin de juillet. La Draine choisit pour tribune, comme tous les oiseaux de sa famille, la plus haute cime de l'arbre le plus haut du canton. Elle commence ses ariettes de très-grand matin, souvent même avant l'aube. Il n'est même pas rare qu'elle retrouve son chant d'amour pendant l'hiver, quand la rigueur du temps vient tout à coup à se détendre et lorsqu'une pluie douce va succéder à la gelée.

La Draine, quoique toujours en voyage à partir de l'équinoxe d'automne, n'abandonne jamais complétement nos provinces du Nord, même par les hivers les plus durs. Elle y vit, pendant la saison rigoureuse, de baies de genièvre et surtout de gui, ce qui lui a fait donner par la science le nom de Grive de gui, qui suffit parfaitement pour la distinguer de ses sœurs. Elle aime aussi le raisin, le lierre et l'escargot, mais sa chair n'approche pas, pour la délicatesse, de celle de la Grive de vigne.

La Draine est le plus grand de tous nos oiseaux chanteurs. Sa taille approche de celle de l'Émerillon et de la Tourterelle. Ses notes de basse sont aussi les plus graves et les plus résonnantes de tout le registre musical. Sa voix s'entend, le soir, de près de deux kilomètres.

La Litorne. — *Tiatia, Tchatcha*, Grive d'hiver. Tout le monde connaît la Tiatia, parce que le nom de l'oiseau, pris de son cri d'appel, comme celui de Coucou ou de Tourtour, ne peut tromper personne. Cette Grive est, du reste, aussi facile à distinguer des autres par le costume et les allures que par le son de sa voix. La couleur de son manteau est le gris ardoisé de celui des Ramiers avec la bordure des ailes noires ainsi que la partie supérieure de la queue. Elle porte un plastron jaune orangé clair, non marqué de taches brunes ovoïdes comme celles de la Grive, ou triangulaires comme celles de la Draine, mais historié d'étroites rayures noires verticales. La Litorne est originaire des contrées septentrionales de l'Europe, comme le Mauvis, et ne descend dans nos plaines qu'aux approches de l'hiver. Elle voyage par bandes très-nombreuses, se répand par les plaines, surtout par les prairies, où elle cherche sa vie parmi les laissées du bétail, comme fait l'Étourneau. Elle fréquente également les pays sauvages et les friches où abonde le genévrier dont elle mange les baies, qui communiquent à sa chair coriace une saveur détestable, mais que certains palais peu délicats s'obstinent à trouver délicieuse. Je ne l'ai jamais entendue chanter et je doute qu'elle chante. A cette espèce appartenait la Grive de Linnæus, qui donna le scandale de ses débordements et de sa passion effrénée pour le jus de la treille.

Groupe des Drimophilidés. — 26 genres, 236 espèces. — Espèces françaises : Néant.

Je ne sais pas si je suis parvenu à retirer de mes plaies toutes les épines que j'avais rapportées de mon passage hardi à travers les demeures de la tribu des Merles, demeures que la nature a hérissées elle-même d'un si formidable rempart de dards et d'aiguillons. Mais une chose qui m'est plus clairement démontrée, c'est que le roncier réfractaire d'où je viens de sortir, plus ou moins avarié, n'est qu'une allée de parterre, bordée de résédas et de géraniums, en regard du fourré ténébreux et hostile qu'il me reste à percer. J'ai dit que la création de ce groupe des Drimophilidés, si nécessaire au rétablissement de l'ordre, était la plus audacieuse de mes innovations. J'ai dit vrai, et je n'entends aucunement repousser la responsabilité de mon audace. Je demande seulement à prouver que, pour oser ainsi, j'ai eu des motifs graves, et que le désir de venir en aide aux maîtres embarrassés a eu plus de part que mon orgueil en mes témérités.

J'ai besoin d'établir d'abord, par les propres aveux des auteurs, que le classement des espèces que j'ai fondues dans mon nouveau groupe était devenu pour eux une impasse désastreuse, une barre infranchissable.

Mes lecteurs savent déjà que les Fourmiliers du Brésil et les Brèves des îles de la Sonde sont des oiseaux fouilleurs de la taille et de la figure du Merle et de la Grive, que la nature a créés en même temps que le Pangolin écailleux et le Tamanoir pour s'opposer à la pullulation désordonnée des innombrables tribus de fourmis et de termites que nourrit la zone tropicale de l'Ancien et du Nouveau Monde. Or, il s'agissait, entre les savants, de décider si ces Formicivores des deux continents devaient être rangés dans une seule et même famille, et si cette famille devait être celle des Merles.

Il est clair, en effet, que si les Fourmiliers et les Brèves avaient été d'emblée acceptés comme Merles par l'assentiment unanime des intéressés, l'identité de ces deux genres eût cessé de faire question, en vertu de l'axiome de géométrie qui statue que deux grandeurs égales à une troisième sont égales entre elles; mais il s'en est fallu de beaucoup que les choses aient viré aussi rapidement à l'accord dans l'espèce.

Brisson, Mauduyt, Vieillot et quelques autres étaient bien de l'opinion que la tribu des Brèves devait faire une simple section de la famille des Merles, et que les Brèves étaient les Fourmiliers de l'Inde, comme ceux-ci étaient les Brèves de l'Amérique. Mais, par malheur, ils avaient contre eux l'opinion de Mgr le comte de Buffon, qui, du haut de son autorité olympienne, avait déclaré une fois que les Fourmiliers d'Amérique étaient des Fourmiliers et non pas des Perdrix, des Merles ni des Brèves. Et sur l'opinion du grand maître s'était naturellement entée celle de Gueneau de Montbéliard, qui avait démontré la nécessité de séparer les Formicivores d'Asie des Formicivores d'Amérique. Après quoi étaient venus Gmelin et Latham, pour prouver que les Brèves étaient de vrais Corbeaux, pendant que d'autres affirmaient que c'étaient des Alouettes, sinon des Troglodytes, voire des Bergeronnettes.... C'est-à-dire qu'ils étaient une douzaine des plus illustres classificateurs du temps à ne pouvoir s'entendre sur les principaux caractères des genres à classer. Ces illustres embarrassés s'appelaient Illiger, Cuvier, Vieillot, Lich tenstein, Swainson, Gray, Temmynck, Lesson, Lafresnaye, Ch. Bonaparte, etc.

L'accord en était là, et l'opinion de M. de Buffon continuait de régir souverainement la matière, quand M. Ménétrier est venu. M. Ménétrier était un voyageur et un naturaliste distingué, qui avait sur M. de Buffon l'immense avantage d'avoir vu les choses dont il parlait, et qui a refait *ab ovo* l'histoire des Fourmiliers du Brésil. Il a écrit de plus une monographie fort intéressante de la grande tribu des *Myiothérinés* (Chasse-Fourmis), où il a été prouvé que M. de Buffon avait eu tort de prendre pour paroles d'Évangile les contes de Sonnini, et que les Fourmiliers pouvaient bien être des *Gallinacés* ou des Merles, mais qu'à coup sûr, ces espèces-là n'avaient rien de commun ni avec les Corbeaux, ni avec les Troglodytes, ni avec les Alouettes et les Bergeronnettes. M. Ménétrier a parfaitement signalé la cause de la confusion, en disant que tout l'embarras de la situation provenait de ce que le genre Fourmilier avait servi trop complaisamment de refuge à un grand nombre d'oiseaux qu'on ne savait où classer ; mais il s'est borné à éclairer la question historique spéciale, et n'a pas aussi heureusement servi la question de classification, la grande question du ralliement des Formicivores d'Asie aux Formicivores d'Amérique. Je crains même qu'il n'ait fait qu'y apporter un élément anarchique de plus, en divisant en six genres sa nouvelle famille des Myiothérinés ; car il y avait évidemment plus besoin de rallier que de désunir, pour avoir le dernier mot de la distribution harmonique, dans une famille où nous avions déjà la division des *Fourmiliers* de Lesson : cinq genres, dont le Cincle ; la division de Swainson : 11 genres, dont également le Cincle ; celle de Gray : 13 genres ; celle de Charles Bonaparte : 29, etc., sans compter les subdivi-

sions homologues des Formicivores de la Sonde et de
Madagascar. J'ajoute que Cuvier et Temmynck étaient
de mon avis, et que du moment où ils eurent reconnu les
signes de proche parenté qui reliaient les Fourmiliers
aux Brèves, les deux illustres maîtres opinèrent franchement pour la réunion des deux genres dans la même
famille. Et remarquez que l'opinion de Cuvier et de
Temmynck ne faisait que corroborer celle de Mauduyt,
précédemment exposée dans l'*Encyclopédie méthodique
d'Ornithologie*. Mauduyt, qui considérait les Brèves
comme les Fourmiliers de l'Inde et les Fourmiliers
comme les Brèves de l'Amérique, avait naturellement
fondu les deux genres en un seul groupe, au double titre
de Formicivores habitants du fourré, et de cousins-germains de nos Merles d'Europe.

Il était donc urgent d'unir, comme j'ai dit; mais l'union
opérée, tout n'était pas fini, car la plus grande fraction
de l'unité nouvelle emportait avec elle un élément de
discorde et de chaos dont il eût fallu tout d'abord l'ex-
purger avant que de rien entreprendre pour le casement
définitif des membres de la grande famille. Et le malheur
a voulu que M. Ménétrier lui-même n'ait pas compris la
nécessité de retirer préalablement de la classification cet
élément de désordre qu'il avait si admirablement reconnu et signalé dès le principe. Je veux dire que la
tribu des Fourmiliers avait servi de refuge à une foule
d'espèces faisant partie de divers ordres, et notamment de
celui des Gallinacés, et que M. Ménétrier, qui avait attribué justement tout le mal de la confusion universelle à
cette cause, a oublié de commencer par restituer à l'ordre des Coureurs toutes les espèces qui lui appartenaient,
toutes les espèces *pulvératrices nichant à terre et n'abecquant pas leurs petits*. Or, la première mesure à prendre

pour arriver à un résultat sérieux, était de restituer ces espèces à qui de droit, et il est trop visible que personne avant moi n'avait reconnu la nécessité de procéder ainsi. Écoutons une minute les dépositions des témoins :

Sonnini avait dit, et M. de Buffon après lui, « que les Fourmiliers construisaient, avec des herbes entrelacées, des nids hémisphériques de trois à quatre pouces de diamètre selon leur propre grandeur, et qu'ils suspendaient ces nids par les deux côtés sur des arbrisseaux au-dessus de terre, et que les femelles y déposaient trois à quatre œufs presque ronds. »

Mais M. Ménétrier n'a pu découvrir ces nids-là, et il en a trouvé d'autres, « si l'on peut appeler ainsi, dit-il, une place *faite à terre* sur des feuilles sèches, où étaient déposés plusieurs œufs qui étaient alternativement couvés par le père et la mère. » Notre voyageur ajoute : « Les Fourmiliers pondent plus particulièrement dans le mois d'août et de septembre; ils déposent *à terre* deux ou trois œufs blanchâtres, variés agréablement. Ils couvent ces œufs environ douze ou quinze jours, après lesquels *les petits accompagnent la mère à la recherche de leur nourriture, à peu près comme le font les Gallinacés*, et après l'espace de huit à dix jours, les jeunes s'éloignent déjà de leurs parents. »

C'est-à-dire que la Grallarie-Roi et plusieurs autres espèces dont M. Ménétrier écrit l'histoire sont de véritables Coureurs, *nichant à terre et n'abecquant pas leurs petits...*

Mes lecteurs doivent se souvenir que j'ai déjà réclamé place parmi mes Dromipèdes pour une soixantaine d'espèces mal à propos rangées par les auteurs parmi les Passereaux. En agissant ainsi, j'ai réparé l'omission regrettable de M. Ménétrier, qui était cependant mieux placé que personne pour distinguer la vérité de l'erreur et remettre chaque chose à sa place.

Après avoir procédé à cette disjonction importante, j'ai voulu naturellement traduire en faits les indications de Mauduyt, de Vieillot, de Cuvier, de Temmynck, et c'est dans ce but de charité filiale et non dans une pensée d'orgueil que j'ai créé le groupe des Drimophilidés pour loger commodément et méthodiquement côte à côte, non-seulement les Brèves et les Fourmiliers, mais vingt autres genres dont le caractère mutin et immaniable avait fait jusqu'ici la désolation des auteurs. Et voilà expliquées, sinon justifiées, mes audaces.

Doivent donc être réputées *Dromipèdes* toutes les espèces nichant à terre et n'abecquant pas leurs petits, et *Drimophiles-Baccivores*, toutes les espèces formicivores de la présente série qui nichent sur les arbres et abecquent leurs petits. Rien de plus clair que cette distinction; rien de plus facile à opérer que la distribution que j'indique.

Vous disiez, les uns : « Qu'il y avait des signes extérieurs de parenté omnimodes entre les Merles d'Europe et les Brèves d'Asie, entre les Merles et les Fourmiliers du Brésil, et qu'il était indispensable de tenir compte de ces similitudes dans une classification méthodique. » Vous disiez, les autres : « Qu'il était antirationnel de désunir des genres à qui la Nature avait attribué la même fonction conservatrice dans les deux continents. » L'institution du groupe des Drimophilidés, que j'ai placé à égale distance des Merles et des Étourneaux, répond à toutes vos exigences légitimes et ne sépare rien de ce que Dieu a uni.

J'entends que quelques-uns m'adressent une objection très-grave, laquelle, si elle était fondée, serait de force à

démolir tout l'échafaudage de mon système. On me dit
que tous les auteurs qui ont écrit sur les Fourmiliers
s'accordent bien à en faire des espèces exclusivement insectivores, mais que le qualificatif de baccivores, que je
leur décerne, n'est qu'un pur don de ma générosité. Je
réponds d'abord à cette objection par la citation du passage suivant de Lesson : « Les Myiophones (Myiophone
et Myiothère sont tout un) sont confinés dans les régions
chaudes de l'ancien continent où ils vivent solitaires
*parmi les rochers couverts de ronces qui produisent des
baies* et dans les endroits les plus touffus des forêts, où
on les voit se repaître aussi d'insectes et de vers. » J'a-
joute qu'il me paraît impossible que des espèces qui
sont ambiguës entre les Merles et les Gallinacés des
fourrés, grands amateurs de fruits, ne partagent pas, si
faiblement que ce soit, les goûts de ces derniers. J'en
appelle, au surplus, pour le jugement de la question en
suprême ressort, à l'expérience et à l'autopsie stomacale.

Groupe des Sturnidés. — 33 genres, 175 espèces.
2 genres, 3 espèces de France.

Caractères généraux.—Le groupe des Sturnidés dont
notre Étourneau est le type, est probablement, de tous les
groupes naturels de la Déodactylie, le plus facile à ordonner et à circonscrire. Il se compose, en effet, d'espèces
grégariennes ou amies des troupeaux qui se réunissent en
grandes bandes après la saison des couvées pour suivre les
bestiaux aux pâturages, et qui ne sont pas moins friandes
de la cerise et du raisin que des insectes qui foisonnent
parmi les laissées du bétail. Leurs principales patries
sont les deux continents d'Afrique et d'Amérique.

L'Europe et l'Asie n'en possèdent que deux ou trois
espèces ; l'Australie les ignore quasi complétement. Les

Étourneaux de tous les pays ont, comme les Moineaux Francs de nos climats, le privilége de laisser indécise la grande question de savoir s'ils sont plus dommageables qu'utiles. Les habitants des vignobles les redoutent à bon droit, comme dévastateurs forcenés des vendanges; les habitants des prairies et des plaines les estiment fort au contraire, comme préservateurs actifs des moissons et des herbes, par la grande destruction qu'ils font des sauterelles et des autres insectes ennemis des récoltes. C'est un genre de ce groupe, le genre américain *Bruantin*, qui jouit du funeste avantage de fournir à la Déodactylie le type de perversité morale que symbolise le Coucou dans les autres continents.

Toutes les espèces de ce groupe sont dévorées de la passion des voyages, et la plupart sont pourvues en conséquence d'ailes aiguës, propices aux longs déplacements. Elles ont, comme les Brèves, les tarses plus élevés et la queue beaucoup plus courte que les Merles, et sont plus aptes que ceux-ci à la marche rapide. La tête commence aussi à s'aplatir chez ces espèces, comme le doigt externe à se souder au médian par la base, et la mandibule supérieure est désarmée de son crochet. Le vol des Étourneaux en masses tourbillonnantes confuses est caractéristique. L'esprit de sociabilité est développé dans le groupe à un point excessif.

La seule difficulté qui se présente dans la classification du groupe des Sturnidés est celle relative au Pique-bœuf, qui n'a rien de commun avec les Étourneaux et n'est pas baccivore. Le Pique-bœuf est un oiseau grimpeur à qui la Nature a confié la mission spéciale de défendre les grands Mammifères d'Afrique contre les ravages des insectes *perce-cuir*, comme elle a confié au Pivert la mission de défendre nos chênes contre les ravages des insectes *perce-*

bois. Et dans ce but, elle lui a mis aux pieds des crampons vigoureux pour lui permettre de gravir commodément les flancs du Buffle et du Rhinocéros ; et elle lui a donné pour bec un instrument de chirurgie des plus ingénieux et surtout admirablement propre à remplir son office. Cet office est d'extirper les larves que les Taons et les Œstres se plaisent à loger sous le cuir des grands Mammifères herbivores pour leur rendre l'existence amère. Ce bec robuste et court et quasiment carré, se compose donc de deux mandibules également renflées et terminées par une pince puissante dont l'oiseau se sert pour presser la larve et la forcer de sortir. Il l'aide volontiers en ce travail difficile en incisant le cuir.

Les auteurs qui ont fait du Pique-bœuf un membre de la famille des Étourneaux, parce qu'il aime à se poser comme ceux-ci sur le dos du bétail, auraient pu, par la même raison, adjoindre à la tribu le Héron *garde-bœuf*. J'admire qu'ils n'y aient pas songé. Pour moi, qui respecte un peu plus les intentions de la Nature et qui classe les oiseaux d'après le mode de fonctionnement de leurs pieds, j'ai placé le Pique-bœuf à la queue des Grimpeurs. Ce genre intéressant, mais incommode, ne fournit heureusement que deux espèces.

Genre Étourneau. — Deux espèces.

L'histoire de l'Étourneau de France raconte à peu près celle de tous les Sturnidés.

Les Étourneaux, qui sont les cousins-germains des Loriots et des Grives, autant du moins qu'on peut s'en rapporter aux registres de l'état civil de la nature, constituent un genre tout nouveau, plus insectivore que baccivore, et quasi ambigu entre les deux séries, et qui mérite d'occuper en cette classification la place que je lui ai donnée, c'est-à-dire celle de terme de ralliement. Les Étourneaux ont, en effet, un caractère à eux et qui les différencie complétement des espèces du groupe antécédent ; ils sont les *amis des troupeaux*.

Le nom qui conviendrait à ce genre serait donc celui de *Grégarien* ou de *Pasteur*. Or, la science a déjà reconnu la nécessité de cette caractérisation par l'étiquette, puisqu'elle a désigné sous ce nom de *Pastor* l'une des espèces du groupe, le Martin-Roselin.

Les Étourneaux sont donc des oiseaux amis des moutons, des chèvres et des bœufs, qui suivent ces bêtes au pâturage et vivent dans leur société intime, leur montant sur le dos, leur mangeant dans la main. Ils aiment également à marcher dans les sillons de la charrue, à mesure qu'elle retourne les guérets et fait sortir de terre une foule de vermisseaux et de larves, de larves de hanneton notamment. Les Étourneaux sont encore les ennemis redoutables des grillons et des sauterelles, dont ils font des déconfitures immenses et à la suite desquels ils entreprennent de longs voyages, comme les Hiboux et les renards du Nord à la suite des émigrations de mulots. Les Étourneaux préfèrent les prairies aux champs cultivés, et surtout les prairies les plus marécageuses. Les services qu'ils rendent à l'agriculture en qualité de destructeurs de vermines sont immenses. C'est une espèce d'un genre tout voisin, le Martin de l'Inde, qui, transportée du continent dans les îles de la Réunion et de Maurice, a mis fin aux ravages que les sauterelles exerçaient chaque année sur les cultures de ces îles fertiles. Mais toute médaille a son revers, et j'ai déjà été forcé de témoigner à la charge de l'Étourneau que son amour immodéré du raisin le poussait à se précipiter sur ce fruit même avant qu'il fût mûr, e qu'il causait quelquefois au

vigneron un préjudice notable et sans compensation aucune, car la chair d'Étourneau est un piètre régal.

Les Étourneaux sont, comme les Loriots, des voyageurs
intrépides que tourmente l'incessant besoin de se déplacer. Ils s'en vont pour n'être pas où ils sont, plutôt que
pour être ailleurs. On les trouve à peu près partout où
l'on trouve la Caille et l'Hirondelle de cheminée. On peut
les suivre dans l'ancien continent depuis le cap Nord
jusqu'au cap de Bonne-Espérance, et depuis les plaines
de l'Irlande jusqu'à celles du Kamschatka. L'Australie
est, dit-on, la seule grande terre qu'ils n'aient pas visitée
encore; mais j'ai écrit il y a quelques années qu'ils ne tar-
deraient pas à envahir cette cinquième partie du monde,
et tout me porte à croire que cette invasion est déjà un
fait accompli. On sait, en effet, que l'Australie était un
vaste parc à moutons de la Grande-Bretagne avant d'être
métamorphosée en Potose. Or, il m'est impossible d'admettre que les Étourneaux qui sont partout, allant, venant
et sonnant à la porte de toutes les nouvelles, n'aient pas
eu vent, par un hasard quelconque, de l'existence des
riches troupeaux des antipodes d'Europe, et que pas un
d'entre eux n'ait été tenté de prendre passage sur un des
nombreux bâtiments de commerce qui sillonnent sans
interruption la face du Pacifique austral, depuis qu'une
terre d'or a surgi de son sein.

Il ne faut pas que j'oublie de dire, pour mieux faire
comprendre ce qui précède, que les Étourneaux qui
voyagent sans cesse sont doués comme nos ancêtres les
Gaulois, qui aimaient aussi les longues promenades, d'un
esprit de curiosité insatiable; et que cet esprit de curiosité les pousse à fraterniser avec toutes les bandes d'émigrants qu'ils rencontrent dans leurs traversées aériennes,
bandes de Vanneaux, de Pluviers, de Proyers, de Cor-

neilles, etc. Or, il est naturel de supposer que des oiseaux qui n'arrêtent jamais et qui sont en relation suivie avec tant de gens venant de tant de pays, soient mieux informés que personne de tout ce qui se passe aux quatre bouts de l'horizon.

Les Étourneaux voyagent de jour en colonnes épaisses, profondes et tourbillonnantes. Leurs rangs sont si serrés qu'il arrive quelquefois que tous les grains de plomb du coup de fusil qu'on leur tire portent. Je me rappelle avoir vu passer en l'air, au-dessus de la Mitidja, de ces trombes d'Étourneaux qui obscurcissaient le soleil et occupaient dans le ciel des zones d'un kilomètre d'étendue sur une profondeur insondable. Il faisait beau voir ces masses opaques s'ébranler d'un mouvement uniforme, sous la chasse d'un Faucon, s'abaisser jusqu'à terre et se redresser dans les airs, avec la souplesse d'un ressort, sans jamais desserrer leurs rangs et, qui mieux est, sans perdre un seul individu. On conçoit les ravages qu'un vol d'Étourneaux de cette importance, tombant sur un clos de Chambertin, de Vougeot, de Haut-Brion est capable d'opérer. Mais les Étourneaux dont je parle ont rendu jusqu'ici plus de services à l'Algérie qu'ils ne lui ont fait de mal; car ces oiseaux ont été bien longtemps les seuls semeurs dont Dieu se soit servi pour repeupler d'oliviers et de lentisques les cimes et les revers de l'Atlas, que l'Arabe se plaisait à dénuder par la dent de ses troupeaux et par les embrasements de ses incendies périodiques. Si les montagnes et les collines de l'Algérie ne sont pas encore aussi pelées, ni aussi chauves que celles de la Provence, c'est l'Étourneau qui en est cause. Grâces lui en soient rendues! Malheureusement, l'Étourneau est aussi semeur de quelques mauvaises plantes, et dans le nombre du gui, parasite qui fournit la glu.

Une coutume invariable chez toutes les espèces de ce genre, et que nous retrouverons plus tard chez les Hirondelles, est de se rendre chaque soir au milieu des roseaux des étangs, afin d'y prendre gîte pour la nuit. Mais hélas! cet asile, qui les protége encore contre les assauts nocturnes des carnivores à quatre pattes et des oiseaux de nuit, ne fait qu'offrir à l'homme un moyen facile et barbare de les détruire par hécatombes.

Cette habitude de prudence et beaucoup d'autres pratiques analogues qui sont particulières à toutes les espèces du genre Étourneau, prouvent qu'elles n'ont rien fait pour mériter d'être appelées d'un nom qui, dans notre langue, est synonyme d'étourdi.

Les Étourneaux ne chantent déjà plus, ils gazouillent et gazouillent sans fin; mais ce ramage qui n'a ni queue ni tête n'approche pas pour la suavité de celui de l'Hirondelle. Il est gai, rien de plus. Les Étourneaux commencent à gazouiller de très-bonne heure au printemps. Ils apprennent sans peine à parler, mais leur prononciation est toujours défectueuse; elle n'a ni la franchise, ni l'ampleur de celle du Corbeau. Ils éprouvent la même difficulté que les Anglais à faire sonner les *r* et parlent généralement du nez comme le peuple français.

L'époque des amours rouvre chaque année pour ces espèces l'ère de la bataille et du duel. Les vainqueurs ont la petitesse de tirer vanité de leur triomphe et de le rappeler trop souvent; mais le bon naturel de la race reprend le dessus après la saison des querelles, et vainqueurs et vaincus redeviennent amis comme devant.

Des deux espèces d'Étourneaux qui habitent la France, une est particulière à la Corse. La seconde, le Sansonnet vulgaire, habite toutes les parties du territoire national, mais se plaît surtout dans les régions les plus arrosées et les plus fécondes en pâturages. Elle habite indifféremment les forêts et les villes, nichant au bois dans les trous d'arbres, et sous les tuiles dans les cités. Elle aime aussi, comme le Martinet et l'Effraie, le séjour des vieilles tours de cathédrales.

Le Sansonnet. — Sansonnet, Chansonnet, qui babille sans cesse. Ce nom convient mieux à l'espèce que celui d'Étourneau, par les raisons ci-devant déduites. Des personnes qui se disent bien informées prétendent que ce nom lui est venu de la prédilection toute spéciale qu'il a pour cette phrase : *Sonnez, sonnez, sonnez*, que par parenthèse il prononce : *Son nez, son nez, son nez*, en appuyant sur la nasale. Cette version, qui a pour elle l'exemple des noms *Margot, Colas, Ricard*, attribués à la Pie, au Corbeau et au Geai, en raison de la facilité avec laquelle ces trois espèces prononcent ces trois mots, mérite qu'on en tienne compte.

Le Sansonnet est l'emblème du commis-voyageur, qui est obligé, par sa profession, de changer souvent de place ; qui parle beaucoup pour peu dire ; qui se lie facilement de conversation et d'amitié avec ceux de son état qu'il rencontre dans les lieux de passage et sans trop se préoccuper de la diversité de leurs parties respectives ; qui apprend facilement à répéter la phrase qu'on lui serine, mais qui n'a pas toujours conscience de la valeur d'icelle. Le Sansonnet parle moins purement que le Corbeau, qui est un emblème de légiste et d'orateur ; cette infériorité est toute naturelle et n'a rien d'humiliant.

Comme l'oiseau qui sert d'agent actif à la propagande de l'olivier (huile), du lentisque (pistache) et de la merise (kirsh et liqueurs), qui sont de bons produits, a le malheur de contribuer aussi à la propagande du gui, qui est une plante parasite et perfide... Ainsi, le commis-voyageur a le tort de mélanger dans son commerce les denrées falsifiées aux marchandises loyales, comme le faux au vrai dans son bavardage — *utile à la société quand il remplit honnêtement sa fonction d'agent intermédiaire entre la production et la consommation — nuisible et funeste au pays et au consommateur, quand il procède par voie de coalition à l'accaparement des marchandises.*

On reproche au Sansonnet de chanter un peu haut ses conquêtes amoureuses et d'aimer à se parer le col de cravates très-voyantes dans la saison d'amour. Le commis-voyageur n'est pas toujours exempt de ce double travers, dans sa toilette et ses discours.

Le Sansonnet a tout le devant du corps, gorge et poitrail, noyé dans le violet changeant, miroir d'illusion, en signe des erreurs dans lesquelles la secte des économistes s'est toujours plu à entretenir le public relativement aux bienfaits et à la moralité du commerce.

Le rôtisseur qui cherche à tirer parti de la chair de l'Étourneau, tâche ingrate, commence par lui arracher la langue qu'il a double et noirâtre, et que les anciens réputaient vénéneuse. Cela veut-il dire que la suppression du mensonge ou, ce qui revient au même, la substitution de la concurrence véridique à la concurrence anarchique dans les transactions du commerce, est la première mesure à prendre pour réhabiliter et assainir la profession commerciale ?

Je connais peu d'histoires plus fécondes en enseignements instructifs que celle du Sansonnet.

Le Sansonnet pond des œufs bleus et ne fait qu'une ponte par an. Il tient, à ce qu'on assure, à ce que ses petits soient dehors pour le jeudi de l'Ascension. Plusieurs nichent chaque printemps dans les trous des tilleuls et des marronniers des Tuileries. La ville de Lille en Flandre en voit naître des milliers.

L'Étourneau noir. — Espèce qui semble particulière à la Corse et à la Sardaigne, où elle est sédentaire. Manteau noir lustré comme celui du Corbeau, avec de légers reflets de pourpre. Même taille, mêmes habitudes, même gosier que le précédent.

Genre Martin. — Martin-Roselin, Martin rose, Merle rose. Oiseau rose et charmant, originaire de la Syrie et de l'Asie Mineure, de passage quelquefois en France, dans les prairies de la Camargue, où il aime à se poser comme tous les Étourneaux, sur le dos du bétail. Tous les Martins roses que j'ai vus dans les volières du Jardin des Plantes et ailleurs se faisaient remarquer au commencement de leur captivité par une activité inquiète, un besoin de mouvement perpétuel et une énergie de gazouillement formidable. Malheureusement, tous ces symptômes de force et de santé duraient peu et les pauvres oiseaux succombaient bien vite aux regrets de leur liberté perdue. Le gazouillement du Martin rose trahit sa parenté avec notre Étourneau vulgaire. C'est le même babil incohérent et interminable, avec un peu plus de sonorité et d'éclat. Cet oiseau est encore un de ceux dont la riche parure atteste l'origine étrangère. Il a tout le dessus et le dessous du corps teint d'une belle couleur rose de chair, mais si tendre et si fugace, qu'elle ne tient pas même deux jours sur le cadavre de l'oiseau. Il a le chef orné d'une huppe élégante, noire à reflets violets. Cette teinte noire s'étend sur la gorge, sur le cou, la queue et les ailes et forme, avec le rose clair du reste du plumage, un accord contrasté de nuances du plus charmant effet.

Groupe des Oriolidés. — 10 genres, 52 espèces. Une seule espèce française.

Les espèces de ce groupe, dont notre Loriot est le type, passent comme les Étourneaux du gras au maigre ou de l'insecte à la baie avec une facilité extrême. Mais elles se distinguent des Sturnidés par des habitudes plus exclusivement sylvicoles, par des tarses plus courts, des ailes plus pointues, des mandibules plus fortes. Elles descendent peu à terre et semblent tourmentées aussi du besoin de changer de place. Les Loriots, qui ont la jambe emplumée jusqu'au tarse et le doigt externe soudé au médian par la base, forment l'anneau de transition qui rattache les Sturnidés aux Oiseaux de Paradis; ils sont si intimement contigus à ceux-ci, que les auteurs sont très-embarrassés de dire à quel groupe appartiennent certains genres, comme le Prince-Régent. Je n'oublierai pas de mentionner le talent merveilleux de tisseur que déploient les espèces du groupe dans la construction de leurs nids; car il est très-possible que, par le seul motif d'égalité de talent dans le grand art du tissage des étoffes, plusieurs genres du groupe précédent soient appelés plus tard à faire partie de celui-ci.

Le Loriot. — Le Loriot n'habite guère la France que pendant quatre mois sur douze. Il nous arrive aux premiers jours de mai pour nous quitter au commencement d'août. Il passe, par conséquent, dans le voisinage des tropiques les deux tiers de l'année, et pourrait être considéré en quelque sorte comme un oiseau de la zone équatoriale, qui n'est jamais qu'égaré dans le nord de l'Europe où l'attire la passion des cerises. On a besoin de s'appesantir sur cette circonstance d'habitat de prédilection, pour s'expliquer la richesse exceptionnelle du costume de cette espèce, qui écrase si impitoyablement les pâles habits de nos Tarins et de nos Canaris, lesquels mis en regard du Loriot paraissent bien moins des oiseaux jaunes que des oiseaux atteints de la jaunisse.

Il est certain que le ton de l'uniforme jonquille ou topaze brûlé du Loriot appartient à une gamme de couleurs d'un diapason plus élevé que celle de nos brumeux climats, et qu'il nous serait complétement impossible de nous procurer chez nos autres espèces, ni bleu, ni violet, ni rouge concordant avec ce jaune-là. Le Loriot est bien plus encore que le Merle bleu un moule d'engrenage ou de transition des races emplumées de la zone torride à celles de la zone tempérée. Il donne la main dans la classification universelle à cet immense groupe d'oiseaux à manteaux d'or, manteaux orangé roux, manteaux orangé rouge, etc., qui comprend les Troupiales, les Carouges, les Cassiques d'Amérique, plus une foule innombrable d'Oriolus, d'Ictérus, de Sturnus innommés qui virent aux Paradis.

Le Loriot est un des plus infatigables arpenteurs des plaines de l'air. Il suit plus fidèlement le soleil dans ses courses qu'aucune autre espèce voyageuse de nos pays, voire le Martinet et le Coucou. Il se remet en marche du Nord pour le Midi, le lendemain même du solstice ; il semble plus impatient encore du repos que la Caille. Il a comme celle-ci, comme tous les navigateurs au long cours, l'aile longue et pointue. Les Loriots passent de jour, par familles isolées.

J'ai déjà dit assez de fois pour qu'aucun de mes lecteurs ne l'ignore, que la couleur jaune jonquille était celle de l'étendard du familisme. Nous pouvions donc parfaitement, sur la seule enseigne du Loriot, nous attendre à rencontrer en lui un des types les plus purs et les plus achevés de l'amour maternel. Comme l'amour des enfants se trahit d'abord chez les oiseaux par la richesse et le luxe du berceau qu'ils façonnent pour leurs petits, le nid du Loriot est une merveille d'art qui pourrait bien mériter à ses auteurs le premier prix d'architecture aérienne. Je ne sais pas de nid, en effet, qui l'emporte sur celui du Loriot pour l'élégance de la forme, la richesse des matériaux, la délicatesse du travail et la solidité de la bâtisse. Le nid du Loriot est encore plus mignon peut-être et de moindre dimension relative que celui du Chardonneret. Il est tapissé au dehors comme celui du Pinson d'une couche de ce lichen argenté des arbres fruitiers qui lui donne l'air de faire corps avec la branche qui le supporte. Mais la demeure du Loriot est bien plus habilement dissimulée encore que celle du Pinson. Celle du Pinson est assise sur la branche dont elle augmente le volume, et elle appelle les regards. Le nid du Loriot, au contraire, est fixé par des attaches de liane aux deux branches d'une fourche horizontale entre lesquelles il flotte suspendu, et dont l'épaisseur masque une forte partie de la muraille extérieure. On peut se faire une idée parfaite de ce nid par ces jolies petites corbeilles d'osier tapissées de laine à l'intérieur qu'on donne pour nicher aux Serins. Les matériaux employés à sa confection sont, avec le lichen, la laine, la toile d'araignée, la plume, mais le tout choisi de couleur blanchâtre, pour que rien de la masse ne se détache en sombre du milieu feuillu qui la couvre et n'attire le mauvais œil du pâtre comme un nid de Merle ou de Roitelet. D'autres fois, à défaut de fourchettes de pommier, le Loriot choisit pour assises de sa demeure un épais bouquet de feuilles de bouleau, de peuplier, voire de gui. Dans ce cas-là, le nid, solidement attaché par un système d'élégants cordages à quelques brindilles d'en haut, à l'instar de la nacelle d'un aérostat, flotte dans le vide de la ver-

dure ambiante ; et la barcelonnette semble un hamac mobile où la brise du printemps s'amuse à bercer les petits.

Audubon, qui a passé des semaines entières à regarder
travailler des Loriots de Baltimore, à l'aide d'une longue
vue et perché sur un arbre, a constaté que ces oiseaux
employaient pour tisser l'étoffe de leurs matelas le même
procédé que nos tisserands pour confectionner leur toile :
c'est-à-dire qu'ils commençaient par faire une chaîne et
une trame, et que chacun des deux époux, comprenant
les avantages de la division du travail, se chargeait de la
conduite de l'une des deux opérations, non de l'autre. Les
travaux de couture et d'entre-croisements de fils qu'exigent la construction et la suspension du nid de nos Loriots
de France ne permettent pas de douter que la science du
tisserand, celles du vannier et du tailleur, ne soient aussi
bien dans leurs dons que dans ceux des Loriots d'Amérique. J'aime à penser que si tout le monde était instruit
de ces détails, personne n'oserait plus porter sur le nid du
Loriot une main sacrilége ; nid qui mérite d'autant plus
le respect des humains que cette espèce ne s'élève pas et
n'est pas agréable en cage, tandis que, laissée libre, c'est
l'ennemie la plus redoutable de la chenille procession-
naire, cette vermine immonde qui mange quelquefois en
six semaines pour quarante à cinquante millions de chênes
et de pommiers français.

Le déploiement d'un pareil luxe dans la bâtisse et dans
l'ameublement de cette demeure annonce que le séjour y
sera long. En effet, la durée de l'incubation est la même
chez le Loriot que chez la Poule ; les petits ne sortent du
nid que très-tard ; et leur éducation n'est pas une siné-
cure, attendu que les jeunes Loriots sont de force à absorber en un seul repas le tiers de leur poids en nourriture,
et que j'en ai connu d'adultes qui avalaient aisément seize

cerises de suite. Mais la tendresse infinie des parents pour leur progéniture satisfait largement à toutes les exigences de ces natures impérieuses. Peu d'oiseaux se montrent plus jaloux de leur liberté que les Loriots ; et cependant on a vu des couveuses de cette espèce, en proie à la fièvre d'amour maternel qui les prend à la fin de leur travail d'incubation, se laisser emporter avec leur nid par le ravisseur et mourir d'inanition sur leurs œufs. Les pauvres bêtes avaient bien fait le sacrifice de leur vie, mais elles ne se croyaient pas le droit d'entraîner dans leur tombe les innocents prêts à éclore, et elles se faisaient un devoir de pousser jusqu'au bout le dévouement maternel. Leur courage pour défendre leurs jeunes contre les attaques des Pies-grièches, des Geais et des Corneilles n'est pas moins admirable.

Le fusil fait peu de tort aux Loriots, qui ont le bon esprit de quitter nos contrées inhospitalières avant l'époque de l'ouverture habituelle de la chasse. Quant au filet, il n'est guère plus préjudiciable à l'espèce qui ne descend presque jamais à terre.

Ce n'est qu'au bout de sa troisième mue ou au commencement de sa troisième année que le Loriot se trouve enfin vêtu de ce splendide manteau d'or, qui couvre tout son corps, à l'exception des ailes et de la queue qui sont noires. En ce temps-là son bec se colore aussi d'un rouge sombre ; l'iris est rouge, les pieds noirs. Le costume de la femelle diffère considérablement de celui du mâle quant à la richesse et à la vivacité des teintes, et les jeunes conservent très-longtemps leur ressemblance avec leur mère.

Le chant d'amour du Loriot semble être le début de la phase musicale des Grives et des Merles. Il est sonore et retentissant, et, malgré sa brièveté et sa monotonie, ce chant tient parfaitement sa place dans le concert universel de la forêt au printemps. Il est trop souvent accompagné d'un cri de passe étrange qui tient du ricanement, du miaulement et du bruit de la crécelle, cri que mille musiciens ont entendu comme moi, mais que jamais aucun d'eux n'a pu même approximativement me définir.

Le peuple appelle cet oiseau le compère Loriot, et il est persuadé que son chant veut dire : *Je suis le compère Loriot... qui gobe les cerises... et laisse les noyaux*. Plût au ciel que toutes les erreurs du peuple fussent aussi innocentes que celle-là !

J'aurais dû, avant d'entreprendre le récit qui précède, prévenir mes lecteurs que j'avais le malheur extrême de me trouver, sur la question de la parenté du Merle et du Loriot, en dissidence complète d'opinion avec l'illustre auteur du *Manuel d'Ornithologie*. Ce n'est pas le Loriot qui vient après le Merle et l'Étourneau, comme chez moi, dans la classification de Temmynck. Le plus proche parent du Merle pour le naturaliste hollandais est le Gobe-mouche... le Gobe-mouche, un tout petit oiseau qui adore les mouches et ne peut pas souffrir les fruits rouges, en quoi il se rapproche considérablement des Hirondelles et des Jaseuses des roseaux. Après le Gobe-mouche vient la Pie-grièche... un oiseau carnivore et chasseur qui mange les Gobe-mouches. Après la Pie-grièche seulement vient l'Étourneau, puis enfin le Loriot, qui donne la main aux *Ovivores* (Geais, Corneilles, etc.).

Beaucoup de gens sensés auront une peine infinie à se rendre compte de cette étrange hallucination du sens de la vue qui ne permet pas à certains savants de saisir les caractères flagrants de parenté qui sont entre deux espèces comme le Merle et le Loriot : même figure, même bec, même taille, même régime, même voix de basse, même passion désordonnée pour les cerises... mais qui, en revanche, leur en fait voir d'imaginaires entre des espèces parfaitement étrangères l'une à l'autre, comme la Grive, le Gobe-mouche et la Pie-grièche. Mais le fait de l'aberration incroyable n'en est pas moins constant, constant et imprimé, hélas! Et vainement était-il dans mes vœux charitables de couvrir pudiquement la faiblesse du maître; la fâcheuse question de dissidence m'a contraint de la dévoiler.

Enfin, l'illustre ornithologiste étranger a daigné reconnaître la proche parenté du Loriot et du Sansonnet. Empressons-nous de saisir cette occasion heureuse de nous réconcilier avec lui.

Voilà que nous avons vu défiler les plus brillantes séries de l'ordre des Chanteurs. C'en est fait désormais des grands poëmes et des grandes écoles lyriques. C'est à peine si nous rencontrerons encore deux ou trois illustrations musicales sur la liste des noms qu'il nous reste à parcourir, avant d'atteindre au sous-ordre des Syndactyles où l'on ne chante plus.

Groupe des Paradiséidés. — 11 genres, 16 espèces. Françaises : néant.

Je ne connais pas de groupe d'oiseaux qui s'impose au classificateur avec plus d'autorité que celui-ci, comme famille naturelle. C'est une tribu peu populeuse dont tous les membres sont natifs de la même patrie et s'habillent d'étoffes de velours et de soie d'une fabrique toute spéciale. La manière de vivre est la même pour tous les genres, et tous les pieds sont coulés dans le même moule; et, comme pour ajouter aux commodités de la distribution, chaque genre a soin de se détacher de l'ensemble et de se personnifier par quelque détail de toilette excentrique et saisissable à l'œil. Alors il semblerait

que, pour enlever tout point, il n'y eût qu'à laisser
les choses en l'état et à prendre ces genres comme ils
sont, après les avoir baptisés de quelque joli nom, eu-
phonique et sonore, tiré de l'accident de costume dont je
viens de parler. Ainsi ont fait Lesson et Ch. Bonaparte;
mais ces deux auteurs sont les seuls qui aient osé se conformer ici aux indications de la Nature. L'esprit de système, qui produit en matière zoologique les mêmes
troubles que la foi aux miracles en matière philosophique,
a emporté les auteurs en des voies impossibles. Linnæus a
donné le branle à la confusion en commençant par infliger
le nom d'*Apode* (sans pieds) à l'une des espèces du groupe,
afin de corroborer de son autorité de savant la fausse
croyance populaire qui refusait aux Oiseaux de Paradis
la faculté de percher, faute de jambes. Après Linnæus,
sont venus Latreille et Cuvier, deux autres maîtres qui
ont rangé les Paradis parmi les Passereaux conirostres
omnivores, entre les Glaucopes et les Corbeaux déchique-
teurs de charognes. Temmynck ne leur a pas contesté
leur titre d'Omnivores; seulement, il les a colloqués entre
les Martins et les Stournes (Sturnidés), qui ne sont pas
omnivores du tout. Les pauvres Paradis n'ont pas de
chance. Je suis à peu près sûr de les avoir remis à leur
vraie place; espérons qu'on ne les en changera pas.

Cependant, je dois avouer que je me suis longtemps
tenu à une combinaison différente de celle-ci, et dans
laquelle ce groupe des Paradiséidés occupait l'avant-
garde du sous-ordre des Syndactyles, dont les Paradisiens
semblent se rapprocher par la soudure assez marquée
du doigt externe au doigt médian. Dans cet autre
système, la série des Insectivores purs succédait immédiatement à la Baccivorie, et la quatrième série, dite
alors de la Mellivorie, engrenait avec la Syndactylie par

le groupe des Philédons, qui sont pourvus d'une langue
pénicillée comme les Paradisiens. Et je ne serais pas
étonné que beaucoup d'excellents esprits préférassent
cette sériation à celle que j'ai définitivement adoptée. La
raison déterminante qui m'a fait opter pour le système
que j'ai suivi est que les Mellivores, qui vivent du suc
des fleurs aussi bien que des insectes, sont plus voisins de
la Baccivorie que les Insectivores purs.

Le Paradis.

Les Oiseaux de Paradis ne sont pas nés dans le séjour
de délices où Ève commit sa faute, malgré qu'on ait pu
dire jusqu'à Pigafetta, ce compagnon de Magellan, qui
publia la première relation d'un vrai voyage autour du
monde. Ils sont originaires de la zone torride, et leur
principale patrie est la terre des Papous, une grande île
habitée par une race humaine dont la plus belle moitié

est taillée de façon à ne pas laisser d'excuse au crime de notre premier père. Timor, Arou, Waïgiou et quelques autres îles de la mer des Moluques partagent seules avec la Papouasie l'honneur de voir naître et mourir ces oiseaux merveilleux. Les Paradis de la Nouvelle-Galles du Sud ne sont que des Loriots. (Prince-Régent, séricicule.)

Et ces oiseaux merveilleux ont des jambes, contrairement à l'opinion d'Aldrovande, mais conformément à celle d'Aristote, qui ne comprenait pas plus que moi qu'un oiseau pût se passer de ce moyen d'appui ou de locomotion. Et ces jambes sont plus courtes, plus emplumées et plus solides encore que celles des Loriots; ce qui implique que les espèces qui s'en servent ne quittent guère la branche et descendent rarement à terre. La tendance du doigt externe à se souder au médian se dessine de plus en plus.

Des oiseaux impossibles qui habitaient le Paradis ne pouvaient guère non plus se repaître d'aliments grossiers comme le commun des volatiles, et longtemps le bruit a couru que ceux-ci s'abreuvaient de la rosée du ciel et vivaient de l'essence des fleurs. Puis sont venus les calomniateurs, qui, par esprit de réaction, ont accusé les Paradis d'être des oiseaux de proie. Cette dernière version n'est pas mieux fondée que l'autre. Les Oiseaux de Paradis sont de parfaits baccivores, qui s'arrangent aussi bien du fruit que de l'insecte et boivent où ils peuvent.

Se trompent encore ceux qui croient que les Paradis couvent en l'air, au moyen d'une cavité que le mâle aurait dans le dos, et qui servirait de nid à toutes ces espèces. Ce nouveau système de nidification donnerait bien l'explication de la suppression des supports, mais il ne tient pas mieux devant l'observation que le conte charmant de la nidification alcyonienne, et l'observation a prouvé que les femelles des Paradis faisaient leurs nids, comme celles des Loriots, dans les enfourchures des hautes branches, et non dans le dos de leurs maris. Ceux-ci attachent d'ailleurs beaucoup trop d'importance aux choses de la toilette pour exposer la splendeur immaculée de leurs manteaux de soie aux chances innombrables de souillure dont l'abord de tous les berceaux de ce monde est souillé.

Cette richesse de costume incomparable vaut bien, en effet, qu'on la soigne; car il y a beauté et beauté, et la magnificence des Paradis est de celles qu'on ne se lasse pas d'admirer. Les *robes* des Paradis n'entendent pas lutter de resplendissance métallique avec ces *manteaux* moirés d'or, de rubis, d'améthystes que portent le Colibri, le Paon, le Lophophore, et qui s'allument comme des bouquets de feux d'artifice de pierres fines au moindre rayon de soleil, projetant dans l'espace un jet continu d'étincelles. Seulement, on peut dire que l'étoffe dont ces robes sont faites l'emporte incomparablement sur toutes les étoffes rivales par la richesse de la matière elle-même, par la soyeuseté sans seconde du tissu et sa laxité aérienne. Cette parure de distinction suprême n'a pas le don d'éblouir le regard et de le violenter par l'éclair de ses miroitements; mais il semble que, en revanche, le parcours de la mélodie y embrasse une série de notes plus reposées, plus calmes. La gamme des couleurs y consonne plus volontiers avec les teintes opalines et nacrées des perles et des pétales des fleurs qu'avec les tons fulgurants des pierres fines, et j'y ai trouvé, pour mon compte, des accords adorables de blanc camellia laiteux et de velours vert tendre que je cherche vainement ailleurs. Mais je me souviens à ce propos que le

maître des maîtres, un grand coloriste, a écrit que·la
figure et l'enluminure elle-même auraient une peine infinie à reproduire fidèlement ces détails de costume et
ces rapports intéressants de contrastes et d'identités que
j'essaye si infructueusement d'exprimer par la plume;
et je demande, en conséquence, la permission de m'arrêter où j'en suis dans ma tentative orgueilleuse. Toutefois, pour que nul n'ait la velléité de voir en l'aveu
de mon impuissance une excuse de ma lâcheté, je
cite à ma décharge les paroles de Buffon, article PA-
RADIS :

« Outre les plumes qu'ont ordinairement ces oiseaux,
ils en ont beaucoup d'autres et de très-longues, qui
prennent naissance de chaque côté dans les flancs, entre
l'aile et la cuisse, et qui, se prolongeant bien au delà
de la queue véritable, et se confondant pour ainsi dire
avec elle, lui font une espèce de fausse queue à laquelle
plusieurs observateurs se sont mépris. Ces plumes *sub-
alaires* sont de celles que les auteurs nomment *décompo-
sées*. Elles sont très-légères en elles-mêmes et forment
par leur réunion un volume presque sans masse et comme
aérien, très-capable d'augmenter la grosseur apparente
de l'oiseau. Ces plumes sont au nombre de quarante ou
de cinquante de chaque côté et de longueurs inégales;
la plus grande partie passe sous la véritable queue, et
d'autres passent par-dessus, sans la cacher, parce que
leurs barbes effilées et séparées composent, par leurs
entrelacements divers, un tissu à larges mailles et pour
ainsi dire transparent, *effet très-difficile à bien rendre
dans une enluminure.* »

Et plus loin : « Toutes ces plumes sont de diverses
couleurs, comme on le voit dans la figure, et ces couleurs
sont changeantes et donnent différents reflets selon les

différentes incidences de la lumière, *ce que la figure ne peut exprimer.* »

Il est certain que les lignes qui précèdent ne donnent pas une idée bien nette de la forme et de la toilette de l'Oiseau de Paradis, et qu'il serait très-difficile de portraiturer son image d'après ces indications un peu vagues. M'est avis que Théophile Gautier, s'il eût entrepris cette peinture, y eût mieux réussi que M. de Buffon. Théophile Gautier est le nom d'un puissant alchimiste, qui a trouvé le secret merveilleux de métamorphoser au besoin son écritoire en palette richissime et sa plume en pinceau magique, ce qui lui donne sur le terrain de la description pittoresque une supériorité désastreuse dont il abuse naturellement pour désespérer ses rivaux.

Le nombre des Oiseaux de Paradis qu'a pu connaître M. de Buffon, il y a cent ans environ, se bornait à trois ou quatre. Il est aujourd'hui de seize, et le chiffre total des espèces ailées a cru dans la même proportion depuis la fin du règne de l'illustre naturaliste. M. de Buffon, qui s'estimait très-heureux d'avoir pu réunir, au Muséum du Jardin des Plantes, une collection de 7 à 800 espèces, évaluait, en effet, cet effectif total à 1,500; et le chiffre des espèces connues dépasse, en ce moment, 7,000, et menace toujours de s'accroître. La comparaison de ces deux effectifs explique éloquemment pourquoi le grand ouvrage de Buffon a vieilli.

J'ai vu le temps où beaucoup de ces espèces mirifiques étaient absentes des vitrines du Cabinet d'histoire naturelle, et ne pouvaient s'admirer que dans les opulentes galeries du musée Verreaux frères, place Royale, n° 9... Un musée où l'on m'a montré dès ma première visite deux cents moules inédits... où j'ai vu rangées par douzaines ces espèces précieuses (Strigops, Aptérix, etc.), dont le Mu-

séum national s'estime heureux de posséder un spécimen
unique qu'il a grand soin de conserver sous un globe à
pendule. Ce qui rehausse à mes yeux la valeur de cette
collection sans seconde, c'est que la majeure partie de ses
richesses est le fruit des explorations périlleuses entreprises par ses créateurs mêmes dans les contrées les plus
lointaines et les plus inexplorées du globe, l'Australie, la
Nouvelle-Zélande, l'intérieur de l'Afrique et les grandes
îles de l'archipel indien. Les frères Verreaux, qui comptent parmi les voyageurs les plus intelligents et les plus
intrépides de notre époque, ont mis à contribution tous les
pays de la terre et tous les règnes de l'animalité pour
former leur musée modèle, et ils entretiennent à leurs
frais à tous les bouts du monde un certain nombre de
voyageurs et de chasseurs habiles dans l'art de préparer les peaux de bêtes, lesquels ont mission de colliger sur
place les espèces les plus rares, pour de là les expédier au
musée de la Place-Royale, d'où quelques doubles de
moules inconnus s'échappent de temps à autre pour enri-
chir ou renouveler le personnel du Musée national. J'a-
vais proposé dans le temps de voter une médaille d'or
aux citoyens Verreaux frères, au nom de la zoologie re-
connaissante; M. le ministre de l'instruction publique de
1864, en décernant à Jules Verreaux une distinction hono-
rifique, méritée depuis plus de vingt ans, s'est chargé
de payer à la noble famille une petite part de la dette
du pays. Dieu soit loué et le ministre aussi !

Groupe des Falculidés. — 6 genres; 25 espèces. Une
espèce française.

Il existe par delà les Stournes et dans le voisinage des
Paradisiens et des Sucriers, une foule de tribus errantes,
excentriques dans leurs formes, excentriques dans leurs
allures et qui ont énergiquement repoussé jusqu'à ce

jour les bienfaits de la classification. L'Afrique est leur patrie avec Madagascar, et leurs habitudes sont peu connues, ce qui n'ajoute pas à la facilité de les réunir en familles et ce qui est cause que Charles Bonaparte, La Fresnaye, Isidore Geoffroy-Saint-Hilaire et vingt autres, n'ont pas complétement réussi à s'entendre sur le rang de série, de groupe, voire d'ordre, à donner à chacune. Cependant, comme toutes les espèces de ces tribus rebelles portaient le bec en faucille et comme ce caractère commun les rapprochait des Épimaques, l'idée m'est venue naturellement d'essayer d'abord de les fondre en une seule famille, à l'aide de l'étiquette latine tirée de ce caractère excentrique et religateur; puis, de leur donner place à la suite des Paradisiens. Je demande pardon à qui de droit de la liberté grande, mais je jure tous mes dieux qu'aucun autre désir que celui de l'ordre et de la conciliation ne m'a dicté la mesure que j'ai prise. Il me fallait bien d'ailleurs aviser à loger quelque part cette Huppe de France qui est un des désespoirs de la classification pédiforme et des autres. Et pour retrouver la famille de l'espèce maudite et mettre fin à de nouveaux discords, j'ai dû courir jusqu'à l'autre bout du monde et créer le nouveau groupe des Falculidés (bec en faux).

Si, en effet, l'histoire des espèces exotiques de ce groupe demande un complément, j'en ai cependant assez appris des habitudes de quelques-unes pour affirmer que c'est auprès d'elles que la Huppe doit prendre place. Je sais qu'il existe à Paris, au Muséum et à la Place-Royale, un fort parti de savants qui continuent de considérer la Huppe comme une Alouette, sous prétexte de quelques vagues ressemblances dans la coiffure et la démarche; mais je doute que ce parti puissant parvienne jamais à triompher de mes résistances à l'endroit de cette alliance; tandis que j'ai le plus vif espoir de le ramener, moi, à mon opinion, en lui répétant fréquemment que les plus proches parents de la Huppe sont les Falculidés, les Néomorphes et les autres, qui ont le bec en faucille comme elle, et comme elle font des troncs d'arbre leur domicile d'amour et leur chambre à coucher.

Mais il est une considération toute-puissante qui me justifie amplement d'avoir fait entrer la Huppe dans le groupe des Falculidés et d'en avoir fait le dernier terme de la série des Baccivores. Cette considération toute-puissante aux yeux de l'analogie, bien que les savants officiels n'en veuillent pas tenir compte, est la nécessité d'obéir à la loi impérieuse de la série qui exige que les extrèmes de chaque série soient en rapport d'identité et de contraste.

En rapport d'identité et de contraste, entendez bien, comprenez bien. L'Alouette, qui est le dernier terme de la série des Granivores, fait divorce pour ainsi dire avec tous les Percheurs par la rectilignité excentrique de son ongle postérieur qui l'*empêche de percher*; et il faut que tous les termes extrêmes des séries suivantes soient, comme l'Alouette, en rapport de *contraste* avec le caractère général de l'ordre et en rapport d'*identité* entre eux.

Or, j'ai cherché, parmi la série des Baccivores, le moule qui offrait les plus saisissables rapports d'identité avec l'Alouette, c'est-à-dire le moule que la Nature appelait à remplir l'office d'ambigu ou de dernier terme de la série, et j'ai trouvé que la Huppe remplissait mieux que pas un autre les principales conditions du programme. La Huppe se rapproche, en effet, de l'oiseau chanteur des sillons par la longueur et la platité de son ongle postérieur, qui font d'elle une espèce plus marcheuse que percheuse. La Huppe affecte de se coiffer à la façon de l'Alouette huppée (Cochevis), dans la société de laquelle elle cherche sa vie sur les grandes routes où passent les chevaux. On dit enfin qu'elle a l'estomac musculeux comme les Granivores, ce qui est un caractère d'anomalie si frappant qu'il a fixé mon choix. Mais admirez maintenant avec quelle docilité merveilleuse aux lois de la distribution harmonique les deux dernières séries de la Mellivorie et de l'Insectivorie ont fourni les rapports de contraste et d'identité demandés pour l'office d'extrêmes :

L'Oiseau-Mouche stationne sur ses ailes à l'instar de l'Alouette, le Martinet aussi. L'Oiseau-Mouche et le Martinet, qui ferment tous deux leur série, se servent si peu de leurs pieds, qu'il semble que la Nature aurait pu se dispenser de les charger de cet appareil inutile. En revanche, les Oiseaux-Mouches et les Martinets sont les types les plus glorieux du règne volatile, et les modèles les plus perfectionnés de la locomotive aérienne. Ainsi le veut le principe de justice distributive qui est un des trois attributs de la puissance divine ; ainsi le veut la loi de balancement des organes.

GENRE HUPPE. — Une seule espèce française.

La Huppe vit à terre, des fourmis, des insectes, et aussi des petits scarabées qu'elle cherche dans les laissées du bétail. J'aime à croire qu'elle ne dédaigne pas complétement les menues grenailles, puisqu'elle a l'estomac musculeux. Elle perche peu et niche plus souvent dans les cavités des arbres ou dans celles des murailles que dans les fissures de rocher. La Huppe est le plus timide et le plus poltron de tous les oiseaux de la terre. Elle s'évanouit et tombe de frayeur à la vue de l'oiseau de proie.

Huppe, Puput, Coq puant, Coq de bois, sont les principaux noms sous lesquels cet oiseau est connu en France.

Le premier lui vient d'une huppe superbe de vingt-six plumes rousses, bordées de noir, disposées sur deux rangs; huppe *fuyante*, bien entendu, huppe de peureux. Les noms de Puput et de Coq puant ont été encore attribués à l'oiseau, à raison du genre de mortier fétide dont on l'accuse à tort de revêtir son nid. La fétidité du nid de la Huppe provient de ce que ce nid, qui est une cavité profonde peu propice au curage, se trouve habituellement défendu par un retranchement d'immondices qui en rend l'abord peu facile. Ces immondices proviennent des déjections de la jeune famille que les père et mère n'ont pas soin d'emporter au dehors, comme font d'autres parents plus soigneux. Le nom de Coq de bois dérive de la huppe, qui n'a pourtant rien de commun, passionnellement parlant, avec la crête de chair de l'emblème du gladiateur. Mais où sont les nomenclateurs qui savent distinguer, à la disposition d'une parure de chef, la dominante caractérielle d'une espèce emplumée?

Je ne serais pas surpris, pour mon compte, que le nom de Puput fût tout bonnement un nom onomatopique, comme tant d'autres; car le chant d'amour de la Huppe, au printemps, se borne à la répétition de la syllabe *peutte*, qu'elle prononce trois fois de suite, légèrement et rapidement : peutte, peutte, peutte...

La Huppe est un oiseau d'assez belle prestance, quand la frayeur ne paralyse pas ses moyens. Elle marche avec assez de majesté dans les prés et dans les sillons des champs, redressant de temps à autre sa crête. Sa taille est celle de la Litorne ou de la Tourterelle. Elle acquiert, au temps du passage, vers le commencement de septembre, un état d'embonpoint qui en ferait un rôti délicieux, si sa chair n'exhalait pas trop souvent le parfum musqné de la fourmi. Il n'en reste pas un seul couple en France pendant l'hiver. Elle traverse la mer et passe dans l'intérieur du continent d'Afrique la majeure partie de la froide saison.

Cet oiseau n'a pas de chant, mais son cri de passe rappelle le sifflement aigu du Gros-bec. L'espèce est solitaire et silencieuse et fait tout ce qu'elle peut pour n'être ni remarquée ni entendue de personne.

La Huppe est le parfait emblème du parti des trembleurs et des conservateurs, braves gens qui relèvent fièrement la tête et parlent volontiers de couper celles de l'hydre de l'anarchie quand le pays est calme, mais qui rentrent énergiquement dans leur cave pour peu que l'horizon politique se couvre de nuages; gens honnêtes, gens modérés, mais ennemis des réformes et qui aiment mieux continuer à *croupir dans le sein de l'ordure civilisée* où leurs pères ont vécu, que de faire un pas en avant dans la voie du progrès.

Et voilà donc enfin que j'ai vidé ma dernière coupe d'absinthe! Grâces en soient rendues au ciel et à l'analogie! Désormais, et à partir de cette dernière étape, les voies de la classification pédiforme ne seront plus que des sentiers fleuris. — Que les critiques bienveillants, que les collaborateurs charitables que le récit touchant de mes misères m'aura faits, commencent donc leur travail d'adjuvance et de correction par les deux chapitres qui précèdent. Le reste s'arrangera de soi.

CHAPITRE XIV

J'ai dit les grandes facilités de distribution réellement harmonique que présente cette série illustre, par l'apport d'un seul caractère : la langue extensible, ciliée ou tubulée. Si toutes les autres grandes divisions du règne avaient été pourvues d'un caractère doué de pareille puissance de ralliement et d'isolation, la classification du règne volatile n'eût plus été qu'un jeu.

La grande série des Mellivores ou des Mellisuges (Suce-Fleurs, Becque-Fleurs) se divise naturellement en trois groupes, connus dans la science sous les noms de Philédons, de Souï-Mangas et de Colibris. *Souï-Manga* est encore un nom nègre qui veut dire *mange-sucre*. Rien de plus facile que d'appliquer à cette série la coupe dichotomique, par la comparaison des attitudes de stationnement habituel. Les Philédons et les Souï-Mangas, qui sont munis de doigts vigoureux et qui se crampounent fortement aux feuilles et aux pétales des fleurs, pourraient être dits *Sédidactyles*, c'est-à-dire qui perchent sur leurs doigts. Les Colibris, qui mouillent sur leurs ailes et ne se perchent que pour dormir, seraient dits *Sédiptères*.

Le groupe des Philédons et celui des Souï-Mangas appartiennent à l'Ancien Continent, Afrique, Madagascar, Australie et Océanie. Les Colibris appartiennent en propre au Nouveau Monde. Colibri est le nom caraïbe généralement adopté aujourd'hui pour désigner toutes les espèces improprement appelées Oiseaux-Mouches. Il n'y avait, dans tout le règne des insectes ailés, qu'un seul type qui pût servir de parrain à ce groupe d'espèces minuscules : celui du papillon dit Sphinx. Le nom de *Trochilos* qui veut dire *toton* eût pu être accepté, si Hérodote ne l'eût pas employé, il y a près de trois mille ans, pour désigner le petit Pluvier du Nil qui remplit près du Crocodile l'office de cure-dent.

Groupe des Philédons. — 18 genres, 96 espèces.

Caractères généraux. — Les Philédons, qui sont mal baptisés aussi, sont des oiseaux natifs de l'Australie et de l'Océanie qui relient admirablement les Paradis aux Colibris. Leur taille varie entre celle de la Mésange et celle du Mauvis de France. Ils sont porteurs d'un costume élégant, mais dépourvu de reflet métallique. Leur langue, garnie de cils ou papilles allongées comme celle des Paradis, se distingue de celle-ci en ce qu'elle est extensible. Leurs pieds sont armés de doigts courts, mais robustes, et arqués comme ceux des Paradis, et indiquant que les Philédons sont souvent obligés de se tenir accrochés, comme nos Mésanges, aux écorces des arbres ou aux pétales des fleurs pour s'emparer de leur nourriture. Cette nourriture consiste dans le miellat des fleurs, dans les exsudations et les mannes qui découlent des troncs de divers arbres et dans les insectes qui gisent au sein de ces substances. Quoy et Gaymard ont observé « que toute la partie du comté de Cumberland (Nouvelle-Hollande), qui repose sur des couches de grès, a beaucoup de rap-

ports d'organisation avec la péninsule du Cap de Bonne-
Espérance, qui est la patrie des Souï-Mangas ; le sol y est
alternativement montueux ou découpé en plaines sablon-
neuses et arides couvertes d'arbres rabougris, aux feuilles
dures et épineuses, mais dont les fleurs sont remplies
d'une liqueur sucrée abondante, seule nourriture que la
nature ait pour ainsi dire accordée à certaines espèces
d'oiseaux, qu'elle a dotés, en conséquence, d'une langue
rétractile en forme de pinceau, faisant l'office de siphon
vivant. » Or, les nectaires embaumés des fleurs ne sont pas
les seules coupes où les Philédons d'Australie puisent leur
délicate ambroisie ; les fruits, les feuilles et les écorces des
plus grands arbres de cette terre paradoxale leur offrent,
à l'occasion, un supplément de nourriture abondante et
variée.

Tous les Philédons nichent sur les arbres ou suspendent
leurs nids à des branches. Quelques-uns de ces édifices
sont des chefs-d'œuvre d'architecture aérienne.

Jules Verreaux, l'illustre voyageur, dont le long séjour
en ces contrées lointaines a tant profité à la science, a
recueilli d'intéressants détails sur une foule d'espèces de
ce groupe, espèces charmantes à voir et douces à entendre,
et que, le premier, il nous a fait connaître.

Les Philédons virent rapidement à la Syndactylie par
la soudure des doigts externe et interne au médian, ce
qui me forcerait, si les conseils de la critique me déci-
daient de nouveau à intervertir l'ordre de mes deux
dernières séries, à placer ce groupe à la fin et non au
commencement de la Mellivorie.

Groupe des Souï-Mangas.—10 genres, 175 espèces.

Caractères généraux. — Les mœurs des Souï-Mangas
n'ont rien qui les distingue essentiellement de celles des
espèces du groupe précédent. Seulement il fallait bien

que l'influence du voisinage immédiat de l'oiseau Sphinx se trahit dans le nouveau groupe par la diminution de la taille et l'accroissement proportionnel de la magnificence du costume ; le double phénomène a eu lieu.

La taille des Sucriers d'Afrique se rapproche, en effet, de celle de nos plus mignonnes Fauvettes, et la richesse éblouissante de leurs atours éclipse toutes les splendeurs, hors une. Montbeillard va même jusqu'à dire que les Soui-Mangas ont le plumage pour le moins aussi beau que celui des brillants Colibris. Levaillant, plus réservé, se contente d'écrire, parlant des Sucriers, qu'il semble que la nature se soit plu à les combler de tous ses dons à la fois.

C'est à ce dernier naturaliste qu'on doit l'histoire la plus complète des oiseaux de ce groupe, qu'il a eu, dès le principe, le bon esprit de réunir aux Suce-Fleurs d'Amérique, pour n'en faire qu'une seule famille à laquelle il n'eût pas manqué de rallier les Suce-Fleurs d'Australie, comme j'ai fait. « Les Sucriers, dit-il, sont des oiseaux qui font leur principale nourriture de la substance miellée que contient le calice des fleurs. Les Colibris et les Oiseaux-Mouches, ayant donc le même genre de vie, ils doivent nécessairement faire partie du même ordre que les premiers..... »

La sagesse de Levaillant a pris le devant sur la mienne en proposant d'unir les Sucriers de l'Afrique à ceux de l'Amérique, et je ne vois pas quelle cause s'opposerait à ce que le classificateur appliquât aux Sucriers de l'Australie et d'ailleurs le principe sauveur d'unité.

« Le caractère fondamental de tout oiseau suce-fleur, ajoute l'éminent observateur, consiste uniquement dans la forme de la langue, qui, chez les Sucriers et les Colibris, est la seule partie qui donne à ces oiseaux la faculté

de se nourrir, comme les abeilles et les papillons, du suc
des fleurs, et l'attribut le plus nécessaire à ces fonctions
consiste en une langue en trompe propre à la manière
dont ils sont obligés de prendre leur principale nourriture, à l'instar des papillons, que la nature a aussi pourvus, en effet, d'une trompe. »

Les Souï-Mangas de toutes les contrées de l'Ancien
Monde ont donc une langue extensible et tubulée en
forme de trompe, qu'ils dardent au fond des corolles des
fleurs, pour en extraire le miellat qui s'y trouve, ensemble
les insectes y noyés. Ce dernier complément de régime
paraît indispensable à la conservation de leur santé; car
on a remarqué qu'ils mouraient, comme les Oiseaux-
Mouches, peu de temps après avoir été transportés sur les
vaisseaux et mis au régime de l'eau miellée pure. Les
oiseliers du Cap tiennent bien en cage plusieurs espèces
de Souï-Mangas qui s'accommodent parfaitement de l'eau
sucrée, mais Montbeillard fait observer que cela vient de
ce que les mouches, qui abondent dans ce climat, et qui
sont le fléau de la propreté hollandaise, leur fournissent
le supplément de nourriture animale dont ils ont besoin.

Groupe des Colibris. — 10 genres, 337 espèces.

J'ai conservé à ce groupe le nom de Colibri, un de ceux
qu'il a reçus des Indios d'Amérique, parce que les
peuples primitifs s'entendent mieux que les savants à
baptiser les oiseaux et les fleurs. Colibri, Chevelure ou
Rayon du Soleil, valent mieux, en effet, qu'Ornismie et
Orthorhynque, proposés par Lesson, Lacépède et les autres. Oiseau-Murmure, Oiseau-Bourdon, Humming-bird,
Frou-frou, sont des noms acceptables, parce qu'ils spéci-
fient l'une des particularités saillantes du vol de ces
espèces; mais leur nom véritable leur doit venir d'ailleurs.
En ornithologie passionnelle, les Suce-Fleurs d'Amérique

s'appellent les *Margaritides*, qui répond à *pierreries ai-lées* et dit plus qu'Oiseau-Mouche.

L'Oiseau-Mouche.

Levaillant a parfaitement établi la différence qui est entre les Sucriers d'Afrique et leurs congénères du Brésil. Je ne puis mieux faire que de le citer :

« Les Souï-Mangas ne sucent les fleurs qu'étant suspen-dus ou perchés près d'elles, au lieu que les Colibris prennent leur nourriture en voltigeant, ainsi que le pra-tiquent si bien les papillons Sphinx dont ils ont les ailes longues et étroites, nécessaires et propres, par leur grande mobilité, à soutenir l'oiseau en l'air sur un même point. On peut donc dire que les Colibris sont aux Sucriers ce que les Sphinx sont aux autres papillons. »

Levaillant n'écrit pas aussi bien que M. de Buffon, mais il observe mieux, et cette supériorité est cause qu'il a réussi à introduire l'ordre et la hiérarchie dans la distribution d'une famille où les autres, M. de Buffon y compris, n'ont apporté que le trouble et la confusion.

Tous les Colibris nichent sur les arbres ou suspendent leurs nids à des branches. La plupart de ces nids sont des merveilles d'art. Ils sont taillés sur le modèle de nos nids de Pinson et de Chardonneret, et tissus, comme ceux-ci, des plus fines étoffes du pays, bourre d'asclépias, ouate de coton, toiles d'araignée. Ils diffèrent de ceux de nos espèces minuscules en ce qu'ils n'ont pas la forme sphérique et ne contiennent que deux œufs.

Il existe au musée de la Place-Royale une merveilleuse collection d'Oiseaux-Mouches, qu'il est possible de voir avec des protections. Cette collection renferme presque toutes les espèces connues, trois cents au minimum, représentées par plus de deux mille individus. C'est le plus magnifique spécimen de musée ornithologique complet qu'il m'ait été donné d'admirer jusqu'ici. On y voit hiérarchiquement rangés les uns auprès des autres tous les membres de chaque famille : le mâle adulte, la femelle et les jeunes. Le nid avec ses œufs ou avec ses petits ajoute à l'intérêt de la scène. Le squelette couronne l'édifice. Cette collection, sans rivale en Europe, n'a pas coûté à son auteur, M. Édouard Verreaux, moins de trente années de travail, de soins, de dépenses de tout genre.

Les Colibris ne sont pas seulement les plus rapides voiliers de l'air, ils en sont aussi les tyrans, tyrans dans toute la force du terme, taquins, dominateurs, inquiets et jaloux. L'œil de l'homme les perd dans leur vol et n'a pu réussir encore à mesurer leur vitesse comme il a mesuré celle des Martinets. Sa plume se fatiguerait à écrire l'histoire de leurs luttes sans trêve. Tout les gêne, tout les offusque, tout leur est ennemi aux alentours des lieux où ils ont établi leur domicile d'amour. Il faut qu'ils y règnent sans partage et que pas un bruit importun ne trouble le repos de leurs couveuses. Ils chercheraient querelle au vent s'ils savaient par où le prendre, et les espèces les plus innocentes et les plus amies de l'homme, l'Hirondelle et le Gobe-Mouche ne sont pas plus à l'abri de leurs persécutions que les oiseaux de proie les plus pervers et les plus mal notés. Le mâle a tracé autour de sa résidence une zone réservée dont il ne permet pas qu'on franchisse les limites, et malheur à l'indiscret qui viole la consigne. Il bondit comme un trait sur l'intrus, lui offre la bataille, le menace tout d'abord de lui crever les yeux, tant et si bien que l'envahisseur, surpris de la soudaineté de l'attaque, commence par vider les lieux. Le Colibri, par sa vélocité merveilleuse et sa ténuité extrême, échappe à la vengeance de tous les oiseaux de l'air et n'a qu'un seul ennemi, un insecte hideux, une araignée géante dite l'araignée *aviculaire*, qui tend ses rets perfides autour de la demeure du superbe et y entre quelquefois pour manger ses petits.

La langue du Colibri a beaucoup de rapport avec celle du Pivert de France. Le mécanisme qui les fait partir toutes les deux et les maintient hors du bec est le même. Toutes deux ont été douées d'une extensibilité quasi indéfinie qui leur permet d'atteindre leur proie au fond des retraites les plus profondes et les plus ténébreuses. Enfin l'appareil en repos se love et se replie de la même façon, contournant dans les deux espèces le derrière de la tête pour venir s'implanter à la base du front. Seulement, la langue du Pivert, enduite de glu à l'extérieur, est une lance armée de son fer qui transperce l'insecte perce-bois, tandis que celle de l'Oiseau-Mouche est un double siphon qui pompe la substance miellée et l'entraîne dans l'œsophage avec les insectes qu'elle charrie.

On a cru très-longtemps en France que les Suce-Fleurs d'Amérique étaient de purs esprits de l'air qui ne pouvaient se nourrir, comme les Paradis, que de l'essence embaumée des corolles. *Magister ipse dixerat...* M. de Buffon l'avait dit, et la France qui, pendant plus d'un siècle, a pensé sur les bêtes par M. de Buffon, avait été forcée de s'en tenir à l'opinion du maître. Malheureusement, l'expérience est venue depuis nous apprendre que ces purs esprits de l'air, qui sont bien les plus indisciplinables de toutes les créatures du ciel, loin de faire état des décrets du Prince de la science, en avaient fait des gorges chaudes et n'en avaient pas moins continué à se livrer à la chasse de l'insecte avec un entrain furieux, faisant à l'occasion curée de l'araignée immonde. C'est-à-dire que les Oiseaux-Mouches ont trahi indignement la confiance que nous avions eue en leur délicatesse. Après cela, comme les bêtes, lorsqu'elles se conduisent mal, ont généralement d'excellentes excuses à donner pour leur justification, entre autres l'impossibilité absolue d'agir différemment, les Colibris ont dit qu'ils avaient grand besoin d'une nourriture plus substantielle que le pur miellat des corolles, pour maintenir perpétuellement au diapason de la bataille le ton de leurs esprits vitaux et pour entretenir le foyer d'une locomotive qui marche à des vitesses de trois à quatre cents kilomètres à l'heure et n'arrête jamais. Et je crois qu'ils ont raison.

Tous nos peintres d'Europe ont usé leur palette, nos poëtes leur vocabulaire de lyrisme pour faire du Colibri un portrait ressemblant. Nul n'y a réussi au même degré que les analogistes du pays des Aztèques, qui n'ont pas cependant épuisé le sujet.

Linnæus s'écrie donc, dans le débordement de son enthousiasme légitime, à la vue du moule minuscule paré de tant d'éclat : *Maximè miranda in minimis...* Pour dire que la grandeur de la Nature s'admire surtout dans les infiniment petits. A quoi Marcgrave ajoute que le Colibri est un foyer de lumière resplendissant comme un soleil : *In summâ splendet ut sol.* M. de Buffon, le maître des coloristes, fait aussi de l'Oiseau-Mouche *le chef-d'œuvre de la Nature, de tous les êtres animés le plus élégant pour la forme, le plus brillant pour les couleurs... et qui semble voler sur l'aile des zéphyrs à la suite d'un printemps éternel.*

Mais aucun de ces détails ne touche à l'âme du sujet; aucune de ces images n'accuse le sillage de la passion ardente qui dirige tous les essors du type merveilleux d'élégance. Linnæus et Buffon ont même l'air d'ignorer que la force et la résistance sont dans les dons de l'Oiseau-Mouche avec la richesse du costume et la rapidité du vol; car ils oublient de nous dire que ses ailes ont été taillées sur le plus savant des modèles : rémiges suraiguës, s'ajustant sur un bras large et court..., que l'étoffe de son plumage à reflets métalliques changeants est d'une solidité qui dépasse celle de nos meilleurs velours, et enfin que ce duelliste acharné porte sous son pourpoint magnifique une cotte de mailles à l'épreuve de tous les aiguillons.

Tandis que les ministres de la religion des Aztèques n'ignoraient aucun de ces détails qu'ont à peine entrevus les maîtres de la science européenne, et, de cette connaissance, avaient su tirer pour leur culte un immense profit.

Ils avaient fait du Colibri l'emblème de l'héroïsme
guerrier; ils avaient baptisé du nom de l'oiseau valeureux
le plus puissant de tous leurs dieux, le farouche Huitzili-
potchli, né d'une vierge, le même à qui furent immolés,
dans une seule cérémonie religieuse, soixante-quinze
mille prisonniers; et Toyamiqué, son épouse, avait
charge de conduire les âmes des guerriers morts pour la
défense du culte dans la Maison du Soleil, où elle les
transformait ensuite en Colibris. Étaient de plus méta-
morphosés de cette sorte, les enfants de lait servis à la
table du prince et que leurs parents avaient livrés au fisc
impérial, en guise de contributions directes, pour s'affranchir de l'impôt d'abord, et ensuite pour assurer à ces petits un brillant avenir. On peut s'exprimer sévèrement
sur le compte de ce peuple étrange, en qui se trouvèrent
réunies dans des proportions si grandioses la passion de
la gloire et celle des beaux-arts et celle de la chair
humaine. On peut dire que les guerriers mexicains, qui
chassaient l'homme pour la bouche comme nous autres
nous chassons le fauve, étaient des héros au-dessous des
nôtres qui n'ont pas besoin d'avoir faim des gens pour
leur crever la panse et se couvrir de gloire. Cependant il n'a pas manqué de logiciens subtils pour plaider,
en faveur de la guerre où l'on se mange, une foule de
circonstances atténuantes; et j'avoue, pour mon compte,
que j'ai beaucoup plus de peine à me faire à l'idée de la
guerre où l'on commence par casser les jambes aux gens
pour les leur raccommoder après.

Il n'est pas bien prouvé que l'Oiseau-Mouche ait jamais eu vent de sa grandeur et des honneurs divins qui lui
furent décernés jadis dans une de ses contrées natales;
mais, ce qui est bien sûr, c'est que la religion des Aztèques est, après celle de Mahomet, celle qui, jusqu'ici, a

fait à ceux qui se sont éteints dans les bras du Seigneur le sort le plus digne d'envie.

Maintenant je crois pouvoir dire que l'Oiseau-Mouche qui a servi de parrain au dieu Mars des Aztèques, à titre de modèle des braves, ne méritait ni cet excès d'honneur ni cette indignité. Pour quelle cause je préfère l'analogie de Zurcher à celle des ministres du culte mexicain. Zurcher est un ami à moi, un ancien officier de la marine française qui a beaucoup appris dans ses voyages, qui sait mieux que pas un l'histoire des *Phénomènes de la mer* et qui a publié dernièrement sous ce titre, dans la *Bibliothèque nationale*, un petit livre des plus instructifs et des plus amusants.

Zurcher a donc fait de l'Oiseau-Mouche, « vif, étourdi, d'humeur légère, amant volage des fleurs comme le Papillon, friand de mets sucrés, de parures et de fêtes, l'emblème de la jeunesse dorée qui se ruine en toilettes de bal, en soupers fins, en frivoles plaisirs et n'arrête jamais. La jeunesse dorée n'échappe guère aux serres de l'usurier qui l'enferme à Clichy et lui ravit sa gloire. Ainsi l'Oiseau-Mouche splendide a pour ennemi mortel un monstre horrible à voir, tout griffes, tout yeux, tout ventre et sans place pour le cœur : l'araignée, puisqu'il faut l'appeler par son nom, laquelle, pour qu'on ne se méprît pas sur son emblème de juif prêteur d'écus, s'est logée dans un coffre-fort, muni d'un fermoir à secret. »

Il est certain que cette analogie-là n'est pas seulement ingénieuse et bien trouvée, comme l'on dit; il est certain que ce drame saisissant de la beauté suprême qui périt sous l'étreinte de la hideur sans seconde est plus fait pour plonger l'esprit du penseur sérieux dans un abîme de réflexions profondes que le fameux monologue d'Hamlet, un sot qui passe sa vie avec des *revenants* sans pouvoir

parvenir à savoir si *l'on revient*. Mais dites-moi, Zurcher,
êtes-vous bien convaincu qu'un moule si parfait, si pourvu
de charme et de grâce, si actif et si courageux, personnifie
vraiment la jeunesse dorée de nos jours,... cette tourbe de
vaniteux oisifs, mal bâtis, mal vêtus, gentilshommes nés
d'hier d'une faillite ou d'un pot-de-vin, qui n'ont fait de
leur vie œuvre utile de leurs mains, qui reculent devant
le travail comme des lâches devant l'ennemi et se
ruinent honteusement à perdre des paris de course ou
bien à solder des impures qui décorent leurs toquets de
cadavres d'Hirondelles et par leur luxe de mauvais lieu
insultent à la misère des populations laborieuses? Oh !
je vous en prie, mon bon ami, pour l'amour du Maître
et pour moi, retirez de la circulation cette analogie injurieuse au vaillant Colibri. Le favori des favoris du ciel,
la plus légère et la plus élégante de toutes les créatures
ailées, le sylphe radieux dont la robe irisée s'imprègne
des parfums recueillis dans la société des corolles , ne
peut rien avoir de commun avec ce tas de prostitués des
deux sexes , gens de peu qui n'ont jamais su rapporter de la société qu'ils fréquentent qu'un ignoble argot
d'écurie.

Pauvre espèce charmante entre toutes, à qui le fanatique enthousiasme de ses admirateurs n'a pu encore
assigner que deux symboles en ce milieu limbique : celui
d'un dieu de carnage altéré de sang humain, celui du
fainéant parasite qui vit de la substance et du travail
d'autrui !

Mais où est-elle alors cette analogie mystérieuse ? me
demandez-vous à votre tour.

—Hélas ! mon bon ami, elle n'est pas de ce monde...;
elle est où sont les autres, celles du Réséda et du Pois de
senteur, celles du Magnolia, de l'Acacia, de l'Oranger,

symboles d'institutions qui ne sont pas encore. Elle est dans le pays des rêves, dans ce domaine de l'idéal, où l'imagination des hommes, éternellement avide de bonheur, est obligée d'aller chercher le beau qu'elle ne trouve pas dans le réel. Et de tous les voyageurs dont les pieds audacieux ont parcouru les terres de ce domaine enchanté, un seul, l'auteur du *Nouveau Monde*, est en mesure de vous renseigner sur l'emblème que vous cherchez et de répondre pour moi à votre interrogation. Dans cette histoire de l'avenir, relisez attentivement le détail des travaux des diverses corporations de l'enfance féminine, entre autres de celle-là dont la principale occupation consiste à parer de fleurs, à embellir, à embaumer toutes les avenues et tous les balcons des demeures harmoniennes;... de celle-là, vous savez, dont le travail mène au Bien par la route du Beau... Là doit se trouver, je suppose, le symbole demandé, l'analogie du moule minuscule.....

De l'oiseau rubis, de l'oiseau topaze, qui perce l'air comme un trait de flamme et tout à coup s'arrête et scintille immobile, et mouille dans l'éther sur l'ancre de ses ailes;... plus riche d'atours que le Sphinx et plus aimé des fleurs, plus léger que l'Hirondelle et non moins amoureux, plus brave que le Rouge-gorge, plus adroit que la Mésange; corps glorieux nourri d'ambroisie, empenné d'améthystes, locomotive microscopique à vitesse fabuleuse, chef-d'œuvre de mécanique, merveille de beauté, pierrerie animée qui chatoie, qui vole et qui parfume, délice des regards, charme de tous les sens.

TABLEAU DE LA MELLIVORIE.

3 groupes, 38 genres, 608 espèces; françaises : néant.

GROUPES.	GENRES.	Espèces.	GROUPES.	GENRES.	Espèces
PHILÉDONS.	Néomorphe,	1	SOUÏ-MANGAS.	Conirostre,	6
	Glaucope,	2		Dacnis,	12
	Phillesturne,	1		Sucrier,	1
	Philépitte,	2		Guitguit,	9
	Psophode,	2		Serrirostre,	12
	Manorhine,	6		Dicée,	24
	Mélitrepte,	11		Souï-Manga,	104
	Prosthémadère,	1		Promérops,	1
	Philornis,	10		Hémignathe,	1
	Pegonornis,	1		Vestiaire,	5
	Anthornis,	2	COLIBRIS.	Jacobine,	6
	Créadion,	5		Saphir,	54
	Moho,	1		Mellisuge,	108
	Acanthorhynque	3		Lucifer,	20
	Glyciphile,	7		Topaze,	15
	Entomophile,	4		Oiseau-Mouche,	2
	Mizomèle,	9		Polytme,	106
	Melliphage,	28		Ramphodon,	1
				Oréotrochile,	9
				Phaëtornis,	25

CHAPITRE XV

Quatrième série de la Déodactylie, dite des Insectivores. — Six groupes,
102 genres. — 1039 espèces : 32 françaises (8)

J'ai dit précédemment une méthode fort simple pour classer les Insectivores par groupes. C'est celle qui consiste à donner d'abord un nom *régional* aux insectes, puis à transporter ce nom revêtu de la terminale *vores* aux oiseaux qui vivent d'iceux, en ayant soin de commencer par les insectes de la région inférieure pour monter jusqu'à ceux de la région des nues et redescendre ensuite. Ainsi le premier groupe aurait été celui des mangeurs d'insectes de terre, Vermivores ou tout autre. Le second eût compris les mangeurs d'insectes des herbes, des roseaux, des tiges, des feuilles, nom à faire. Le troisième avait son nom tout fait, celui de Muscivores (gobe-mouches), désignant les oiseaux qui attrappent leur proie au vol, Gobe-mouches, Hirondelles; etc. Maintenant, parmi les insectes qui s'élèvent au plus haut des airs sont les fourmis et les abeilles qui ne peuvent aimer que dans la région des nues. Or, qui va relancer ces insectes nubicoles dans leurs hautes solitudes? — Le Martinet, le Langrayen… Nécessité de créer alors un sous-groupe des Apivores ou des Hyménoptérivores pour le Martinet et le

Langrayen; plus un second sous-groupe sous le nom de
Phalénivores pour l'Hirondelle de nuit (Engoulevent) et
les autres espèces nocturnes qui chassent les phalènes. Je
n'insiste pas sur les avantages de cette méthode, parce que
c'est celle que j'ai suivie en partie, et que, par conséquent,
le lecteur pourra en apprécier les mérites. Seulement je
n'ai pas nommé les groupes que je viens de désigner, par
la raison que les noms de région manquent aux insectes et
que je n'ai pas voulu prendre sur moi de les fabriquer, n'é-
tant nullement pressé d'ajouter les embarras d'une nouvelle nomenclature entomologique à ceux d'une nouvelle
classification ornithologique.

Une autre division par groupes, très-voisine de celle-ci,
mais bien moins scientifique, est celle qui désigne les
groupes par l'habitat de l'oiseau, au lieu de les désigner
par l'habitat de l'insecte. Ainsi le groupe des Arvicoles
pour les oiseaux des guérets, des Saxicoles pour les amis
des cailloux et ainsi de suite. Je n'empêche personne
d'user de cette méthode qui a de bons côtés. L'essentiel,
en matière de classification, est d'établir les lignes de démarcation cardinales. Ce travail une fois fait, le choix des
subdivisions peut être laissé sans péril à l'option de la
fantaisie.

Le système de division par groupes et par genres, que
j'ai définitivement adopté, est le même que celui que j'ai
appliqué à la subdivision de la Baccivorie. J'ai baptisé les
groupes de noms quasi officiels, et j'ai accepté sans débats
ceux des genres.

Les genres sont au nombres de 102, comprenant
1039 espèces qui m'ont paru s'enchâsser assez facilement
dans les six groupes qui suivent : *Régulidés, Trochilidés, Limnornidés, Sylviparidés, Muscicapidés, Oxypté-
ridés.*

Caractères généraux. — J'ai dit les principaux caractères des espèces insectivores, en établissant la différence qui les sépare des Baccivores : ailes plus aiguës, pieds plus courts, tête plate, bec large à la base, mandibules triangulaires; la supérieure garnie de plumes faisant office de filet. Les Insectivores stationnent naturellement sur les tiges et sur les hautes branches et quittent peu les régions de l'air pour descendre sur le sol. Les Gobe-Mouches et les Hirondelles de France donnent une idée suffisante des principaux genres de la série.

Tous les Insectivores sont des oiseaux de passage dans nos climats, puisque tous les insectes des zones tempérées se cachent pendant l'hiver ou périssent par le froid. Cette loi est générale et ne souffre pas d'exception. Les petits Roitelets et le Troglodyte, qui passent en France une partie de la froide saison, sont eux-mêmes des oiseaux voyageurs, comme les Mésanges qui sont des ambigus omnivores.

L'instinct de sociabilité et de fraternité est fortement développé parmi les tribus de cette série. La plupart des espèces voyagent en sociétés nombreuses et passent pendant le jour. Quelques-unes sont célèbres par leur talent dans l'art de bâtir. D'autres se sont fait une haute réputation gastrosophique par la délicatesse de leur chair. Beaucoup sont amies de l'homme et aiment à loger près de lui.

TABLEAU DE L'INSECTIVORIE.

6 groupes, 102 genres, 1,039 espèces; françaises : 32 (?)

GROUPES.	GENRES.	Espèces.	GROUPES.	GENRES.	Espèces.
RÉGULIDÉS.	Roitelet,	20	TROCHILIDÉS.	Troglodyte,	1
	Acanthyze,	27		Pétroïque,	9
	Zosterops,	5		Miro,	6
	Pouillot,	12		Ramphocincle,	3

GROUPES.	GENRES.	Espèces.
TROCHILIDÉS.	Campilorhynque,	12
	Ramphocène,	4
	Pomathorin,	16
	Pellornée,	4
	Atriche,	4
	Sphénure,	3
	Stipiture,	4
	Amytis,	3
	Mérion,	10
	Tryothore,	4
	Tataré,	2
LIMNORNIDÉS.	Cysticole,	10
	Phragmite,	3
	Bouscarle,	3
	Locustelle,	3
	Galactode,	7
	Rousserolle,	19
	Limnornis,	5
	Anumbi,	5
	Oxyramphe,	4
	Sylviothorhynque,	1
	Synallaxe,	33
	Anabate,	28
	Anabatoïde,	4
	Arundinicole,	4
	Grallite,	2
	Copure,	2
	Ypéru,	1
	Tachuris,	4
	Todirostre,	16
	Platyrhynque,	14
	Mégalophore,	4
SYLVIPARIDÉS.	Sétophage,	20
	Prinia,	15
	Capocier,	54
	Orthotome,	8
	Mécisture,	2
	Rémiz,	5
	Parisome,	3
	Panure,	4
	Psaltrie,	4
	Mniotilte,	4
	Ægythine,	4
	Hilophile,	10
	Stachyris,	4
	Léiothrix,	8
	Mélanoclore,	2

GROUPES.	GENRES.	Espèces.
SYLVIPARIDÉS.	Couturière,	3
	Sylvipare,	4
	Musciparoïde,	30
	Gobe-Moucheron	11
	Culicivore,	6
MUSCICAPIDÉS.	Psaris,	6
	Pachyramphe,	6
	Bécarde,	4
	Rubin,	9
	Joazeiro,	4
	Neinei,	4
	Benteveo,	6
	Tyran,	15
	Savana,	6
	Tyranneau,	50
	Ptilochloris,	4
	Ptilogonis,	6
	Pachycéphale,	20
	Eopsalterie,	3
	Chasciempis,	4
	Arsès,	3
	Monarque,	10
	Tchitrec,	22
	Picnosphris,	4
	Seisure,	3
	Gobe-Mouche,	60
	Erytrostème,	7
	Hiliote,	4
	Niltava,	20
	Micriéca,	3
	Pririt,	11
OCYPTÉRIDÉS.	Rhipidure,	30
	Melanornis,	4
	Drongo,	36
	Langrayen,	17
	Hémichélidon,	3
	Chélidon,	3
	Cotyle,	12
	Procné,	7
	Hirondelle,	53
	Acanthylis,	17
	Salangane,	4
	Dendrochélidon,	5
	Tachnis,	1
	Martinet,	18
	Engoulevent,	46
	Chordeilés,	15

Groupe des Régulidés. — 4 genres, 64 espèces; 7 françaises (?).

Caractères généraux. — Le groupe des Régulidés, qui confine à celui des Colibris, est nécessairement celui qui renferme les plus petits oiseaux de la terre après eux. Les Roitelets et les Pouillots, qui en font partie, sont, en effet, les plus petites espèces de nos climats. Ces charmantes espèces trouvent aussi leur vie autour des corolles et des feuilles et sont purement insectivores. Mais de grandes différences sont entre elles et leurs cousins d'Afrique et d'Amérique relativement au costume et aux allures de vol. Et d'abord la robe de nos espèces européennes, quoique taillée sur d'élégants patrons, est faite d'étoffes modestes et peu voyantes qui ne forcent pas le regard à se poser sur elles. Elles ne mouillent pas non plus sur l'ancre de leurs ailes pour se tenir suspendues immobiles dans l'espace, et leur langue n'est pas extensible. Mais elles ont reçu, en compensation de tant de désavantages, le don sublime du chant, et elles ne se montrent pas mécontentes de leur lot.

GENRE ROITELET. — Deux espèces françaises. — Ceux-ci sont bien nommés, car ils portent couronne en tête, et le diminutif de roi convient parfaitement aux oiseaux qui sont les plus petits de l'Europe, les Oiseaux-Mouches, si l'on veut, de l'ancien continent. La taille de ces deux espèces varie de trois pouces à trois pouces et demi. Il y a nombre de Colibris dont la queue seule dépasse cette dimension.

On a tort d'appeler de ce nom de Roitelet l'autre tout petit oiseau couleur de Bécasse qui niche sous les chaumes des toits et sous les hangars, puisqu'il ne porte aucun insigne de royauté. On dit bien, pour séparer les deux genres, Roitelet *couronné* et Roitelet *domestique;* mais à quoi bon baptiser du nom de roi un oiseau qui ne porte pas couronne? Les gamins de Lorraine appellent le couronné le *Souci*, à raison de la couleur de sa huppe, et l'autre le *Tritri*, à raison de son cri de passe habituel. Cette méthode est aussi simple que sensée.

Les vrais Roitelets vivent de mouches, de chenilles rases et des larves des insectes qui habitent les hautes régions des tiges. Ils sont les émoucheurs de la forêt et des grands arbres, comme les Pouillots sont ceux des arbrisseaux des rives. Ils sont natifs du Nord et durs au froid, quoique très-délicats en apparence; car ils n'arrivent dans nos contrées que vers la saison des brouillards, alors que la gelée sévit rudement déjà dans leur pays natal. Ils passent toute la belle saison dans les cimes feuillues des sapins des forêts norwégiennes. Ils y aiment, y nichent et y chantent; et comme ils chantent si doux que leur voix ne descend pas jusqu'à terre; comme ils sont si petits que l'œil ne les aperçoit pas dans leurs demeures aériennes, on a été fort longtemps à découvrir le mystère de leurs amours, même dans leur patrie. On a cru également que jamais ils ne nichaient en France, parce que jamais on ne les y avait vus dans la saison des nids; mais M. Florent Prévost, qui a trouvé le nid du Roitelet sur un arbre vert du Jardin des Plantes, a forcé l'opinion publique de revenir de cette erreur. Les Roitelets nichent donc en France; seulement, ils nichent trop haut pour que tout le monde les aperçoive, et, n'ayant que faire à terre au temps de leurs amours, ils n'y descendent pas. Ils boivent à la rosée et mangent sur la feuille. Leur nourriture est assez molle d'ailleurs pour pouvoir se passer de l'auxiliaire du breuvage.

C'est donc vers l'époque des brouillards ou de la chute des feuilles que les Roitelets quittent les rivages de la

Baltique pour prendre leurs quartiers d'hiver en France, en Italie, en Espagne; ils ne passent pas la mer. Ils se répandent alors dans tous nos bois et dans tous nos jardins publics par bandes peu nombreuses, composées de quatre ou cinq individus au plus, qui inspectent minutieusement chaque tête de lilas, chaque rosier, à la façon des Mésanges à longue queue, se montant sur les talons, se rappelant sans cesse et ne restant jamais une minute en repos. Leur confiance en l'homme est entière, et sa présence les intimide si peu qu'ils se laissent mettre le gluau sur les ailes.

J'ai dit que la coiffure des oiseaux était l'indice certain des idées et des passions qui germent en dessous. La huppe du Roitelet, teinte d'une belle nuance orangé vif (souci), dénote donc un titre caractériel supérieur, à dominante d'enthousiasme. La charmante petite créature a été douée, en effet, de tous les dons de l'intelligence, de l'esprit et du cœur. Son chant est une mélodie suave, son nid une merveille d'architecture; son courage est à l'avenant de celui du Rouge-gorge et de la Touite. Le Roitelet couronné est un des oiseaux qui se ruent avec le plus d'impétuosité sur la Chouette, et il est superbe à voir dans cette lutte si prodigieusement inégale, l'œil ardent de colère et la huppe hérissée. Que voulez-vous, il est bien juste que ce soient les plus petits et les plus faibles qui se révoltent le plus violemment partout contre la tyrannie, puisque c'est eux qui ont le plus à souffrir de la cruauté de l'oppression.

On ne peut pas apporter tant de qualités et de vertus dans un monde pervers sans les expier chèrement. Aussi le nom du Roitelet couronné figure-t-il parmi les premiers sur la liste des espèces victimes. L'exiguïté de sa taille ne l'a même pas sauvé de la gloutonnerie des humains. De sa confiance extrême et de sa familiarité touchante, l'homme abuse pour le prendre avec un gluau mis au bout d'un bâton, l'enfant pour le tuer avec la sarbacane. Le pipeur a spéculé sur sa vaillance et sur sa haine de l'oiseau de nuit pour en faire d'énormes captures. On accuse la ville de Nuremberg, patrie de tant d'instruments barbares, d'être le plus fort marché de Roitelets de l'Europe.

Le nid du Roitelet, que j'ai trouvé dans les environs de Plombières, tout près de celui du Bouvreuil, n'est pas une sphère, comme celui du Troglodyte, mais un diminutif du nid du Chardonneret. Il est fait avec de la soie de cocon de chenille, des aigrettes de chardons, du duvet, de la mousse, et il est posé avec art dans l'enfourchure d'une branche de sapin, à une très-grande hauteur. La ponte est de huit œufs. Le Roitelet peut s'élever et se garder en cage, mais il n'y chante pas et son éducation coûte des peines infinies.

On connaît en France deux espèces de Roitelets couronnés, lesquelles ont été très-longtemps confondues en une seule et qui ne diffèrent, en effet, l'une de l'autre, que par de très-petits détails de coiffure. L'une s'appelle le Roitelet tout court, l'autre le Roitelet à triple bandeau, à raison de la répétition du bandeau noir qui orne sa couronne. Si ces bandeaux n'étaient que des chevrons!

Genre Pouillot. — Cinq espèces (?). Les Pouillots sont de tout petits oiseaux qui vivent, comme ceux de la précédente tribu, des insectes des feuilles et des tiges, mais qui se rapprochent volontiers du milieu aquatique et recherchent la société des saules. Comme ils sont ambigus entre les Mellivores et les Insectivores de roseaux, ils ont conservé des premiers les ailes longues et la queue fourchue; des autres, des *Riveraines*, ils ont adopté la livrée jaune et l'amour des marécages qui fait que, dans les forêts et sur les rives des plaines, on les rencontre toujours vers les lieux arrosés. Ils font des nids en boule qu'ils cachent dans des trous de taupes ou dans des tas de feuilles, comme le Rouge-gorge et le Rossignol.

Je crois qu'il eût été facile, en le voulant un peu, de donner à cette charmante tribu lilliputienne un nom plus digne et plus convenable que celui qu'elle porte dans les livres. Je trouve que *Touïte*, par exemple, qui est le nom onomatopique sous lequel elle est connue en Lorraine, est plus propre, plus heureux et plus expressif que Pouillot. C'était bien le moins qu'on décorât d'un joli nom cette espèce si gracieuse, si svelte, si poétique, et dont la douce voix, accentuée de tristesse, semble dire sa propre complainte. Car la carrière de la pauvrette, hélas! est semée de bien des misères, Dieu lui ayant logé, ainsi qu'au Rouge-gorge, un grand cœur dans un petit corps. Elle se rue avec impétuosité sur la Chouette au premier appel du pipeur, marche droit devant elle et tombe dans tous les piéges.

La Touïte a été l'une des premières espèces qui se soit avisée de se bâtir un nid clos de toutes parts et dans lequel on entre par une ouverture latérale. Ce système de bâtisse a été promptement adopté par la plupart des très-petits oiseaux de nos climats, qui ont parfaitement compris que la forme sphérique était la plus favorable à la conservation et à la répartition égale de la chaleur. Il est évident que ces espèces minuscules, qui sont généralement très-fécondes, n'auraient jamais pu, à raison de l'exiguïté de leur corps, suffire à la dépense de calorique qu'exige l'incubation d'un grand nombre d'œufs, si la nature ne leur eût révélé les moyens d'économiser leurs ressources. Ajoutons à cette considération importante que le nid sphérique a sur les autres l'avantage d'être complétement fermé aux attaques de la pluie, du regard et du bec des espèces ennemies. La Pie et le Moineau Franc, qui ont oublié d'être bêtes, n'auraient pas depuis si longtemps adopté cette forme architecturale, s'ils n'avaient constaté par expérience tous les avantages qu'elle comporte.

Donc, règle générale : tous les très-petits oiseaux des climats froids et tempérés ont des habitations sphériques garnies de duvet à l'intérieur, et ils y pondent de petits œufs blancs tiquetés de points rouges, dont la quantité varie depuis la demi-douzaine jusqu'à la douzaine et demie. Le chiffre de la Toutte est de six à dix; celui de la Mésange à longue queue de seize à vingt.

La Toutte la plus commune est ce joli petit oiseau jaune, à voix flûtée, qu'on rencontre dans tous les jardins au printemps et à l'automne, où il grimpe et sautille de branche en branche à travers les lilas et les sureaux, qu'il épluche de leurs mouches, de leurs araignées et de leurs chenilles molles, se précipitant à l'occasion au-dessus de la pièce d'eau, qu'il rase comme une Hirondelle, pour happer un cousin ou un autre insecte minuscule. C'est l'espèce, je crois, qui a reçu dans les environs de Paris, le nom de *compteur d'écus*, autre dénomination injurieuse. Elle cache si bien son nid dans les trous de taupes, dans les tas de mousse ou de feuilles sèches et sous les tapis de pervenches, que je n'en ai jamais trouvé que deux dans toute ma vie, dont un au bois de Boulogne.

Cette espèce est le Pouillot proprement dit, qui mesure quatre pouces et demi dans sa plus grande longueur. Il y en a une autre un peu plus forte, que les savants ont appelée *Hippolaïs*, probablement parce qu'elle avait la poitrine plus jaune que la première. Je dis probablement, parce que M. l'abbé Chavée, qui est un savant polyglotte, et que j'ai consulté à l'égard de la signification de ce mot grec, m'a certifié qu'hippolaïs voulait dire... quelque chose d'attenant au cheval, mais non à une poitrine jaune... Ce n'est pas une raison. L'Hippolaïs, qui mesure près de cinq pouces et demi de la pointe du bec à l'extrémité de la queue, est dite aussi le Grand-Pouillot. Mais j'ai peur que nous n'en ayons déjà parlé à l'article FAUVETTE.

Vient ensuite le Pouillot-Siffleur, dont la taille reprend la dimension normale de la tribu, et qui se distingue du Pouillot commun par le fond noir de sa queue et de ses ailes. Puis le Véloce, qui est un peu plus petit que le Siffleur, et qui se plaît surtout dans les bois de sapins. Enfin, le Natterer, qui est le plus exigu de tous les Pouillots, et qu'on ne rencontre en France que dans l'île de Corse et dans quelques localités du Midi. Le nom de Natterer n'est pas plus qualificatif de cette dernière espèce que celui d'Hippolaïs de l'autre. C'est peut-être tout simplement le nom de l'amateur qui a fait voir à M. Temmynck, ou à quelque autre baptiseur patenté, le premier individu du genre.

Groupe des Trochilidés. — 15 genres, 73 espèces; une seule française.

Les mœurs du Troglodyte de France, qui habite nos demeures et que chacun connaît, racontent fidèlement celles des espèces de ce groupe qui relie de très-près les Pouillots aux Jaseuses de roseaux, par la Cysticole et les espèces fureteuses. La manie du furetage est, en effet, la passion dominante de la famille.

GENRE TROGLODYTE. — Espèce unique. Après l'émoucheur des hautes tiges et des arbres en bonne santé, vient l'émoucheur du bois mort, des vieux murs, des arches de pont et du domicile de l'homme; après le Roitelet couronné, le Roitelet domestique, le Troglodyte.

D. Pourquoi ce nom de Troglodyte?

R. Parce qu'il y avait autrefois, au dire d'Hérodote ou d'un autre, sur les bords de la mer Rouge ou ailleurs, un peuple de sauvages ou de babouins qui habitait dans des cavernes, comme les vignerons de la Touraine et auquel les Grecs avaient donné le nom de Troglodyte, qui signifie ami des retraites ténébreuses (*troglos*, trou). Alors les savants de France, qui avaient à baptiser un charmant petit oiseau, familier de la maison de l'homme et qui aime à se fourrer dans les trous, lui attribuèrent naturellement le nom de la peuplade ci-dessus, lequel ils donnèrent en même temps à une très-grande espèce de singes.

On ne voit peut-être pas de prime abord en quoi la dénomination qui convient à un orang-outang peut convenir à un petit oiseau; mais le mot troglodyte est grec, et le grec fait toujours bien dans une nomenclature. Et puis, où en serait la Science, si elle était obligée de rendre compte de toutes ses raisons au commun des mortels?

J'ai déjà dit que les gamins de Lorraine, qui sont des nomenclateurs de l'école naturelle, appelaient le Roitelet domestique le *Tritri*, par onomatopée. N'allez pas croire que ces observateurs naïfs s'en soient tenus là, et qu'ils n'aient pas été frappés, comme les savants, de la manie de furetage ténébreux qui caractérise cette espèce curieuse. Ils l'ont si bien remarquée, au contraire, qu'ils se sont crus obligés d'en faire au Tritri un second nom, qui a été *Mussot*. Mussot, comme qui dirait qui passe dans toutes les *musses* (musse, couloir de souris, *mus*). Malheureusement, *mussot* a le tort d'être français et non grec, et de ne pas rappeler le souvenir des singes de la

mer Rouge. Je suis forcé de reconnaître ce double désavantage et j'opte pour Troglodyte.

Le Troglodyte n'est pas un simple gobe-mouche comme
le Roitelet. Il joint à cette fonction celle d'écheniller
forcené. On a compté qu'un couple de Troglodytes ap-
portait à sa famille cent cinquante-six chenilles dans une
seule journée. Il est vrai que les couvées de cette espèce
sont plantureuses, comme celles de tous les petits oiseaux,
l'Oiseau-Mouche excepté.

L'habitude du Troglodyte est de fureter partout, d'entrer dans tous les noirs passages des murailles, des arbres
morts et des chantiers de bois. Il y a beaucoup de la
souris et du loir dans ses évolutions et dans ses manières
d'aller et de venir, de paraître et de disparaître. Il est
vif, inquiet, remuant, affairé, et porte sa queue relevée à
la façon des Coqs. L'inspection qu'il fait subir aux vieilles
poutres, aux arches de pont et aux vieux murs a pour but
de le mettre en rapport avec une foule de larves d'insectes
et de moucherons qui se réfugient, à l'arrière-saison,
dans les gerçures des écorces et dans les crevasses du ciment. A mesure que la rigueur du froid sévit, il quitte
les forêts et les haies et se rapproche des fermes; il pénètre volontiers, pendant l'hiver, dans les appartements
habités, pour s'y emparer des moucherons et des mouches qui sont venus y chercher un asile. Sa familiarité
est extrême et lui joue parfois de mauvais tours.

Le Troglodyte construit un nid en boule, à l'instar des
Pouillots et des petites Mésanges. Ce nid est fait de
mousse verte à l'extérieur et garni de plumes en dedans.
On le trouve souvent dans les ronces, les rosiers, les épines, les lierres des arbres et des murailles, les troncs
moussus des chênes, mais plus généralement encore
dans les solives percées des hangars, les toits de chaume,

les trous de murs, les dessous de tuiles, les piles de fagots. Le nombre de ses œufs varie de six à douze.

Le jeune Troglodyte pris au nid s'élève facilement à la pâtée faite de cœur de bœuf haché et de farine de chènevis, qui est le fond de la nourriture des trois quarts des Insectivores prisonniers. J'ai vu, en l'année 1854, à Paris, un couple de Troglodytes capturés au bois de Meudon en avril, au moment où ils travaillaient à leur nid, reprendre dans la prison leur œuvre interrompue, et puis couver et amener à bien une superbe famille. J'ai reconnu là que le mâle de cette espèce était un petit tyran domestique, attentif à nourrir sa femelle pendant l'incubation, mais la rappelant énergiquement à ses devoirs de maternité et la renvoyant vivement à ses œufs aussitôt qu'elle se permettait de les quitter pour prendre l'air. Dans la cage voisine de ces Roitelets, grandissait une nichée de jeunes Fauvettes à tête noire, prises dans le même bois avec leur père, et que celui-ci s'était bravement chargé de nourrir et d'élever à lui tout seul en l'absence de leur mère, ce dont il vint heureusement à bout. Quand je vous dis que tous les oiseaux chanteurs ne voudraient pas d'autre domicile que celui de l'homme pour abriter leurs amours, s'ils pouvaient compter sur la loyauté des pères et sur l'amitié des enfants. On ne peut pas être un grand artiste et vouloir garder son talent pour soi seul, et ne pas être jaloux des applaudissements de la femme.

J'ai parlé tout à l'heure de la familiarité extrême du Troglodyte. L'un d'eux fit une fois son nid dans le chapeau d'un de ces mannequins de paille qu'on place dans les jardins pour épouvanter les moineaux.

Le Troglodyte a des raisons pour vouloir qu'on l'écoute. C'est le plus magnifique gosier de toute la tribu des Insectivores, et il n'a qu'un petit nombre de rivaux à redouter parmi les plus illustres maîtres de l'ordre tout entier des chanteurs. Son chant, sans être aussi varié que celui du Rouge-gorge, en a les notes limpides et le timbre cristallin. Il exprime presque aussi éloquemment que celui de l'Alouette le délire de l'amour heureux. Dieu a dû dépenser beaucoup d'art pour construire le larynx du Roitelet domestique et pour armer une aussi frêle machine de moyens d'action si puissants. Le Troglodyte est, comme le Rouge-gorge, le Traîne-buisson, l'Hirondelle, un oiseau du bon Dieu, un hôte de la cabane du pauvre et qui chante pendant l'hiver.

Ce ténor de si grand talent et de si courte taille (2 pouces 9 lignes) n'a pas été moins richement partagé du côté du cœur que du côté de la voix. C'est encore un brave des braves, quelque chose comme une seconde édition, une édition diamant, un *alter ego* du Rouge-gorge. Il fait beau les voir attaquer le Hibou à eux deux. Le Troglodyte, qui est un lion dans la bataille, n'y va pas par quatre chemins. Aussitôt qu'il entend le cri de l'espèce maudite, il perce droit dans la loge du pipeur, pour lui crever les yeux, et il éprouve un désappointement bien amer de rencontrer un homme là où il espérait un ennemi.

Je présume que la réputation de bravoure du Troglodyte était solidement établie dans le monde dès la plus haute antiquité, puisque l'histoire romaine constate l'analogie qui fut entre lui et Jules César. « La veille du jour où ce dernier reçut ses vingt-deux coups de poignard dans le sénat, dit-elle, un Roitelet fut écharpé de la même façon sur la place publique par une vingtaine d'autres petites bêtes, et cet événement, qui semblait un triste présage pour le nouveau *roi*, impressionna vive-

ment les amis du grand homme et les fit se douter de
l'affaire qui se machinait. »

Brave comme César, voilà donc ce que l'histoire romaine témoigne du Roitelet. Après cela, rien ne prouve
que le nom même de Régulus, nom latin du Roitelet, ait
jamais eu en cette langue la même acception de diminutif que dans la nôtre, et n'ait pas été donné à l'espèce en
considération de son courage héroïque et de ses rapports
caractériels avec l'illustre prisonnier de Carthage. Cette
étymologie serait nouvelle ; je l'offre pour ce qu'elle vaut.

Mais je dois dire que la légende du Roitelet domestique
est pleine de semblables comparaisons entre lui et de
très-hauts personnages, voire des têtes couronnées. Je
m'étonne même que l'histoire grecque n'ait pas trouvé
quelque part matière à rapprochement entre le héros
emplumé et Alexandre le Grand, qui était petit de corps
(*corpore parvus*) ; et je me trompe fort si le nom de Roi
Bertaut ou de Robertaut, que le Roitelet porte dans toutes les contrées de l'Ouest, n'a pas encore quelque origine royale.

Le Troglodyte possède trop de qualités du Rouge-
gorge pour n'avoir pas aussi quelques-uns de ses défauts.
Il est trop grand artiste pour n'être pas jaloux ; il chante
trop bien pour n'aimer pas à chanter seul ; il est trop
brave pour n'être pas quelque peu ferrailleur et bretteur.
Il est donc un fléau pour ceux de son espèce, qu'il provoque en combat singulier, en cage comme en liberté, et
qu'il tue quelquefois. Mais le plus grand de tous les
malheurs du Troglodyte est dans l'exiguïté de sa taille.
Il est trop petit pour n'être pas essentiellement rageur et
très-porté à s'exagérer ses moyens en toutes choses. L'histoire rapporte qu'un Troglodyte paria un jour de voler
plus haut que l'Aigle, et qu'il gagna son pari par un

stratagème ingénieux. Pour voler plus haut que l'Aigle, il ne s'agissait que de lui grimper sur le dos et de s'y installer sans que l'autre s'en aperçût. Le Roitelet eut cette adresse, et, quand l'oiseau de Jupiter, arrivant dans la nue et cherchant partout du regard son adversaire, eut exprimé son étonnement de ne pas l'apercevoir, le petit Poucet, sortant tout à coup sa tête de la fourrure de l'Ogre, lui entonna dans les oreilles un chant de victoire qui dut le surprendre bien plus encore... Le Roitelet s'était servi, pour monter plus haut que l'Aigle, du procédé qu'employa depuis mademoiselle d'Angeville pour monter plus haut que le Mont-Blanc, dans cette ascension audacieuse qui immortalisa son nom. Comme la tricherie au jeu n'est pas dans les habitudes des braves, il m'est difficile d'admettre l'authenticité absolue du récit qui précède; cependant, j'ai voulu le reproduire pour prouver que l'opinion de tous les observateurs sérieux était fixée depuis des siècles sur les tendances caractérielles du Troglodyte, et que tous ces observateurs étaient d'accord avec moi pour faire de cette espèce intéressante le portrait vivant d'une foule d'artistes grands d'esprit, mais petits de corps et fortement titrés en Cabaliste.

Le Troglodyte ne marche la queue si haute, ne fait tant de poussière et de bruit en marchant, ne crie aux gens : *Gare, que je passe,* ne demande à faire à chaque instant ses preuves, n'est si désagréable pour sa société, en un mot, que parce qu'il a toujours peur qu'on ne mesure son mérite à sa taille. Or, cette peur est la torture de tous les petits hommes forts, artistes ou guerriers. La crainte perpétuelle d'être refusés au concours pour défaut de taille, et la connaissance qu'ils ont des sympathies des masses pour les hommes gros, sont deux réchauds ardents placés sous leur cervelle et qui maintiennent celle-ci en état d'ébullition permanente ; ce qui pousse les pauvres petits à forcer le verbe, à apostropher l'ennemi et à tenter des œuvres titanesques. Mon cœur sensible compatit aux souffrances de ces natures orageuses et insociables, et excuse leurs emportements. Est-ce leur faute, à elles, si le fourreau qu'on leur a distribué en naissant s'est trouvé trop petit pour sa lame, et l'humanité n'a-t-elle pas plus à bénéficier qu'à pâtir de leurs ambitions ? Peut-être que M. Ingres et Alexandre le Grand n'auraient pas entrepris les grandes choses qu'ils ont faites s'ils avaient eu seulement un ou deux pieds de plus !

Groupe des Limnornidés. — 24 genres, 160 espèces. Espèces françaises : 10 (?)

Caractères généraux. — J'ai dit que j'avais créé ce groupe des Limnornidés en faveur des Jaseuses de roseaux dites par tous les auteurs Fauvettes *riveraines*, pour les distinguer des chanteuses qui se plaisent dans les bocages. Les caractères spéciaux qui justifient la séparation que j'ai introduite sont nombreux. D'abord toutes les espèces du groupe nouveau sont essentiellement amies des jonchaies, des marais, des saules, des tamarix. Elles sont de plus purement insectivores et non baccivores comme les Fauvettes chanteuses. Enfin elles sont grimpeuses et croasseuses, et elles déploient beaucoup plus de talent que les Fauvettes de nos jardins dans la construction de leurs nids, qu'elles cousent dans des feuilles ou attachent à des roseaux avec une habileté et une solidité merveilleuses.

Le seul nom qui convienne à cette famille, mais que personne n'a encore songé à lui donner, est celui de *Croasseuses des roseaux*, attendu que les jonchaies des tourbières et des étangs sont ses demeures exclusives, et que la plupart des individus qui la composent ont plutôt l'air d'avoir étudié la musique vocale à l'école des grenouilles qu'à celle des Fauvettes. Les savants en ont fait une des deux sections de la famille des Fauvettes qu'ils ont appelée la section des *Riveraines*. Mais j'ai dit et répété qu'il était impossible qu'il y eût parenté de premier degré entre deux familles dont l'une avait fourni à l'art musical ses plus illustres interprètes, dont l'autre avait déshonoré cet art par une imitation servile des procédés phonétiques de l'ordre des Batraciens; dont l'une adorait les fruits mous, que l'autre méprisait. Je ne crains pas d'ajouter que je n'ai apporté qu'un intérêt très-faible à l'étude détaillée des mœurs de cette tribu, et que j'entends ne consacrer au narré de ses faits et gestes qu'un nombre de lignes très-restreint.

Donc ces Fauvettes riveraines, jaseuses, croasseuses, grenouillardes, comme qu'on les appelle, sont des espèces voyageuses qui s'établissent au printemps dans les jonchaies de nos eaux stagnantes où elles passent une partie de la belle saison et d'où elles partent vers la mi-septembre. Elles y vivent d'insectes ailés et de cousins, de libellules et de petits scarabées, qu'elles ne ramassent pas par terre, qu'elles ne happent pas non plus au vol, mais qu'elles cueillent réellement sur les feuilles et sur les tiges des roseaux et des arbustes qu'elles escaladent légèrement à la façon des Grimpereaux. Le fond de leur uniforme qui est à peu près le même pour toutes les espèces, est une nuance indécise entre le jaunâtre, le brunâtre et l'olivâtre. Leur taille varie depuis celle de la plus grosse Alouette jusqu'à celle du Roitelet. Un embonpoint sortable n'est jamais le fruit de leur peine. Leur dur et rauque larynx leur a valu en Lorraine le doux nom de *Tırrrllibarrracc...* et sur les rives de l'Essonne, près Paris, celui de *Tirr...arrache...* que l'usage, dans l'une et l'autre province, a fait appliquer à la tribu entière. Mais les pauvres Riveraines, si mal dotées de la nature sous tant de rapports, n'en possèdent pas moins, comme architectes, des droits éternels et certains à l'admiration des mortels. Les nids de toutes les Fauvettes de roseaux sont généralement des œuvres d'art auxquelles la critique la plus méticuleuse trouverait difficilement à reprendre. Il y en a un, celui de la Cysticole, qui est bâti en forme de bourse dans l'intérieur d'une touffe de carex, et qui, par l'admirable exiguïté de ses proportions et la délicatesse du tissage, rappelle les merveilleux travaux du Colibri et du Chardonneret. Le nid ordinaire des autres espèces est construit sur le modèle de celui du Loriot et pourrait motiver les mêmes admirations que ce dernier chef-d'œuvre. C'est une corbeille élégante et profonde, tissée des plus précieuses matières avec une adresse de fée et solidement attachée par des amarres de liane à trois ou quatre tiges de roseaux que l'architecte a engagées dans la muraille extérieure de l'ouvrage au moyen de cordages. Ces quatre tiges flexibles s'affolent à la moindre brise et se courbent parfois sous la tempête jusqu'à baiser de l'extrémité de leur flèche le miroir mobile de l'onde. Alors le frêle édifice est entraîné par son adhérence à suivre les oscillations de ses supports. Mais le canot le mieux trempé ne supporte pas avec plus de fermeté les assauts de la mer, et le léger berceau se relève et reprend son assiette sans avoir subi d'avaries, tant la couveuse, qui a le pied marin, est habile à maintenir ses œufs ou ses petits sous la douce pression de son corps.

On me demande pourquoi je fais preuve de dispositions si malveillantes à l'égard de pauvres espèces plus dignes de pitié que de blâme, et qui construisent de si jolis nids. C'est que ces pauvres espèces, hélas! indépendamment de l'effroyable tintamarre dont elles écorchent tout le long du jour les oreilles du pêcheur, symbolisent des êtres humains d'une société peu agréable et dont tous mes semblables ont eu énormément à souffrir... Et d'abord ces femmes charmantes, douces épouses, bonnes mères, riches de tous les moyens de plaire et remplies de goût pour habiller leurs enfants et leurs meubles, mais qui, dédaigneuses des succès de cette sphère intime, aspirent à briller dans le monde comme chanteuses ou comme poëtes, et affligent trop souvent le cœur de leurs amis par leurs rimes risquées et leurs notes douteuses... Et encore ces nobles travailleurs, fils de leurs œuvres, qui pour avoir conquis le premier rang dans un art tout manuel, se laissent trop aisément aller à croire que leur destin les appelle à régenter les autres, et se montrent trop avides des succès de tribune. Les dernières espèces du genre symbolisent ces affreux bourgeois de Paris et d'ailleurs, ex-directeurs de funambules, ou marchands de vulnéraire suisse en retraite, qui, pour avoir gagné un million ou deux à de sales métiers, s'imaginent s'être décrassés de leur roture intellectuelle comme on se décrassait de l'autre, avec quelques écus, se disent gens de lettres et se croient autorisés à vous raconter les mystères de leur sotte existence.

Que tous ceux qui, comme moi, ont gémi et souffert des déplorables prétentions de ces trois classes, me pardonnent mes antipathies à l'endroit des Fauvettes croasseuses !

Les auteurs ne s'accordent pas sur le nombre des espèces Riveraines qui peuplent toutes les jonchaies de la France, depuis celles de la citadelle de Lille jusqu'à celles des étangs maritimes du Midi. Temmynck n'en compte que cinq ou six; d'autres vont jusqu'à douze. Ils les appellent des noms qui suivent : Rousserolle (la plus grosse du genre, le véritable Tire-Arrache de la vallée d'Essonne, celle que Temmynck avait métamorphosée en Merle, malgré son horreur pour les cerises), Bouscarle, Verderolle, Effarvatte, Locustelle, Phragmite, Cysticole, etc. Il y en a qu'ils appellent l'Aquatique, la Riveraine, la Fauvette des saules, comme si toutes n'étaient pas aquatiques, riveraines et amies des saules. Le moyen de les reconnaître à des définitions aussi claires que celles-là! Mettons qu'elles soient une dizaine, pour leur faire bonne mesure, et puis n'en parlons plus.

Groupe des Sylviparidés. — 20 genres, 186 espèces; 3 espèces françaises.

Le groupe des Sylviparidés avait été créé jadis par les auteurs pour réunir les espèces ambiguës entre les Fauvettes riveraines et les Mésanges. Il est clair qu'en empruntant ce titre élégant et significatif, je ne lui assigne pas le même emploi que mes prédécesseurs, puisque, selon moi, un abîme immense sépare les Fauvettes des bocages des Fauvettes de roseaux, et que la Mésange appartient à l'ordre des pieds prenants (Pies-grièches et Geais). Je ne l'ai emprunté à la nomenclature officielle que pour donner une nouvelle preuve du désir que j'éprouve de demeurer en bons termes avec elle. La famille des Sylviparidés comprend, dans ma classification, cette multitude de jolies espèces grimpeuses et industrieuses dont la Mésange à longue queue de nos forêts et le Capocier de Levaillant sont les deux types les plus remarquables. Toutes ces espèces se plaisent dans le voisinage des eaux, nichent sur les tamarix ou sur les saules et se construisent des nids merveilleux.

GENRE MÉCISTURE.—Une espèce, dite Mésange à longue queue.

Il n'est jamais venu à ma connaissance que la Mésange à longue queue se soit rendue coupable des atrocités qu'on reproche à ses féroces homonymes. Voilà pourquoi je l'ai retirée de cette société compromettante. La Mésange à longue queue est un joli petit oiseau courageux et plein de charité pour ses semblables, et qui ne fait de mal à personne, excepté aux chenilles et aux petits scarabées qui font beaucoup de mal aux arbres. Il chante une chansonnette agréable au printemps, et il est aussi amusant à regarder qu'à entendre quand il exécute ses cabrioles autour des bouquets de feuillage, la tête en bas, les pieds en l'air. Pour mille et une raisons, il importe de le respecter.

La Mésange à longue queue, qui est suffisamment caractérisée par le nom qu'elle porte et de qui la taille est voisine de celle du Roitelet, fait un nid merveilleux dont la célébrité le dispute à celle de tous les autres.

Sa forme est celle d'un énorme cocon élargi par la base, ou bien celle d'une pomme de pin. Les Anglais ont trouvé que cette forme était plutôt celle de la carafe ou de la bouteille; ce qui est cause que le peuple d'Albion a donné à l'oiseau le nom de Jack ou de Tom-Carafe. Le nid est collé d'habitude contre le tronc d'un peuplier ou d'un saule, de la même manière que celui des Pinsons contre le tronc moussu d'un pommier. Quelquefois il est placé très-près de terre au milieu de quelque petit buisson touffu; en quelques rares circonstances enfin, il est logé dans l'enfourchure d'un arbuste, à une assez haute élévation. Mais j'en ai toujours trouvé dix nids sur le peuplier d'Italie pour un seul sur d'autres essences. La coque extérieure de ce nid, tout à fait semblable d'aspect

à celle du nid du Pinson et du Chardonneret, est composée du lichen argenté recueilli sur l'arbre même contre
lequel il doit être appliqué, pour éviter toute disson-
nance de couleur et tromper le regard du passant. Toutes
les pièces en sont reliées entre elles par des cordons de
laine très-déliée; le dôme est protégé contre la pluie par
une couche épaisse de mousse grise et enveloppé de ces
fils d'araignée dits fils de la bonne Vierge, dont quelques
bouts passent au dehors. L'intérieur, qui figure un four,
forme la plus favorable à la concentration de la chaleur,
est garni d'un lit de plumes d'une épaisseur formidable.
Il serait impossible d'imaginer une couche plus chaude
et plus douce. La muraille est percée, à un pouce environ du sommet, d'une petite ouverture; quelques naturalistes disent de deux ouvertures qui se correspondent,
et cette double ouverture serait, suivant eux, nécessaire
pour le placement de la queue de la couveuse, qui ne
pourrait se loger dans l'intérieur à cause de sa longueur
excessive. Je n'oserais nier le fait de l'existence des deux
ouvertures correspondantes, mais je ne l'ai jamais observé. La ponte habituelle de cette espèce est de seize à
vingt œufs. Il faut avoir vu de ses yeux ces vingt petites
têtes et ces vingt petits corps rangés avec un ordre et une
symétrie admirables dans le fond de cet étroit réduit,
large tout au plus comme le creux de la main, pour imaginer que tant de monde y puisse tenir et tant de grandes
queues s'y développer. Linnæus a écrit que la grandeur
de l'auteur de la nature éclatait surtout dans l'ordonnance de l'infiniment petit. Le talent prodigieux d'architecte que dépense la petite Mésange dans la bâtisse de
son nid, et le zèle passionné et ingénieux qu'elle déploie
dans l'éducation de son innombrable progéniture, sont
certainement parmi les plus charmantes preuves qu'offre

le monde des oiseaux à l'appui de cette vérité. La première fois que je trouvai un nid de Mésange à longue queue dans lequel grandissaient dix-huit jeunes, je fus ému d'un si vif sentiment d'admiration que j'en jurai sur-le-champ de rester éternellement sur le pied de paix avec l'espèce. Depuis lors, il m'arriva bien des fois, quand un passage de petites Mésanges se précipitait sur ma pipée, de sortir de ma loge pour leur dire de rebrousser chemin, ce qui ne suffisait pas toujours pour les faire changer de route. Il est vrai que la Mésange à longue queue n'a que les os et la peau, et que sa taille est beaucoup au-dessous de la moyenne des petites bêtes. Alors il est bien possible que cette considération ait influé sur ma conduite à son égard, ce qui diminuerait un peu le mérite de ma résolution.

La Mésange Rémiz.—Penduline; Mésange du Languedoc. Plus petite que la Moustache, manteau roux marron, gorge blanche, dessous du corps roux clair, calotte blanche; les ailes et la queue noires avec bordure roussâtre. Cette espèce, moins vive que ses congénères, ne se rencontre, comme la Moustache, que sur les bords des rivières et des grands étangs du Midi. Elle habite les fourrés d'oseraies, de salicaires et de tamarix. Elle aime à suspendre son nid aux branches de ces derniers arbrisseaux. Ce nid, dont on retrouve fréquemment les analogues dans les contrées marécageuses de la zone tropicale, est unique pour sa forme en France. C'est une sorte de bas fabriqué avec le coton de la fleur des peupliers et des saules, artistement feutré, foulé et consolidé par des trames de crin et de laine. Les détails de la fabrication de cette étoffe sont encore aujourd'hui un mystère pour tous nos ouvriers tisserands et fouleurs. Ce bas est suspendu, par des cordages de laine ou de chanvre, à l'extrémité des rameaux du saule et du tamarix et se balance au-dessus des ondes sous le souffle du vent. Il est percé, dans sa partie supérieure et sur la face qui regarde l'eau, d'une ouverture très-étroite qui fait saillie ou goulot en dehors et ressemble au col d'une cornue. La construction de cette œuvre d'art admirable et qui pourrait passer à bon droit pour une des sept merveilles du monde des oiseaux, n'exige pas moins de trois semaines d'un travail frénétique et non interrompu, et d'un travail à deux. Je ne connais en France que le nid du grand Pic noir dont l'établissement nécessite une pareille dépense de main-d'œuvre et de temps.

Je tiens de l'un de nos professeurs les plus distingués et les plus justement populaires de la Faculté de médecine, une histoire intéressante concernant les Rémiz, et qui peut aller de pair avec celle de la Charbonnière venant se faire opérer de l'extraction du tiquet par un homme de l'art. Deux Rémiz avaient vu détruire par la main rapace du pâtre l'espoir d'une postérité plantureuse et le fruit de leurs travaux de vingt jours, et elles se lamentaient à l'idée de passer toute une belle saison sans amour. Avec quelle matière, en effet, confectionner l'étoffe d'un nid flottant quand est passé le temps de la floraison des amentacées (arbres à chatons cotonneux), et de quel droit aimer quand on n'a pas par devers soi les moyens d'assurer l'avenir de la famille à naître ? L'affliction de nos deux amants paraissait donc sans remède, quand ils apprirent de rencontre, par le bavardage d'une Pie.... qu'à tel endroit de la rive de la forêt prochaine gisait un cadavre de renard. Et s'étant transportés à la place indiquée, ils virent que la bête était encore ornée de sa fourrure et alors l'idée leur vint d'essayer s'il ne serait pas possible d'employer ce poil soyeux en guise de coton végétal, pour la construction d'une bâtisse nouvelle. Or, l'épreuve réussit au delà de leur espoir; ils eurent beaucoup d'enfants et vécurent bienheureux.

Le savant et spirituel professeur qui m'a raconté cette histoire avait été témoin de l'expérience. Il avait vu et tenu ce nid de Rémiz en poil de renard, qui ne serait pas déplacé, ce me semble, au milieu des produits industriels les plus curieux d'une exposition de Londres ou de Paris.

LA MÉSANGE A MOUSTACHES. — Moustache de Russie. Jolie espèce, à robe aventurine, de la taille de la grande Charbonnière, remarquable par une superbe paire de moustaches noires *mobiles*, dont le mouvement obéit à tous les sentiments qui l'agitent et accentue sa physionomie d'une animation toute spéciale. La Mésange à moustaches est un oiseau du Nord, très-rare en France, mais très-commun en Russie, en Pologne, en Danemark, en Hollande et même en Angleterre. J'ignore les raisons qui ont pu lui faire prendre notre pays en grippe, mais il est certain qu'on ne la trouve presque nulle part dans les provinces du milieu ni du Nord, et qu'elle ne niche plus guère que dans les jonchaies du Midi. C'est un oiseau élégant et de figure avenante qui vit parfaitement en cage et n'a jamais fait dire beaucoup de mal de lui. En liberté, on le voit courir sur les feuilles du nénufar, comme la Bergeronnette; l'hiver, il patine sur la glace avec habileté. Son nid est un ouvrage fort remarquable, mais qui n'approche pas, pour le merveilleux, de celui de la Mésange à longue queue, et encore moins de celui de l'espèce qui précède. C'est un nid à ciel ouvert, qui s'attache à trois ou quatre tiges de roseaux comme celui des Jaseuses, et qui se promène au gré des vents sur la face des flots.

Groupe des Muscicapidés. — 26 genres, 285 espèces;
3 espèces françaises.

GENRE GOBE-MOUCHE. — Trois espèces.

J'ai signalé déjà à plusieurs reprises cette monomanie
étrange et déplorable, qui a poussé tant de nomenclateurs à séparer les Gobe-mouches des petits oiseaux qui
vivent exclusivement de mouches, pour les placer entre
les Pies-Grièches, qui vivent de petits oiseaux, et les
Merles qui adorent les cerises. Signaler les effets de ce
travers d'esprit est chose plus facile que de remonter à
ses causes. Ainsi, j'ai demandé à Temmynck, qui eut un
jour le courage de reconnaître officiellement la parenté
de la Pie-Grièche avec la Pie vulgaire, pourquoi il s'était
repenti plus tard de cette concession, et quel puissant
motif l'avait déterminé depuis à retirer la Pie-Grièche
du sein de sa vraie famille pour la placer entre l'Étourneau et le Gobe-mouche. Mais Temmynck ne m'a pas
répondu, ou s'il m'a répondu, il l'a fait en termes si
vagues que je n'ai pas compris sa raison. Je mets sous les
yeux du public les pièces du procès. Sommé de définir
le caractère du genre Pie-Grièche (*Lanius*), Temmynck
s'exprimait ainsi :

« Les cinq espèces de Pies-Grièches de nos climats se
distinguent par leur courage et par leur cruauté. *Petits
oiseaux de rapine*, elles ne le cèdent point en courage aux
plus grands destructeurs des airs. Leur proie, qu'elles
saisissent et emportent avec le bec, consiste principalement en gros insectes; mais elles attaquent aussi avec
avantage les plus petites espèces d'oiseaux et les détruisent en se servant de leurs doigts comme moyen de
préhension. »

Assurément que ce portrait, qui est exact, n'est pas
celui d'un oiseau doux de mœurs, et qu'il est bien diffi-

11.   32

cile à la personne qui vient de le lire de n'être pas portée
à penser un peu de mal de l'espèce dont l'histoire va
suivre, car l'esprit de l'homme n'est pas apte à apparenter
de prime-saut les bons et les méchants, les loups et les
brebis. Écoutons donc attentivement ce que l'auteur va
dire du genre Gobe-mouche pour motiver le ralliement
d'icelui au genre Lanius.

« Les Gobe-mouches, écrit-il, sont des oiseaux voyageurs qui arrivent tard et partent tôt en automne. Ils se
nourrissent *uniquement* de mouches et d'autres insectes
ailés qu'ils attrapent au vol.... »

La notice s'arrête là en ce qui concerne les caractères
de parenté du Gobe-mouche et de la Pie-Grièche.

Or, maintenant qu'on a pu comparer les deux genres
par leurs portraits tracés de la main même du maître,
de l'observateur réputé le plus intelligent de tous, je
demande si la parenté dont je me plains repose réellement sur des titres authentiques. Je demande si des juges
sérieux, ceux de nos tribunaux, par exemple, reconnaî-
traient la parenté de la Pie-Grièche et du Gobe-mouche
au degré successible. Le Hollandais, du reste, a l'air de
n'avoir pas la conscience en repos sur l'article ; car il cherche à se couvrir de l'autorité de Cuvier et de celle d'Illiger
pour expliquer la malheureuse idée qui lui a poussé de
revenir sur la réunion de la Pie-Grièche avec son homo-
nyme ; comme si les fautes des autres n'étaient pas faites
pour nous servir de sauvegarde au lieu de nous induire
à mal. Mais en attendant la sentence du public impartial,
passons outre aux débats.

Les Gobe-mouches sont pour la conformation du bec, la
couleur du costume, la taille, les habitudes générales et
la délicatesse de la chair, assez proches parents du Traquet
et du Motteux. Seulement ils habitent les bois et non les

terres en friches; ils guettent l'insecte ailé qui leur sert de nourriture des basses ou des hautes branches de l'arbre, et non plus de la roche ou de la motte élevée, et ils happent leur proie au vol à la façon des Hirondelles et ne la ramassent pas à terre. Leur bec, déprimé et élargi à sa base comme celui des Traquets, annonce le bec des Hirondelles. Leur chair a un goût exquis qui rappelle celle du Becfigue, et l'une des espèces du genre a été honorée de cet illustre surnom. De même que le Motteux et l'Hirondelle, le Gobe-mouche porte un uniforme remarquable par l'opposition des deux nuances blanche et noire, laquelle opposition se manifeste dans toute sa vivacité vers l'époque des amours et s'apaise à la mue d'automne. Les Gobe-mouches n'ont pas de chant et leur langage habituel est un petit cri plaintif semblable à celui des jeunes Pinsons qui demandent la becquée à leur mère. Deux de nos espèces vivent solitaires dans le fond des forêts. Une autre pénètre dans les jardins des villes et des campagnes et niche parmi les espaliers et les cordons de vignes. Il n'y a pas d'année où le cèdre du Liban du Jardin des Plantes n'élève sur ses larges branches horizontales quelques couvées de Gobe-mouches, qui trouvent une hospitalité semblable sur beaucoup de grands marronniers des Tuileries et du Luxembourg. Leur nid est construit avec soin de mousse et d'herbes fines à l'extérieur, et garni de crin au dedans.

Les Gobe-mouches s'en vont de très-bonne heure et en même temps que les Fauvettes. Leur passage en Lorraine dure un mois, de la mi-août à la mi-septembre. J'ai dit qu'on en prenait un grand nombre dans les tendues à la raquette. Il est assez remarquable que ces oiseaux donnent rarement à l'abreuvoir et jamais à la pipée. L'espèce qui niche dans les jardins publics s'arrête volontiers en

route, au milieu des promenades des villes et stationne
même fréquemment pendant plusieurs journées consécu-
tives sur les toits de certaines maisons, où elle fait curée
de ces tas de mouches qui s'amassent en noires colonnes
dans les angles des murs. L'amour des habitations de
l'homme est une passion qui rapproche cette espèce des
genres de l'Hirondelle et de la Bergeronnette. La tribu des
Gobe-mouches tient à ces deux dernières par d'autres liens
de parenté mystérieux que les nomenclateurs officiels se
sont bien gardés d'entrevoir. Elle est chargée comme elles
de veiller à la sûreté des richesses de l'homme. On lira
au chapitre de l'Hirondelle, comme on a lu à celui de
la Bergeronnette les caractères de cette mission sainte. Le
membre de la famille des Gobe-mouches que Dieu en a
investi n'appartient pas à la France. C'est un oiseau
célèbre dans les fastes de l'ornithologie américaine, et
qui s'appelle dans ce pays l'Oiseau Royal ou l'Oiseau Roi.
Il est connu dans la science sous le nom de Tyran ou Roi
des Gobe-mouches. On peut l'appeler de ce dernier nom,
puisqu'il porte une couronne; mais cette couronne lui a
été donnée en signe de sa générosité et de sa vaillance,
et comme il n'emploie ses brillantes facultés que pour
combattre la tyrannie et soutenir les faibles, je proteste
contre le premier nom. Ce prétendu tyran, dont Audubon et Franklin ont célébré la gloire, est un petit oiseau
qui établit son domicile à portée de la demeure du fer-
mier américain pour avoir l'œil sur tous les périls qui
menacent ses volailles; qui monte hardiment dans les
airs pour combattre l'oiseau de proie, quel qu'il soit, voire
l'Aigle; qui signale à grands cris sa présence à toutes les
espèces menacées, et assaille avec tant d'impétuosité le
ravisseur, qu'il le force à la fuite. Mais voyez le malheur :
l'Oiseau Royal, en agissant ainsi, empiète sur les attribu-

tions de l'Hirondelle. Or, celle-ci n'entend pas qu'on la remplace dans son office de sauvegarde de la basse-cour, et comme elle ne veut partager avec personne l'honneur et les périls de l'office, elle n'a pas de repos qu'elle n'ait chassé loin du canton l'importun concurrent. Et pour cela elle le poursuit sans relâche, le coudoie, le rudoie, le harcelle, abuse contre lui de la supériorité de ses ailes rapides, bref, le tue de fatigue, s'il ne prend le sage parti de se retirer à distance. Et trop souvent le triomphateur glorieux du Faucon et de l'Aigle meurt sous l'attaque de l'Hirondelle. Tant l'ambition de servir l'homme peut engendrer d'ardentes jalousies et de nobles dévouements!

Trois espèces de Gobe-mouches ont la France pour patrie. On pourrait les nommer : le Gobe-mouche à collier, le Gris, le Noir.

Le premier, dit aussi le Gobe-mouche de Lorraine, est un oiseau charmant dans son costume de noces : manteau noir, tête noire, queue noire, tout le devant et tout le dessous du corps d'un blanc pur avec un joli collier noir sur le devant du cou, miroir blanc sur les ailes. Cette riche toilette, qui ne se développe dans toute sa splendeur qu'au troisième printemps, disparaît complétement avec la mue d'été. L'oiseau rassis n'a plus rien de l'oiseau pris d'amour ; mais s'il a perdu toute valeur en ce temps-là aux yeux de l'ornithologiste, il en a acquis une immense auprès du gastrosophe qui le lui fait bien voir.

Le Gobe-mouche noir, Gobe-mouche Becfigue, beaucoup plus connu que le précédent, est celui qui figure avec le Rouge-queue et le Rouge-gorge sur tous les marchés de Lorraine en septembre, et qu'on appelle en ce pays-là le Petit-Gris. Son costume d'amour est, comme celui de l'autre, noir et blanc ; mais il ne porte pas de collier, et sa tenue de voyage est plus grise et plus modeste encore que celle du précédent.

Le troisième est l'espèce grise qui niche aux Tuileries et au Jardin des Plantes, et stationne sur les toits.

Groupe des Ocyptéridés. — 16 genres, 271 espèces; 8 espèces françaises. (?)

Ce groupe remarquable, dont le nom veut dire *ailes aiguës*, renferme les plus fins voiliers de l'air après les Colibris. Les Ocyptéridés sont, à proprement parler, les gobe-mouches de haut vol, les chasseurs d'insectes de la région des nues, les mangeurs de fourmis ailées, de guêpes, d'abeilles et de phalènes. On y trouve les Langrayens de l'Australie, les Drongos d'Asie et d'Afrique, les Hirondelles d'Europe et d'Amérique, et l'histoire de toutes ces espèces grandes voilières est à peu près la même. Celles qui ne croisent pas perpétuellement dans la nue, à l'instar de nos Martinets, stationnent sur les branches mortes des grands arbres, à l'instar de nos Gobe-mouches.

Je demande à traiter tout d'abord la question de l'Hirondelle au point de vue religieux et politique, les détails relatifs à la classification des genres réservés pour après.

— Hirondelle,
Qui es si belle,
Dis-moi, l'hiver où vas-tu ?
— A Athènes,
Chez Antoine.
Pourquoi l'en informes-tu ?

Le peuple a eu raison d'appeler les Hirondelles les oiseaux du bon Dieu, car il n'est pas une espèce animale sur laquelle Dieu ait versé avec une partialité plus visible ses grâces et ses dons ; et même, parmi les hommes, beaucoup seraient en droit d'envier à l'Hirondelle quelques-unes des facultés de son esprit et des vertus de son cœur. C'est mieux que la Tourterelle et le Moineau Franc pour

la tendresse, mieux que Philémon et Baucis pour la fidélité, mieux que la Perdrix pour le dévouement maternel,
mieux que la Bergeronnette pour la charité sociale, mieux
que le Faucon pour la puissance du vol, la finesse de la
vue et la légèreté.

L'Hirondelle est essentiellement l'amie de l'homme.
Dieu nous l'envoie dès les premiers soleils pour nous débarrasser des insectes ailés que leurs chaleurs font éclore.
Il l'a instruite dans l'art de bâtir comme nous, pour
qu'elle pût attacher son nid aux angles de nos fenêtres. Il
lui a donné, pour égayer autour de nous les airs, le vol
le plus gracieux, les plus frais gazouillements. Elle a reçu
pour patrie toute la terre habitable, et nul autre oiseau
ne mesure autant de latitudes en sa double excursion
annuelle. Elle ignore le froid des climats, comme celui
du cœur ; sa vie n'est qu'une longue fête et son chant
qu'un hymne éternel au printemps, à la liberté.

Je fais remarquer que ce mot si doux : *gazouiller*, a été
fabriqué tout exprès pour l'Hirondelle, et que ce gazouillement est un thème favori sur lequel aiment à broder la
plupart des oiseaux compositeurs, le Canari, le Chardonneret, le Rouge-gorge, la Pie-Grièche rose, etc.

L'union des Hirondelles dure autant qu'elles-mêmes,
autant que leur affection pour les lieux qui les ont vues
naître ou qui furent le berceau de leur premier amour.
Plus chastes et plus pudiques que les oiseaux de Vénus,
elles n'admettent pas la foule aux secrets de leur intimité
et tirent le rideau sur les mystères de l'alcôve nuptiale.
L'espèce est féconde en Artémises qui portent jusqu'au
tombeau le deuil de leur époux, voire en maris inconsolables qui meurent avant d'avoir pu s'habituer au veuvage
du cœur. La science indifférente ne s'est pas assez occupée
d'analyser toutes les circonstances qui accompagnent la

mort de tant d'Hirondelles qui se noient. Dans ces cas de mort violente ou de fin prématurée, on voit de charitables voisines se charger de la tutelle des enfants du couple défunt et pourvoir généreusement à l'éducation et à la nourriture des pauvres orphelins. Quelle leçon pour les mauvaises mères qui n'ont pas même soin des leurs et qui les déposent quelquefois sur la voie publique comme un paquet de linge sale, quand elles ne les étouffent pas!

Les traits d'héroïsme maternel sont si nombreux dans l'histoire de l'Hirondelle, qu'il n'est pas, pour ainsi dire, de cité un peu importante qui n'ait sa légende de l'Hirondelle mère se précipitant dans les flammes pour sauver ses petits. La sollicitude des parents pour ces enfants gâtés est si active, leur habitude de les bourrer de friandises si constante, si invétérée, qu'il n'est pas rare de trouver dans un nid d'Hirondelle de fenêtre des nourrissons plus gras, plus dodus et plus lourds que leurs nourriciers. Ainsi de bons parents se privent du nécessaire pour donner le surperflu à leurs enfants. Ce fait curieux a été observé plus d'une fois, et je ne connais qu'une autre espèce (la Colombe) chez laquelle le phénomène se reproduise. L'histoire du jeune Coucou, par exemple, n'a plus rien de commun avec celle-ci. Le jeune Coucou n'est pas plus gros dans sa première enfance qu'il ne sera dans l'âge adulte.

L'esprit de maternité se manifeste chez l'Hirondelle, comme chez les jeunes filles, dès l'âge le plus tendre. Bien des observateurs ont pu voir comme moi, vers l'arrière-saison, de pauvres petites Hirondelles, sorties du nid à peine, s'empresser déjà autour de leurs père et mère et les aider dans les soins de l'éducation d'une famille nouvelle. Si bien que les Benjamins de ces couvées tardives se trouvent avoir parfois deux nourrices chacun.

Dupont de Nemours, Isidore Geoffroy-Saint-Hilaire, Roullin, Dupuy et quelques autres ont vu des Hirondelles délivrer une de leurs camarades accrochée par la patte à un cordon de soie; puis, l'opération miraculeuse achevée, célébrer leur triomphe par de joyeuses et bruyantes ovations. Je n'ai pas eu la chance d'être témoin de ces prodiges de patience et d'adresse inspirés par l'esprit de charité chrétienne; mais je ne veux pas les révoquer en doute, sachant trop qu'il suffit, hélas! d'attacher une pauvre Hirondelle à un piquet au sein de la prairie et de la faire de temps à autre crier et voleter pour engager toutes les Hirondelles de la contrée à lui porter secours. Mais n'anticipons pas sur ces tristes détails. Je n'ai jamais vu non plus d'Hirondelles s'unir pour murer le Moineau Franc dans le nid par lui dérobé, quoique j'aie été plus de mille fois témoin de cas où l'expérience eût pu être tentée.

Dieu n'a pas voulu donner à l'Hirondelle des ailes si rapides et une vue si perçante sans lui imposer en retour une mission de charité sociale. Il l'a chargée d'avoir l'œil sur tous les périls qui menacent les espèces paresseuses qui habitent le voisinage de l'homme. Aussi tous les petits oiseaux des rues et des vergers et les poulets des basses-cours ont-ils l'oreille attentive au cri d'alarme de l'Hirondelle, et ont-ils besoin de compter sur sa vigilance pour vaquer l'esprit libre à leurs occupations. J'ai fait cette remarque importante sur les rives de la Saône et sur celles de la Seine où l'homme fait à l'Hirondelle une rude guerre, que les petits Granivores, qui sont de charmants musiciens et d'habiles échenilleurs, ne tardaient pas à déserter les lieux d'où leur sauvegarde avait fui. Et l'on se plaint ensuite que les chenilles ravagent les vergers, les forêts et les vignes, et imposent à la fortune pu-

blique des contributions extraordinaires de cent millions
par an, comme s'il n'était pas juste que l'homme, cet
éternel bourreau de son propre bonheur, expiât la fureur
de destruction avicide dont il est dévoré.

En Amérique, où les hommes sont plus près de Dieu
et où les oiseaux de proie sont nombreux en raison de
l'immensité des solitudes, l'Hirondelle est appelée la sentinelle de la basse-cour, et ce titre, j'en suis sûr, n'a pas
été volé. Le nombre des oiseaux de proie n'est pas moins
considérable en Afrique qu'en Amérique. Aussi l'Hirondelle afflue-t-elle par masses dans nos établissements
d'Algérie, docile aux instructions de Dieu qui a voulu
qu'elle consacrât ses moyens supérieurs au salut de ses
sœurs.

Spallanzani a calculé que le grand Martinet noir volait
avec une vitesse de quatre-vingts lieues à l'heure ; et
Bélon qu'il apercevait distinctement une mouche ou une
fourmie ailée à la distance de cinq cents mètres. Alors je
ne vois guère que le Colibri et l'Homme qui soient de
force à distancer le Martinet dans une joûte aérienne.
L'Hirondelle de cheminée et l'Hirondelle de fenêtre, qui
se balancent perpétuellement dans les airs et batifolent
en chassant au lieu de suivre une droite ligne, n'attein-
draient, à ce qu'il paraît, qu'aux deux tiers de la vitesse
du Martinet.

Les Romains, qui avaient comme nous des paris de
course, employaient les Hirondelles en guise de Pigeons
de poste pour la transmission des bulletins de victoire du
Cirque. Les assiégés s'en servaient également comme de
moyen de correspondance avec leurs amis du dehors. On
savait par ces facteurs rapides quel jour on serait secouru
et à quelle heure précise une sortie serait opportune.
L'Hirondelle est un messager plus petit, mais plus sûr

que la Colombe, n'ayant pas comme celle-ci la funeste
habitude de se laisser croquer en route par les oiseaux
de proie. Chose merveilleuse ! cet instinct admirable que
possède l'Hirondelle mère pour retrouver son nid existe
même chez le petit qui n'a pas atteint sa croissance. On
a vu en Toscane des Hirondeaux dénichés par des moines
inhumains et transportés à dix lieues de leur patrie
pour être mis à la broche, s'échapper de leur cage et
rentrer dans le domicile paternel une demi-heure après.

Les petits des oiseaux qui ont les pieds courts et les
ailes longues, comme les Hirondelles, ont naturellement
besoin de rester dans le nid plus longtemps que ceux des
autres espèces et d'y attendre avec résignation que leurs
pennes aient atteint des dimensions convenables et une
solidité à l'épreuve. Cette condition de longue attente
est surtout de rigueur pour les jeunes Martinets qui, une
fois lancés dans l'air, ne doivent presque plus se reposer.
Le petit Perdreau, qui est destiné à courir, peut sortir de
son nid quelques heures après l'éclosion ; mais le jeune
Martinet, qui n'a d'autre moyen de locomotion que ses
ailes, est bien obligé de rester coi dans son berceau jusqu'à ce que ces ailes soient poussées ; et elles sont si
longues qu'elles demandent un grand mois à venir.

Toutes les espèces d'Hirondelles se baignent et s'abreu-
vent en volant, et nourrissent même leurs petits dans les
airs pendant les premiers jours qui suivent la sortie du
nid. Rien de plus délicieux à voir que ces distributions
de becquées aériennes, si sagement ordonnées pour ne
pas faire de jaloux dans la répartition des faveurs et des
grâces ; rien de plus charmant que le zèle et l'empresse-
ment du père et de la mère à diriger dans l'espace les
premiers coups d'aile de leurs élèves et à les dresser au
vol du moucheron ; rien d'adorable de folie et d'ivresse

comme la joie de ceux-ci à leurs premiers succès. Alors, si vous aviez des yeux de Martinet pour voir, vous verriez l'Hirondelle convoyer généreusement de l'aile la proie ailée qu'elle pourrait saisir, afin de la laisser courre à ses jeunes nourrissons.

Reines de l'air par la légèreté, la grâce capricieuse et la puissance du vol, les Hirondelles sont encore des architectes de premier ordre, qui déploient dans la bâtisse de leurs nids un talent prodigieux. Les nids de l'Hirondelle de cheminée et surtout ceux de l'Hirondelle de fenêtre sont des travaux merveilleux dans lesquels intervient, avec la science de l'architecte, l'art du maçon et du plafonneur. Les mâles dans ces deux espèces ont le droit de travailler au nid comme les femelles, et même celles-ci emploient, pour actionner à la besogne leurs collaborateurs, l'appât des plus séduisantes promesses. L'Hirondelle de rivage creuse avec ses griffes dans les berges de véritables souterrains pour y établir sa famille. Le Martinet, qui se trouve souvent obligé de nicher sur les surfaces plates des poutres et des traverses, a imaginé un procédé de bâtisse aussi curieux que beaucoup d'autres. Il se fait une aire de sa salive qu'il dégorge en plus grande abondance à la périphérie qu'au centre ; puis il laisse le tout sécher. A mesure que la matière se solidifie, cette périphérie prend figure et se détermine par un bourrelet saillant dont l'habile maçon augmente le volume et la hauteur jusqu'à la dimension voulue. C'est ainsi qu'il surmonte les principales difficultés de l'assiette de son domicile. Ajoutons que cette couche de salive desséchée finit par s'épaissir, par acquérir la consistance du caoutchouc, et enfin par réaliser un sommier élastique d'un usage excellent. Le plus célèbre de tous les nids d'Hirondelle est celui qui se mange, le nid de la Salangane des Molu-

ques qui le confectionne avec de certaines algues sucrées
de la mer des Indes. On a calculé qu'il s'exportait annuellement de Chine trois ou quatre cent mille nids d'Hirondelles valant en moyenne douze millions. Les magots de
cette contrée singulière estiment que ce produit est un
spécifique certain pour rajeunir les sens.

Tous ces nids maçonnés sont non-seulement des merveilles d'architecture artistique, mais des modèles inimi-
tables d'économie et de solidité. Un méchant petit Corbeau
d'église qui eut un jour l'imprudence de fourrer sa tête
dans l'ouverture d'un des nids de la place Vendôme, fut
le mauvais marchand de sa curiosité. Il ne put dégager
sa tête de l'étroit orifice et mourut à la peine. Tous les
Corbeaux d'église qui s'insinuent traîtreusement dans le
ménage des gens paisibles pour voir ce qui s'y passe feraient une fin pareille, que je n'en pleurerais pas. Le
Corbeau est ma bête noire.

A tous les titres énumérés ci-dessus, les Hirondelles
ont joui autrefois d'une existence heureuse et d'une considération méritée. Longtemps la France leur fut une
douce patrie où se multipliaient paisiblement leurs joyeuses familles, sous la triple sauvegarde de la poésie, de
l'amour et de l'hospitalité. Je pourrais citer les noms de
cent cinquante poëtes fameux qui ont chanté l'Hirondelle,
à partir d'Isaïe, d'Homère et de Virgile, pour finir par
Chateaubriand, Lamartine et Félicien David. Je sais des
Allemands d'Allemagne qui ont trouvé moyen d'empiler
sur ce sujet léger des tas de vers plus durs, plus sourds et
plus lourds que du plomb. Et chose remarquable assurément, c'est que jamais les poëtes n'ont erré sur les mœurs
de l'Hirondelle et n'ont méconnu son caractère analogique
et sa dominante passionnelle; tandis que ç'a été parmi les
savants, Pline en tête, comme une concurrence à qui dé-

biterait sur le compte de la charmante espèce le plus d'âneries et de bourdes. J'avoue que je traite ici Pline avec trop peu de ménagement, mais aussi pourquoi s'avise-t-il de me faire de l'Hirondelle un oiseau carnassier... et qui se dépouille de ses plumes pour passer plus chaudement l'hiver dans nos pays. M. de Florian, qui était de son métier capitaine de dragons et qui, par conséquent, n'était pas tenu d'être fort en ornithologie, en savait plus long que Pline sur les Hirondelles qu'il appelait de leur véritable nom, les messagères du soleil. « Point d'hiver pour les cœurs fidèles... Ils sont toujours dans le printemps. »

En ce temps-là, les jeunes filles avaient l'habitude de ceindre le col des Hirondelles d'un nœud de faveur rose, et d'après l'exactitude de leur retour, elles auguraient de la fidélité de leurs fiancés absents. Le meurtre de l'Hirondelle était réputé impie comme celui de la Cigogne ; car les Hirondelles étaient aussi les oiseaux du bon Dieu, les hôtes du foyer domestique, et le peuple, dans sa foi naïve, croyait que le bonheur de la maison s'envolait avec elles.

L'air de la servitude est mortel à l'Hirondelle. On ne cite que de fort rares exemples d'Hirondelles de cheminée ayant vécu en cage.

La foi païenne avait été plus loin encore que la chrétienne dans sa vénération pour l'Hirondelle ; car elle l'avait placée sous la protection d'Esculape, dieu de la médecine. Les anciens pharmacopoles possédaient la recette de dix-sept spécifiques souverains tirés de l'Hirondelle. Il y avait une eau d'Hirondelle, entre autres, qui avait la propriété de guérir tous les maux, comme le baume de fier-à-bras, mais qui avait l'inconvénient de faire tomber les cheveux à ceux qui en faisaient usage.

Comment, avec tant de raisons d'aimer et de respecter

l'Hirondelle et si peu de la détruire, l'homme a-t-il pu se résoudre à déchirer le contrat d'alliance qui exista si longtemps entre les deux races! Je sens que j'entre ici dans la partie la plus douloureuse de ma tâche.

Il est bon de prévenir le lecteur, avant d'aller plus loin, que, de tous les petits oiseaux qui peuplent notre hémisphère, l'Hirondelle est le plus sujet à la vermine, celui qui nourrit de sa chair le plus grand nombre de parasites. C'est une sorte de disgrâce que Dieu semble avoir infligée aux espèces les plus méritantes, comme aux arbres les plus délicats, pour donner à entendre que dans le monde des méchants, que dans les sociétés maudites, les plus pures vertus doivent servir de point de mire aux traits de la calomnie et devenir autant de causes de persécution et de tablature pour les justes. Ainsi le pêcher, qui symbolise la virginité, est assailli d'une myriade d'insectes odieux, emblèmes des cancans auxquels est exposée la réputation des jeunes filles. La populeuse vermine qui assiége l'Hirondelle nous offre aussi une peinture trop fidèle des nombreuses inimitiés secrètes que soulève la pureté des mœurs parmi les corrompus.

Nul ne peut éviter son sort, hélas! et c'est précisément la réunion de toutes les vertus et de toutes les qualités touchantes qui a tué l'Hirondelle.

Il était impossible, en effet, qu'une noble et loyale créature, dont tous les actes sont marqués au coin du dévouement et de la charité fraternelle, ne fût pas quelque jour mise au ban d'une société avare et égoïste où ceux qui se disent les sages n'ont pas honte de poser au peuple pour règle de conduite l'ignoble devise *chacun chez soi, chacun pour soi*. Donc, tous ceux qui vivaient dans l'agiotage et dans le mensonge du cœur se sont d'abord donné le mot pour proscrire l'Hirondelle, par mesure de propreté soi-disant, mais au fond pour se débarrasser d'un spectacle de probité et de loyauté pratique dont la répétition quotidienne avait fini par devenir une insupportable ironie. Les mauvaises mères qui se débarrassent de l'éducation de leurs enfants sur la tendresse soldée de femmes étrangères, les vieux qui achètent pour de l'or la propriété des attraits des jeunes vierges, tous les transgresseurs des lois saintes de l'amour et de la maternité suivirent immédiatement l'exemple des égoïstes et des fourbes, non moins jaloux que ceux-ci de s'affranchir de la contemplation de ces scènes éternelles d'ardeurs partagées et sincères, de soins maternels empressés. Enfin, le fainéant qui vit sur le travailleur comme le pou sur l'Hirondelle, ne pouvait pas être plus que tous ces gens-là l'ami de petites bêtes industrieuses qui remplissent de l'aube à la nuit, avec une activité si joyeuse, les fonctions de maçonnes, de couveuses, de nourrices. Et de toutes parts l'Hirondelle a été obligée de déserter la demeure des heureux d'où l'amour et la poésie avaient déguerpi bien longtemps avant elle.

A la suite de longues études sur les causes de la déplorable scission qui a éclaté entre l'Hirondelle et l'homme, j'ai constaté avec satisfaction que ma patrie était demeurée pendant des siècles étrangère à l'événement. Le mal est de provenance italienne. L'Italie est une terre féconde en moines et en oisifs, et l'oisiveté est la mère de tous les vices, a dit la Sagesse des nations. Ce ne sont pas non plus des grandes dames de Paris, mais des femmes de cheval importées d'Albion, rousses, laides et dégingandées, qui ont imaginé naguère de décorer leurs toquets de cadavres d'Hirondelles. Cette pratique criminelle et de très-mauvais goût aura été contemporaine dans l'histoire de la coquetterie féminine, des crinolines monstrueuses, du maquillage de la face et du roussissage des cheveux; autant de procédés barbares et sauvages destinés à dater l'époque où les filles étrangères tenaient le sceptre de la mode parisienne.

L'histoire apocryphe du bonhomme Tobie, qui fut privé de la vue pour avoir regardé voler des Hirondelles avec une casquette sans visière, a fait à celles-ci un tort immense dans tous les pays d'Orient. Des oiseaux qui occasionnent des maladies dont on ne peut être guéri que par le fiel d'un poisson comme on n'en voit guère sont toujours de mauvais voisins.

La mythologie grecque elle-même, si supérieure à la superstition hébraïque, n'a pas été juste envers l'Hirondelle. Si l'Hirondelle devait servir de moule de métamorphose à quelqu'un, c'était à un modèle de tendresse conjugale ou d'amour maternel quelconque, et non pas à Progné, la sœur de Philomèle, l'épouse vindicative qui fit manger à son mari volage le corps de son enfant.

Les mages d'Égypte avaient mieux compris que ceux de Grèce la véritable analogie de l'Hirondelle qui est l'emblème de la fidélité conjugale d'outre-tombe. L'Hirondelle, dans les hiéroglyphes anciens, représente la déesse Isis, inconsolable de la mort d'Osiris et cherchant son cadavre sur la face des flots.

Si la justice est de nécessité rigoureuse quelque part, c'est en analogie. Je pardonne à Pythagore sa pitoyable sortie à l'endroit de l'Hirondelle, en faveur de sa découverte du carré de l'hypoténuse et surtout parce que ce grand homme était géomètre, et que j'ai toujours eu beaucoup d'indulgence pour l'opinion du géomètre en matière d'amour. Pythagore était de plus un chef de secte qui recommandait à ses disciples de rester trois ans sans ouvrir la bouche et de ne pas manger de fèves. Alors on comprend facilement qu'un esprit de cette trempe, imbu de pareilles idées sur le mérite du silence, n'ait éprouvé qu'une médiocre sympathie pour un oiseau babillard qui gazouille du soir au matin. Ce qui m'afflige beaucoup plus, c'est l'injustice de Cicéron qui a comparé les faux amis à l'Hirondelle, qu'on ne voit, dit-il, que durant les beaux jours et qui vous quitte à la venue de la rude saison.

Les ennemis-nés de l'Hirondelle, les moines d'Italie, ont pris texte de ces diverses accusations sans preuves et de ces diatribes en l'air pour légitimer la persécution qu'ils ont fait subir à l'oiseau du bon Dieu. On sait que l'Hirondelle est inconnue à Naples.

Cependant le Psalmiste, dont le livre est une autre autorité que celui de Tobie, avait comparé l'homme pieux à l'Hirondelle qui aime à suspendre son nid aux voûtes du temple saint pour faire entendre de bonne heure à ses petits les louanges de l'Éternel. D'un autre côté, des moines d'Italie ne pouvaient ignorer la douce intimité qui avait existé autrefois entre saint François d'Assises le Napolitain et les Hirondelles qu'il appelait ses sœurs. L'auteur de la vie de saint François d'Assises rapporte, en effet, qu'un jour que ce saint personnage était occupé à sermonner des populations idolâtres et que le babillage des Hirondelles empêchait ses paroles de parvenir aux oreilles de son auditoire, il s'adressa directement à ses interruptrices en ces termes : « Voilà bien des heures que vous babillez, ô Hirondelles mes sœurs ; taisez donc un peu vos becs (*teneatis silentium*) que je m'explique à mon tour et que je fasse entendre à ces braves gens la parole de Dieu. » Ce que les Hirondelles oyant, elles se turent soudain, dit l'histoire, et écoutèrent avec un recueillement profond le verbe du saint homme.

Mais saint François d'Assises était un homme pieux

dans toute l'acception du terme et qui se levait de très-grand matin pour prier le Seigneur, et qui ne trouvait pas à redire à ce que des oiseaux pieux, animés du même zèle, s'éveillassent avant lui. Par une raison contraire, cet excès de zèle fut souverainement déplaisant aux successeurs du bienheureux saint François d'Assises, qui n'étaient pas pétris de la même pâte que lui, et qui d'ailleurs, étant devenus riches par la générosité des fidèles, demandaient naturellement à dormir la grasse matinée. Tout porte donc à croire que le désir de se débarrasser d'un réveil-matin incommode aura été le premier démon qui poussa les bons Pères à prêcher la croisade contre les Hirondelles.

La gourmandise s'en sera mêlée plus tard, et des curieux, comme il y en a toujours chez les moines, avisant que la jeune Hirondelle prise au nid, à l'apogée de sa croissance, était un mets plus que mangeable, l'usage se sera introduit peu à peu dans le sein des monastères d'Italie d'exploiter les nids d'Hirondelles en coupe réglée, comme on faisait de ceux des Pigeons, et quelques spéculateurs auront fait au dehors des envois de cette denrée commerciale. Puis, quand les moines auront en goûté de la chair des petits, l'envie leur sera venue de tâter de celle des pères qui aura été trouvée d'aussi bon goût que l'autre, et notamment à l'époque des passages. C'est alors que l'oiseleur sans entrailles, poussé au crime par l'exemple du capucin et par la certitude de placer les produits de son industrie coupable, aura tendu ses filets contre l'Hirondelle et tiré parti de cet esprit de charité qui la fait accourir au moindre cri de détresse d'une compagne en péril. Une bien noble chasse, bien difficile surtout, et qui consiste, comme il a été dit, à placer au milieu des filets une Hirondelle captive pour forcer toutes les voyageuses imprudentes qui passent à portée du coupe-gorge à s'y précipiter ! Tant il y a que l'abomination de la désolation, qui avait commencé à s'accomplir vers les rives de l'Arno, s'est étendue peu à peu vers celles du Pô et de l'Adige ; après quoi, elle a franchi les monts, déshonorant les unes après les autres les vallées de l'Isère, du Rhône et de la Saône. Qui maintenant pourrait dire au fléau : Tu n'iras pas plus loin ?

Aujourd'hui, la tuerie a pris des proportions pyramidales. Là où l'on n'ose pas encore prendre l'Hirondelle au filet par respect pour les mœurs, on la tire au fusil. Le tir de l'Hirondelle est devenu presque partout en France l'école préparatoire de la chasse. Tous les jours d'été on rencontre sur les rives de la Seine, de la Loire, de la Meuse, une foule de bons bourgeois et d'épiciers en grève affûtant l'Hirondelle. Les trois quarts des kilogrammes de poudre qui se consomment en dehors de la saison de chasse se brûlent à l'Hirondelle. Moi-même, dans mon premier âge, hélas ! et alors que j'ignorais toutes les conséquences de ma cruelle adresse, j'ai cédé à l'influence de la contagion et j'ai barbarement multiplié dans l'espèce le chiffre des orphelins, et celui des veufs et des veuves ; mais jamais du moins je n'ai allégué, pour atténuer mes torts, l'excuse que j'ai rencontrée naguère dans la bouche de maladroits assassins qui arguaient, pour colorer leur crime, d'une prétendue nécessité de se faire la main contre les ennemis de l'ordre social. Les ennemis de l'ordre social, malheureux ! mais ce sont les hannetons, les vers blancs, les chenilles, les sauterelles, qui détruisent les récoltes et qui poussent les populations au désespoir ; ce sont les vermines parasites dont vous travaillez tous à propager les races en détruisant les auxiliaires que Dieu vous avait octroyés pour vous en délivrer !

Stupidité étrange de la loi qui prohibe sous de fortes peines certaines industries dites nuisibles, et qui tolère la destruction des oiseaux utiles...! et qui ne comprend pas qu'un braconnier qui se livre à la destruction des Cigognes et des Hirondelles est un industriel qui se livre à la fabrication des cousins, des chenilles et des vipères.

Ah! j'ai bien des fois dans ma vie protesté contre cette tolérance criminelle et signalé tous les assassins d'Hirondelles à la vindicte des lois. J'ai partout fatigué de mes plaintes législateurs et préfets sans obtenir de leur fausse charité le moindre édit sauveur; trop heureux encore qu'ils n'aient pas jugé à propos de me loger deux ans sous les verrous, pour délit d'excitation à la haine contre une classe de citoyens! Vainement, j'ai mis en regard la somme des minimes bénéfices récoltés par quelques misérables industriels, et celle des préjudices immenses apportés à la masse par leur triste industrie. Vainement, j'ai dit la disparition des Granivores à la suite de la disparition de l'Hirondelle..., puis l'envahissement des vignobles, des vergers et des bois par les chenilles, à la suite de la disparition des Granivores. Et ma voix découragée a fini par s'éteindre dans une malédiction suprême contre l'inertie et la jobarderie de ces prétendus défenseurs des intérêts de la propriété qui, non contents de la livrer pieds et poings liés à tous les loups-cerviers de l'usure et de la chicane, ne savent pas même la défendre contre l'invasion des chenilles, des vers blancs, voire des champignons.

J'ai dit des champignons, ces fleurs de pourriture qui poussent sur le fumier comme la superstition sur les cerveaux malades, parce que le champignon paraît destiné à jouer un grand rôle dans l'histoire des calamités modernes. Aujourd'hui, quand la contagion s'abat sur les pommes de terre, sur le froment ou sur la vigne, ce n'est plus la colère de Dieu qui la sème, c'est un champignon qui s'amuse. Une académie que l'on consulte sur les moyens d'arrêter un fléau qui menace l'existence des populations dans leurs denrées alimentaires, se garde bien d'indiquer le spécifique demandé ; elle trouve plus commode de répondre que le fléau est l'œuvre d'un champignon. Les populations prouveraient qu'elles ne sont pas raisonnables, si elles ne se contentaient pas d'une semblable réponse. Une fois que les vignobles se plaignaient plus amèrement que de coutume des ravages de la pyrale, une chenille qui boit le vin en herbe, l'Académie des sciences de Paris, désireuse de témoigner publiquement de sa sollicitude pour les intérêts des infortunés viticoles, envoya un de ses membres sur les lieux de la contagion avec mission expresse de découvrir les moyens d'arrêter le fléau. Mais le savant ne découvrit que l'étymologie du nom grec de la vermine. C'était quelque chose sans doute, mais ce n'était pas assez, et le fléau ne s'arrêta pas, au contraire. Mon Dieu, mon Dieu, combien de fois ce malheureux monde aurait-il le temps de périr, s'il attendait d'être sauvé par la science officielle! Mon Dieu, mon Dieu, que la cause du progrès est heureuse dans son malheur d'avoir toujours pour elle les casse-cou, les rêveurs et les cerveaux brûlés !

Excepté moi et deux ou trois autres voyants, par exemple, dites-moi où sont en ce pays les sages qui aient reconnu, dans la série des calamités sans nom qui affligent depuis quelques années les plantes les plus utiles à l'homme, les symptômes de cette peste typhoïdale dont la Terre n'a jamais bien guéri et dont la Lune est morte. Dites-moi où sont les sages qui ont compris à ces signes de l'empoisonnement universel de la Planète que les jours d'épuisement et de caducité précoce étaient venus pour ce monde encore enfant, et qu'il n'était que temps, si l'on ne voulait périr, d'arracher le gouvernement des choses humaines aux vieux pour le remettre aux jeunes.

Les sages de ce monde, les agronomes et les académiciens, .. ils vous prouveront, quand vous voudrez les entendre, que la question de l'Hirondelle et celle de la Pyrale sont complétement étrangères à la politique. Ils nous tenaient déjà ce langage dans le temps, au début de la maladie des pommes de terre, quand nous leur annoncions du haut de notre certitude analogique la prochaine venue du typhus de la vigne et du blé. Et toutes ces misères sont venues, et elles ont emporté avec elles les populations et les trônes. Bienheureux l'agronome, l'académicien et les autres qui ne voient jamais rien venir, le royaume du ciel est à eux !

A Paris, la destruction de l'Hirondelle s'est opérée longtemps sous les yeux de la police, qui l'encourageait par son indifférence. A ce point que j'en avais renoncé à me promener sur le boulevard pour n'y pas rencontrer d'odieuses créatures indignes du nom de femmes, qui offraient aux passants de mettre en liberté des Hirondelles pour deux sous. Les captives étaient de malheureux pères et de malheureuses mères que d'affreux voyous venaient de prendre aux filets sur la place Vendôme ou ailleurs et qu'ils reprenaient une seconde fois quelques heures plus tard. J'écrivis à ce sujet une touchante supplique au préfet de police d'alors qui était en puissance de femme supérieure, et la criminelle industrie fut incontinent supprimée.

Un de mes sujets les plus féconds de tristesse est de songer que Paris, la ville aux monuments sans nombre, où les charmes du sexe le plus joli ont fixé les Ramiers et dompté leur humeur sauvage ; que Paris, la cité reine, ne possède, à l'heure qu'il est, qu'une demi-douzaine de colonies d'Hirondelles, à l'Institut, aux Tuileries, à la place Vendôme, au Pont-Neuf, au portail de la Cathédrale; tandis qu'en Amérique, il n'est pas une ferme, pas une maison des champs, pas une misérable cabine d'oncle Tom qui ne soit décorée de son hirondellière. Celle du riche est semblable à ces pigeonniers sur poteaux que nous élevons dans nos cours pour nos Pigeons de volière. Celle du pauvre, plus pittoresque, consiste tout simplement en une paire de calebasses percées et accrochées au haut d'une perche. Domicile d'amour plus luxueux que celui de beaucoup de millionnaires, puisqu'il abrite des heureux.

Oh! ces conservateurs qui font ou laissent faire une guerre impie à l'Hirondelle qui est un oiseau du bon Dieu, à l'Hirondelle qui est le fléau des fléaux de la culture en même temps que le plus parfait emblème de la Fidélité conjugale, de la Maternité et de la Charité sociale; et qui ont le front de se dire les seuls amis de la famille, de la propriété et de la religion. Par Bacchus, Apollon et la Vénus fidèle, vous en avez menti!

Mais il est temps de m'apercevoir que l'intérêt de la question politique, économique et sociale m'a fait perdre de vue jusqu'ici la question de classification, et que j'ai oublié de dessiner les caractères de la famille, pour chanter les mérites et la gloire d'une ou deux espèces. Reprenons donc ce récit à la suite de l'histoire des Gobe-mouches et supposons que tout ce qui précède n'a pas été écrit.

La famille des Hirondelles tient à celle des Gobe-mouches, 1° par la similitude absolue du régime; les espèces de l'une et l'autre tribu ne vivant que d'insectes ailés qu'elles attrapent au vol, 2° par la forme du bec qui va gagnant de plus en plus en largeur, mais perdant proportionnellement en longueur; 3° par le goût de l'opposition des couleurs noire et blanche dans le costume; les Hirondelles ayant volontiers le ventre et le croupion blancs comme les Motteux et les Gobe-mouches, et le pardessus noir ou brun; 4° enfin par le caractère supérieur de dévouement passionné au service de l'homme. C'est surtout par la parenté morale qui résulte de cette identité de dominante passionnelle que j'ai été amené à placer l'Hirondelle entre le Gobe-mouche et le Guêpier, contrairement aux habitudes des nomenclateurs qui aiment à la loger entre le Pigeon et le Martin-Pêcheur, le premier qui adore les petits pois et le second les vérons, mais qui tous deux méprisent souverainement les mouches. Il est vrai qu'ils appellent l'Hirondelle *Chélidon*, et que ce nom grec-là peut cacher un mystère.

Maintenant la famille des Hirondelles possède d'autres caractères qui lui sont tout à fait personnels et qui sont même assez fortement accentués pour lui faire partout une place à part, sinon une place d'honneur.

Ces caractères sont des ailes démesurées, taillées en forme de faux, un bec imperceptible qui n'est pas fait pour saisir, et des pieds d'une brévité extrême qui ne sont pas faits pour percher. Les doigts sont garnis de duvet et armés de griffettes bonnes tout au plus à servir de crampons. Mais le bec imperceptible de l'Hirondelle, caractère générique de la tribu, a la faculté de s'ouvrir démesurément comme ses ailes. C'est l'orifice d'un large gosier, ou mieux d'un véritable gouffre dans lequel s'entassent par pelotes des centaines d'insectes ailés que l'oiseau cueille dans son vol et que retient agglutinés dans l'œsophage une matière visqueuse que filtrent abondamment des glandes salivaires. La largeur de l'orifice du gosier est particulièrement remarquable chez le Martinet et chez l'Engoulevent, qui sont de véritables Hirondelles et qui chassent le bec ouvert. Elle a valu à ce dernier l'affreux nom de Crapaud-volant. En vertu de ce caractère commun à toutes les espèces de la famille, le nom générique qui lui aurait le mieux convenu était celui de *Grandgosier*, beaucoup plus expressif que Chélidon et Hirondelle.

Cependant, malgré la similitude de leurs principaux caractères, les divers membres de la famille des Hirondelles françaises se divisent naturellement en trois genres fort distincts. D'abord l'une des espèces, la plus grande, est nocturne, ce qui oblige de lui donner une résidence à part, et les caractères séparatifs qui sont entre les deux autres genres ne sont pas moins saillants. Nous désignerons tout simplement ces trois genres par leurs noms populaires : Hirondelle, Martinet, Engoulevent. La science avait reconnu depuis longtemps cette nécessité de la division de la famille des Hirondelles en trois genres; mais les noms qu'elle a attribués à ceux-ci ne me semblent pas heureux. Chélidon n'a d'autre avantage sur celui d'Hirondelle que d'être moins poétique et plus dur. *Cypselidés*, en place de Martinet, ne me déplairait pas, quoique prétentieux. Quant à *Caprimulgidés*, qui veut dire *tette-chèvre* et qui consacre un préjugé déplorable, je le repousse énergiquement comme faux et inconvenant pour l'espèce nocturne à laquelle le nom d'Engoulevent va très-bien.

GENRE HIRONDELLE proprement dite. — Quatre espèces.

Toutes les Hirondelles sont des gobe-mouches et des gobe-cousins qui trouvent leur nourriture à la surface des eaux et à la surface du sol qu'elles rasent d'un vol rapide. Toutes ont la queue fourchue. Toutes vont demander un asile pour la nuit aux roseaux des étangs ou aux peupliers de la rive. Toutes perchent, ce qui les distingue des Martinets.

L'histoire des Hirondelles a été longtemps remplie de mystères. Aristote, Pline et tous les savants de l'antiquité qui n'avaient pu suivre de l'œil les migrations des oiseaux voyageurs, étaient persuadés que les Hirondelles passaient l'hiver en Europe, ensevelies dans des troncs d'arbres morts ou dans des fissures de cavernes à la façon des Marmottes et des Chauves-Souris. La même version a circulé longtemps sur le compte du Coucou et sur celui de la Caille. Quand se fit la découverte du cap de Bonne-Espérance et celle du Sénégal où se rendent la plupart des oiseaux qui émigrent d'Europe à la fin de l'été et où on les retrouva, la science abandonna la version d'Aristote. La découverte de la pure vérité, la solution du problème date du siècle actuel, et il n'a pas fallu à l'homme pour y arriver moins de quatre mille ans de recherches.

L'hibernation *exceptionnelle* des Hirondelles est un fait acquis qu'on ne peut plus révoquer en doute. Vieillot, Larrey, une foule d'autres, ont trouvé sous des arches de ponts, dans des fissures de vieilles murailles, dans des grottes alpestres, des Hirondelles de cheminée engourdies qui attendaient paisiblement dans leurs retraites sombres le retour du printemps. Exposées à l'influence d'une douce chaleur, ces dormeuses ne tardaient pas à sortir de leur léthargie et à reprendre le mouvement et la vie. De plus, il a été constaté que, de temps immémorial, quelques Hirondelles des rives du Rhin, plus paresseuses ou plus grasses que de raison, avaient l'habitude de s'ensevelir chaque hiver dans les terriers étroits qui leur servent de nids l'été, si bien que la recherche des souterrains habités était pour les enfants du pays une partie de plaisir. Ainsi l'erreur d'Aristote et des anciens venait de ce qu'ils avaient conclu de l'exception à la règle générale, et celle des modernes de ce que la règle générale leur avait fait rejeter l'exception. Les Cailles, les Hirondelles et les Coucous sont des oiseaux de passage dont quelques-uns, pour avoir manqué l'époque favorable du départ, pour une cause ou pour l'autre, sont forcés d'hiverner, et à qui la nature accorde le privilége d'un somme de six mois, ainsi qu'à la Fourmi, au Loir et à une foule d'autres bêtes.

Les Hirondelles ne muent qu'une seule fois par an, vers la fin du mois de février et le commencement du mois de mars, c'est-à-dire avant de quitter l'Afrique. Elles mettent environ quinze jours pour accomplir leur traversée de Sénégal en Europe où elles arrivent généralement vers le 1ᵉʳ avril, les Hirondelles de cheminée en tête. Celles qui arrivent les dernières, les délicates, les frileuses, sont, comme de raison, celles qui partent les premières. Beaucoup d'Hirondelles de cheminée font encore une ponte en octobre.

Les départs de quelques espèces sont accompagnés de cérémonies intéressantes. Les Hirondelles de fenêtre, par exemple, après avoir arrêté l'heure de la séparation, se réunissent plusieurs jours de suite en grand nombre sur le couronnement des hauts édifices ou sur la cime des vieux arbres de la localité; puis elles s'élèvent dans les airs d'un vol inquiet, tournoyant et rapide, comme pour revoir une dernière fois la contrée qui leur est chère, et lui adresser leurs adieux. Enfin, après plusieurs répétitions de cette scène touchante, prenant soudain un parti décisif qu'annonce le redoublement de leurs clameurs plaintives, toutes les voyageuses s'élancent avec effort vers le Sud et piquent dans l'espace une pointe désespérée.

L'Hirondelle de cheminée. — Celle-ci est la plus char-

mante et la plus intéressante de la tribu ; car c'est l'amie
du pauvre laboureur, l'hôtesse de son humble foyer.
C'est de plus la seule Hirondelle qui chante, et son gazouillement est une adorable chansonnette. L'Hirondelle
de cheminée est de toutes les espèces voyageuses celle qui
possède sur le globe la plus vaste patrie ; c'est la vraie
citoyenne du monde. Elle arpente chaque année les terres
et les mers du cap de Bonne-Espérance au cap Nord,
et du cap Horn à la baie de Baffin. Elle devance aussi
l'arrivée de ses sœurs dans tous les pays froids, précédant
habituellement de douze jours en France l'Hirondelle de
fenêtre et de vingt le Martinet. Comme le long récit
qu'on vient de lire s'applique presque entièrement à
l'Hirondelle de cheminée, il est inutile que j'allonge sa
notice spéciale. Elle niche dans les puits des mines et
dans les cours ténébreuses des hautes maisons, comme
dans les cheminées et dans les appartements. Elle fait
trois pontes par an.

L'Hirondelle de fenêtre. — Celle-ci est l'Hirondelle des
palais, des églises et des villes, comme celle-là est l'Hirondelle des chaumières ; ce qui ne l'empêche pas d'a-
dorer la campagne et les jolies maisons de plaisance
bâties dans le voisinage des prairies et des eaux. C'est
elle qui en France est le plus particulièrement chargée
de veiller à la sécurité des Moineaux-Francs et des Poulets, et qui pousse la première le cri d'alarme à l'apparition du Corbeau ou de l'oiseau de proie. Elle ne se contente pas de signaler la présence de la mauvaise bête ;
elle lui vole sus, si grosse et si redoutable qu'elle soit,
Épervier, Hobereau ou Buse, et par ses obsessions inces-
santes et ses injures multipliées, la force à déguerpir du
canton soumis à sa surveillance. L'esprit de fraternité et
de solidarité a été encore plus développé chez cette espèce

que chez toutes les autres par l'habitude qu'elle a de vivre en république et d'appuyer la bâtisse de sa demeure sur celle d'une voisine. C'est à son compte qu'il faut porter toutes ces charmantes histoires de sauvetages d'Hirondelles captives, délivrées par l'assistance de leurs sœurs, ou de Moineaux envahisseurs murés par leurs propriétaires dépossédés. J'ai eu plus d'une fois sous les yeux la preuve de la puissance de ce sentiment de charité fraternelle chez les Hirondelles de fenêtre. On sait peut-être que ces maçonnes intelligentes ont généralement l'attention, quand elles sont en train de bâtir, de donner à leurs matériaux le temps de sécher, pour en assurer la cohésion et la solidité. Parfois, cependant, il arrive que l'édifice à peine achevé s'écroule, soit par défaut de qualité du ciment local, soit par défaut de patience de la part des constructeurs, soit par une autre cause quelconque de sinistre. C'est alors qu'il fait beau voir tous les voisins et toutes les voisines s'empresser autour des victimes de l'accident pour leur offrir leurs consolations et leurs services. Et cette charité secourable ne s'épuise pas comme chez les humains en vaines et menteuses paroles, mais toute la tribu se met à l'œuvre pour refaire au couple délogé un domicile confortable ; et cette besogne difficile dont l'achèvement complet exige habituellement une dizaine de jours de travail, est souvent terminée en deux fois vingt-quatre heures, suivant le temps.

Les Hirondelles de la cathédrale de Paris donnèrent en 1842, à l'occasion des obsèques du duc d'Orléans, une preuve remarquable d'intelligence et de respect pour les cérémonies du culte. Comme on avait tapissé de tentures noires tout l'extérieur du portail où elles nichent sur les épaules et les mitres des saints évêques qui festonnent les arcs des ogives, elles trouvèrent moyen de pénétrer à travers cet obstacle par les interstices des draperies et elles gardèrent, pendant toute la durée du service funéraire, un silence religieux.

L'Hirondelle de fenêtre, plus frileuse que l'Hirondelle de cheminée, nous arrive presque toujours douze ou quinze jours plus tard, et nous quitte dès la fin d'août. Et, malgré ce prudent retard, elle est souvent encore victime de son imprévoyance. J'ai eu deux ou trois fois dans ma vie la triste chance de voir tomber dans les rues, mortes de froid ou de faim, de nombreuses quantités d'Hirondelles voyageuses appartenant à cette espèce. Les pauvres petites bêtes avaient été surprises en route par une gelée prématurée ou tardive, qui subitement avait fait disparaître l'insecte, et elles n'avaient pu résister à cet abaissement mortel de la température.

L'Hirondelle de rocher. — Espèce à peu près inconnue dans quatre-vingts départements de France, et presque exclusive à une dizaine de localités rocailleuses des provinces du Midi, Dauphiné, Languedoc, Provence, Roussillon, etc. Elle habite les rocs taillés à pic dans le voisinage des rivières et en société des Hirondelles de fenêtre, du Martinet à ventre blanc et de l'oiseau de proie. Elle fait un nid en pisé, comme l'Hirondelle de cheminée. Elle arrive de bonne heure et n'émigre que très-tard, quelquefois en décembre.

L'Hirondelle de rivage. — C'est cette petite Hirondelle à dos roux qui niche dans les berges escarpées des rivières ou dans les carrières de sable, et qui est si commune sur les bords de la Seine. Le travail qu'opère cette espèce est remarquable comme ouvrage de mineuse, quand on compare surtout la longueur des boyaux qu'elle se creuse dans un terrain compacte et résistant avec le peu de puissance des instruments dont elle dispose. Imaginez qu'un bec aussi petit, aussi mou, puisse servir de pioche, et des pieds aussi courts de bêche et de râteau. Les terriers de l'Hirondelle de rivage n'ont pas moins de dix-huit pouces à deux pieds de long ; ils sont étranglés à l'orifice et décrivent une sinuosité semblable à celle des chemins couverts qui donnent entrée en nos places fortes. La couche de duvet où reposent les petits occupe la place la plus reculée du souterrain qui en est en même temps la plus large. La fortification est construite selon toutes les règles de l'art. C'est cette même espèce qui s'enfouit quelquefois dans les carrières ou dans les terriers creusés dans les hautes berges à l'abri de tout danger d'inondation, pour y passer l'hiver. C'est elle aussi qui a servi de prétexte aux contes d'Olaüs Magnus, qui a rapporté sérieusement que les Hirondelles de cette espèce se *pelotonnaient* en grandes masses vers l'automne, à l'instar des anguilles, pour se laisser choir ensuite au fond des lacs de la Suède où elles hivernaient et d'où les pêcheurs de la contrée les retiraient quelquefois. L'Hirondelle de rivage est la plus petite de toutes les espèces européennes. On la dit sédentaire dans les rochers de l'Etna, des îles de Lipari et de Malte.

Genre Martinet. — Deux espèces.

Les deux espèces de Martinet qui visitent la France ne diffèrent l'une de l'autre que par la couleur de l'abdomen. Ce qui sera dit de l'une s'appliquera donc exactement à l'autre. Ces deux espèces sont le Martinet noir de nos églises, et le Martinet à ventre blanc des rochers du Midi. Elles constituent avec les Guêpiers *syndactyles* le groupe naturel des Insectivores de la nue.

Les Martinets sont des Hirondelles de forte taille chez lesquelles tous les caractères spéciaux de la famille ont été développés outre mesure, on pourrait même dire jus-

qu'à l'exagération. Ils ont, en effet, l'aile si longue qu'ils
ne peuvent plus se relever une fois qu'il sont à terre. Ils
ont le pied si court qu'ils ne peuvent en aucune façon s'en
servir pour la locomotion et qu'ils sont obligés de se
reposer sur leurs ailes. Outre sa brièveté extrême, le pied
du Martinet est encore affecté d'un vice de conformation
fort grave qui achève de l'inutiliser, quant à sa fonction
normale : il a les quatre doigts dirigés vers l'avant. Mais
la nature, qui est infinie en ses ressources, n'a pas laissé
comme bien on pense cette disgrâce sans compensation.
D'abord l'oiseau se sert de cette paire de griffettes si
courtes comme d'une paire de crampons pour s'accrocher
aux aspérités de la muraille, de la roche ou de la carrière
dans les fissures de laquelle il a établi son domicile. Il en
use ensuite d'une façon profitable, en guise de peigne à
peigner, car ces pauvres Martinets sont dévorés d'une si
horrible quantité de vermine, qu'aucun instrument ne
pouvait véritablement leur être plus utile que celui-là.
C'est moi qui le premier, je crois, ai osé énoncer cette
opinion hardie que le peigne avait été donné à l'oiseau
pour se peigner. La nature prévoyante a suppléé encore
d'une façon ingénieuse et piquante aux défectuosités de
l'appareil de la locomotion pédestre chez cette espèce, en
lui armant dans son bas âge la saillie des épaules d'un
crochet acéré, comme elle a fait pour les Chauves-
Souris. Cet organe supplémentaire anormal, qui disparaît chez l'adulte, n'a été évidemment attribué à l'oiseau
en nourrice que pour lui faciliter le moyen de se mouvoir dans son nid. Les anciens, qui n'avaient pas de
lunettes, n'aperçurent pas les griffettes du Martinet qui
sont garnies de fin duvet et presque entièrement ensevelies sous la plume de l'abdomen, et ils déclarèrent l'oiseau *apode*, c'est-à-dire sans pieds ; erreur que la Science

moderne a naturellement cherché à propager en donnant
à cet oiseau le nom d'*Hirundo apus ;* Apivore aurait
mieux valu.

Les jeunes Martinets ayant besoin d'atteindre le complet développement de leurs ailes qui sont leur unique
organe de locomotion pour sortir de leur nid, il s'ensuit que leur séjour s'y prolonge un mois et plus. Pendant tout le temps de cette longue éducation, l'activité
des parents est extrême, et quand arrive le moment
solennel de la sortie du nid ou de la prise de possession
de l'atmosphère par la génération nouvelle, cette activité
prend des allures fébriles. Les pères et mères du même
district se réunissent alors par bandes de quinze ou vingt,
passent et repassent autour de chaque nid, emplissant
l'air de sifflements expressifs pour appeler les petits au
dehors. Ceux-ci, désireux de répondre à cette énergique
et universelle réclame, se traînent comme ils peuvent
jusque sur les bords du trou, s'aidant de leurs crochets,
des ailes et des pieds, et finissent par se laisser choir
dans le vide, où la puissance de leurs moyens de vol se
développe soudain. Ces premières sorties ont toujours
lieu à l'heure mystérieuse du soir. Le néophyte, initié
aux délices sans fin des navigations aériennes, débute
par une traite de cent ou cent cinquante lieues. Qui n'a
pas désiré une fois dans sa vie, n'étant plus amoureux ou
bien étant en cage, d'échanger son sort d'homme contre
celui du Martinet !

Le Martinet occupe une place brillante dans les fastes
de l'ornithologie. C'est le plus vite de tous les coureurs
de l'air de l'ancien continent. Spallanzani affirme que
cet oiseau ne se repose jamais ailleurs que dans la nue.
Le Martinet raille le Faucon de sa pesanteur et le traite
en plaisantant de chemin de fer de Corbeil. Il rend un

kilomètre par minute, soit quinze lieues par heure, au plus crâne marcheur, et ne trouve personne pour joûter avec lui. La Bécassine et le Pigeon ramier y ont renoncé il y a bel âge, et le Hobereau n'a pas osé s'exposer aux chances d'une défaite qui l'eût couvert de ridicule.

Une des amusettes favorites du Martinet est de piquer une tête verticale dans le ciel à la façon des fusées volantes et de se laisser choir en parachute, en simulant toutes les contorsions de l'oiseau blessé à mort. Le Pigeon culbuteur est atteint de la même manie.

Pourquoi le Martinet, dont le vol est si rapide, n'a-t-il jamais obtenu la même popularité que l'Hirondelle?— Parce que le Martinet n'est pas un emblème de charité, mais un emblème d'égoïsme, qui ne s'est jamais servi de ses moyens supérieurs que dans son intérêt personnel. Le caractère du Martinet a déteint sur sa robe. J'ai signalé précédemment et à diverses reprises les mauvais procédés dont le Martinet use à l'égard du Moineau Franc auquel il vole ses matelas de plume, quand il ne l'expulse pas tout à fait de son nid. Ces façons d'agir là ne font pas l'éloge des principes de l'espèce.

Où vont la nuit les Hirondelles noires? On n'a jamais pu le savoir. Se couchent-elles jamais? On l'ignore. On sait seulement que le soir, bien longtemps après la complète disparition du jour, on les entend monter, monter, monter toujours; puis, que leurs sifflements se taisent dans les airs pour en redescendre avec l'aube. Néanmoins, un sonneur d'église, que je consultais une fois sur le mystère de ces équipées nocturnes, m'a confié que les Martinets adoptent volontiers pour dortoirs les auvents de bois des hautes tours où les cloches gémissent enfermées; preuve que les Martinets se couchent à l'instar des autres oiseaux.

Jamais les Martinets ne passent plus d'un trimestre en France. Ils nous arrivent généralement le 2 mai pour repartir le 2 août; mais ces dates ne sont pas cependant réglementaires. En la présente année 1865, les Martinets sont arrivés le 20 avril, avant les Hirondelles de fenêtre. Beaucoup de Martinets naissent aussi en Afrique. Ils vivent principalement d'abeilles et de fourmis ailées, c'est-à-dire de fourmis en costume d'amour.

Les Martinets, qui se nourrissent presque exclusivement d'insectes venimeux et armés d'aiguillons, sont inattaquables au virus de l'abeille, ainsi que les Guêpiers, les Bondrées et les Indicateurs. Tous ces oiseaux semblent bâtis pour une durée éternelle et ne veulent pas mourir, quand on les a blessés.

Le Martinet à ventre blanc habite les mêmes contrées que l'Hirondelle de rocher; il est commun aux îles d'Hyères, aux environs du pont du Gard et de Montpellier, et dans tout le littoral de la mer du Midi qui borde la Corniche. Il est plus ami des falaises et des rochers taillés à pic que des vieilles cathédrales.

GENRE ENGOULEVENT. — Deux espèces (?).

Engoulevent, Crapaud-volant, Tette-chèvre, Chauchebranche. C'est une Hirondelle de nuit qui a été instituée pour continuer l'office de l'Hirondelle de jour et dévorer les phalènes et les blattes qui aiment à dévorer les vêtements de l'homme. C'est la plus grosse espèce du groupe; elle est de la taille du Merle et porte le plumage de la Bécasse. Elle vole le bec ouvert, et bourdonne le soir autour de tous les grands arbres où elle capture des myriades d'insectes. Son vol est plus brisé, plus fantasque, plus capricieux encore que celui de l'Hirondelle de fenêtre. Elle affectionne pour retraite, pendant le jour, les vieilles carrières et les vieux murs et se trouve aussi dans les bois.

La tête de l'Engoulevent est si plate et sa boîte osseuse si mince que ses gros yeux myopes font hernie dans sa gorge. Les mandibules de son bec imperceptible sont incurvées toutes les deux de haut en bas; elles ne lui servent pas d'instrument de préhension, mais seulement de fermoir d'œsophage.

L'Engoulevent, qui a les pieds courts et mal bâtis du Martinet, a, comme lui aussi, le coude armé d'une espèce de crochet aigu qui lui facilite la progression à travers les herbes et les branches.

L'Engoulevent est un oiseau de passage qui se lève dans les jambes du chien; il vaut le coup de fusil en septembre. Il niche à terre comme tous les oiseaux de nuit qui n'y voient pas assez clair pour se bâtir un établissement confortable, et qui ne sont pas assez forts pour s'emparer de celui d'autrui. Il change ses œufs de place quand on les a touchés. Ses mœurs sont innocentes, douces et pures comme celles de tous ses congénères. Le nom d'Engoulevent, sous lequel est vulgairement désignée l'Hirondelle de nuit, n'est pas absurde et ridicule comme la plupart de ceux que lui ont prêtés l'ignorance et les préjugés stupides. L'oiseau volant le bec ouvert, et bourdonnant comme un Oiseau-Mouche, on dirait, en effet, qu'il *engoule* le vent.

Le peuple a cru longtemps, d'après une tradition antique, que cet oiseau de nuit était un des émissaires de l'Esprit des ténèbres, et qu'il avait pour mission spéciale de tarir le lait des chèvres en les tettant. Ce préjugé fut même cause que les hérétiques luthériens abusèrent quelquefois de la comparaison de l'Évêque avec l'Engoulevent, disant que les Papistes étaient de véritables Tette-chèvres, qui, par l'impôt de la messe, avaient trouvé moyen de mettre à contribution les morts dans leurs tombeaux et de tarir les sources de la prospérité publique. Mais ce qui prouve bien que tous les arguments des hérétiques reposent sur le mensonge, c'est que l'histoire de l'épuisement des mamelles de la chèvre par un oiseau est un conte, et que l'Engoulevent, au lieu de boire le lait des chèvres qui ne sont pas aux champs pendant la nuit, boit au contraire tous les petits papillons dont les larves dévorent nos étoffes, et même les hannetons qui sont la véritable peste des vergers et des bois.

L'Hirondelle de nuit est l'emblème du bienfaiteur obscur et méconnu de l'humanité, l'emblème de ces travailleurs opiniâtres qui poussent les veilles très-avant dans la nuit et se lèvent avant l'aube, pour quelle cause les fainéants du pays les accusent de connivence avec l'esprit malin et les traitent de sorciers.

On parle d'une seconde espèce d'Engoulevent, d'un Engoulevent roux qui serait particulier aux provinces pyrénéennes. Pourvu qu'il n'en soit pas de cette seconde espèce comme du Coucou roux, qui, après avoir été traité pendant longtemps comme une variété, a fini par être reconnu pour ce qu'il était réellement, pour un Coucou jeune âge de l'espèce grise unique.

CHAPITRE XVI

Deuxième sous-ordre de la Sédipédie, dit des Syndactyles, — 7 groupes, 81 genres, 239 espèces. — 3 espèces françaises seulement

---

Avec la dernière tribu de l'ordre qui précède a fini ce monde charmant des espèces gracieuses entre toutes, délicates et pures, et titrées en favoritisme… Un Monde qui ouvre par la Colombe et se ferme par l'Hirondelle, deux types d'innocence et d'amour ardent et fidèle ; deux espèces amies de l'homme et que Dieu a forcées d'habiter nos demeures pour tenir constamment nos esprits en éveil sur la pratique des voies et moyens du bonheur. Adieu donc au règne harmonieux de la poésie, des chants, des fêtes éternelles…; où l'amour, ce charmeur suprême, transforme le travail en plaisir et fait incessamment remonter vers le ciel les bénédictions des heureux…; où la libéralité du printemps dore à tous les oiseaux l'existence et décuple les joies de la maternité. Adieu le domaine enchanté des joutes artistiques, des rivalités innocentes, des félicités composées, mirage éblouissant de l'utopie, vision anticipée de l'idéal et de l'Harmonie future où l'humanité de ce globe doit vivre cent mille ans et plus… mais en dehors de laquelle elle se trouve fatalement condamnée à l'ignorance, à la misère, au travail répugnant, à l'antagonisme fratricide. Adieu les sublimes gosiers, les splendides parures ! Adieu l'Alouette de Pithiviers, l'Ortolan de Nérac, le Becfigue, la Grive et les autres ! A la place des divins chanteurs, si doux à entendre et à voir ; à la place des espèces délicates que les nécessités impérieuses des voyages de long cours obligent à se ceindre les reins d'une triple cuirasse d'embonpoint, nous n'allons plus rencontrer désormais que travailleurs malingres talonnés par la faim cruelle ; que muscles décharnés, que larynx discordants, emblèmes des misérables vivants des sociétés maudites ; ou bien encore quelques couples d'oppresseurs sanguinaires associés pour le meurtre et symbolisant les puissances des phases Patriarcale, Barbare, Civilisée, etc. Sans doute que les riches costumes n'ont pas disparu entièrement du monde qu'il nous reste à décrire et que nous retrouverons encore plus d'une robe fulgurante parmi les moules de cette zone embrasée où les corps n'ont point d'ombre, ni la fleur de repos ; où la plume de l'oiseau semble fondre sous les feux du soleil pour cristalliser en pierreries. Sans doute que l'innocence des mœurs n'a pas été absolument bannie du sein de ces ordres disgraciés, puisque l'un d'eux, le dernier et le plus élevé en grade, fait complétement retour à la Frugivorie, pour se rapprocher de l'homme. Et il a été dit que le régime frugal faisait les mœurs plus douces et les chairs plus mangeables. Seulement, il est certain que l'élégance, la distinction et la grâce ne se marieront plus dorénavant à la richesse du costume, comme il était d'usage en Déodactylie ; et que là où nous rencontrerons la puissance du vol unie à la légèreté de la forme, nous verrons ces dons se ternir par l'alliage des instincts destructeurs et des appétits avicides. Il faut bien qu'il en soit ainsi pour que toutes les tyrannies qui désolent le monde des humains aient leurs emblèmes et leurs images dans celui des oiseaux ; mais il est dur d'avoir à constater le fait.

Ainsi donc, le point historique que nous venons d'atteindre est celui qui sépare les symboles de l'idéal des symboles du réel, et l'ornithologiste passionnel n'a plus besoin que de savoir lire comme le premier venu dans les faits du présent et dans ceux du passé pour dire l'analogie de tous les moules emplumés que nous avons encore à voir défiler devant nous. Après l'idylle, le drame ; après les mœurs pures du jeune âge et de la période d'amour, les calculs intéressés de l'âge mûr et les hypocrisies de la sénilité. Mon désenchantement à cette heure est semblable à celui de la jeune recluse qui touche au dénoûment de l'aventure d'Angélique ou d'Armide, et qu'une voix impérieuse arrache subitement à cette lecture attrayante pour lui faire reprendre l'histoire des rois de France par M. Le Ragois.

Le sous-ordre des Syndactyles Percheurs est peut-être, de toutes les grandes divisions du règne volatile, la plus facile à établir, à raison de l'excentricité du caractère qui lui a été assigné pour terme de ralliement et de séparation.

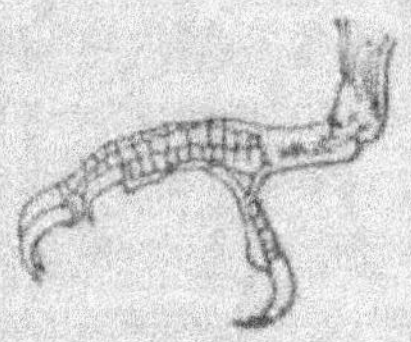

Pied des Syndactyles.

Ce caractère, d'où le sous-ordre tire son nom est, comme chacun sait, la réunion des trois doigts de l'avant en un seul par la soudure des phalanges. L'externe est soudé au médian par les deux premières, l'interne par la première seulement. Cette soudure, qui donne à l'avant-pied une sorte de paume ou de plante, constitue, en effet, un type accentué et facile à saisir.

Beaucoup d'espèces de l'ordre précédent ont bien le doigt externe soudé au médian par la première phalange, comme les Loriots, les Paradis et d'autres; mais cette adhérence ne suffit pas pour former la paume en question, et ne contrarie aucunement, comme chez les Syndactyles, le libre jeu des diverses pièces de l'appareil.

Cette dénomination de pieds soudés, qui constitue une anomalie dans la forme du support, a été on ne peut mieux choisie, du reste, pour servir d'étiquette à un ordre marqué au coin de l'hétéroclite et du paradoxal, et où l'excentricité aboutit parfois au grotesque, à la caricature. Car c'est à cet ordre-là qu'appartiennent ces moules impossibles qui sont obligés de se faire annoncer dans les nomenclatures sous les absurdes titres de *Cornebœuf* ou de *Rhinocéros*, parce que la Nature, qui les a écourtés de partout, des pieds, des tarses, de la queue et des ailes, leur a donné en compensation de cet écourtement disgracieux, des nez de carton d'une dimension exagérée, accompagnés de casques à l'avenant.

On a dit à ce propos que la Nature, qui a créé tous les oiseaux dans un jour de gaieté, avait probablement atteint le paroxysme de son humeur joyeuse, quand elle imagina d'affubler les pauvres Calaos de leurs figures de carnaval. Mais l'analogie qui juge plus sainement les choses, se garde bien d'écouter ces discours, sachant qu'une ironie sanglante à l'adresse des faux savants dont le cerveau est vide est cachée sous ces masques.

Les Calaos, ignoble tourbe de pieds plats omnivores, voraces et braillards, sont coiffés d'énormes casques *vides*, et leur bec est taillé en forme de cornet à bouquin, parce qu'ils symbolisent particulièrement les charlatans de l'Économisme politique, ces hâbleurs *sans cervelle* qui empruntent toutes les *trompettes* de la publicité pour prêcher les bienfaits de la concurrence anarchique et du *laisser passer*...; lesquelles doctrines n'aboulissent jamais qu'aux monopoles et aux accaparements, aux falsifications de denrées, à la faillite en permanence, aux malédictions universelles et aux révolutions, etc.

Une trop grosse tête, un trop long bec, un corps épais et ramassé, supporté par des pieds trop courts, sont donc parmi les caractères généraux des espèces Syndactyles. La disgracieuseté et la disproportion des formes sont la règle générale de l'ordre; la grâce et la sveltesse l'exception. Comme la majeure partie des espèces appartient à la zone tropicale, beaucoup ont conservé l'amour des riches vêtements, les Manakins, les Coqs de Roche entre autres; et les deux seules espèces que possède la France, le Guêpier et le Martin-Pêcheur, sont tous les jours honorablement citées pour la magnificence de leur costume.

Inutile de chercher à classer les nombreuses tribus de cet ordre d'après la comparaison de leur régime alimentaire, car la diversité des genres de nourriture y est à l'avenant de la diversité des becs qui sont loin d'être taillés sur le même patron.

On y trouve des Piscivores, des Apivores, des Murivores, des Nucivores, voire des Avivores.

La nidification des espèces Syndactyles présente également de curieuses anomalies. La plupart nichent au fond de cavités obscures, trous creusés dans la terre ou dans le roc ou dans le tronc des arbres. Ces cavités sont quelquefois de longs couloirs que les femelles qui les creusent ont l'habitude de rétrécir à l'entrée par une espèce de mortier de leur composition. Il y a une espèce de Calao, le Tock de l'Afrique australe, où le mâle a pris la singulière habitude de murer sa femelle dans son nid et de l'y tenir prisonnière jusqu'à parfait achèvement de l'éducation des jeunes. Ce Tock emprisonneur est un adepte de la sagesse antique qui estimait que la femme avait été créée et mise au monde pour écumer le pot au feu, décrasser les marmots et ressarcir les chaussettes conjugales ; et j'admire que pas un traité de *Morale en action* n'ait encore cité avec éloge la conduite de l'oiseau modèle. Une chose qui m'humilie profondément pour les sots et les moralistes est de songer qu'ils n'aient jamais imaginé de commettre une sottise que les bêtes à deux ou à quatre pattes n'eussent commise avant eux.

On devine bien que la Nature n'a pu transiter brusquement de la grâce et de la légèreté qui sont dans les dons principaux de la Déodactylie, à la lourdeur massive qui est l'apanage de la Syndactylie. Nulle part, en effet, la transition n'a été ménagée avec un soin et un art plus minutieux. Le premier moule qui engrène dans le sous-ordre des Syndactyles est un modèle de distinction, de sveltesse et de rapidité. C'est le Guêpier qui tient du Colibri par la forme de son bec et la richesse de ses couleurs, de l'Hirondelle par ses allures de vol, ses habitudes de chasse, et la coutume de se creuser un long terrier dans les berges des fleuves. Le Guêpier est un chasseur de guêpes et d'abeilles qui vit dans le sein des airs, qui est pourvu de longues ailes et dont le corps élégant se termine par une queue à longs brins, comme celui des plus fins voiliers de la dernière série de la Déodactylie. Il n'appartient donc que par la forme du pied et la nuance spéciale de son costume au sous-ordre des Syndactyles ; et il serait difficile d'imaginer un moule qui remplît plus exactement que celui-ci les diverses conditions du rôle de l'ambigu.

Ajoutons à tous ces détails de transition harmonique que la Nature semble avoir proportionné le nombre des moyens de raccordement à l'importance des deux divisions ordinales qu'elle avait à unir. C'est ainsi qu'elle a débuté par détacher le Martinet, ami du crépuscule, du groupe des Hirondelles diurnes en lui faisant un pied complétement anormal et impropre au perchement, court et composé de quatre doigts *tous tournés vers l'avant*... Or, ce pied a engendré celui de l'Engoulevent nocturne, autre moule excentrique et bizarre parmi les bizarres...; lequel Engoulevent, pour se rallier à la tribu des Guêpiers diurnes, a été obligé de recourir à l'intermédiaire de la famille des Chordeilés, une tribu de mœurs accommodantes qui chasse de jour comme de nuit.

TABLEAU DE LA SYNDACTYLIE.

7 groupes, 31 genres, 239 espèces; 3 espèces françaises.

GROUPES.	GENRES	Espèces.	GROUPES.	GENRES.	Espèces.
MÉROPIDÉS.	Guêpier,	18	MANAKINIDÉS.	Phœnicirque,	2
	Mélitophage,	6		Rupicole,	2
	Alcémérops,	1		Calyptomène,	1
ALCÉDIDÉS.	Péryle,	12	EURYLAIMIDÉS.	Coridon,	1
	Martin-Pêcheur	21		Eurylaime,	6
	Alcyon,	5		Psarisome,	1
	Ceyx,	5		Esolle,	1
	Syné,	1		Peltops,	1
DACÉLIDÉS.	Tanisyptère,	2	BUCÉROTIDÉS.	Eurycère,	1
	Mélidore,	1		Tock,	10
	Martin-Chasseur	17		Bucorve,	1
	Jacamaralcyon,	1		Calao,	14
	Halcyon,	26			
MANAKINIDÉS.	Todier,	4	MOMOTIDÉS.	Hilomane,	1
	Manakin,	38		Cryptique,	3
	Piprite,	3		Momot,	10

GENRE GUÊPIER.—Deux espèces.

Le genre Guêpier et le genre Martin-Pêcheur forment, dans les nomenclatures habituelles, une famille dite des Alcyons. Aussi, bien qu'au point de vue de la classification basée sur la conformité du mode de nourriture, la parenté de ces deux genres paraisse difficile à établir, il n'en est pas moins vrai que cette parenté-là, qui est démontrée par la similitude des supports, était un fait admis par les anciens classificateurs et qui s'était imposé aux esprits à première vue.

Cependant le Guêpier est un voilier rapide, pourvu de longues ailes aiguës et d'une queue à filets comme le Paille-en-queue du Tropique, et qui se joue dans les hautes régions de l'atmosphère avec la grâce et la légèreté de l'Hirondelle, dont il a les allures et le vol capricieux... Tandis que le Martin-Pêcheur, qui a l'aile ronde et la queue courte de l'oiseau plongeur, est condamné à raser la surface de l'eau et ne s'élève pas même jusqu'à la cime des arbres qui bordent le rivage. Le Guêpier vit de guêpes et d'insectes ailés, ainsi que son nom l'indique ; le Martin-Pêcheur de poissons et d'insectes aquatiques. Le premier a le bec arqué du Colibri ; le second, le bec droit et pointu du Pivert. Celui-là est un oiseau de passage, comme tous les Insectivores, et qui ne fréquente que les seules contrées du Midi ; le Martin-Pêcheur est presque sédentaire et se rencontre sur tous les cours d'eau de la France. Et pourtant la classification officielle a eu mille fois raison, je le répète, de réunir ces deux genres dans la même famille, et j'aurais même facilement compris qu'elle y eût fait entrer de force un troisième moule, le Torchepot ou la Sitelle, qui est un Grimpeur ambigu entre l'ordre des Piverts et celui des Corbeaux.

Mais quelle est donc alors cette puissance mystérieuse qui force la main à la science et lui fait une loi d'incorporer dans le même ordre des groupes en apparence si distincts ?

Ouvrez le fameux traité de la *Théorie des Ressemblances*,

ouvrage neuf et hardi, mais non autorisé par la Sacrée Congrégation de l'Index, vous y trouverez cette question résolue ainsi que beaucoup d'autres. L'auteur de ce traité si remarquable à tant de titres était ce riche seigneur portugais si ami des oiseaux, qui faisait reconduire chez eux, dans son propre équipage, les jeunes Martins-Pêcheurs enlevés par des mains barbares à la tendresse maternelle; le même qui, voyant le triste usage que les Civilisés faisaient de leur intelligence, a maudit ce funeste don de la nature en termes si éloquents et si amers; le même que ses héritiers naturels ont voulu faire déclarer atteint d'aliénation mentale, parce qu'il avait disposé de sa fortune en faveur de tous ceux qui l'avaient aimé ou servi.

La *Théorie des Ressemblances* nous révèle la loi mystérieuse qui force ici la science à marcher dans le droit chemin de la classification. En tout et partout, le semblable doit produire son semblable, y est-il démontré. Or le Guêpier, le Martin-Pêcheur et la Sitelle, si divers d'appétits, d'habitudes et de mœurs, se ressemblent par un point, la couleur du manteau, qui est l'aigue-marine émaillée de roux orangé. Et cette seule parenté de couleur a dû suffire pour entraîner la parenté d'une foule d'autres caractères importants dont l'identité singulière a frappé tous les yeux. La couleur aigue-marine implique, à ce qu'il paraît, en effet, des tarses courts, des pieds courts, où le doigt médian ne fasse qu'un avec l'interne et l'externe. Le Guêpier et le Martin-Pêcheur sont donc parents du côté de cette conformation anormale des membres inférieurs. L'uniforme aigue-marine exige encore que les oiseaux qui le portent creusent de profonds terriers dans les berges des rivières et qu'ils rétrécissent l'entrée de leurs domiciles par un travail de maçonnerie. En conséquence, le Guêpier se perce, dans les escarpements des cours d'eau, un immense boyau de cinq à six pieds de long qu'il étrangle à la gorge et dans lequel il est obligé de circuler à reculons. Son bec fermé lui sert de pic pour ouvrir sa tranchée, et ses pieds de râteaux pour ramener la terre au dehors. Le Martin-Pêcheur, moins expert en ce travail de mine, s'empare tout simplement d'un trou de rat d'eau prenant jour sous quelque racine de saule, et dont il maçonne l'entrée par de la terre battue. Enfin la Sitelle, qui est un Grimpeur vivant d'insectes perce-bois, la Sitelle, qui adore le suif et la noisette, genres d'alimentation complétement répulsifs au Guêpier et au Martin-Pêcheur, la Sitelle, en un mot, qui n'a rien de commun avec ces deux espèces qu'une vague similitude de goût pour les robes à fond roux et les manteaux bleuâtres, la Sitelle se conduit à l'égard des trous d'arbres taillés à l'emporte-pièce par le Pivert, comme le Martin-Pêcheur vis-à-vis des trous de rat d'eau ou d'écrevisse. Elle s'en empare et s'y installe, ayant bien soin, avant d'y pondre, d'en rétrécir l'orifice par une porte en ciment, vrai ciment d'argile et de salive, solide et persistant comme celui de l'Hirondelle.

Et comment s'étonner que la puissance invincible et fatale de l'homochromie dans la mise (similitude de couleur du manteau) se manifeste chez des espèces du même *ordre*, quand on la voit tous les jours franchir la distance qui sépare les *règnes*, pour rallier caractériellement les espèces les plus éloignées l'une de l'autre dans l'échelle de l'animalité...; attribuant invariablement à telle ou telle moucheture, à telle ou telle zébrure, une dominante fixe...; imposant, par exemple, à la Truite et à l'Araignée les habitudes féroces de la Panthère; à la Perche et à la Guêpe, les appétits insatiables du Tigre... parce que l'ornementation de leur robe est la même!!!...

Le Guêpier est aussi parent de la Huppe par l'arqure effilée de son bec et par la conformation des pieds (soudure du doigt médian avec l'interne et l'externe à la base). Sa taille est un peu moins forte que celle de cette espèce. C'est un oiseau d'Afrique qui s'égare au printemps sur nos plages riveraines de la Méditerranée, où il visite chaque année quelques cantons des Bouches-du-Rhône, du Var, du Gard, de l'Hérault et de l'Aude. Il est rare qu'il s'aventure plus au Nord. Les habitants de la Camargue le connaissent sous le doux nom de *Sérène*. Ceux de l'Andalousie et du Portugal l'appellent le *Fulgurant*.

Le grand éclat du costume du Guêpier dit assez qu'il est originaire des contrées du soleil. Ce costume est peut-être plus riche encore que celui du Martin-Pêcheur, par le nombre infini de ses nuances aigue-marine, orangé roux, vert, brun marron, jaune d'or. Ensuite les Guêpiers rappellent plus le type glorieux du Colibri par l'élégante courbure de leur bec en faucille, la puissance, la grâce et la légèreté de leur vol et la dimension de leur queue, qui s'allonge en filets caractéristiques. La première fois qu'un chasseur parisien, doué d'une imagination un peu vive, rencontre en Algérie un vol de ces oiseaux groupés en rangs serrés sur les branches nues du mûrier ou du frêne, il est tenté de les prendre pour des fleurs d'émeraudes et de topazes de quelque jardin enchanté.

Le Guêpier est un oiseau charmant, créé, comme l'Hirondelle, pour vivre aux alentours de la demeure de l'homme et pour la garder contre les attaques d'une foule d'ennemis dangereux qui s'appellent les Frelons et les Guêpes, insectes dévorateurs et sanguinaires, fléaux de la chair et des fruits. Il ne se borne pas à attaquer la

Guêpe et le Frelon quand il les rencontre dans les airs, mais il observe attentivement leur marche et les suit jusqu'à leur domicile, à l'entrée duquel il se poste pour saisir tout ce qui en sort. Le besoin de l'aide du Guêpier se fait vivement sentir dans une foule de départements de France où l'homme est impuissant à lutter contre les Guêpes, qui rendent beaucoup de maisons inhabitables et beaucoup de riches jardins fruitiers complétement improductifs. Mais l'homme, au lieu d'attirer à lui son auxiliaire par ses invitations et ses bons procédés, n'a rien de plus pressé que de le fusiller quand il le trouve à portée de son arme, ce qui a forcé la pauvre bête de se retirer des lieux où l'on brûle beaucoup de poudre. Je doute qu'il soit aussi commun aujourd'hui dans la plaine de la Mitidja qu'il l'était de mon temps, il y a une vingtaine d'années.

Bien que le Guêpier ait le bec assez dur pour tuer sa proie d'un seul coup, il n'a pas besoin de se précautionner, par cette mesure préalable, contre la piqûre redoutable de l'ennemi, la nature l'ayant doué, comme le Martinet, de l'inintoxicabilité mithridatique. J'ai déjà dit, au chapitre de l'Hirondelle apivore, que cette faculté précieuse, que je viens de substantiver d'une façon si barbare, devait entraîner avec elle garantie de vitalité énergique et de longévité. Je n'ai pas compté avec le Guêpier pour savoir à quel âge il meurt; mais je sais par expérience qu'aucun autre oiseau n'est plus tenace à la vie. Si bien que quand j'ai vu qu'il ne voulait pas mourir, j'ai renoncé à le tuer; détermination d'autant plus raisonnable que la chair du Guêpier n'est pas mangeable et que son meurtre est sans excuse.

Cet oiseau est très-commun dans toutes les îles de l'Archipel et de la Méditerranée, et dans les environs de Gibraltar. Les habitants des îles de Candie, de Rhodes et de Chypre, pays de chasse adorables, le pêchent à l'hameçon, au moyen d'une longue ligne de soie amorcée d'un bourdon qu'ils font jouer dans les airs. J'ai vu des gamins de Paris prendre des Martinets au Pont des Arts par le même procédé.

Le Guêpier, qui fait son nid, comme le Martin-Pêcheur, dans un terrier profond, a encore avec cet oiseau un caractère de ralliement remarquable, qui est de pondre des œufs blancs à surface polie et luisante, comme la plupart des espèces qui nichent au fond des cavités obscures.

Les savants prétendent que le genre Guêpier renferme deux espèces, l'une qu'ils appellent le Guêpier vulgaire, l'autre le Guêpier Savigny, lesquelles espèces, disent-ils, vivent toujours ensemble et se ressemblent si fort qu'il faut d'excellents yeux pour ne pas les confondre et les prendre pour la même. Puisque la distinction est si embarrassante, n'essayons pas de la caractériser, et réservons cet office au pinceau qui s'en tirera mieux que la plume.

GENRE MARTIN-PÊCHEUR. — Une espèce. Piscivore et plongeur. Le Martin-Pêcheur, qui jouit, en France et dans tous les écrits des auteurs, d'une immense réputation de beauté, est un oiseau presque aussi remarquable par la disgracieuseté de ses formes que par l'éclat de son plumage. Son long bec caréné est beaucoup trop fort pour sa taille; sa tête aussi est trop volumineuse, sa queue trop courte, ses ailes trop arrondies. Il porte pour coiffure une calotte bleu sombre marquetée d'écailles bleu clair et terminée par un épais chignon d'où part, pour aboutir à l'extrémité de la queue, cette fameuse zone longitudinale aigue-marine dont l'éclat métallique motive suffisamment la célébrité de l'oiseau. Le reste du plumage n'a plus rien de bien merveilleux : moustaches vertes, gorge blanche, tout le devant et tout le dessous du corps d'un roux orangé vif. J'ai dit, à la page qui précède, le système de nidification du Martin-Pêcheur, et même la couleur de ses œufs.

Le Martin-Pêcheur.

Cet oiseau n'est commun nulle part en France, ce qui n'empêche pas qu'on ne l'y rencontre partout, même aux bains Vigier du Pont-Neuf, en plein cœur de la capitale. Il habite indifféremment les rives de tous les cours d'eau grands et petits bordés d'arbres, et aussi celles des étangs, des jonchaies, des tourbières. Ses demeures de prédilection sont les basses branches des oseraies et des saules qui pendent sur les flots, et d'où il regarde passer les petits poissons dont il fait sa nourriture, et qu'il est très-habile à prendre entre deux eaux. Aussitôt qu'il aperçoit sa proie, il fond dessus avec la rapidité de la balle, la saisit de son long bec et revient la manger sur une pierre du rivage. Quelquefois, il improvise un observatoire aérien, en s'élevant à une hauteur de deux ou trois mètres dans l'espace, se maintient une demi-minute immobile à la même place, comme l'Alouette devant le miroir, et pique de là sa tête sur le menu frétin. Quand il manque son coup, ce qui lui arrive quelquefois, ce qui nous est arrivé à tous, si habiles chasseurs et pêcheurs que nous soyons, il remonte vivement à son poste pour essayer de mieux faire; il est beau de persévérance, de calme et de philosophie.

Le Martin-Pêcheur est facile à prendre à la raquette, à raison de l'habitude où il est de percher sur tous les bouts de branches mortes qui se détachent du fouillis de la verdure riveraine et font saillie sur le courant. La marchette du piége lui offre précisément les meilleures conditions de cette sorte de perchoir à fleur d'eau, et la malheureuse bête se hâte d'en profiter. Je sais des pays où l'espèce a été complétement anéantie par l'emploi de ce procédé criminel. Le Martin-Pêcheur n'est pas difficile non plus à surprendre, puisqu'il stationne fréquemment sous les berges, d'où il est impossible qu'il voie venir le chasseur. Il a coutume de jeter un long cri d'alarme toutes les fois qu'il quitte son poste pour se rendre à un autre; il fuit en ligne droite et rase de tout près la surface de l'onde sur laquelle on dirait qu'il trace un rapide sillon rouge et bleu. C'est un crime de le tuer, puisqu'il ne fait de tort à personne et qu'il charme les regards par l'éclat de ses couleurs, et que sa chair n'est pas mangeable. Ce meurtre s'expliquait autrefois par l'importance extrême des propriétés qu'on attachait au corps de cet oiseau, qui passait alors pour prédire les changements de temps, pour indiquer la direction du pôle par celle de son bec, et aussi pour préserver les draps de l'invasion des teignes. Il n'a plus d'excuse aujourd'hui que le Martin-Pêcheur empaillé peut être avantageusement remplacé dans le triple office ci-dessus par le baromètre, la boussole, le camphre et le vétiver.

Nous retrouvons dans cette croyance du peuple à la sensibilité barométrique du Martin-Pêcheur les traces de la tradition antique et solennelle consacrée par la poésie d'Ovide, et qui est une des plus charmantes histoires de la mythologie. Il paraît donc qu'autrefois le Martin-Pêcheur, qui s'appelait alors l'Alcyon, jouissait du curieux privilége de poser son nid sur la mer, à la surface même des flots. Or, comme il fallait que la mer fût très-douce pour que l'embarcation ne chavirât pas, et comme l'oiseau avait besoin d'une trentaine de jours pour parfaire toutes ses opérations de ponte, d'incubation et d'éducation des jeunes, les dieux avaient décidé dans leur sagesse de lui accorder chaque année cet intervalle de calme plat. Ils lui avaient de plus attribué le don de prévoir à heure fixe la venue de ces jours pacifiques que les marins appelaient les jours Alcyoniens. Naturellement il s'était trouvé beaucoup de gens de bonne volonté pour être témoins de la construction et de la mise à l'eau du nid de l'Alcyon, de même qu'il ne manque pas de nos jours de filles hystériques et même de bons gendarmes pour être témoins des apparitions de Saintes Vierges.

Plutarque fut, à ce qu'il paraît, un de ceux qui *virent* l'Alcyon travailler. L'Alcyon commençait, comme nos ingénieurs de marine, par construire la charpente de son embarcation à terre. Cette charpente était composée des arêtes d'un certain poisson qui étaient reliées entre elles par un mastic doué d'une imperméabilité supérieure à celle du caoutchouc, mais dont le secret est perdu. La construction avait l'apparence d'une chambrette ronde assise dans un canot, et les constructeurs, avant de la lancer pour tout de bon, avaient soin de la mettre à l'eau une ou deux fois pour l'essayer et voir si elle n'embarquait pas la lame; puis, quand elle était en

état, et que le moment favorable était venu, ils la li-
vraient sans crainte à la merci des flots et à la protection
de Neptune. Une seule chose intrigue l'historien dans
toute cette affaire, c'est de n'avoir jamais pu surprendre
la manière dont la couveuse s'introduisait dans son domicile. C'est bien le cas de répéter avec le sage que
l'homme n'est jamais content. Je n'aurais vu que la moitié des phénomènes dont Plutarque eut la chance d'être
témoin oculaire que je m'estimerais déjà suffisamment
heureux.

Il est difficile, aujourd'hui, de vérifier si Plutarque et
les autres ont dit toute la vérité et rien que la vérité en
ceci, puisque, depuis un temps immémorial, les Martins-
Pêcheurs ont renoncé à l'habitude de nicher sur les flots
de la mer pour adopter le système de la nidification à
huis-clos dans le sein de la terre; mais j'avoue néanmoins que cette histoire des faits et gestes de l'Alcyon,
racontée si naïvement par Plutarque, n'a pas peu contribué à invalider pour moi le témoignage de l'illustre
écrivain relativement à la continence de Scipion l'Africain. Du reste, il nous faut reconnaître, à la justification
de Plutarque, que beaucoup de naturalistes modernes, et
des plus éminents même, ne paraissent guère mieux ren-
seignés que lui sur la nidification du Martin-Pêcheur.
C'est ainsi que François de Neufchâteau, personnage
consulaire mort en 1828, en plein dix-neuvième siècle,
soutenait encore à son heure dernière que cette espèce
construisait son nid sur les saules, version qui n'est pas
plus vraie que l'autre et qui est moins amusante.

Ceux qui sont forts en mythologie savent l'histoire de
Ceyx et d'Alcyon, et pourquoi les dieux avaient concédé
à l'Alcyon le privilège de bâtir sur l'eau et le don de
prévoir le beau temps. C'était pour le récompenser de sa

vertu et d'avoir été parmi les hommes un modèle parfait de tendresse et de fidélité conjugale avant de subir sa métamorphose en oiseau.

Je demande pour la Huppe une place près du Martin-Pêcheur, dans le cas où le public la trouverait mal logée à ce poste d'ambigu où je l'ai installée de force et où je ne suis pas bien sûr qu'elle se plaise.

Les dernières espèces de l'ordre des Syndactyles, si remarquables par l'excentricité de leur parure de chef et par l'énormité de leur armature rostrale, engrènent admirablement avec les premières espèces de l'ordre voisin les Toucans et les Aracaris, qui sont aussi des emblèmes de faux docteurs, lesquels s'affublent en conséquence de manteaux de couleurs fausses et se mettent de faux nez de dimension extravagante pour continuer la mascarade.

Le Momot, à qui la Nature a mis dans le bec, comme au Toucan, une plume en guise de langue, a été évidemment choisi et délégué par elle pour remplir entre les deux ordres le rôle d'anneau de transition.

CHAPITRE XVIII

Troisième sous-ordre de la Sédipédie, dit des Zygodactyles. — 12 groupes 48 genres, 322 espèces ; 2 espèces françaises.

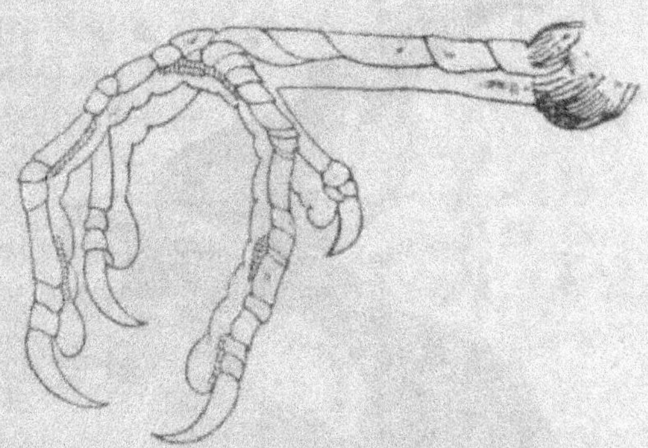

Pied du Toucan.

La Zygodactylie, qui est la division des quatre doigts du pied en deux paires, est loin de constituer un caractère de ralliement et d'isolement aussi tranché que la Syndactylie ; car nous retrouvons cette division du pied en deux parties égales, chez les Pics d'abord, et ensuite chez les Perroquets. Cependant la confusion n'est guère possible entre les espèces de ces trois ordres, quand on considère que les Perroquets ont la main prenante et s'aident du bec pour grimper..., que les Pics grimpent en s'aidant de la queue; qu'ils ont le bec *taillé* en coin et la langue rétractile vermiforme; tandis que les Zygodactyles Sédipèdes *perchent* et ne *grimpent* pas, n'ont pas la main prenante, et réservent exclusivement à leur moule ambigu le droit de faire usage de la langue rétractile.

Les espèces Zygodactyles ne brillent guère plus que les Syndactyles par l'élégance, la belle proportion et la régularité des formes. C'est un second refuge d'anomalies et d'excentricités hardies, où se remarque surtout la confusion des langues, langues de chair, langues de corne, langues en plume barbelée, langues de toutes les subtances, de toutes les formes et de toutes les dimensions.

Le Toucan.

Les trois quarts des espèces, comme dans l'ordre précédent, appartiennent à la zone de feu et plusieurs, en conséquence, sont vêtues de robes splendides. Les becs monstrueux en carton y sont également bien portés, et les Calaos-Rhinocéros n'ont guère à en revendre aux Toucans sous le rapport de la dimension de ces organes. L'estomac des Zygodactyles se prête également à tous les goûts, comme celui des Syndactyles, et le naturaliste serait fort embarrassé de leur assigner un régime de nourriture spécial; car la similitude du régime alimentaire implique, comme conditions premières, égalité de force ou similitude de conformation dans les mandibules.

On parle de Toucans qui avalent des souris et des jeunes de leur propre espèce, tout comme les Calaos, les Momots et d'autres Syndactyles dont la réputation d'innocence n'est pas parfaitement établie.

Les Zygodactyles Sédipèdes nichent généralement aussi dans les cavités des vieux arbres. De trop nombreuses espèces se permettent de pondre dans les nids des autres oiseaux.

La France continentale ne possède que deux espèces de Zygodactyles Sédipèdes : mais l'histoire de ces deux espèces offre un grand intérêt; car la première s'appelle le Coucou et la seconde le Torcol. Or le Coucou symbolise l'adultère, et l'adultère est un sujet qui tient une grande place dans les fastes de l'humanité. Le Torcol, considéré sous le simple rapport de la classification ornithologique, occupe aussi un poste d'une importance extrême, dont la détermination scientifique m'aura servi, je l'espère, à redresser bien des erreurs et à éclaircir bien des confusions.

TABLEAU DE LA ZYGODACTYLIE.

12 groupes, 48 genres, 322 espèces; deux espèces françaises.

GROUPES.	GENRES.	Espèces.
MUSOPHAGIDÉS.	Musophage,	4
	Sebizoris,	5
	Touraco,	7
TROGONIDÉS.	Harpactès,	11
	Couroucou,	26
	Pharomacre,	6
GALBULIDÉS.	Jacamérops,	1
	Jacamar,	9
	Galbuloïde,	2
CAPITONIDÉS.	Chélidoptère,	1
	Barbacou,	9
	Tamatia,	14
BUCCONIDÉS.	Coloramphe,	1
	Barbu,	25
	Pseudobarbu,	1
	Trachyphone,	6
	Micropogon,	9
	Barbion,	4
	Laimodon,	9
	Barbican,	1
RAMPHASTIDÉS.	Aracari,	37
	Toucan,	46
CROTOPHAGIDÉS.	Scythrops,	1
	Guira,	1
	Ani,	6

GROUPES.	GENRES.	Espèces.
CENTROPODIDÉS.	Taccoïde,	1
	Coucal,	20
PHOENICOPHÉIDÉS	Carpococcyx,	1
	Couroll,	1
	Boubou,	1
	Dasylophe,	2
	Malcoha,	4
	Géococcyx,	1
	Zanclostome,	6
COCCYZIDÉS.	Tacco,	1
	Coua,	6
	Cultrides,	1
	Diploptère,	1
	Dromococcyx,	1
	Piaye,	9
	Coulicou,	5
CUCULLIDÉS.	Chalcite,	5
	Surnion,	4
	Coucou,	10
	Edolio,	1
	Coucou gros-bec,	9
	Indicateur,	9
YUNGIDÉS.	Torcol,	5

GENRE COUCOU. — Une seule espèce française. Le Coucou
est un oiseau gris-bleu de la taille de la Huppe, avec la
queue longue, l'aile pointue, la robe rayée transversale-
ment et les allures de l'oiseau de proie. Ses pieds, faibles
et courts, et son bec non crochu, sont en parfait contraste
avec ces apparences guerrières. Ce bec d'aspect corné
est taillé sur le même patron que celui du Merle; il est
bordé d'un filet d'or et tapissé à l'intérieur d'une superbe
membrane orangée. Il s'ouvre démesurément comme ce-

lui des Hirondelles. Que le lecteur n'oublie aucun de ces
détails, surtout la ressemblance avec l'Émerillon; car le
Coucou est une espèce purement insectivore, et ce doit
être un problème curieux que de rechercher pour quelle
cause la nature a affublé cette espèce *innocente* d'un
costume d'avivore. Problème très-curieux, en effet, et
dont la solution découle, claire comme eau de roche, du
principe fécond que le semblable produit son semblable.
(Relire le traité de la *Théorie des Ressemblances*, par
M. D. Gama Machado.)

Et d'abord, défions-nous toujours des moules travestis.
Cette espèce qui n'est point armée, quoique sa tenue
singe celle du gentilhomme d'épée (oiseau de proie), est
une engeance démoniaque et maudite dont je vote l'extermination radicale des deux mains.

Le Coucou est l'ogre, le cauchemar, l'épée de Damo-
clès de toutes les espèces chanteuses qui nourrissent leurs
petits avec des insectes. C'est un fléau dont l'atteinte,
toujours mortelle, semble choisir ses victimes parmi les
plus intéressantes familles. Il immole chaque année des
hécatombes de Fauvettes, de Rouges-gorges, de Rossignols, de Becfigues, etc. Un naturaliste anglais s'est livré à de profonds calculs de statistique pour savoir le
chiffre des petits oiseaux que le Coucou détruisait bon an
mal an dans les Iles Britanniques. Il est arrivé à un chiffre
de deux à trois millions! Et la superficie de la Grande-
Bretagne n'est que moitié de celle de la France, et elle
est complétement dépeuplée de forêts.

Le Coucou est un des plus épouvantables emblèmes
d'infamie que la nature ait forgés. C'est un miroir de
perversité omnimode qui reflète avec une intensité étrange
les sept nuances de la gamme du vice, dite des sept péchés
capitaux, Gourmandise, Paresse, Avarice, Luxure, etc.,

avec la soif du meurtre et l'ingratitude féroce par-dessus le marché. Le jeune Coucou débute dans la vie par le crime; ses yeux ne sont pas encore ouverts à la lumière du jour que sa conscience est déjà chargée de cinq ou six infanticides!

Si l'histoire du Coucou au berceau est un récit de forfaits monstrueux quasi contre nature, celle du Coucou adulte est à la fois une chronique scandaleuse, une inépuisable source de mélodrames lugubres, et un texte fécond de malédictions enflammées à l'adresse de la gentilhommerie oisive. En effet, cette femelle odieuse du Coucou, cette impudique Messaline qui change d'amant tous les trois jours et n'a pas le temps de s'occuper de sa progéniture, ressemble à s'y méprendre à ces dames de haut parage que l'ardeur du plaisir entraîne à l'oubli des plus saints devoirs et qui, trop sèches de cœur et de complexion pour remplir l'office de mères, sont forcées d'emprunter à la femme du peuple le lait de ses mamelles pour nourrir et régénérer leur race abâtardie. Or on sait de quel sanglant anathème Jean-Jacques a flétri ces indignes. Mais, par exemple, j'ignore en quel livre le peuple français a pu déterrer un prétexte pour ridiculiser le nom qu'il a attribué à l'espèce et qui n'est que la paronymie malheureuse du vocable Coucou, le plus expressif et le plus vrai des noms qu'ait jamais reçus un oiseau. Le Coucou est un Lovelace, un suborneur attitré qui se joue du repos des maris et de l'honneur des familles, et dont le suprême bonheur est de faire subrepticement adopter sa progéniture par autrui; ce n'est pas un Georges Dandin.

Le Coucou, avons-nous dit, est un trop grand seigneur pour travailler de ses nobles mains à la bâtisse de son nid; il néglige par conséquent d'en faire un. Il a trop de

vices à nourrir pour pouvoir se charger en même temps
de l'éducation d'une famille ; il se débarrasse donc de cette
charge sur la charité maternelle d'autrui. Il n'y a pas
plus d'amour des parents aux petits, chez les Coucous, qu'il
n'y en a eu du père à la mère. Ce coureur et cette cou-
reuse se sont rencontrés par un beau matin de printemps
dans le sein de quelque orgie furibonde, où le mâle a eu
sa part des faveurs de la Messaline. Un œuf est né de
cette union fugitive, appartenant à Dieu sait qui. La
mère l'a pondu n'importe où ; puis, le ramassant et le
cachant dans sa gorge, où elle a une poche destinée à cet
usage, elle s'est mise en quête de quelque nid de Rouge-
gorge, de Proyer ou de Fauvette où l'on commençait à
pondre ; et, le nid trouvé, elle y a déposé furtivement son
fardeau et elle s'est esquivée après le coup, pour voler à
de nouvelles débauches. Puisque l'on ne s'attache à ses
petits qu'en proportion des tourments qu'ils vous causent,
les Coucous n'ont aucun motif de chérir leur famille. Aussi
les vieux, dans cette espèce, sont-ils en hostilité permanente avec les jeunes qu'ils chassent énergiquement de
tous les lieux qu'ils habitent.

L'histoire du Coucou était encore un mythe, il n'y a
pas cent ans, et Linnæus et Buffon n'en savaient guère
plus long que Pline et Aristote sur le compte de cette espèce estivale. Les anciens, qui croyaient naturellement
que la terre finissait aux limites de l'empire romain, et
qui ne pouvaient pas deviner, par conséquent, ce que de-
venaient les Coucous pendant l'hiver, imaginèrent d'a-
bord qu'ils se métamorphosaient en Éperviers, à peu
près vers la même époque où le Sizerin se changeait en
Malot. Puis il y eut des incrédules qui nièrent la métamorphose et qui affirmèrent que l'oiseau s'engraissait
considérablement vers l'arrière-saison, à la façon des

ours et des marmottes, après quoi il s'ensevelissait dans
le tronc vermoulu des saules pour ressusciter au printemps. Enfin la vérité commença à percer sur le chapitre
des migrations annuelles du Coucou, quand on sut que
le continent d'Afrique se prolongeait au Sud jusqu'au
Cap des Tourmentes, et que beaucoup d'oiseaux voyageurs hivernaient vers ces latitudes. Mais la fameuse version de Pline, qui a écrit que la femelle du Coucou
débutait par manger les œufs des oiseaux dans le nid
desquels elle se disposait à pondre, et que le petit Coucou, une fois en puissance de tous ses moyens, dévorait
sa mère nourricière pour la récompenser de ses soins ; la
version de Pline, dis-je, corroborant celle d'Aristote, a
fait loi sur la matière jusqu'à la veille de 89, date remarquable par la ruine d'une foule de préjugés. Linnæus s'insurge contre la conduite monstrueuse du jeune
Coucou à l'égard de sa nourrice avec le même accent
d'indignation que Philippe Mélanchthon, qui prit un jour
le Coucou matricide pour texte d'un superbe sermon sur
l'ingratitude filiale.

La découverte de l'histoire du Coucou est due en partie à l'illustre Jenner qui eut aussi le malheur d'inventer
la vaccine, source de toutes nos phthisies et de nos
fièvres typhoïdes. L'honneur de l'autre moitié revient à
Levaillant qui fut accusé par nos pères d'avoir inventé
la Girafe. Jenner eut l'heureuse chance d'assister à la
naissance d'un Coucou couvé par la Fauvette d'hiver
(Accenteur, Traîne-buisson) et de pouvoir suivre minute par minute les développements des instincts pervers
du jeune monstre. Pourquoi ne s'en est-il pas tenu là de
ses découvertes ! Le hasard révéla de même à Levaillant, en ses chasses d'Afrique, le mystère des fraudu-
leuses machinations de la mère, et Florent-Prévost,

guidé par les indications de Levaillant, a achevé d'éclairer les dernières obscurités de la question. Si bien qu'on
sait parfaitement aujourd'hui comment les choses se passent dans ce monde scélérat.

La femelle du Coucou ne *pond* pas dans le nid des petits
oiseaux et elle ne commence pas par en manger les œufs,
avant d'y déposer le sien. La femelle du Coucou a le
tempérament si volage qu'il lui est impossible de s'as-
treindre aux saintes fonctions de la maternité; voilà la
vérité et toute la vérité. Ce dégoût des fonctions maternelles est cause que quand elle a pondu son œuf, elle le
ramasse délicatement avec son bec, le serre dans son
vaste gosier et va le déposer dans un nid charitable
qu'elle connaît et dont elle a eu soin de retirer un œuf.
Levaillant n'a pas été précisément témoin oculaire
du fait, mais il était absolument impossible, d'après
ce qu'il avait vu, qu'il n'en fût pas ainsi. Il surprit le
mystère aux environs du Cap, en étudiant les mœurs et les
coutumes des Coucous de la localité. Il avait déjà tué
un grand nombre de sujets de cette famille, et très-souvent il avait remarqué que l'oiseau rendait un œuf par le
bec dans les convulsions de l'agonie, ce qui l'intriguait
fort. Cependant, comme il partageait l'erreur générale
sur le compte du Coucou qu'il croyait dévoré de la passion des œufs à la coque, il avait tout naturellement
attribué cette particularité singulière du dégorgement de
l'œuf *in extremis*, à la passion susdite. Mais voilà qu'un
beau jour, en fouillant dans le gosier d'une femelle qu'il
venait de tuer roide et qu'il se proposait d'empailler,
notre chasseur fit la trouvaille d'un œuf parfaitement
intact, et qui était le même qu'un œuf de Coucou précédemment rencontré dans un nid de Mésange. Dès lors la
lumière était faite dans les ténèbres de l'histoire du

II. 36

moule mystérieux; la science possédait désormais une vérité de plus : la femelle du Coucou porte son œuf dans son gosier et le dépose avec le bec dans les nids étrangers. Je sais bien que depuis cette affirmation de Levaillant, pas un seul observateur n'a été assez heureux pour la vérifier par le cas de flagrant délit, mais l'hypothèse de l'illustre naturaliste était si spécieuse et si irréfutable qu'elle n'en possédait pas moins, je le répète, tous les caractères de la vérité mathématique.

Levaillant avait d'abord un moyen très-facile de vérifier la justesse de sa supposition; c'était d'attendre que la saison de la ponte des Coucous fût passée pour voir si la circonstance du dégorgement de l'œuf se reproduirait encore après ce temps. Or elle ne se reproduisit plus, bien qu'après cette époque les nids des petits oiseaux qui font deux ou trois pontes par an fussent toujours remplis d'œufs et continuassent d'offrir aux appétits ovivores de l'oiseau les moyens de se satisfaire. Je ne sais pas, au reste, comment on pourrait expliquer, en dehors de l'explication de Levaillant, cette aventure malheureuse arrivée à un jeune Coucou qui fut élevé par une Bergeronnette dans une cavité d'arbre dont l'orifice était si étroit qu'il ne put jamais en sortir. Comment la mère aurait-elle pu entrer *pour pondre* par une ouverture qui aurait refusé plus tard de livrer passage au petit? Mais le fait, inexplicable dans le système de la ponte, devient la chose la plus simple du monde avec celui de l'introduction par le bec.

La femelle du Coucou choisit pour déposer son œuf le nid des espèces insectivores, telles que Fauvettes, Rougegorges, Bergeronnettes, etc. Aristote affirme que le nid du Pigeon et celui de la Tourterelle sont parmi ceux qu'elle honore de son choix. Ce doit être une erreur, car les Pigeons sont presque exclusivement granivores, et les Coucous, au contraire, ne vivent guère que de chenilles, de chenilles processionnaires notamment. Or, il est dans la logique de la nature que les mères mettent leurs petits en nourrice chez les espèces qui vivent du même régime qu'elles.

Il est à remarquer maintenant que ces femelles ne déposent presque jamais leurs œufs que dans un nid où la mère commence seulement à pondre. La découverte de Jenner va nous dire le pourquoi de cette précaution.

Le petit Coucou, quand il vient au monde, est un être très-difforme, dont le dos est creusé en forme de cuvette; mais cette difformité couvre un but cruel de la Nature. L'oiseau, à peine sorti de sa coquille, se donne des mouvements tout particuliers et tente des efforts inouïs pour faire tomber dans cet entonnoir perfide tout ce qui l'entoure, œufs ou petits, et aussitôt qu'il sent ses épaules chargées, il s'achemine vers le rebord du nid et verse son fardeau par-dessus. Or, toute chute est mortelle en un âge aussi tendre, et les pauvres parents, qui sont témoins de la catastrophe, se bornent à la déplorer, la nature leur ayant refusé les moyens de la prévenir. Le fils de l'étrangère ne s'arrête donc en son œuvre de destruction qu'après s'être rendu maître absolu du logis et possesseur exclusif de la tendresse et des soins de ses père et mère adoptifs, au préjudice de leurs héritiers légitimes. Comme l'appétit de cet intrus est insatiable, comme il tient autant de place et absorbe autant de nourriture à lui seul que cinq de ses frères de lait, il fallait bien qu'il eût recours pour vivre aux procédés féroces qu'il a mis en usage. C'est le cas de dire avec le proverbe : « La faim justifie les moyens. »

Ainsi la naissance de chaque Coucou coûte la vie à cinq

oiseaux chanteurs, et comme la ponte de chaque femelle est de cinq ou six œufs, on ne peut guère évaluer à moins de vingt-cinq ou trente le chiffre annuel de ses assassinats. On comprend maintenant pourquoi la Nature a permis à la race maudite de revêtir la livrée des tueurs. Ce travestissement caractéristique de l'élève du Rouge-gorge en oiseau de meurtre se justifie suffisamment par ses actes. Cette sombre rayure transversale du poitrail, empruntée au costume de l'Émerillon, est la barre de bâtardise qui dénonce le crime de la naissance de l'enfant du malheur.

Le lecteur intelligent a deviné, d'après le récit des horreurs qui précèdent, la raison qui a poussé la femelle du Coucou à déposer son œuf dans le nid de la Fauvette vers le commencement de la ponte de celle-ci. C'était pour que le futur assassin vît le jour en même temps que ses frères, sinon auparavant, afin de n'avoir affaire qu'à des êtres sans défense. Ce résultat est si bien dans les vues de la Nature, qu'elle a doué l'œuf du Coucou de la propriété d'éclore plus rapidement qu'aucun autre. Cet œuf est également d'une très-petite dimension relative, et la mère posséderait même, assure-t-on, la singulière faculté de lui donner la couleur appropriée aux circonstances. M. Gerbes conserve un œuf de Coucou de teinte azurée qui a été pris dans un nid de Traquet-Stapazin dont les œufs ont cette nuance. Les œufs du grand Coucou de l'Inde, qui ne pond jamais que dans les nids de Corbeaux, sont de la même couleur que ceux de ces dernières espèces.

Le Coucou adulte est un véritable insectivore, vivant quasi exclusivement de chenilles velues, dont il ramasse les dépouilles en pelottes dans son estomac, pour les rejeter ensuite par le bec, comme font les oiseaux de proie pour les plumes et les peaux des petits animaux qu'ils dévorent.

Il a même soin de se garnir intérieurement l'estomac
d'une épaisse enveloppe de feutre pour protéger les parois de ce viscère contre les piquants venimeux dont la
pelure de la chenille est armée. On accuse néanmoins le
Coucou de partager la passion du Loriot pour les cerises, pour les griottes surtout. Il prend de l'embonpoint à l'arrière-saison et devient alors très-mangeable.
Il m'est arrivé plus d'une fois de tuer des Coucous en
France vers le milieu d'octobre, mais la règle la plus
générale est que le Coucou, qui débarque chez nous le
15 avril, nous quitte vers la mi-août.

Le Coucou est un oiseau jaloux de sa liberté et qui ne
supporte guère la captivité plus de six mois. La seule
idée de passer un hiver dans nos rudes climats suffit pour
le plonger dans un état de désespoir qui se termine habituellement par la mort. Je sais pourtant des exemples
de Coucous qui ont vécu deux et trois ans en cage. Cet
oiseau est, du reste, un triste compagnon de volière, stupide, muet, vorace, et complétement indigne des soins et
de l'affection de l'homme.

La différence de plumage qui est entre les vieux et les
jeunes Coucous, et l'habitude qu'ils ont de voyager sé-
parément, ont fait croire longtemps à l'existence de
deux Coucous français, l'un gris et l'autre roux. Mais il a
été démontré que le roux n'était autre que le gris, après
sa première mue. J'ai ouï parler encore d'une troisième
espèce, d'un Coucou huppé africain qui ne serait pas totalement invisible sur les plages maritimes de nos départements du Midi où le pousserait quelquefois la tempête.
Je ne nie pas la possibilité de l'accident, mais à quoi bon
l'ébruiter, s'il est si rare, et trouve-t-on qu'il y ait beaucoup de patriotisme à faire sa patrie plus riche en Coucous qu'elle ne l'est?

L'histoire du Coucou est parmi les plus intéressantes de toutes celles du règne animal. Il serait même difficile de trouver dans celles des sociétés humaines un sujet plus propre à inspirer au penseur des méditations sérieuses ; car l'analogie passionnelle y a logé, à côté d'un pieux enseignement moral, une ironie sanglante dont l'audace vous effraye.

Le Coucou qui dépose son œuf dans le nid de la Fauvette charitable, et qui édifie la fortune et la gloire de ses bâtards sur la ruine des enfants légitimes d'autrui, est évidemment l'emblème du séducteur adultère, qui se fait un jeu du déshonneur des maris et introduit l'abomination de la désolation dans le sein des ménages paisibles. Or, d'où vient que l'opinion publique est si indulgente aux méfaits du Coucou ?

C'est comme si vous me demandiez pourquoi l'opinion du parterre est toujours pour la femme parjure contre le mari vexé? Pourquoi Molière, qui eut tant à souffrir des légèretés de la Béjart, n'en fut pas moins impitoyable envers ses malheureux confrères ?

L'analogie passionnelle répond à toutes ces questions en ces termes :

Il n'y a qu'une union légitime aux yeux de Dieu, celle où l'union des âmes précède celle des corps. Dieu réprouve toutes les autres, notamment les traités infâmes, dits mariages de raison par antiphrase ou mariages d'argent, et l'adultère est le grand Justicier des crimes de lèse-amour. Car c'est vainement que les vieux, qui depuis que le monde est monde tiennent en main le pouvoir, la richesse et les clefs des saints tabernacles, c'est en vain, dis-je, que les vieux se sont fait octroyer partout, par leurs dieux complaisants, le privilège de posséder autant de femmes qu'ils en pourraient nourrir. La nature n'a jamais ratifié ces saintes impostures. La nature, dont la mission suprême est de veiller au triage des types reproducteurs des espèces, ne pouvait, en effet, favorablement accueillir ces prétentions scandaleuses des perclus et des impotents à l'accaparement exclusif du droit de paternité et d'amour; et elle a répondu de tout temps par une protestation énergique et solennelle, aux révélations des faux dieux qui permettent à un vieux Salomon de posséder mille femmes à lui tout seul, pour que mille jouvenceaux du pays jeûnent d'amour. Or, cette protestation, grossie par le courant des âges et par l'adhésion unanime des jeunes, revendiquant à leur tour la jouissance légitime de leur droit naturel d'amour, est devenue le premier chapitre du grand Traité de la *Sagesse des Nations* dans lequel ont puisé tous les réformateurs. De là vient que Xénophon, disciple de Socrate, engage l'époux outragé à pardonner sa première faute à l'épouse infidèle et à oublier la seconde. De là vient que le Christ, qui fut envoyé du vrai Dieu pour détruire la loi de Moïse, pardonne à la femme adultère... Et que les Révérends Pères de la Foi, si miséricordieux dans leur sévérité, admettent le cas d'excuse pour l'infidélité conjugale, quand la coupable est grasse. Ainsi le veut la loi de l'humaine justice. Le progrès de la raison ne se reconnaît qu'à un signe qui est l'extension des droits et des libertés de la femme; à preuve que la phase *Civilisée* ne l'emporte sur la Barbare et sur la Patriarcale, que parce qu'elle pivote sur le mariage monogamique et sur la reconnaissance des droits civils de l'épouse. En somme donc, je le répète, les prétentions des vieux au monopole d'amour étaient absurdes et non fondées en droit, et il s'en est suivi que les sages législateurs les poètes et le bon sens public ont toujours été pour les jeunes. Et voilà pourquoi le parterre est si impitoyable aux infortunes des Arnolphes et des Georges Dandins.

Après cela, les Coucous et leurs avocats vont plus loin. Ils vous disent premièrement, et suivant l'usage invariable de tous les accusés, que les Coucous sont les plus saintes gens du monde, sont d'innocentes victimes de l'ignorance des sots et de la calomnie des méchants, de nobles serviteurs du bien public, qui remplissent une mission providentielle auguste, jusqu'ici méconnue. Ils affirment, en un mot, n'avoir été créés et mis au monde que pour s'opposer à la trop grande pullulation des espèces chétives, ne choisissant jamais, pour y déposer leurs œufs, que les nids des couples malingres minés par l'âge et la consomption, et totalement incapables d'amener à bien une couvée plantureuse. Il y en a qui s'appuient sur l'autorité de Lycurgue pour réclamer leur droit à la reconnaissance publique, et qui rappellent hardiment que ce législateur d'un peuple trop vanté avait hissé le crime d'adultère à la hauteur d'un acte de dévouement social. (Relire la *Chanson d'Aratus*).

Un analogiste m'a écrit pour me démontrer que le Coucou était l'emblème de la Polyandrie en honneur au Thibet, où tous les frères sont tenus d'épouser la même femme. Je lui ai répondu que la Polyandrie visait à prévenir l'exubérance de la population, mais n'affranchissait aucunement la mère des devoirs de la maternité, et que, par conséquent, les deux institutions n'avaient rien de commun.

L'Analogie passionnelle s'effraye peu, comme bien on pense, de ces théories audacieuses renouvelées des Grecs, et remises en vogue dans l'âge moderne par lord Byron et ses complices. L'Analogie passionnelle qui estime les hommes et les bêtes au titre de leur fidélité amoureuse, ne peut pas admettre de transaction sur le principe même qui sert de pierre de touche à sa classification. Elle laisse donc aux Coucous la responsabilité tout entière de leurs dires, qu'elle ne prend pas même au sérieux, la plupart ne reposant que sur des suppositions difficilement acceptables. Inutile d'ajouter qu'elle ne croit pas un mot de la prétendue mission providentielle du Coucou, qui aurait l'instinct de choisir les nids des couples malingres pour y pondre. L'Analogie passionnelle a même une raison fort grave pour admettre l'opinion totalement opposée, c'est-à-dire pour supposer que le Coucou adultère doit rechercher de préférence les nids des plus intéressantes espèces, aux fins d'y semer la ruine et la désolation. Cette raison est que, dans les Sociétés à rebours comme la nôtre, la séduction, le meurtre et la vengeance doivent s'abattre fatalement sur les plus nobles et les plus délicieuses de toutes les créatures ; comme il est nécessaire encore que les bons princes pâtissent pour les mauvais et que les Louis XVI expient les méfaits des Louis XV. L'Analogie conclut, du reste, par une explication simple et naïve sur ce sujet scabreux :

Du moment que l'adultère était parmi les hommes, il fallait bien que son emblème se trouvât parmi les oiseaux. Et de là est advenu que les Coucous ont été chargés de remplir cet office dans l'Ancien Continent, le Cow-bird dans le Nouveau. Maintenant, quand luiront sur la terre les beaux jours d'Harmonie, où le mensonge et la supercherie auront disparu des relations d'amour, la famille impure des Coucous, qui comprendra vaguement qu'elle n'a plus de raison d'être, s'enfuira d'elle-même, indignée, sous les ombres.

Genre Torcol. — Une seule espèce française. — J'ai placé le Torcol à l'arrière-garde du sous-ordre des Zygodactyles Sédipèdes, parce que cet oiseau singulier se rapproche tout à fait des Piverts par la forme de son bec droit, conique, tronqué, et surtout par celle de sa langue. Il importe de remarquer seulement que le Torcol diffère totalement des espèces de la famille des Pics par la forme de ses ailes, qui sont pointues, et par celle de la queue, qui est composée de rectrices molles et arrondies, complétement impropres à l'office de support. Tout est plein de mystère, du reste, dans l'histoire du Torcol, comme dans la plupart de celles des ambigus, et il est nécessaire de se pénétrer à fond de la substance du traité de la *Théorie des Ressemblances* pour avoir l'explication de cet hiéroglyphe emplumé.

C'est un petit oiseau moins gros que l'Alouette, porteur d'un manteau gris d'une étoffe distinguée, striée et écussonnée de fines zébrures. Il arrive en France au mois d'avril et en repart vers la fin d'août. Comme l'époque de ses voyages coïncide avec celle des migrations du Coucou, on a cru autrefois, dans certains pays du Nord, que le Torcol était le mâle ou la femelle du Coucou.

Le Torcol niche dans de vieux troncs d'arbres perforés jadis par les Pics et dont il a soin de rafraîchir chaque année les parois intérieures par un léger travail de repiquage. La poussière qu'il fait tomber dans le fond du nid par cette opération forme une couche qui lui paraît assez luxueuse pour sa famille, puisqu'il ne cherche à en augmenter l'élasticité ni la mollesse par aucune addition de matériaux plus doux, plus chauds, plus confortables. Sa ponte est de six à huit œufs; ces œufs, comme je l'ai déjà dit, sont blancs et vernissés comme ceux des Pics et des Martins-Pêcheurs.

Le Torcol est un grand consommateur de fourmis et de chenilles, qui se tient perpétuellement sur la lisière

des bois en plaine ou en colline et qui préfère le séjour
des vergers et des jardins de l'homme aux sombres
profondeurs des forêts. Il ne finit pas de tapager au printemps, quand il passe l'inspection des cavités des pommiers ou des chênes pour choisir un domicile ; il devient
plus discret lorsque son choix est fait. Son cri ressemble
plus aux clameurs de l'Épervier et de la Cresserelle qu'à
un chant harmonieux.

Ceci est l'histoire du Torcol, telle qu'a dû l'écrire Temmynck, un récit simple et nu, dépouillé d'artifice, pris
sur un sujet empaillé. Mais ce Torcol n'est pas celui de
l'auteur de la *Théorie des Ressemblances* ni le mien. Un
joli manteau gris, historié de zébrures noires, peut être
pour le commun des naturalistes un manteau gris tout
court. Pour le savant chercheur des effets et des causes,
comme pour l'analogiste passionnel, c'est quelque chose
de plus ; car cette robe tigrée-là semble faite de la
même étoffe que celle de la Vipère, et cette ressemblance
dans les goûts de toilette doit couvrir de mystérieuses
affinités morales entre le reptile et l'oiseau, et le savant
et l'analogiste ont besoin de pénétrer le secret de cette
similitude. Il ne tombe pas, en effet, sous le sens qu'un
oiseau aille emprunter sa robe à un reptile sans mauvaise
intention. Quel est donc ce mystère ?

Ce mystère est tout simplement que *le semblable produit son semblable,* en dépit de toutes les distances des
règnes, ainsi que l'a formulé dans le temps Hippocrate,
ainsi que l'a démontré jusqu'à l'évidence le seigneur Da
Gama Machado. Ce mystère est que le besoin d'imiter la
Vipère en toutes ses allures est une des manies du Torcol ;
manie bizarre et qui ne s'explique que comme conséquence naturelle et fatale de la noire zébrure de sa robe.

Quand le Torcol est maîtrisé par une émotion vive,

quand il veut plaire à sa femelle ou bien intimider le tendeur qui vient le détacher du piége, il roule des regards féroces, darde sa langue immense, dresse sa queue à l'instar du reptile, et fait se recourber son col en replis tortueux de tous les côtés de son corps... Quand un gamin grimpe à son trou pour lui dérober ses petits, le Torcol pousse du fond de sa retraite un sifflement d'aspic si aigu, si horripilant, qu'il est rare que le ravisseur n'en soit pas désarçonné d'effroi et ne redescende pas de son arbre plus vite qu'il n'y était monté.

Les Anglais, qui aiment mieux les bêtes que nous et qui les observent plus finement, ont donné au Torcol, en raison de ces habitudes de singeries vipérines, le nom d'oiseau-serpent (*snake-bird*, prononcez *snèque-beurde* en mâchant l'*r*). Oiseau-serpent vaut mieux que *tourne-tête* et *tire-langue* qui sont les deux noms populaires que l'oiseau porte dans les diverses provinces de France. Il va sans dire qu'à Marseille on l'appelle Ortolan, l'Ortolan-tire-langue (prononcez *heurtelen*).

Le Torcol ressemble beaucoup à la Mésange par le bec et un peu aussi par cette habitude d'imiter le sifflement de la Vipère ; mais il faut bien reconnaître que son talent d'imitation est complétement supérieur à celui de la Charbonnière. C'est-à-dire que le sibilement de l'aspic sur lequel vous venez de marcher ne vous fait pas plus froid, ne vous paralyse pas plus rapidement la pensée et les jambes que celui du Torcol. Aussi devons-nous être indulgents à la poltronnerie du gamin de tout à l'heure que nous avons vu redescendre quatre à quatre les escaliers de son arbre. D'autant mieux qu'il n'est guère de chercheur de nids passionné à qui ne soit arrivé une fois au moins dans sa vie de mettre la main sur un serpent, croyant la mettre sur des œufs de Merle. Or, la sensation que vous fait éprouver, quand vous êtes sensible, le contact imprévu et glacé de cette chair de reptile est de celles qui vous laissent jusque dans les plus lointains souvenirs d'affreux frissonnements, et qu'il faut avoir subies pour en avoir une idée saisissante. On sait que les serpents qui ont toujours froid recherchent les chauds séjours, comme les nids duvetés des oiseaux, les édredons, les matelas et les couvertures de laine, soit pour s'y établir, soit pour y déposer leurs œufs. Il y a même telles contrées d'Afrique ou d'Amérique où l'on considérerait comme une imprudence grave d'entrer dans son lit ou dans ses bottes avant d'avoir passé une inspection minutieuse de ces demeures et regardé si elles ne recèlent pas quelques hôtes dangereux. Mal en advint une fois à l'un de mes amis qui habitait temporairement la province de Sainte-Catherine au Brésil d'avoir omis cette sage précaution. Une femelle de serpent de la plus abominable espèce avait profité d'une de ses absences pour s'insinuer dans sa paillasse et y déposer ses petits, et lui, de retour, avait couvé la jeune progéniture sans méfiance aucune, si bien qu'une belle nuit, l'infortuné s'était trouvé littéralement envahi, débordé par un épouvantable essaim de jeunes serpenteaux qu'un sentiment de reconnaissance tout naturel attirait vers le doux foyer de chaleur qui leur avait donné l'être.

Mais hâtons-nous de prévenir le lecteur que le Torcol est un oiseau de mœurs innocentes, et qui ne fait le serpent et ses autres grimaces que pour sa défense personnelle et l'amusement d'autrui. Je ne connais guère d'analogie plus facile à saisir que celle-là. Elle découle pour ainsi dire de chaque détail anatomique du moule et de chacun de ses faits et gestes.

La langue du Torcol semble un immense lombric caché

dans une gaîne élastique. Elle est armée d'un dard et se détend pour piquer sa proie avec la même prestesse que le monstre d'une boîte à surprise. Elle est *enduite de glu pour engluer tout ce qui l'approche*, et l'oiseau l'introduit dans les fourmilières ou l'étale sur la voie publique pour ramasser les insectes passants.

Tout le monde a entendu parler de la ventriloquie, qui est un art de mystifier les gens en leur faisant accroire que la voix qui les appelle vient d'en haut, tandis qu'elle vient d'en bas. Les Torcols goûtent fort ce genre de plaisanterie.

Ainsi vous entendez un grand bruit sortir par un trou d'arbre, en vous promenant dans les bois, vers la fin d'avril; machinalement vous portez vos regards à la hauteur de l'ouverture d'où semble provenir la voix, afin de voir par corps la bête qui fait tant de tapage. Mais le tapage recommence et l'oiseau ne paraît pas. Alors vous vous piquez au jeu: vous attendez une demi-heure, une heure sans en apprendre plus. À la fin le bruit cesse, et vous voyez rôder et fureter près de vous, au plus bas des buissons, un oiseau gris et silencieux qui a l'air de vous rencontrer par hasard et qui se montre très-surpris de votre présence. Or, cette Sainte-Nitouche d'oiseau gris qui joue si parfaitement le silence et la surprise est le ventriloque qui vous a tout à l'heure si vivement intrigué. Il était caché tout près de vous dans le fin fond de la cheminée du chêne creux d'où il faisait monter sa voix par l'orifice supérieur, ce qui vous a trompé sur le lieu de naissance du son, et il s'est échappé de son manoir ténébreux par quelque poterne inférieure, tandis que vous le cherchiez en l'air. Il est venu ensuite flâner autour de vous pour regarder si sa farce avait été bien jouée et si vous y aviez été pris. Doutez-vous de l'identité du per-

sonnage silencieux du dehors et du tapageur ventriloque
du dedans, vous avez un moyen bien facile de vous édifier complétement à cet égard. Demeurez caché là où
vous êtes, derrière un paravent quelconque, et ayez la
patience d'attendre encore une heure ou deux, vous ver-
rez votre industriel rentrer dans son établissement pour
recommencer sa parade. Il n'y a pas d'oiseau qui fasse
plus de bruit que le Torcol au moment de la pousse des
feuilles. En ce temps-là, on n'entend que lui vociférer et
cressereller à toute heure du jour et partout, par les lisières des champs, par les haies, par les bois, les futaies, les
vergers, les pâquis plantés d'arbres creux, de saules ver-
moulus; on l'entend, mais on ne le voit pas.

Le Torcol sait aussi se pendre par les pieds comme la
Mésange au plafond de sa cage et exécuter quelques tours
de souplesse; mais il manque de vigueur dans les articu-
lations. Par exemple, il peut bien s'accrocher en volant
à un tronc d'arbre pour fouiller tel quartier d'écorce, mais
il lui est interdit de s'enlever de cette place à une autre, à
la seule force des poignets, comme le Grimpereau, la
Sitelle et les Pics. Sa queue n'est pas assez rigide pour
lui servir de point d'appui en ses ascensions.

Tout le monde a reconnu, je suppose, dans l'étrangeté
significative des allures du Torcol, l'emblème du charla-
tan de la place publique, qui s'ingénie à captiver la foule
par ses tours, ses grimaces et ses contorsions, qui parle
du ventre, imite la voix des animaux les plus terribles
(oiseaux de proie et vipères), *englue* son public par l'éloquence de son boniment, tend son escarcelle sur tous les
carrefours et s'engraisse quelquefois aux dépens des badauds.....

Ce dernier fait est cause qu'on l'appelle Ortolan dans
beaucoup de pays de France, et qu'il serait susceptible de

faire, vers la fin de l'été, un excellent rôti, n'était la funeste habitude qu'il a prise de se musquer à trop forte dose, comme la Tourterelle et la Huppe.

Le Torcol qui ne grimpe pas encore, mais qui déjà s'accroche par les pieds, le Torcol qui a le bec cunéiforme, les doigts appariés et la langue vermiforme des Pics, qui pond comme eux, dans les cavités des vieux arbres, des œufs blancs vernissés, le Torcol est un de ces ambigus parfaits, de ces anneaux de transition admirables, comme la nature bienfaisante en forge quelquefois, pour retenir à sa chaîne l'infortuné classificateur, et lui donner croyance en la facilité de son œuvre. C'est pourquoi je veux clore par un acte de grâces, ce deuxième volume du *Monde des Oiseaux*, que j'ai depuis vingt ans tant de fois corrigé, remanié, refondu. Une œuvre valeureuse, et il en fut, où j'ai dû lutter presque seul, moi chétif et profane, contre la redoutable coalition de toutes les puissances officielles...; où j'ai dû recourir à l'emploi énergique de la méthode de l'Écart Absolu pour ramener la discipline dans les rangs d'un ordre rebelle à toute autorité...; où mon plus pénible travail a été de déblayer les voies de la Science des obstacles sans nombre y entassés par la main des Savants. Que le lecteur charitable à qui le résultat obtenu ne paraîtra pas suffisant pour d'aussi grands efforts compatisse du moins au courage malheureux !

FIN DU DEUXIÈME VOLUME.

TABLE DES MATIÈRES

Pages.

CHAPITRE XIII

ESPÈCES DE FRANCE

CHAPITRE XIV

CHAPITRE XV

ESPÈCES DE FRANCE

CHAPITRE XVI

ESPÈCES DE FRANCE

CHAPITRE XVII

ESPÈCES DE FRANCE

FIN DE LA TABLE